教科書ガイド

東京書籍版

数学Ⅱ Standard

TEXT BOOK GUIDE

あすとろ出版

目　次

3章 三角関数

1節 三角関数

2節 加法定理

4章 指数関数・対数関数

1節 指数関数

2節 対数関数

5章 微分と積分

1節 微分の考え

2節 積分の考え

巻末付録

はじめに

本書は，東京書籍版教科書「数学Ⅱ Standard」の内容を完全に理解し，予習や復習を能率的に進められるように編集した自習書です。

数学の力をもっと身に付けたいと思っているにも関わらず，どうも数学は苦手だとか，授業が難しいと感じているみなさんの予習や復習などのほか，家庭学習に役立てることができるよう編集してあります。

数学の学習は，レンガを積むのと同じです。基礎から一段ずつ積み上げて，理解していくものです。ですから，最初は本書を閉じて，自分自身で問題を考えてみましょう。そして，本書を参考にして改めて考えてみたり，結果が正しいかどうかを確かめたりしましょう。解答を丸写しにするのでは，決して実力はつきません。

本書は，自学自習ができるように，次のような構成になっています。

①**用語のまとめ**　学習項目ごとに，教科書の重要な用語をまとめ，学習の要点が分かるようになっています。

②**解き方のポイント**　内容ごとに，教科書の重要な定理・公式・解き方をまとめ，問題に即して解き方がまとめられるようになっています。

③**考え方**　解法の手がかりとなる着眼点を示してあります。独力で問題が解けなかったときに，これを参考にしてもう一度取り組んでみましょう。

④**解答**　詳しい解答を示してあります。最後の答えだけを見るのではなく，解答の筋道をしっかり理解するように努めましょう。

ただし，Set Up や 考察 のうち，教科書の本文中にその解答が示されているものについては，本書では解答を省略しました。

⑤**別解・参考・注意**　必要に応じて，別解や参考となる事柄，注意点を解説しました。

⑥**プラス＋**　やや進んだ考え方や解き方のテクニック，ヒントを掲載しています。

数学を理解するには，本を読んで覚えるだけでは不十分です。自分でよく考え，計算をしたり問題を解いたりしてみることが大切です。

本書を十分に活用して，数学の基礎力をしっかり身に付けてください。

1章 方程式・式と証明

関連する既習内容

乗法公式

［1］ $(a+b)^2=a^2+2ab+b^2$
［2］ $(a-b)^2=a^2-2ab+b^2$
［3］ $(a+b)(a-b)=a^2-b^2$
［4］ $(x+a)(x+b)$
$=x^2+(a+b)x+ab$
［5］ $(ax+b)(cx+d)$
$=acx^2+(ad+bc)x+bd$
［6］ $(a+b+c)^2$
$=a^2+b^2+c^2+2ab+2bc+2ca$

因数分解の公式

［1］ $a^2+2ab+b^2=(a+b)^2$
［2］ $a^2-2ab+b^2=(a-b)^2$
［3］ $a^2-b^2=(a+b)(a-b)$
［4］ $x^2+(a+b)x+ab$
$=(x+a)(x+b)$
［5］ $acx^2+(ad+bc)x+bd$
$=(ax+b)(cx+d)$

平方根

- 実数 a に対して　$\sqrt{a^2}=|a|$
  $a>0,\ b>0$ のとき
  ［1］ $\sqrt{a}\sqrt{b}=\sqrt{ab}$
  ［2］ $\dfrac{\sqrt{a}}{\sqrt{b}}=\sqrt{\dfrac{a}{b}}$
  $m>0,\ a>0$ のとき　$\sqrt{m^2a}=m\sqrt{a}$

2次方程式の解の公式

- 2次方程式 $ax^2+bx+c=0$ の解は
$$x=\frac{-b\pm\sqrt{b^2-4ac}}{2a}$$
- 2次方程式 $ax^2+2b'x+c=0$ の解は
$$x=\frac{-b'\pm\sqrt{b'^2-ac}}{a}$$
（x の係数が偶数のときに使う）

2次方程式の実数解の個数

- 2次方程式 $ax^2+bx+c=0$ の判別式 b^2-4ac を D とすると
  $D>0 \Longleftrightarrow$ 異なる2つの実数解をもつ
  $D=0 \Longleftrightarrow$ 1つの実数解（重解）をもつ
  $D<0 \Longleftrightarrow$ 実数解をもたない

Introduction

教 p.8-9

どちらがどれだけ大きい？

Q 12345678987654^2 と，$12345678987655 \times 12345678987653$ は，どちらがどれだけ大きいだろうか。

1 文字を使って大小を比べてみよう。

2 前ページの純さんの考え(ア)にもとづいて一の位の積だけで比べることができるか文字を使って考えてみよう。

3 十の位以上が同じ 2 つの数の積について，2 つの式があるとき，その大小は，いつも一の位の積で比べることができるか考えてみよう。

4 3 つの数の積について，次の 2 つの式は，どちらがどれだけ大きいだろうか。一の位の積 $2 \times 2 \times 2$ と $3 \times 2 \times 1$ で比べることができるか考えてみよう。

$$1234565432^3$$
と
$$1234565433 \times 1234565432 \times 1234565431$$

考え方 数のどの部分を文字を使って表せばよいかを考える。

解　答 **1** $n = 12345678987654$ とおくと

$$12345678987654^2 = n^2$$
$$12345678987655 \times 12345678987653 = (n+1)(n-1)$$
$$= n^2 - 1$$

したがって，12345678987654^2 のほうが $12345678987655 \times 12345678987653$ よりも 1 だけ大きい。

2 $12345678987650 = a$ とおくと

$$12345678987654 = a + 4$$
$$12345678987655 = a + 5$$
$$12345678987653 = a + 3$$

と表される。

したがって

$$12345678987654^2 = (a+4)^2 = a^2 + 8a + 16$$
$$12345678987655 \times 12345678987653 = (a+5)(a+3)$$
$$= a^2 + 8a + 15$$

$a^2 + 8a$ はどちらにも共通であり，十の位以上の数であるから，「16」の「6」と「15」の「5」がそれぞれの一の位の値である。

16 と 15 は

$$16 = 4 \times 4 \qquad 15 = 5 \times 3$$

であり，それぞれの計算において，一の位の積である。
したがって，一の位の積 4×4 と 5×3 で比べることができる。

3 十の位以上が同じ 2 つの数について，**2** と同様に，十の位以上を a として，例えば，$(a+3)^2$ と $(a+4)(a+5)$ の場合を考える。
このとき

$$(a+3)^2 = a^2 + 6a + 9$$

$$(a+4)(a+5) = a^2 + 9a + 20$$

となり，「9」，「20」だけでなく，a の項も $6a$，$9a$ となり異なるから，十の位以上の数の値も異なる可能性がある。
したがって，一の位の積だけでは大小を比べられないことがある。

4 $1234565432 = a$ とおくと

$$1234565432^3 = a^3$$

$$\begin{aligned} 1234565433 \times 1234565432 \times 1234565431 &= (a+1) \cdot a \cdot (a-1) \\ &= a(a^2-1) \\ &= a^3 - a \end{aligned}$$

したがって，1234565432^3 のほうが 1234565432 だけ大きい。
一の位の積で比べることができるか考える。
$1234565430 = a$ とおくと

$$1234565432 = a + 2$$

$$1234565433 = a + 3$$

$$1234565431 = a + 1$$

と表される。したがって

$$\begin{aligned} 1234565432^3 &= (a+2)^3 \\ &= (a+2)^2(a+2) \\ &= (a^2+4a+4)(a+2) \\ &= a^3 + 6a^2 + 12a + 8 \end{aligned}$$

$$\begin{aligned} 1234565433 \times 1234565432 \times 1234565431 &= (a+3)(a+2)(a+1) \\ &= (a^2+5a+6)(a+1) \\ &= a^3 + 6a^2 + 11a + 6 \end{aligned}$$

となり，a の項 $12a$ と $11a$ の部分も異なっているから，一の位の積で比べることはできない。

1節　多項式・分数式の計算

1 多項式の乗法と因数分解，二項定理

用語のまとめ

パスカルの三角形

- $(a+b)^n$ の展開式の係数を次々と求めて右の図のように並べたものを **パスカルの三角形** という。

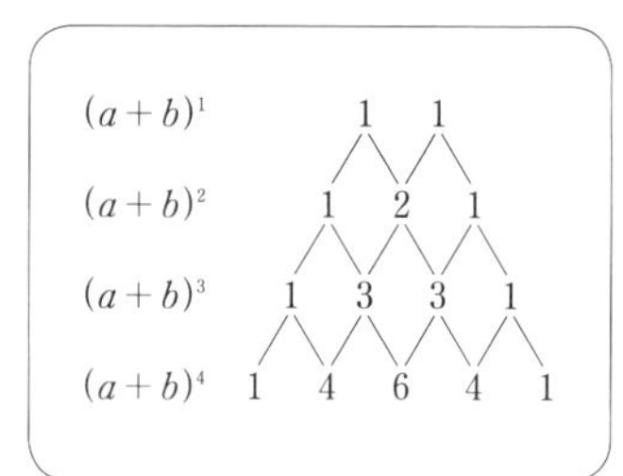

二項定理

- 二項定理により $(a+b)^n$ の展開式における項は

$${}_nC_r a^{n-r} b^r \quad (r=0,\ 1,\ 2,\ \cdots,\ n)$$

と表される。これを $(a+b)^n$ の展開式の **一般項** という。ただし，$a^0=1$，$b^0=1$ とする。また，${}_nC_r$ を **二項係数** ともいう。

● 3次式の乗法公式(1)　解き方のポイント

[1]　$(a+b)^3=a^3+3a^2b+3ab^2+b^3$

[2]　$(a-b)^3=a^3-3a^2b+3ab^2-b^3$

教 p.10

問1　公式 [2] が成り立つことを示せ。

考え方　$(a-b)^3=(a-b)(a-b)^2$ として展開する。

解　答

$$\begin{aligned}(a-b)^3&=(a-b)(a-b)^2 &&\longleftarrow A^3=A\cdot A^2\\&=(a-b)(a^2-2ab+b^2) &&\longleftarrow \text{乗法公式}\\&=a(a^2-2ab+b^2)-b(a^2-2ab+b^2) &&\longleftarrow \text{分配法則}\\&=a^3-2a^2b+ab^2-a^2b+2ab^2-b^3\\&=a^3-3a^2b+3ab^2-b^3\end{aligned}$$

教 p.10

問2　次の式を展開せよ。

(1)　$(x+1)^3$　　(2)　$(2x-1)^3$

(3)　$(x+3y)^3$　　(4)　$(3x-2y)^3$

考え方 (1), (3) は乗法公式 [1], (2), (4) は公式 [2] を利用する。
2 つの公式の符号の違いに注意する。

解答 (1) $(x+1)^3 = x^3 + 3\cdot x^2\cdot 1 + 3\cdot x\cdot 1^2 + 1^3$
$= \boldsymbol{x^3 + 3x^2 + 3x + 1}$

(2) $(2x-1)^3 = (2x)^3 - 3\cdot(2x)^2\cdot 1 + 3\cdot 2x\cdot 1^2 - 1^3$
$= \boldsymbol{8x^3 - 12x^2 + 6x - 1}$

(3) $(x+3y)^3 = x^3 + 3\cdot x^2\cdot 3y + 3\cdot x\cdot(3y)^2 + (3y)^3$
$= \boldsymbol{x^3 + 9x^2y + 27xy^2 + 27y^3}$

(4) $(3x-2y)^3 = (3x)^3 - 3\cdot(3x)^2\cdot 2y + 3\cdot 3x\cdot(2y)^2 - (2y)^3$
$= \boldsymbol{27x^3 - 54x^2y + 36xy^2 - 8y^3}$

3 次式の乗法公式(2) 解き方のポイント

[3] $\boldsymbol{(a+b)(a^2-ab+b^2) = a^3+b^3}$

[4] $\boldsymbol{(a-b)(a^2+ab+b^2) = a^3-b^3}$

教 p.11

問 3 公式 [4] が成り立つことを示せ。

解答 $(a-b)(a^2+ab+b^2)$
$= a(a^2+ab+b^2) - b(a^2+ab+b^2)$
$= a^3 + a^2b + ab^2 - a^2b - ab^2 - b^3$
$= a^3 - b^3$

教 p.11

問 4 次の式を展開せよ。

(1) $(x+1)(x^2-x+1)$　　(2) $(2x-1)(4x^2+2x+1)$

(3) $(3x+y)(9x^2-3xy+y^2)$　　(4) $(x-10y)(x^2+10xy+100y^2)$

考え方 (1), (3) は乗法公式 [3], (2), (4) は公式 [4] を利用する。

解答 (1) $(x+1)(x^2-x+1)$
$= (x+1)(x^2 - x\cdot 1 + 1^2)$
$= x^3 + 1^3$
$= \boldsymbol{x^3 + 1}$

(2) $(2x-1)(4x^2+2x+1)$
$= (2x-1)\{(2x)^2 + 2x\cdot 1 + 1^2\}$
$= (2x)^3 - 1^3$
$= \boldsymbol{8x^3 - 1}$

(3) $(3x+y)(9x^2-3xy+y^2)$
$= (3x+y)\{(3x)^2 - 3x\cdot y + y^2\}$
$= (3x)^3 + y^3$
$= \boldsymbol{27x^3 + y^3}$

(4) $(x-10y)(x^2+10xy+100y^2)$
$= (x-10y)\{x^2 + x\cdot 10y + (10y)^2\}$
$= x^3 - (10y)^3$
$= \boldsymbol{x^3 - 1000y^3}$

3 次式の因数分解

解き方のポイント

[1] $a^3+b^3=(a+b)(a^2-ab+b^2)$

[2] $a^3-b^3=(a-b)(a^2+ab+b^2)$

教 p.12

問 5 次の式を因数分解せよ。

(1) x^3-1　　(2) x^3+125

(3) x^3-27y^3　　(4) $8x^3+y^3$

考え方 (1), (3) は因数分解の公式 [2], (2), (4) は公式 [1] を利用する。

解答

(1)
$$\begin{aligned} & x^3-1 \\ &= x^3-1^3 \\ &= (x-1)(x^2+x\cdot 1+1^2) \\ &= (x-1)(x^2+x+1) \end{aligned}$$

(2)
$$\begin{aligned} & x^3+125 \\ &= x^3+5^3 \\ &= (x+5)(x^2-x\cdot 5+5^2) \\ &= (x+5)(x^2-5x+25) \end{aligned}$$

(3)
$$\begin{aligned} & x^3-27y^3 \\ &= x^3-(3y)^3 \\ &= (x-3y)\{x^2+x\cdot 3y+(3y)^2\} \\ &= (x-3y)(x^2+3xy+9y^2) \end{aligned}$$

(4)
$$\begin{aligned} & 8x^3+y^3 \\ &= (2x)^3+y^3 \\ &= (2x+y)\{(2x)^2-2x\cdot y+y^2\} \\ &= (2x+y)(4x^2-2xy+y^2) \end{aligned}$$

教 p.12

問 6 次の式を因数分解せよ。

(1) a^6-b^6　　(2) x^6+2x^3+1

考え方 (1) は $a^3=A$, $b^3=B$, (2) は $x^3=A$ とみると，公式が利用できる。

解答

(1) $a^3=A$, $b^3=B$ とおくと

$$\begin{aligned} a^6-b^6 &= A^2-B^2 \\ &= (A+B)(A-B) \\ &= (a^3+b^3)(a^3-b^3) \\ &= (a+b)(a^2-ab+b^2)\times(a-b)(a^2+ab+b^2) \\ &= (a+b)(a-b)(a^2+ab+b^2)(a^2-ab+b^2) \end{aligned}$$

(2) $x^3=A$ とおくと

$$\begin{aligned} x^6+2x^3+1 &= A^2+2A+1 \\ &= (A+1)^2 \\ &= (x^3+1)^2 \\ &= \{(x+1)(x^2-x+1)\}^2 \\ &= (x+1)^2(x^2-x+1)^2 \end{aligned}$$

プラス＋

(1) $a^6 - b^6 = (a^2)^3 - (b^2)^3 = (a^2 - b^2)(a^4 + a^2b^2 + b^4)$

と因数分解できるが

$$a^4 + a^2b^2 + b^4 = (a^2 + b^2)^2 - (ab)^2$$
$$= (a^2 + ab + b^2)(a^2 - ab + b^2)$$

の因数分解に気付きにくい。

教 p.13

問7 $(a+b)^5$ の展開式を求め，この展開式の係数が $(a+b)^4$ の展開式の係数から，上と同様の考え方により得られることを確かめよ。

考え方 $(a+b)^5 = (a+b)(a+b)^4$ として，展開して確かめる。

解答

$$(a+b)^5 = (a+b)(a+b)^4$$
$$= (a+b)(a^4 + 4a^3b + 6a^2b^2 + 4ab^3 + b^4)$$
$$= 1a^5 + 4a^4b + 6a^3b^2 + 4a^2b^3 + 1ab^4$$
$$+ 1a^4b + 4a^3b^2 + 6a^2b^3 + 4ab^4 + 1b^5$$
$$= a^5 + 5a^4b + 10a^3b^2 + 10a^2b^3 + 5ab^4 + b^5$$

$(a+b)^5$ の展開式において，両端の 1 以外の係数は

$5 = 1 + 4$，$10 = 4 + 6$，$10 = 6 + 4$，

$5 = 4 + 1$

であり，$(a+b)^4$ の展開式における隣り合った係数の和として得られる。

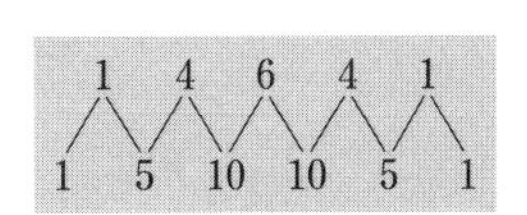

二項定理

解き方のポイント

次の **二項定理** が成り立つ。

$$(a+b)^n = {}_nC_0a^n + {}_nC_1a^{n-1}b + {}_nC_2a^{n-2}b^2 + \cdots$$
$$+ {}_nC_ra^{n-r}b^r + \cdots + {}_nC_{n-1}ab^{n-1} + {}_nC_nb^n$$

教 p.15

問8 二項定理を用いて，$(a+b)^6$ を展開せよ。

考え方 二項定理において，$n = 6$ を代入する。

解答 $(a+b)^6 = {}_6C_0a^6 + {}_6C_1a^5b + {}_6C_2a^4b^2 + {}_6C_3a^3b^3 + {}_6C_4a^2b^4 + {}_6C_5ab^5 + {}_6C_6b^6$

$$= a^6 + 6a^5b + 15a^4b^2 + 20a^3b^3 + 15a^2b^4 + 6ab^5 + b^6$$

プラス＋

${}_nC_r = {}_nC_{n-r}$ であるから，各項の係数は次のようになる。

${}_6C_0 = {}_6C_6$，${}_6C_1 = {}_6C_5$，${}_6C_2 = {}_6C_4$

● 一般項 …… 解き方のポイント

$(a+b)^n$ の展開式の一般項は

$${}_n\mathrm{C}_r a^{n-r} b^r \quad (r=0,\ 1,\ 2,\ \cdots,\ n)$$

教 p.15

問9 $(3a-2b)^4$ の展開式における a^3b の係数を求めよ。

考え方 $(a+b)^4$ の展開式の一般項は

$${}_4\mathrm{C}_r a^{4-r} b^r \quad (r=0,\ 1,\ \cdots,\ 4)$$

解答 $(3a-2b)^4$ の展開式の一般項は

$${}_4\mathrm{C}_r (3a)^{4-r}(-2b)^r \quad (r=0,\ 1,\ \cdots,\ 4)$$

と表される。a^3b の項は，$r=1$ の場合であるから

$${}_4\mathrm{C}_1 (3a)^3(-2b)^1 = 4\cdot 3^3\cdot(-2)a^3b = -216a^3b$$

したがって，a^3b の係数は -216 である。

教 p.15

問10 等式 $3^n = {}_n\mathrm{C}_0 + 2\cdot{}_n\mathrm{C}_1 + 2^2\cdot{}_n\mathrm{C}_2 + \cdots + 2^n\cdot{}_n\mathrm{C}_n$ を示せ。

考え方 二項定理において，$a=1$，$b=x$ とおくと

$$(1+x)^n = {}_n\mathrm{C}_0 + {}_n\mathrm{C}_1 x + {}_n\mathrm{C}_2 x^2 + \cdots + {}_n\mathrm{C}_r x^r + \cdots + {}_n\mathrm{C}_n x^n \quad \cdots\cdots ①$$

が成り立つ。

① の左辺が 3^n になるような x の値を代入する。

解答 二項定理において，$a=1$，$b=x$ とおくと

$$(1+x)^n = {}_n\mathrm{C}_0 + {}_n\mathrm{C}_1 x + {}_n\mathrm{C}_2 x^2 + \cdots + {}_n\mathrm{C}_r x^r + \cdots + {}_n\mathrm{C}_n x^n$$

さらに，$x=2$ を代入すると

$$\begin{aligned} 3^n &= {}_n\mathrm{C}_0 + {}_n\mathrm{C}_1\cdot 2 + {}_n\mathrm{C}_2\cdot 2^2 + \cdots + {}_n\mathrm{C}_n\cdot 2^n \\ &= {}_n\mathrm{C}_0 + 2\cdot{}_n\mathrm{C}_1 + 2^2\cdot{}_n\mathrm{C}_2 + \cdots + 2^n\cdot{}_n\mathrm{C}_n \end{aligned}$$

が成り立つ。

注意 二項係数の和の性質を証明するときには，① の式を用いることが多い。

Challenge（チャレンジ）例題 $(a+b+c)^n$ の展開

教 p.16

● $(a+b+c)^n$ の展開 …… 解き方のポイント

$(a+b+c)^n$ の展開式の一般項は

$$\frac{n!}{p!q!r!}a^p b^q c^r \quad ただし，p+q+r=n$$

問 1 (1) $(a+b+c)^6$ の展開式における $a^2b^2c^2$ の係数を求めよ。
(2) $(a+2b+3c)^6$ の展開式における a^2b^3c の係数を求めよ。

考え方 (1) $(a+b+c)^6$ の展開式の一般項は

$$\frac{6!}{p!q!r!}a^pb^qc^r \quad (\text{ただし，} p+q+r=6)$$

(2) $(a+2b+3c)^6$ の展開式の一般項は

$$\frac{6!}{p!q!r!}a^p(2b)^q(3c)^r \quad (\text{ただし，} p+q+r=6)$$

解 答 (1) $(a+b+c)^6$ の展開式の一般項 $\dfrac{6!}{p!q!r!}a^pb^qc^r$ において，文字の部分が $a^2b^2c^2$ となるのは，$p=q=r=2$ の場合であるから，係数は

$$\frac{6!}{2!2!2!}=\frac{6\cdot5\cdot4\cdot3\cdot2\cdot1}{2\cdot1\times2\cdot1\times2\cdot1}=\mathbf{90}$$

(2) $(a+2b+3c)^6$ の展開式における一般項は

$$\frac{6!}{p!q!r!}a^p(2b)^q(3c)^r=\left(\frac{6!}{p!q!r!}\cdot2^q\cdot3^r\right)a^pb^qc^r \quad \cdots\cdots ①$$

である。a^2b^3c の係数を求めるから，係数は，① の係数の部分に $p=2$，$q=3$，$r=1$ を代入して

$$\frac{6!}{2!3!1!}\cdot2^3\cdot3^1=\frac{6\cdot5\cdot4\cdot3\cdot2\cdot1\times8\times3}{2\cdot1\times3\cdot2\cdot1\times1}=\mathbf{1440}$$

別解 次のような考え方で求めることもできる。

(1) $\{(a+b)+c\}^6$ の展開式の一般項は

$${}_6\mathrm{C}_r(a+b)^{6-r}c^r$$

c の次数に着目すると，$a^2b^2c^2$ が現れるのは $r=2$ のときだけで

$${}_6\mathrm{C}_2(a+b)^4c^2$$

$(a+b)^4$ を展開したときの a^2b^2 の係数は ${}_4\mathrm{C}_2$ であるから，$a^2b^2c^2$ の係数は

$${}_6\mathrm{C}_2\times{}_4\mathrm{C}_2=90$$

(2) $\{(a+2b)+3c\}^6$ の展開式の一般項は

$${}_6\mathrm{C}_r(a+2b)^{6-r}(3c)^r$$

c の次数に着目すると，a^2b^3c が現れるのは $r=1$ のときだけで

$${}_6\mathrm{C}_1(a+2b)^5\cdot3c$$

$(a+2b)^5$ を展開したときの a^2b^3 の係数は ${}_5\mathrm{C}_3\times2^3$ であるから，a^2b^3c の係数は

$${}_6\mathrm{C}_1\times{}_5\mathrm{C}_3\times2^3\times3=1440$$

2 多項式の除法

用語のまとめ

多項式の除法

- 多項式 A を 0 でない多項式 B で割ったときの **商** を Q，**余り** を R とする。$R=0$ となるとき，A は B で **割り切れる** といい，B は A の **因数** であるという。

分数式と有理式

- $\dfrac{\text{多項式}}{\text{1次以上の多項式}}$ の形で表される式を **分数式** という。
- 多項式と分数式を合わせて **有理式** という。

分数式の約分

- 分数式の分母と分子に共通な因数があれば，**約分** することができる。
- それ以上約分できない分数式は **既約** であるという。

分数式の通分

- いくつかの分数式の分母を同じ分数式に直すことを，これらの分数式を **通分** するという。

● 除法の性質 …… **解き方のポイント**

多項式 A を 0 でない多項式 B で割ったときの商を Q，余りを R とすると

$A=BQ+R$ 　　ただし，R の次数 $<$ B の次数

教 p.18

問 11 　次の多項式 A を多項式 B で割り，商と余りを求めよ。

(1) $A=2x^3+3x^2-8x+1$，$B=x^2+3x-2$

(2) $A=x^3-x^2-1$，$B=x^2+2$

考え方 (1)，(2) ともに，A (割られる多項式) は 3 次式，B (割る多項式) は 2 次式であるから，余りは 1 次式または定数になる。

解 答 (1)

$$\begin{array}{r|l} & 2x-3 \\ \hline x^2+3x-2 & 2x^3+3x^2-8x+1 \\ & 2x^3+6x^2-4x \\ \hline & -3x^2-4x+1 \\ & -3x^2-9x+6 \\ \hline & 5x-5 \end{array}$$

したがって　　**商** $2x-3$，**余り** $5x-5$

(2)

$$\begin{array}{r|l} & x \quad -1 \\ \hline x^2 \boxed{} +2 & x^3 - x^2 \boxed{} -1 \\ & x^3 \boxed{} +2x \\ \hline & -x^2-2x-1 \\ & -x^2 \boxed{} -2 \\ \hline & -2x+1 \end{array}$$

← 項がないところはあけて書く

したがって　　商 $x-1$，余り $-2x+1$

教 p.19

問12　多項式 $3x^3+14x^2-4x+5$ をある多項式 B で割ると，商が $3x-1$，余りが $7x+3$ である。多項式 B を求めよ。

考え方　問題文にあるそれぞれの式を

(割られる式 A) = (割る式 B) × (商 Q) + (余り R)

の式にあてはめて考える。

これを変形すると，$B=(A-R)\div Q$ となる。

解答　$3x^3+14x^2-4x+5=B(3x-1)+(7x+3)$

が成り立つから

$B(3x-1)$

$=(3x^3+14x^2-4x+5)-(7x+3)$

$=3x^3+14x^2-11x+2$

$3x^3+14x^2-11x+2$ を $3x-1$ で割って

$B=x^2+5x-2$

$$\begin{array}{r|l} & x^2+5x-2 \\ \hline 3x-1 & 3x^3+14x^2-11x+2 \\ & 3x^3-x^2 \\ \hline & 15x^2-11x \\ & 15x^2-5x \\ \hline & -6x+2 \\ & -6x+2 \\ \hline & 0 \end{array}$$

Challenge(チャレンジ)例題　2種類の文字を含む多項式の除法

教 p.19

問1　$A=x^3-2ax^2-a^2x+2a^3$, $B=x-a$ を x についての多項式と考えて，多項式 A を多項式 B で割り，商と余りを求めよ。

考え方　x 以外の文字は定数と考え，x に着目して割り算を行う。

解答

$$\begin{array}{r|l} & x^2-ax-2a^2 \\ \hline x-a & x^3-2ax^2-a^2x+2a^3 \\ & x^3-ax^2 \\ \hline & -ax^2-a^2x \\ & -ax^2+a^2x \\ \hline & -2a^2x+2a^3 \\ & -2a^2x+2a^3 \\ \hline & 0 \end{array}$$

したがって　　商 $x^2-ax-2a^2$，余り 0

● 分数式の約分 …… 解き方のポイント

$$\frac{AC}{BC}=\frac{A}{B}$$

教 p.20

問 13　次の分数式を約分して，既約な分数式に直せ。

(1) $\frac{3x^2y}{9xyz}$　(2) $\frac{x^2-3x-4}{x^2-6x+8}$　(3) $\frac{x^3+3x^2+2x}{8x^2-8}$

考え方　(2), (3)　分母，分子をそれぞれ因数分解して，共通な因数を見つける。

解 答　(1) $\frac{3x^2y}{9xyz}=\frac{x\cdot 3xy}{3z\cdot 3xy}=\boldsymbol{\frac{x}{3z}}$

(2) $\frac{x^2-3x-4}{x^2-6x+8}=\frac{(x+1)(x-4)}{(x-2)(x-4)}=\boldsymbol{\frac{x+1}{x-2}}$

(3) $\frac{x^3+3x^2+2x}{8x^2-8}=\frac{x(x^2+3x+2)}{8(x^2-1)}=\frac{x(x+2)(x+1)}{8(x-1)(x+1)}=\boldsymbol{\frac{x(x+2)}{8(x-1)}}$

● 分数式の乗法・除法 …… 解き方のポイント

分数式の乗法，除法は次のようにする。

$$\frac{A}{B}\times\frac{C}{D}=\frac{AC}{BD},\quad \frac{A}{B}\div\frac{C}{D}=\frac{A}{B}\times\frac{D}{C}=\frac{AD}{BC}$$

教 p.20

問 14　次の式を計算せよ。

(1) $\frac{x^2-49}{x^2+2x}\times\frac{x+2}{x-7}$　(2) $\frac{2x-1}{x^2-2x+1}\div\frac{4x^2-1}{x^2-5x+4}$

考え方　分母，分子を因数分解してから乗法の計算をする。計算した結果に共通な因数が分母と分子にあれば，約分して既約な分数式に直す。

(2)　除法は，乗法に直して計算する。

解 答　(1)

$$\frac{x^2-49}{x^2+2x}\times\frac{x+2}{x-7}$$
$$=\frac{(x+7)(x-7)}{x(x+2)}\times\frac{x+2}{x-7}$$
$$=\boldsymbol{\frac{x+7}{x}}$$

(2)

$$\frac{2x-1}{x^2-2x+1}\div\frac{4x^2-1}{x^2-5x+4}$$
$$=\frac{2x-1}{x^2-2x+1}\times\frac{x^2-5x+4}{4x^2-1}$$
$$=\frac{2x-1}{(x-1)^2}\times\frac{(x-1)(x-4)}{(2x+1)(2x-1)}$$
$$=\boldsymbol{\frac{x-4}{(x-1)(2x+1)}}$$

● 分数式の加法・減法（分母が等しい分数式）　解き方のポイント

分母が等しい分数式の加法，減法は次のようにする。

$$\frac{A}{C}+\frac{B}{C}=\frac{A+B}{C},\qquad \frac{A}{C}-\frac{B}{C}=\frac{A-B}{C}$$

教 p.21

問 15　次の式を計算せよ。

(1) $\dfrac{x+1}{x^2-x}+\dfrac{x^2-x-1}{x^2-x}$　　(2) $\dfrac{x^2+3x+1}{x^2+5x+6}-\dfrac{x^2+x-3}{x^2+5x+6}$

考え方　(1), (2) とも分母が等しいから，分子どうしの計算をする。
計算した結果が約分できるときは，約分して既約な分数式に直す。

解　答　(1)

$$\frac{x+1}{x^2-x}+\frac{x^2-x-1}{x^2-x}$$
$$=\frac{(x+1)+(x^2-x-1)}{x^2-x}$$
$$=\frac{x^2}{x^2-x}$$
$$=\frac{x^2}{x(x-1)}$$
$$=\frac{x}{x-1}$$

(2)

$$\frac{x^2+3x+1}{x^2+5x+6}-\frac{x^2+x-3}{x^2+5x+6}$$
$$=\frac{(x^2+3x+1)-(x^2+x-3)}{x^2+5x+6}$$
$$=\frac{2x+4}{x^2+5x+6}$$
$$=\frac{2(x+2)}{(x+2)(x+3)}$$
$$=\frac{2}{x+3}$$

● 分数式の加法・減法（分母が異なる分数式）　解き方のポイント

分母が異なる分数式の加法・減法は，通分して分母が同じ分数式に直して計算する。

教 p.21

問 16　次の式を計算せよ。

(1) $\dfrac{1}{x+3}-\dfrac{1}{x-1}$　　(2) $\dfrac{1}{x+1}+\dfrac{3}{2x-3}$

考え方　分母が異なるから，まず通分する。

解　答　(1)

$$\frac{1}{x+3}-\frac{1}{x-1}=\frac{x-1}{(x+3)(x-1)}-\frac{x+3}{(x+3)(x-1)}$$
$$=\frac{(x-1)-(x+3)}{(x+3)(x-1)}$$
$$=-\frac{4}{(x+3)(x-1)}$$

(2) $\dfrac{1}{x+1}+\dfrac{3}{2x-3}=\dfrac{2x-3}{(x+1)(2x-3)}+\dfrac{3(x+1)}{(x+1)(2x-3)}$

$=\dfrac{(2x-3)+(3x+3)}{(x+1)(2x-3)}$

$=\dfrac{5x}{(x+1)(2x-3)}$

教 p.22

問 17 次の式を計算せよ。

(1) $\dfrac{1}{x+1}-\dfrac{2x}{x^2-1}$　　(2) $\dfrac{x-6}{x^2-9}+\dfrac{x-1}{x^2-2x-3}$

(3) $\dfrac{x^3+8x}{x^2-x-2}-\dfrac{8}{x-2}$

考え方 分母が因数分解できるときは，因数分解してから通分する。また，計算した結果が約分できるときは，約分して既約な分数式に直す。

解 答 (1) $\dfrac{1}{x+1}-\dfrac{2x}{x^2-1}$

$=\dfrac{1}{x+1}-\dfrac{2x}{(x+1)(x-1)}$ ← 分母を因数分解する

$=\dfrac{x-1}{(x+1)(x-1)}-\dfrac{2x}{(x+1)(x-1)}$ ← 通分する

$=\dfrac{(x-1)-2x}{(x+1)(x-1)}=\dfrac{-x-1}{(x+1)(x-1)}$ ← 1つの分数にまとめて，分子を計算する

$=\dfrac{-(x+1)}{(x+1)(x-1)}$

$=-\dfrac{1}{x-1}$ ← 約分する

(2) $\dfrac{x-6}{x^2-9}+\dfrac{x-1}{x^2-2x-3}=\dfrac{x-6}{(x+3)(x-3)}+\dfrac{x-1}{(x-3)(x+1)}$

$=\dfrac{(x-6)(x+1)}{(x+3)(x-3)(x+1)}+\dfrac{(x-1)(x+3)}{(x+3)(x-3)(x+1)}$

$=\dfrac{(x^2-5x-6)+(x^2+2x-3)}{(x+3)(x-3)(x+1)}$

$=\dfrac{2x^2-3x-9}{(x+3)(x-3)(x+1)}$

$=\dfrac{(x-3)(2x+3)}{(x+3)(x-3)(x+1)}$

$=\dfrac{2x+3}{(x+3)(x+1)}$

(3) $\dfrac{x^3+8x}{x^2-x-2}-\dfrac{8}{x-2}=\dfrac{x^3+8x}{(x+1)(x-2)}-\dfrac{8}{x-2}$

$$=\frac{x^3+8x}{(x+1)(x-2)}-\frac{8(x+1)}{(x+1)(x-2)}$$

$$=\frac{(x^3+8x)-(8x+8)}{(x+1)(x-2)}$$

$$=\frac{x^3-8}{(x+1)(x-2)}$$

$$=\frac{(x-2)(x^2+2x+4)}{(x+1)(x-2)}$$

$$=\boldsymbol{\frac{x^2+2x+4}{x+1}}$$

教 p.22

問18 次の式を簡単にせよ。

(1) $\dfrac{1+\dfrac{2}{x}}{3-\dfrac{1}{x}}$　　(2) $\dfrac{x-\dfrac{1}{x}}{1+\dfrac{1}{x}}$

考え方 $\dfrac{A}{B}=A\div B=A\times\dfrac{1}{B}$ であることを利用して計算する。

解答 (1) $\dfrac{1+\dfrac{2}{x}}{3-\dfrac{1}{x}}=\left(1+\dfrac{2}{x}\right)\div\left(3-\dfrac{1}{x}\right)=\dfrac{x+2}{x}\div\dfrac{3x-1}{x}$

$$=\frac{x+2}{x}\times\frac{x}{3x-1}=\boldsymbol{\frac{x+2}{3x-1}}$$

(2) $\dfrac{x-\dfrac{1}{x}}{1+\dfrac{1}{x}}=\left(x-\dfrac{1}{x}\right)\div\left(1+\dfrac{1}{x}\right)=\dfrac{x^2-1}{x}\div\dfrac{x+1}{x}$

$$=\frac{(x+1)(x-1)}{x}\times\frac{x}{x+1}=\boldsymbol{x-1}$$

別解 分母と分子にそれぞれ x を掛けて簡単にすることもできる。

(1) $\dfrac{1+\dfrac{2}{x}}{3-\dfrac{1}{x}}=\dfrac{\left(1+\dfrac{2}{x}\right)\times x}{\left(3-\dfrac{1}{x}\right)\times x}=\dfrac{x+2}{3x-1}$

(2) $\dfrac{x-\dfrac{1}{x}}{1+\dfrac{1}{x}}=\dfrac{\left(x-\dfrac{1}{x}\right)\times x}{\left(1+\dfrac{1}{x}\right)\times x}=\dfrac{x^2-1}{x+1}=\dfrac{(x+1)(x-1)}{x+1}=x-1$

Training トレーニング 教 p.23

1 次の式を展開せよ。

(1) $(2x+3y)^3$　(2) $(4a-b)^3$

(3) $(5x+2)(25x^2-10x+4)$　(4) $(3a-4b)(9a^2+12ab+16b^2)$

解答 (1) $(2x+3y)^3=(2x)^3+3\cdot(2x)^2\cdot 3y+3\cdot 2x\cdot(3y)^2+(3y)^3$
$=\boldsymbol{8x^3+36x^2y+54xy^2+27y^3}$

(2) $(4a-b)^3=(4a)^3-3\cdot(4a)^2\cdot b+3\cdot 4a\cdot b^2-b^3$
$=\boldsymbol{64a^3-48a^2b+12ab^2-b^3}$

(3) $(5x+2)(25x^2-10x+4)=(5x+2)\{(5x)^2-5x\cdot 2+2^2\}$
$=(5x)^3+2^3$
$=\boldsymbol{125x^3+8}$

(4) $(3a-4b)(9a^2+12ab+16b^2)=(3a-4b)\{(3a)^2+3a\cdot 4b+(4b)^2\}$
$=(3a)^3-(4b)^3$
$=\boldsymbol{27a^3-64b^3}$

2 次の式を因数分解せよ。

(1) $27x^3+8y^3$　(2) a^3-64b^3

解答 (1) $27x^3+8y^3=(3x)^3+(2y)^3$
$=(3x+2y)\{(3x)^2-3x\cdot 2y+(2y)^2\}$
$=\boldsymbol{(3x+2y)(9x^2-6xy+4y^2)}$

(2) $a^3-64b^3=a^3-(4b)^3$
$=(a-4b)\{a^2+a\cdot 4b+(4b)^2\}$
$=\boldsymbol{(a-4b)(a^2+4ab+16b^2)}$

3 次の式を因数分解せよ。

(1) $(a+b)^3+1$　(2) $(2x+y)^3-(2x-y)^3$

(3) x^6+16x^3+64　(4) $a^6-7a^3b^3-8b^6$

考え方 式を1つの文字におきかえて，因数分解の公式を利用する。

解答 (1) $a+b=A$ とおくと

$(a+b)^3+1=A^3+1^3$
$=(A+1)(A^2-A+1^2)$
$=\{(a+b)+1\}\{(a+b)^2-(a+b)+1\}$
$=\boldsymbol{(a+b+1)(a^2+2ab+b^2-a-b+1)}$

(2) $2x+y=A$, $2x-y=B$ とおくと

$$(2x+y)^3-(2x-y)^3=A^3-B^3=(A-B)(A^2+AB+B^2)$$
$$=\{(2x+y)-(2x-y)\}\{(2x+y)^2+(2x+y)(2x-y)+(2x-y)^2\}$$
$$=(2x+y-2x+y)$$
$$\times\{(4x^2+4xy+y^2)+(4x^2-y^2)+(4x^2-4xy+y^2)\}$$
$$=\boldsymbol{2y(12x^2+y^2)}$$

(3) $x^3=A$ とおくと

$$x^6+16x^3+64=A^2+16A+64=(A+8)^2$$
$$=(x^3+8)^2=(x^3+2^3)^2$$
$$=\{(x+2)(x^2-2x+2^2)\}^2$$
$$=\boldsymbol{(x+2)^2(x^2-2x+4)^2}$$

(4) $a^3=A$, $b^3=B$ とおくと

$$a^6-7a^3b^3-8b^6=A^2-7AB-8B^2=(A+B)(A-8B)$$
$$=(a^3+b^3)(a^3-8b^3)$$
$$=(\underline{a^3+b^3})\{\underline{a^3-(2b)^3}\}$$
$$=\underline{(a+b)(a^2-ab+b^2)}\underline{(a-2b)\{a^2+a\cdot 2b+(2b)^2\}}$$
$$=\boldsymbol{(a+b)(a-2b)(a^2-ab+b^2)(a^2+2ab+4b^2)}$$

4 次の式を展開したとき，それぞれ指定された項の係数を求めよ。

(1) $(x-3y)^7$ における x^5y^2　　(2) $(3x^2+2)^6$ における x^2

考え方 (1) $(a+b)^7$ の展開式の一般項は　${}_7\mathrm{C}_r a^{7-r}b^r$　$(r=0,\ 1,\ \cdots,\ 7)$

(2) $(a+b)^6$ の展開式の一般項は　${}_6\mathrm{C}_r a^{6-r}b^r$　$(r=0,\ 1,\ \cdots,\ 6)$

解答 (1) $(x-3y)^7$ の展開式の一般項は

$${}_7\mathrm{C}_r x^{7-r}(-3y)^r \quad (r=0,\ 1,\ 2,\ \cdots,\ 7)$$

と表される。x^5y^2 の項は，$r=2$ の場合であるから

$${}_7\mathrm{C}_2 x^5(-3y)^2=21\cdot(-3)^2x^5y^2=189x^5y^2$$

したがって，x^5y^2 の係数は　**189**

(2) $(3x^2+2)^6$ の展開式の一般項は

$${}_6\mathrm{C}_r(3x^2)^{6-r}\cdot 2^r \quad (r=0,\ 1,\ 2,\ \cdots,\ 6)$$

と表される。x^2 の項は，$r=5$ の場合であるから

$${}_6\mathrm{C}_5(3x^2)\cdot 2^5=6\cdot 3\cdot 2^5x^2=576x^2$$

したがって，x^2 の係数は　**576**

5 等式 ${}_n\mathrm{C}_0-{}_n\mathrm{C}_1+{}_n\mathrm{C}_2-\cdots+(-1)^n\cdot{}_n\mathrm{C}_n=0$ が成り立つことを示せ。

考え方 二項定理において，$a=1$，$b=x$ とおくと

$$(1+x)^n={}_n\mathrm{C}_0+{}_n\mathrm{C}_1x+{}_n\mathrm{C}_2x^2+\cdots+{}_n\mathrm{C}_rx^r+\cdots+{}_n\mathrm{C}_nx^n$$

が成り立つ。

この式の左辺が 0^n になるような x の値を代入する。

解 答 二項定理において，$a=1$，$b=x$ とおくと

$$(1+x)^n={}_n\mathrm{C}_0+{}_n\mathrm{C}_1x+{}_n\mathrm{C}_2x^2+\cdots+{}_n\mathrm{C}_nx^n$$

さらに，$x=-1$ を代入すると

$$\begin{aligned}0^n&={}_n\mathrm{C}_0+{}_n\mathrm{C}_1\cdot(-1)+{}_n\mathrm{C}_2\cdot(-1)^2+\cdots+{}_n\mathrm{C}_n\cdot(-1)^n\\&={}_n\mathrm{C}_0-{}_n\mathrm{C}_1+{}_n\mathrm{C}_2-\cdots+(-1)^n\cdot{}_n\mathrm{C}_n\end{aligned}$$

よって

$${}_n\mathrm{C}_0-{}_n\mathrm{C}_1+{}_n\mathrm{C}_2-\cdots+(-1)^n\cdot{}_n\mathrm{C}_n=0$$

が成り立つ。

6 次の多項式 A を多項式 B で割り，商と余りを求めよ。

$A=x^3+2x^2+3,\quad B=x^2+4$

考え方 余りの次数が割る多項式 B の次数よりも低くなるまで割り算を行う。

解 答

$$\begin{array}{r}x+2\\x^2+4\,\big)\overline{x^3+2x^2+3}\\\underline{x^3+4x}\\2x^2-4x+3\\\underline{2x^2+8}\\-4x-5\end{array}$$

したがって　**商 $x+2$，余り $-4x-5$**

7 多項式 $2x^3-8x+7$ をある多項式 B で割ると，商が $x-2$，余りが $3x+1$ である。多項式 B を求めよ。

考え方 $2x^3-8x+7=B\times(\text{商})+(\text{余り})$ が成り立つ。

解 答

$$2x^3-8x+7=B(x-2)+(3x+1)$$

が成り立つから

$$\begin{aligned}B(x-2)&=(2x^3-8x+7)-(3x+1)\\&=2x^3-11x+6\end{aligned}$$

$2x^3-11x+6$ を $x-2$ で割って

$$B=2x^2+4x-3$$

$$\begin{array}{r}2x^2+4x-3\\x-2\,\big)\overline{2x^3-11x+6}\\\underline{2x^3-4x^2}\\4x^2-11x\\\underline{4x^2-8x}\\-3x+6\\\underline{-3x+6}\\0\end{array}$$

8 次の式を計算せよ。

(1) $\dfrac{6x+6}{x^2-4}\times\dfrac{x^3-8}{2x^2+2x}$　　(2) $\dfrac{x^2-x}{x^2-2x-3}\div\dfrac{x^2-2x+1}{x^2-8x+15}\times\dfrac{x^2-1}{x}$

考え方 分母，分子を因数分解する。結果は，既約な分数式に直す。

解答 (1) $\dfrac{6x+6}{x^2-4}\times\dfrac{x^3-8}{2x^2+2x}=\dfrac{6(x+1)}{(x+2)(x-2)}\times\dfrac{(x-2)(x^2+2x+4)}{2x(x+1)}$

$$=\frac{3(x^2+2x+4)}{x(x+2)}$$

(2) $\dfrac{x^2-x}{x^2-2x-3}\div\dfrac{x^2-2x+1}{x^2-8x+15}\times\dfrac{x^2-1}{x}$

$$=\frac{x^2-x}{x^2-2x-3}\times\frac{x^2-8x+15}{x^2-2x+1}\times\frac{x^2-1}{x}$$

$$=\frac{x(x-1)}{(x+1)(x-3)}\times\frac{(x-3)(x-5)}{(x-1)^2}\times\frac{(x+1)(x-1)}{x}$$

$$=x-5$$

9 次の式を計算せよ。

(1) $\dfrac{2x-1}{x^2-3x}-\dfrac{2x+1}{x^2+3x}$　　(2) $\dfrac{1}{x+1}-\dfrac{1}{x-1}+\dfrac{2x+1}{x^3-1}$

考え方 通分してから計算する。分母が因数分解できるときは，先に因数分解しておくと，通分が簡単になる場合がある。

解答 (1) $\dfrac{2x-1}{x^2-3x}-\dfrac{2x+1}{x^2+3x}=\dfrac{2x-1}{x(x-3)}-\dfrac{2x+1}{x(x+3)}$

$$=\frac{(2x-1)(x+3)-(2x+1)(x-3)}{x(x+3)(x-3)}$$

$$=\frac{(2x^2+5x-3)-(2x^2-5x-3)}{x(x+3)(x-3)}$$

$$=\frac{10x}{x(x+3)(x-3)}$$

$$=\frac{10}{(x+3)(x-3)}$$

(2) $\dfrac{1}{x+1}-\dfrac{1}{x-1}+\dfrac{2x+1}{x^3-1}$

$$=\frac{x-1-(x+1)}{(x+1)(x-1)}+\frac{2x+1}{(x-1)(x^2+x+1)}$$

$$=\frac{-2(x^2+x+1)+(2x+1)(x+1)}{(x+1)(x-1)(x^2+x+1)}$$

$$=\frac{-2x^2-2x-2+2x^2+3x+1}{(x+1)(x-1)(x^2+x+1)}$$

$$=\frac{x-1}{(x+1)(x-1)(x^2+x+1)}$$

$$=\frac{1}{(x+1)(x^2+x+1)}$$

10 次の式を簡単にせよ。

(1) $\dfrac{1+\dfrac{1}{x}}{1-\dfrac{1}{x^2}}$　　(2) $\dfrac{a+2}{a-\dfrac{2}{a+1}}$

考え方 $\dfrac{A}{B}=A\div B=A\times\dfrac{1}{B}$ であることを利用して計算する。

解答 (1)

$$\begin{aligned}&\frac{1+\dfrac{1}{x}}{1-\dfrac{1}{x^2}}\\&=\left(1+\frac{1}{x}\right)\div\left(1-\frac{1}{x^2}\right)\\&=\frac{x+1}{x}\div\frac{x^2-1}{x^2}\\&=\frac{x+1}{x}\times\frac{x^2}{x^2-1}\\&=\frac{x+1}{x}\times\frac{x^2}{(x+1)(x-1)}\\&=\boldsymbol{\frac{x}{x-1}}\end{aligned}$$

(2)

$$\begin{aligned}&\frac{a+2}{a-\dfrac{2}{a+1}}\\&=(a+2)\div\left(a-\frac{2}{a+1}\right)\\&=(a+2)\div\frac{a(a+1)-2}{a+1}\\&=(a+2)\times\frac{a+1}{a^2+a-2}\\&=(a+2)\times\frac{a+1}{(a+2)(a-1)}\\&=\boldsymbol{\frac{a+1}{a-1}}\end{aligned}$$

別解 (1) 分母，分子に x^2 を掛けると

$$\frac{1+\dfrac{1}{x}}{1-\dfrac{1}{x^2}}=\frac{\left(1+\dfrac{1}{x}\right)\times x^2}{\left(1-\dfrac{1}{x^2}\right)\times x^2}=\frac{x^2+x}{x^2-1}=\frac{x(x+1)}{(x+1)(x-1)}=\frac{x}{x-1}$$

(2) 分母，分子に $a+1$ を掛けると

$$\frac{a+2}{a-\dfrac{2}{a+1}}=\frac{(a+2)(a+1)}{\left(a-\dfrac{2}{a+1}\right)(a+1)}=\frac{(a+2)(a+1)}{a(a+1)-2}$$

$$=\frac{(a+2)(a+1)}{a^2+a-2}=\frac{(a+2)(a+1)}{(a+2)(a-1)}=\frac{a+1}{a-1}$$

11 多項式 x^3-3x-2 を多項式 $x+2$ で割った商を Q，余りを R として，$x^3-3x-2=(x+2)Q+R$ の形で正しく表しているものを，次の ①，② から選べ。

① $x^3-3x-2=(x+2)(x^2-2x)+x-2$

② $x^3-3x-2=(x+2)(x^2-2x+1)-4$

考え方 多項式の除法では

(余りの式の次数) < (割る式の次数)

である。

解　答 R は1次式 $x+2$ で割った余りであるから，定数となる。

① において R は $x-2$ であり，定数ではない。

したがって，正しく表しているのは ②

別解 右の割り算より

$Q=x^2-2x+1$，$R=-4$

したがって，正しく表しているのは ②

$$
\begin{array}{r}
x^2-2x+1 \\
x+2\,\big)\,\overline{x^3-3x-2} \\
\underline{x^3+2x^2} \\
-2x^2-3x \\
\underline{-2x^2-4x} \\
x-2 \\
\underline{x+2} \\
-4
\end{array}
$$

2節　2次方程式

1 複素数とその計算

用語のまとめ

複素数

- 2乗すると -1 になる数を特別な記号 i で表し，この i を **虚数単位** とよぶ。
  すなわち　　$i^2=-1$
- a，b を実数とするとき
  $a+bi$
  の形に表される数を考え，これを **複素数** という。
- 複素数 $a+bi$ において，a を **実部**，b を **虚部** という。複素数 $a+bi$ は，$b=0$ のとき $a+0i$，すなわち実数 a である。

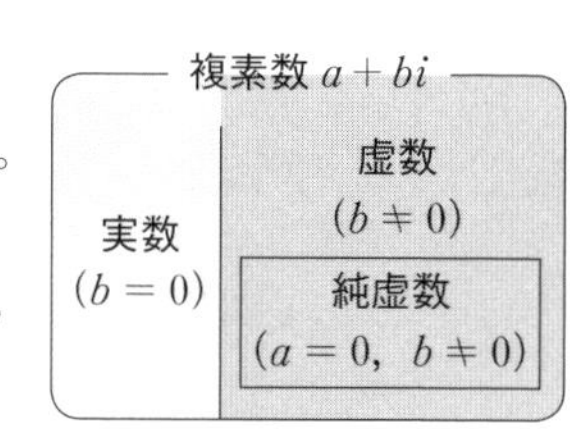

- 実数でない複素数を **虚数** という。
  特に，$a=0$ かつ $b\neq0$ のとき $0+bi$，すなわち bi を **純虚数** という。

共役な複素数

- a，b が実数であるとき，複素数 $\alpha=a+bi$ に対して，$a-bi$ を α と **共役な複素数** といい，$\overline{\alpha}$ で表す。

教 p.25

問1　次の複素数の実部，虚部を答えよ。

(1) $-1+\sqrt{3}\,i$　　(2) $2+i$　　(3) $\sqrt{7}\,i$　　(4) -5

考え方　複素数を $a+bi$ の形で表したとき，実部は a，虚部は b である。

解答
(1) 実部は -1，虚部は $\sqrt{3}$
(2) 実部は 2，虚部は 1
(3) $\sqrt{7}\,i=0+\sqrt{7}\,i$ であるから　　実部は 0，虚部は $\sqrt{7}$
(4) $-5=-5+0i$ であるから　　実部は -5，虚部は 0

● 複素数の相等　　解き方のポイント

a，b，c，d が実数のとき

$$a+bi=c+di \iff a=c \quad かつ \quad b=d$$

特に　　$a+bi=0 \iff a=0$　かつ　$b=0$

教 p.25

問 2 次の等式を満たす実数 x, y を求めよ。

(1) $(-x+4y)+(2x+3y)i=6-i$

(2) $(x+5)+(y-3)i=0$

考え方 整理して $a+bi$ の形に直し，実部と虚部を比較する。

解 答 (1) x, y が実数であるから，$-x+4y$, $2x+3y$ も実数である。

したがって，次のことが成り立つ。

$$\begin{cases} -x+4y=6 & \cdots\cdots ① \\ 2x+3y=-1 & \cdots\cdots ② \end{cases}$$

①×2＋② より　$11y=11$

$y=1$

$y=1$ を ① に代入して　$-x+4=6$

$x=-2$

したがって　$\boldsymbol{x=-2,\ y=1}$

(2) x, y が実数であるから，$x+5$, $y-3$ も実数である。

したがって，次のことが成り立つ。

$$\begin{cases} x+5=0 \\ y-3=0 \end{cases}$$

これを解いて　$\boldsymbol{x=-5,\ y=3}$

● 複素数の演算 …… 解き方のポイント

i を含んだ数の計算は

- **i を普通の文字と同様に扱い，同類項をまとめる計算と同じように計算する。**
- **i^2 があるときは，$i^2=-1$ を用いて簡単にする。**

● 複素数の加法・減法・乗法 …… 解き方のポイント

加法・減法　**実部どうし，虚部どうしを計算して $a+bi$ の形に整理する。**

乗法　**多項式と同様に分配法則や乗法公式を利用して展開し，$i^2=-1$ を用いて整理する。**

教 p.26

問 3 次の計算をせよ。

(1) $(4+5i)+(3-2i)$ (2) $(2-4i)-(1-i)$

(3) $(5+3i)(2-7i)$ (4) $(3+4i)(3-4i)$

(5) i^3

考え方 i を含んだ数の計算は，i を普通の文字と同様に扱って行い，$i^2=-1$ を用いて簡単にする。

解 答 (1) $(4+5i)+(3-2i)=(4+3)+(5-2)i=\boldsymbol{7+3i}$

(2) $(2-4i)-(1-i)=(2-1)+(-4+1)i=\boldsymbol{1-3i}$

(3) $(5+3i)(2-7i)=10-35i+6i-21i^2=10-35i+6i+21=\boldsymbol{31-29i}$

(4) $(3+4i)(3-4i)=3^2-(4i)^2=9-16i^2=9+16=\boldsymbol{25}$

(5) $i^3=i^2\cdot i=(-1)\cdot i=\boldsymbol{-i}$

● 複素数の除法 …… 解き方のポイント

$(a+bi)(a-bi)=a^2-b^2i^2=a^2+b^2$ を用いて，分母を実数に直して計算する。

教 p.26

問 4 次の計算をして，その結果を $a+bi$ (a，b は実数) の形で表せ。

(1) $\dfrac{1}{3-i}$ (2) $\dfrac{1-i}{1+i}$ (3) $\dfrac{2-i}{1-2i}$ (4) $\dfrac{1}{i}$

解 答 (1) $\dfrac{1}{3-i}=\dfrac{3+i}{(3-i)(3+i)}=\dfrac{3+i}{9-i^2}=\dfrac{3+i}{9+1}=\dfrac{3+i}{10}=\boldsymbol{\dfrac{3}{10}+\dfrac{1}{10}i}$

(2) $\dfrac{1-i}{1+i}=\dfrac{(1-i)^2}{(1+i)(1-i)}=\dfrac{1-2i+i^2}{1-i^2}=\dfrac{1-2i-1}{1+1}=\dfrac{-2i}{2}=\boldsymbol{-i}$

(3) $\dfrac{2-i}{1-2i}=\dfrac{(2-i)(1+2i)}{(1-2i)(1+2i)}=\dfrac{2+4i-i-2i^2}{1-4i^2}=\dfrac{2+3i+2}{1+4}$

$=\dfrac{4+3i}{5}=\boldsymbol{\dfrac{4}{5}+\dfrac{3}{5}i}$

(4) $\dfrac{1}{i}=\dfrac{1\cdot i}{i\cdot i}=\dfrac{i}{-1}=\boldsymbol{-i}$

教 p.27

問5　次の複素数と共役な複素数を答えよ。

(1)　$3+2i$　　(2)　$\sqrt{5}-\sqrt{2}\,i$　　(3)　$3i$　　(4)　-4

考え方　複素数を $a+bi$ の形で表す。$a+bi$ と共役な複素数は $a-bi$ である。

解　答　(1)　$3-2i$

(2)　$\sqrt{5}+\sqrt{2}\,i$

(3)　$3i=0+3i$ であるから，共役な複素数は　　$0-3i=-3i$

(4)　$-4=-4+0i$ であるから，共役な複素数は　　$-4-0i=-4$

● 複素数の加減乗除 …… 解き方のポイント

複素数の加減乗除は次のように計算される。

(1)　$(a+bi)+(c+di)=(a+c)+(b+d)i$

(2)　$(a+bi)-(c+di)=(a-c)+(b-d)i$

(3)　$(a+bi)(c+di)=(ac-bd)+(ad+bc)i$

(4)　$\dfrac{a+bi}{c+di}=\dfrac{ac+bd}{c^2+d^2}+\dfrac{bc-ad}{c^2+d^2}i$　ただし，$c+di \neq 0$

複素数の加減乗除の結果は常に複素数となり，$a+bi$ の形に表すことができる。

複素数 α，β について，実数と同様に次のことが成り立つ。

$\alpha\beta=0 \iff \alpha=0$ **または** $\beta=0$

● 負の数の平方根 …… 解き方のポイント

$a>0$ **のとき，** $\sqrt{-a}=\sqrt{a}\,i$　　**特に** $\sqrt{-1}=i$

$a>0$ **のとき，** $-a$ **の平方根は**

$\sqrt{a}\,i,\ -\sqrt{a}\,i$　　**すなわち**　　$\sqrt{-a},\ -\sqrt{-a}$

教 p.28

問6　次の数を i を用いて表せ。

(1)　$\sqrt{-8}$　　(2)　$-\sqrt{-50}$　　(3)　$\sqrt{-\dfrac{7}{16}}$

解　答　(1)　$\sqrt{-8}=\sqrt{8}\,i=2\sqrt{2}\,i$

(2)　$-\sqrt{-50}=-\sqrt{50}\,i=-5\sqrt{2}\,i$

(3)　$\sqrt{-\dfrac{7}{16}}=\sqrt{\dfrac{7}{16}}\,i=\dfrac{\sqrt{7}}{4}i$

教 p.28

問7 -18 の平方根を i を用いて表せ。

考え方 $a>0$ のとき，$-a$ の平方根は　$\sqrt{a}\,i$，$-\sqrt{a}\,i$

解 答 -18 の平方根は

$$\sqrt{-18}=\sqrt{18}\,i=3\sqrt{2}\,i$$

$$-\sqrt{-18}=-\sqrt{18}\,i=-3\sqrt{2}\,i$$

教 p.28

問8 次の計算をせよ。

(1) $\sqrt{-28}\times\sqrt{-35}$　　(2) $\dfrac{6}{\sqrt{-4}}$

考え方 負の数の平方根は，i を用いた形に直してから計算する。

解 答 (1) $\sqrt{-28}\times\sqrt{-35}=\sqrt{28}\,i\times\sqrt{35}\,i$

$$=2\sqrt{7}\,i\times\sqrt{35}\,i$$

$$=2\sqrt{7}\cdot\sqrt{5}\cdot\sqrt{7}\times i^2$$

$$=-14\sqrt{5}$$

(2) $\dfrac{6}{\sqrt{-4}}=\dfrac{6}{\sqrt{4}\,i}=\dfrac{6}{2i}=\dfrac{3}{i}=\dfrac{3i}{i^2}=\dfrac{3i}{-1}=-3i$

注 意 $\sqrt{a}\sqrt{b}=\sqrt{ab}$，$\dfrac{\sqrt{a}}{\sqrt{b}}=\sqrt{\dfrac{a}{b}}$ は，$a>0$，$b>0$ のとき成り立つが，それ以外のときには成り立つとは限らないから注意する。

(1)　$\sqrt{-28}\times\sqrt{-35}=\sqrt{(-28)\cdot(-35)}=\sqrt{28\cdot35}$

としてはいけない。

2 解の公式

用語のまとめ

2 次方程式の解の判別式

- b^2-4ac を 2 次方程式 $ax^2+bx+c=0$ の **判別式** といい，記号 D で表す。
  すなわち
  $$D=b^2-4ac$$

解の種類

- 解が実数であるとき **実数解** という。また，虚数のときは **虚数解** という。
- ただ 1 つの実数解をもつとき，2 つの解が重なったものと考え **重解** という。

● 2 次方程式の解の公式(1)　解き方のポイント

2 次方程式 $ax^2+bx+c=0$ の解は

$$x=\frac{-b\pm\sqrt{b^2-4ac}}{2a}$$

教 p.30

問 9　解の公式を用いて，次の 2 次方程式を解け。

(1)　$x^2+3x-1=0$　　(2)　$4x^2-4x+1=0$

(3)　$2x^2-3x+2=0$　　(4)　$4x^2+12x+13=0$

考え方　a，b，c の値を求め，解の公式 $x=\dfrac{-b\pm\sqrt{b^2-4ac}}{2a}$ に代入する。

解 答

(1)　$x=\dfrac{-3\pm\sqrt{3^2-4\cdot1\cdot(-1)}}{2\cdot1}=\dfrac{-3\pm\sqrt{9+4}}{2}=\dfrac{-3\pm\sqrt{13}}{2}$

(2)　$x=\dfrac{-(-4)\pm\sqrt{(-4)^2-4\cdot4\cdot1}}{2\cdot4}=\dfrac{4\pm\sqrt{16-16}}{8}=\dfrac{4\pm0}{8}=\dfrac{1}{2}$

(3)　$x=\dfrac{-(-3)\pm\sqrt{(-3)^2-4\cdot2\cdot2}}{2\cdot2}=\dfrac{3\pm\sqrt{9-16}}{4}=\dfrac{3\pm\sqrt{-7}}{4}$

$=\dfrac{3\pm\sqrt{7}\,i}{4}$

(4)　$x=\dfrac{-12\pm\sqrt{12^2-4\cdot4\cdot13}}{2\cdot4}=\dfrac{-12\pm\sqrt{144-208}}{8}=\dfrac{-12\pm\sqrt{-64}}{8}$

$=\dfrac{-12\pm\sqrt{64}\,i}{8}=\dfrac{-12\pm8i}{8}=\dfrac{4(-3\pm2i)}{8}=\dfrac{-3\pm2i}{2}$

● 2 次方程式の解の公式(2) …… 解き方のポイント

2 次方程式 $ax^2+2b'x+c=0$ の解は　$x=\dfrac{-b'\pm\sqrt{b'^2-ac}}{a}$　……①

教 p.30

問 10　① が成り立つことを確かめよ。

考え方　解の公式 $x=\dfrac{-b\pm\sqrt{b^2-4ac}}{2a}$ の b に $2b'$ を代入して計算する。

解 答　$ax^2+2b'x+c=0$ より

$$x=\frac{-2b'\pm\sqrt{(2b')^2-4ac}}{2a}$$

$$=\frac{-2b'\pm\sqrt{4b'^2-4ac}}{2a}$$

$$=\frac{-2b'\pm2\sqrt{b'^2-ac}}{2a}$$

根号の中
$4b'^2-4ac=4(b'^2-ac)$

$$=\frac{-b'\pm\sqrt{b'^2-ac}}{a}$$

したがって，2 次方程式 $ax^2+2b'x+c=0$ の解は

$$x=\frac{-b'\pm\sqrt{b'^2-ac}}{a}$$

である。

教 p.30

問 11　例 7 にならって，次の 2 次方程式を解け。

(1)　$x^2+2x-4=0$　　　(2)　$3x^2-4x+2=0$

考え方　x の係数が偶数であるから，その係数を $2b'$ と表して，

$x=\dfrac{-b'\pm\sqrt{b'^2-ac}}{a}$ を利用して解を求める。

(1)　$x^2+2\cdot1x-4=0$　　　(2)　$3x^2+2\cdot(-2)x+2=0$

解 答　(1)　$x=\dfrac{-1\pm\sqrt{1^2-1\cdot(-4)}}{1}$

$$=-1\pm\sqrt{1+4}$$

$$=-1\pm\sqrt{5}$$

(2)　$x=\dfrac{-(-2)\pm\sqrt{(-2)^2-3\cdot2}}{3}$

$$=\frac{2\pm\sqrt{4-6}}{3}$$

$$=\frac{2\pm\sqrt{-2}}{3}$$

$$=\frac{2\pm\sqrt{2}\,i}{3}$$

●2次方程式の解の判別　解き方のポイント

2次方程式の判別式 D と解について，次のことが成り立つ。

[1]　$D>0$ $\iff$ 異なる2つの実数解をもつ

[2]　$D=0$ $\iff$ 重解をもつ

[3]　$D<0$ $\iff$ 異なる2つの虚数解をもつ

重解も実数解であるから

$D \geqq 0$ $\iff$ 実数解をもつ

$ax^2+2b'x+c=0$ の形の2次方程式では，解の判別には

$$\frac{D}{4}=b'^2-ac$$

を用いてもよい。

教 p.31

問12　次の2次方程式の解を判別せよ。

(1)　$2x^2+3x+3=0$　　(2)　$4x^2-12x+9=0$

(3)　$x^2-6x-3=0$　　(4)　$3x^2+1=0$

考え方　判別式を D とする。それぞれの2次方程式の係数を $D=b^2-4ac$ に代入して D の値を求め，D の符号を調べ解を判別する。

解答　与えられた2次方程式の判別式を D とする。

(1)　$D=3^2-4\cdot2\cdot3=9-24=-15<0$

であるから，この2次方程式は **異なる2つの虚数解をもつ。**

(2)　$\dfrac{D}{4}=(-6)^2-4\cdot9=36-36=0$

であるから，この2次方程式は **重解をもつ。**

(3)　$\dfrac{D}{4}=(-3)^2-1\cdot(-3)=9+3=12>0$

であるから，この2次方程式は **異なる2つの実数解をもつ。**

(4)　$D=0^2-4\cdot3\cdot1=-12<0$

であるから，この2次方程式は **異なる2つの虚数解をもつ。**

教 p.32

問13　2次方程式 $x^2-3x+2k=0$ が虚数解をもつような定数 k の値の範囲を求めよ。

考え方　判別式を D とする。虚数解をもつのは $D<0$ のときであるから，このときの k の値の範囲を求める。

解 答　この2次方程式の判別式を D とすると

$$D=(-3)^2-4\cdot1\cdot2k=9-8k$$

虚数解をもつのは，$D<0$ のときである。

すなわち　$9-8k<0$

したがって　$\boldsymbol{k>\frac{9}{8}}$

教 p.32

> **問 14**　2次方程式 $2x^2-2kx+k^2-8=0$ が異なる2つの実数解をもつような定数 k の値の範囲を求めよ。

考え方　判別式を D とする。異なる2つの実数解をもつのは，$D>0$ のときである。

解 答　この2次方程式の判別式を D とすると

$$D=(-2k)^2-4\cdot2\cdot(k^2-8)=4k^2-8k^2+64=-4(k^2-16)$$
$$=-4(k+4)(k-4)$$

異なる2つの実数解をもつのは，$D>0$ のときである。

すなわち

$$-(k+4)(k-4)>0$$
$$(k+4)(k-4)<0$$

したがって　$\boldsymbol{-4<k<4}$

注 意　x の係数が $-2k$ であるから，解の判別には $\frac{D}{4}=b'^2-ac$ を用いてもよい。

● 2次関数のグラフと x 軸の位置関係　解き方のポイント

2次関数 $y=ax^2+bx+c$ のグラフと x 軸の位置関係は，2次方程式 $ax^2+bx+c=0$ の判別式を D とすると，次の表のようにまとめられる。

D の符号	$D>0$	$D=0$	$D<0$
$ax^2+bx+c=0$ の解	異なる2つの実数解	重解	異なる2つの虚数解
グラフと x 軸の位置関係	異なる2点で交わる	接する	共有点はない

3 解と係数の関係

● 2次方程式の解と係数の関係 ……… 解き方のポイント

2次方程式 $ax^2+bx+c=0$ の2つの解を α, β とすると

$$\alpha+\beta=-\frac{b}{a},\quad \alpha\beta=\frac{c}{a}$$

教 p.34

問 15 次の2次方程式の2つの解の和と積をそれぞれ求めよ。

(1) $2x^2+3x-4=0$　　(2) $x^2-x-2=0$

解答 与えられた2次方程式の2つの解を α, β とする。

(1) $\alpha+\beta=-\frac{3}{2}$, $\alpha\beta=\frac{-4}{2}=-2$

したがって，解の **和は** $-\frac{3}{2}$，**積は** -2

(2) $\alpha+\beta=-\frac{-1}{1}=1$, $\alpha\beta=\frac{-2}{1}=-2$

したがって，解の **和は** 1，**積は** -2

教 p.35

問 16 2次方程式 $x^2-4x+5=0$ の2つの解を α, β とするとき，次の式の値を求めよ。

(1) $\alpha^2+\beta^2$　　(2) $(\alpha-\beta)^2$　　(3) $\alpha^3+\beta^3$

考え方 まず，2次方程式の解と係数の関係を用いて，$\alpha+\beta$, $\alpha\beta$ の値を求める。次に，与えられた式を $\alpha+\beta$ と $\alpha\beta$ を用いて表し，代入しやすい形に直す。

解答 解と係数の関係より

$$\alpha+\beta=-\frac{-4}{1}=4,\quad \alpha\beta=\frac{5}{1}=5$$

(1)
$$\begin{aligned}\alpha^2+\beta^2&=\alpha^2+2\alpha\beta+\beta^2-2\alpha\beta\\&=(\alpha+\beta)^2-2\alpha\beta\\&=4^2-2\cdot5\\&=6\end{aligned}$$

(2)
$$\begin{aligned}(\alpha-\beta)^2&=\alpha^2-2\alpha\beta+\beta^2\\&=(\alpha+\beta)^2-4\alpha\beta\\&=4^2-4\cdot5\\&=-4\end{aligned}$$

(3)
$$\begin{aligned}\alpha^3+\beta^3&=(\alpha+\beta)^3-3\alpha\beta(\alpha+\beta)\quad\longleftarrow \text{例題3より}\\&=4^3-3\cdot5\cdot4\\&=4\end{aligned}$$

別解 (3) $\alpha^3+\beta^3$ を下のように変形して考えてもよい。

$$\alpha^3+\beta^3=(\alpha+\beta)(\alpha^2-\alpha\beta+\beta^2)$$
$$=(\alpha+\beta)(\alpha^2+\beta^2-\alpha\beta)$$
$$=4\cdot(6-5) \quad \longleftarrow (1) より\ \alpha^2+\beta^2=6$$
$$=4$$

プラス＋ 次の変形はよく利用されるから，覚えておこう。

$$\alpha^2+\beta^2=(\alpha+\beta)^2-2\alpha\beta$$
$$(\alpha-\beta)^2=(\alpha+\beta)^2-4\alpha\beta$$
$$\alpha^3+\beta^3=(\alpha+\beta)^3-3\alpha\beta(\alpha+\beta)$$

教 p.35

問 17 2 次方程式 $x^2+mx+2=0$ の 1 つの解が他の解に 1 加えた数となるように，定数 m の値を定めよ。

考え方 解の 1 つを文字 α を用いて表すと，もう 1 つの解は $\alpha+1$ と表すことができる。

解 答 1 つの解が他の解に 1 加えた数であるから，2 つの解を α，$\alpha+1$ とおくと，解と係数の関係より

$$\alpha+(\alpha+1)=-m \quad \cdots\cdots ①$$
$$\alpha(\alpha+1)=2 \quad \cdots\cdots ②$$

② より　$\alpha^2+\alpha-2=0$

$$(\alpha-1)(\alpha+2)=0$$

よって　$\alpha=1,\ -2$

① より，$m=-2\alpha-1$ であるから

$\alpha=1$ のとき　$m=-2\cdot1-1=-3$

$\alpha=-2$ のとき　$m=-2\cdot(-2)-1=3$

したがって，求める定数 m の値は　$m=\pm3$

● 2 次式の因数分解 ……………… 解き方のポイント

2 次方程式 $ax^2+bx+c=0$ の 2 つの解を α，β とすると

$$ax^2+bx+c=a(x-\alpha)(x-\beta)$$

教 p.36

問 18 次の 2 次式を複素数の範囲で因数分解せよ。

(1) x^2-2x-2　　(2) $3x^2-2x+1$　　(3) x^2+1

考え方 与えられた2次式を0とおいて2次方程式をつくり，それを解いて解を求める。2次方程式 $ax^2+bx+c=0$ の解が α，β のとき

$$ax^2+bx+c=a(x-\alpha)(x-\beta)$$

と因数分解できる。

解答 (1) $x^2-2x-2=0$ を解くと

$$x=-(-1)\pm\sqrt{(-1)^2-1\cdot(-2)}=1\pm\sqrt{3}$$

よって

$$x^2-2x-2=\{x-(1+\sqrt{3})\}\{x-(1-\sqrt{3})\}$$
$$=(x-1-\sqrt{3})(x-1+\sqrt{3})$$

(2) $3x^2-2x+1=0$ を解くと

$$x=\frac{-(-1)\pm\sqrt{(-1)^2-3\cdot 1}}{3}=\frac{1\pm\sqrt{-2}}{3}=\frac{1\pm\sqrt{2}\,i}{3}$$

よって　$3x^2-2x+1=3\left(x-\dfrac{1+\sqrt{2}\,i}{3}\right)\left(x-\dfrac{1-\sqrt{2}\,i}{3}\right)$

(3) $x^2+1=0$ を解くと　$x^2=-1$　より　$x=\pm i$

よって　$x^2+1=(x+i)(x-i)$

教 p.37

> **問19** 4次式 x^4-x^2-6 を，次の範囲で因数分解せよ。
>
> (1) 有理数の範囲　(2) 実数の範囲　(3) 複素数の範囲

考え方 (1) $x^2=A$ とおいて，A の2次式を因数分解する。

(2), (3) (1)の結果の2次の因数をさらに因数分解する。

解答 (1) $x^2=A$ とおくと

$$x^4-x^2-6=A^2-A-6$$
$$=(A+2)(A-3)$$
$$=(x^2+2)(x^2-3)$$

(2) $x^2+2=0$ は実数解をもたない。$x^2-3=0$ を解くと，$x=\pm\sqrt{3}$ であるから，実数の範囲で因数分解すると

$$x^4-x^2-6=(x^2+2)\underline{(x^2-3)}$$
$$=(x^2+2)\underline{(x+\sqrt{3})(x-\sqrt{3})}$$

(3) $x^2+2=0$ を解くと，$x=\pm\sqrt{2}\,i$ であるから，複素数の範囲で因数分解すると

$$x^4-x^2-6=\underline{(x^2+2)}(x+\sqrt{3})(x-\sqrt{3})$$
$$=\underline{(x+\sqrt{2}\,i)(x-\sqrt{2}\,i)}(x+\sqrt{3})(x-\sqrt{3})$$

● 2数を解とする2次方程式 …… 解き方のポイント

2数 α, β を解とする2次方程式の1つは

$$x^2-(\alpha+\beta)x+\alpha\beta=0$$

教 p.37

問 20 次の2数を解とする2次方程式を1つ求めよ。

(1) $2+\sqrt{5}$, $2-\sqrt{5}$　　(2) $-5+i$, $-5-i$

解 答 (1) 解の和は $(2+\sqrt{5})+(2-\sqrt{5})=4$

解の積は $(2+\sqrt{5})(2-\sqrt{5})=2^2-(\sqrt{5})^2=-1$

よって，求める2次方程式の1つは $\boldsymbol{x^2-4x-1=0}$ である。

(2) 解の和は $(-5+i)+(-5-i)=-10$

解の積は $(-5+i)(-5-i)=(-5)^2-i^2=25+1=26$

よって，求める2次方程式の1つは $\boldsymbol{x^2+10x+26=0}$ である。

教 p.38

問 21 和と積が次のようになる2数を求めよ。

(1) 和が2，積が -1　　(2) 和が1，積が1

考え方 2数 α, β を解とする2次方程式の1つは，$x^2-(\alpha+\beta)x+\alpha\beta=0$ である。問題にある和 $(\alpha+\beta)$，積 $(\alpha\beta)$ の値から2次方程式をつくり，この2次方程式を解く。その解が求める2数である。

解 答 求める2数を α, β とおく。

(1) $\alpha+\beta=2$, $\alpha\beta=-1$

よって，α, β は次の2次方程式の解である。

$x^2-2x-1=0$

これを解くと

$x=-(-1)\pm\sqrt{(-1)^2-1\cdot(-1)}=1\pm\sqrt{2}$

したがって，求める2数は $1+\sqrt{2}$ と $1-\sqrt{2}$

(2) $\alpha+\beta=1$, $\alpha\beta=1$

よって，α, β は次の2次方程式の解である。

$x^2-x+1=0$

これを解くと

$$x=\frac{-(-1)\pm\sqrt{(-1)^2-4\cdot1\cdot1}}{2\cdot1}=\frac{1\pm\sqrt{-3}}{2}=\frac{1\pm\sqrt{3}i}{2}$$

したがって，求める2数は $\dfrac{1+\sqrt{3}i}{2}$ と $\dfrac{1-\sqrt{3}i}{2}$

教 p.38

問22 2次方程式 $2x^2-x-5=0$ の2つの解を α, β とするとき，次の2数を解とする2次方程式を1つ求めよ。

(1) $2\alpha+1$, $2\beta+1$　　(2) $\alpha-1$, $\beta-1$

考え方 $2x^2-x-5=0$ の2つの解が α, β であるから，解と係数の関係を用いて，$\alpha+\beta$, $\alpha\beta$ の値を求める。次に，$\alpha+\beta$, $\alpha\beta$ の値を代入して，与えられた2数の和，積を求める。

解答 解と係数の関係より

$$\alpha+\beta=-\frac{-1}{2}=\frac{1}{2},\quad \alpha\beta=\frac{-5}{2}=-\frac{5}{2}$$

(1) $2\alpha+1$ と $2\beta+1$ の和と積をそれぞれ求めると

$$(2\alpha+1)+(2\beta+1)=2(\alpha+\beta)+2=2\cdot\frac{1}{2}+2=3$$

$$\begin{aligned}(2\alpha+1)(2\beta+1)&=4\alpha\beta+2\alpha+2\beta+1\\&=4\alpha\beta+2(\alpha+\beta)+1\\&=4\cdot\left(-\frac{5}{2}\right)+2\cdot\frac{1}{2}+1=-8\end{aligned}$$

したがって，求める2次方程式の1つは

$\boldsymbol{x^2-3x-8=0}$

(2) $\alpha-1$ と $\beta-1$ の和と積をそれぞれ求めると

$$(\alpha-1)+(\beta-1)=(\alpha+\beta)-2=\frac{1}{2}-2=-\frac{3}{2}$$

$$\begin{aligned}(\alpha-1)(\beta-1)&=\alpha\beta-\alpha-\beta+1\\&=\alpha\beta-(\alpha+\beta)+1\\&=-\frac{5}{2}-\frac{1}{2}+1=-2\end{aligned}$$

したがって，求める2次方程式の1つは

$$x^2+\frac{3}{2}x-2=0$$

すなわち　$\boldsymbol{2x^2+3x-4=0}$

Training トレーニング　教 p.39

12 次の等式を満たす実数 x, y を求めよ。

(1) $(2-i)x+(3-2i)y=-1+2i$

(2) $(3+2i)x+(3i-2)y=16-11i$

考え方 複素数の相等を利用して，両辺の実部と虚部を比較する。

$$a+bi=c+di \Longleftrightarrow a=c \text{ かつ } b=d$$

解　答 (1) $(2-i)x+(3-2i)y=(2x+3y)+(-x-2y)i$

x, y が実数であるから，$2x+3y$, $-x-2y$ も実数である。

したがって，次のことが成り立つ。

$$\begin{cases} 2x+3y=-1 \\ -x-2y=2 \end{cases}$$

これを解いて

$x=4$, $y=-3$

(2) $(3+2i)x+(3i-2)y=(3x-2y)+(2x+3y)i$

x, y が実数であるから，$3x-2y$, $2x+3y$ も実数である。

したがって，次のことが成り立つ。

$$\begin{cases} 3x-2y=16 \\ 2x+3y=-11 \end{cases}$$

これを解いて

$x=2$, $y=-5$

13 次の計算をして，結果を $a+bi$ (a, b は実数) の形で表せ。

(1) $-5i\cdot(-4i)$

(2) $(5-\sqrt{3}\,i)^2$

(3) $\dfrac{4+i}{4-i}$

(4) $\dfrac{1+3i}{3-i}-\dfrac{3-i}{1+3i}$

考え方 (1) $i^2=-1$ を用いて計算する。

(2) 乗法公式 $(a-b)^2=a^2-2ab+b^2$ を利用して展開する。

(3), (4) 分母の複素数と共役な複素数を分母と分子に掛ける。

解　答 (1) $-5i\cdot(-4i)=20i^2=-20$

(2) $(5-\sqrt{3}\,i)^2=5^2-2\cdot5\cdot\sqrt{3}\,i+(\sqrt{3}\,i)^2=25-10\sqrt{3}\,i+3i^2$

$=25-10\sqrt{3}\,i-3=22-10\sqrt{3}\,i$

(3) $\dfrac{4+i}{4-i}=\dfrac{(4+i)^2}{(4-i)(4+i)}=\dfrac{16+8i+i^2}{16-i^2}$

$=\dfrac{16+8i-1}{16+1}=\dfrac{15+8i}{17}=\dfrac{15}{17}+\dfrac{8}{17}i$

(4) $\dfrac{1+3i}{3-i}-\dfrac{3-i}{1+3i}=\dfrac{(1+3i)(3+i)}{(3-i)(3+i)}-\dfrac{(3-i)(1-3i)}{(1+3i)(1-3i)}$

$=\dfrac{3+i+9i+3i^2}{9-i^2}-\dfrac{3-9i-i+3i^2}{1-9i^2}$

$=\dfrac{3+10i-3}{9+1}-\dfrac{3-10i-3}{1+9}$

$=\dfrac{10i-(-10i)}{10}=\dfrac{20i}{10}=2i$

14 次の計算をせよ。

(1) $\sqrt{-2}-\sqrt{-18}+\sqrt{8}$ (2) $\dfrac{\sqrt{12}}{\sqrt{-27}}+\dfrac{\sqrt{-50}}{\sqrt{18}}$

考え方 負の数の平方根は，i を用いた形に直してから計算する。

解答 (1) $\sqrt{-2}-\sqrt{-18}+\sqrt{8}=\sqrt{2}\,i-\sqrt{18}\,i+\sqrt{8}$

$=\sqrt{2}\,i-3\sqrt{2}\,i+2\sqrt{2}$

$=2\sqrt{2}-2\sqrt{2}\,i$

(2) $\dfrac{\sqrt{12}}{\sqrt{-27}}+\dfrac{\sqrt{-50}}{\sqrt{18}}=\dfrac{\sqrt{12}}{\sqrt{27}\,i}+\dfrac{\sqrt{50}\,i}{\sqrt{18}}=\dfrac{2\sqrt{3}}{3\sqrt{3}\,i}+\dfrac{5\sqrt{2}\,i}{3\sqrt{2}}=\dfrac{2}{3i}+\dfrac{5i}{3}$

$=\dfrac{2i}{3i^2}+\dfrac{5i}{3}=\dfrac{2i}{-3}+\dfrac{5i}{3}=-\dfrac{2}{3}i+\dfrac{5}{3}i=i$

15 次の a，b について，$\sqrt{a}\sqrt{b}$，$\sqrt{ab}$，$\dfrac{\sqrt{a}}{\sqrt{b}}$，$\sqrt{\dfrac{a}{b}}$ の値をそれぞれ求めよ。

(1) $a=3$，$b=-12$ (2) $a=-2$，$b=-5$

考え方 負の数の平方根は，i を用いた形に直してから計算する。

解答 (1) $\sqrt{a}\sqrt{b}=\sqrt{3}\cdot\sqrt{-12}=\sqrt{3}\cdot\sqrt{12}\,i=\sqrt{36}\,i=6i$

$\sqrt{ab}=\sqrt{3\cdot(-12)}=\sqrt{-36}=\sqrt{36}\,i=6i$

$\dfrac{\sqrt{a}}{\sqrt{b}}=\dfrac{\sqrt{3}}{\sqrt{-12}}=\dfrac{\sqrt{3}}{\sqrt{12}\,i}=\dfrac{\sqrt{3}}{2\sqrt{3}\,i}=\dfrac{1}{2i}=\dfrac{i}{2i^2}=\dfrac{i}{-2}=-\dfrac{i}{2}$

$\sqrt{\dfrac{a}{b}}=\sqrt{\dfrac{3}{-12}}=\sqrt{-\dfrac{1}{4}}=\sqrt{\dfrac{1}{4}}\,i=\dfrac{i}{2}$

(2) $\sqrt{a}\sqrt{b} = \sqrt{-2}\cdot\sqrt{-5} = \sqrt{2}\,i\cdot\sqrt{5}\,i = \sqrt{10}\,i^2 = -\sqrt{10}$

$\sqrt{ab} = \sqrt{(-2)\cdot(-5)} = \sqrt{10}$

$\dfrac{\sqrt{a}}{\sqrt{b}} = \dfrac{\sqrt{-2}}{\sqrt{-5}} = \dfrac{\sqrt{2}\,i}{\sqrt{5}\,i} = \dfrac{\sqrt{2}}{\sqrt{5}} = \dfrac{\sqrt{10}}{5}$

$\sqrt{\dfrac{a}{b}} = \sqrt{\dfrac{-2}{-5}} = \sqrt{\dfrac{2}{5}} = \dfrac{\sqrt{10}}{5}$

16 次の 2 次方程式を解け。

(1) $x^2-5\sqrt{2}\,x+13=0$　　(2) $\dfrac{x^2}{3}+\dfrac{x}{5}+\dfrac{1}{12}=0$

考え方 $ax^2+bx+c=0$ の解は　$x=\dfrac{-b\pm\sqrt{b^2-4ac}}{2a}$

$ax^2+2b'x+c=0$ の解は　$x=\dfrac{-b'\pm\sqrt{b'^2-ac}}{a}$

(2) 係数を整数に直してから解の公式を用いる。

解答 (1) $x=\dfrac{-(-5\sqrt{2})\pm\sqrt{(-5\sqrt{2})^2-4\cdot1\cdot13}}{2\cdot1}=\dfrac{5\sqrt{2}\pm\sqrt{50-52}}{2}$

$=\dfrac{5\sqrt{2}\pm\sqrt{-2}}{2}=\dfrac{5\sqrt{2}\pm\sqrt{2}\,i}{2}$

(2) 分母の最小公倍数 60 を掛けると

$20x^2+12x+5=0$

よって

$x=\dfrac{-6\pm\sqrt{6^2-20\cdot5}}{20}=\dfrac{-6\pm\sqrt{36-100}}{20}=\dfrac{-6\pm\sqrt{-64}}{20}$

$=\dfrac{-6\pm\sqrt{64}\,i}{20}=\dfrac{-6\pm8i}{20}=\dfrac{-3\pm4i}{10}$

17 2 次方程式 $x^2+(a-3)x-a^2+2=0$ が虚数解をもつような定数 a の値の範囲を求めよ。

考え方 2 次方程式の判別式を D とすると，虚数解をもつのは，$D<0$ のときである。このときの a の値の範囲を求める。

解答 この 2 次方程式の判別式を D とすると

$D=(a-3)^2-4\cdot1\cdot(-a^2+2)=a^2-6a+9+4a^2-8=5a^2-6a+1$

$=(5a-1)(a-1)$

虚数解をもつのは，$D<0$ のときである。

すなわち　$(5a-1)(a-1)<0$

したがって　$\dfrac{1}{5}<a<1$

18 2次方程式 $2x^2-4x+1=0$ の2つの解を α, β とするとき，次の式の値を求めよ。

(1) $\alpha^2\beta+\alpha\beta^2$　　(2) $\alpha^3+\beta^3$　　(3) $\dfrac{\beta}{\alpha}+\dfrac{\alpha}{\beta}$

考え方 2次方程式の解と係数の関係を用いて，$\alpha+\beta$, $\alpha\beta$ の値を求める。(1)〜(3)の式を $\alpha+\beta$, $\alpha\beta$ を用いて表し，代入しやすい形に直す。

解答 解と係数の関係より　$\alpha+\beta=-\dfrac{-4}{2}=2$, $\alpha\beta=\dfrac{1}{2}$

(1) $$\alpha^2\beta+\alpha\beta^2=\alpha\beta(\alpha+\beta)=\frac{1}{2}\cdot 2=1$$

(2) $$\alpha^3+\beta^3=(\alpha+\beta)^3-3\alpha\beta(\alpha+\beta)=2^3-3\cdot\frac{1}{2}\cdot 2=5$$

(3) $$\frac{\beta}{\alpha}+\frac{\alpha}{\beta}=\frac{\alpha^2+\beta^2}{\alpha\beta}=\frac{(\alpha+\beta)^2-2\alpha\beta}{\alpha\beta}$$
$$=\left(2^2-2\cdot\frac{1}{2}\right)\div\frac{1}{2}=3\div\frac{1}{2}=6$$

19 次の2次式を複素数の範囲で因数分解せよ。

(1) x^2+x+1　　(2) $4x^2+9$

考え方 与えられた2次式を0とおいて2次方程式をつくり，それを解いて解を求める。2次方程式 $ax^2+bx+c=0$ の解が α, β のとき

$$ax^2+bx+c=a(x-\alpha)(x-\beta)$$

と因数分解できる。

解答 (1) $x^2+x+1=0$ を解くと　$x=\dfrac{-1\pm\sqrt{3}\,i}{2}$

よって　$$x^2+x+1=\left(x-\frac{-1+\sqrt{3}\,i}{2}\right)\left(x-\frac{-1-\sqrt{3}\,i}{2}\right)$$

(2) $4x^2+9=0$ を解くと　$x=\pm\dfrac{3}{2}i$

よって　$$4x^2+9=4\left(x-\frac{3}{2}i\right)\left(x+\frac{3}{2}i\right)=(2x-3i)(2x+3i)$$

20 4次式 x^4-4x^2-5 を，次の範囲で因数分解せよ。

(1) 有理数の範囲　　(2) 実数の範囲　　(3) 複素数の範囲

考え方 (1) $x^2=A$ とおいて，A の2次式を因数分解する。

(2), (3) (1)の結果の2次の因数をさらに因数分解する。

解答 (1) $x^2 = A$ とおくと

$$x^4 - 4x^2 - 5 = A^2 - 4A - 5 = (A-5)(A+1)$$
$$= (x^2-5)(x^2+1)$$

(2) $x^2 + 1 = 0$ は実数解をもたない。$x^2 - 5 = 0$ を解くと，$x = \pm\sqrt{5}$ であるから，実数の範囲で因数分解すると

$$x^4 - 4x^2 - 5 = (x^2-5)(x^2+1) = (x+\sqrt{5})(x-\sqrt{5})(x^2+1)$$

(3) $x^2 + 1 = 0$ を解くと，$x = \pm i$ であるから，複素数の範囲で因数分解すると

$$x^4 - 4x^2 - 5 = (x+\sqrt{5})(x-\sqrt{5})(x^2+1)$$
$$= (x+\sqrt{5})(x-\sqrt{5})(x+i)(x-i)$$

21 2 次方程式 $x^2 - x + 1 = 0$ の 2 つの解を α，β とするとき，次の 2 数を解とする 2 次方程式を 1 つ求めよ。

(1) 2α，2β　　(2) α^2，β^2　　(3) α^3，β^3

考え方 2 次方程式の解と係数の関係を用いて，$\alpha+\beta$，$\alpha\beta$ の値を求める。次に，$\alpha+\beta$，$\alpha\beta$ の値を代入して，与えられた 2 数の和，積を求める。

解答 解と係数の関係より　$\alpha+\beta = 1$，$\alpha\beta = 1$

(1)
$$2\alpha + 2\beta = 2(\alpha+\beta) = 2\cdot 1 = 2$$
$$2\alpha\cdot 2\beta = 4\alpha\beta = 4\cdot 1 = 4$$

したがって，求める 2 次方程式の 1 つは　$x^2 - 2x + 4 = 0$

(2)
$$\alpha^2 + \beta^2 = (\alpha+\beta)^2 - 2\alpha\beta = 1^2 - 2\cdot 1 = -1$$
$$\alpha^2\beta^2 = (\alpha\beta)^2 = 1^2 = 1$$

したがって，求める 2 次方程式の 1 つは　$x^2 + x + 1 = 0$

(3)
$$\alpha^3 + \beta^3 = (\alpha+\beta)^3 - 3\alpha\beta(\alpha+\beta) = 1^3 - 3\cdot 1\cdot 1 = -2$$
$$\alpha^3\beta^3 = (\alpha\beta)^3 = 1^3 = 1$$

したがって，求める 2 次方程式の 1 つは　$x^2 + 2x + 1 = 0$

22 次の計算は誤りである。どこが誤りか指摘せよ。

$$1 = \sqrt{1} = \sqrt{(-1)\times(-1)} = \sqrt{-1}\times\sqrt{-1} = i \times i = i^2 = -1$$

考え方 a，b がどちらも負の数のときは

$$\sqrt{ab} = \sqrt{a}\times\sqrt{b}$$

は成り立たない。

解答 $-1 < 0$ であるから

$$\sqrt{(-1)\times(-1)} = \sqrt{-1}\times\sqrt{-1}$$

としてはいけない。

3節 高次方程式

1 因数定理と簡単な高次方程式

用語のまとめ

n 次方程式

- $P(x)$ を n 次の多項式とするとき，$P(x)=0$ の形に表される方程式を **n 次方程式** という。
- 3次以上の方程式を **高次方程式** という。

1の3乗根

- 方程式 $x^3=1$ の3つの解を **1の3乗根** という。
- 1の3乗根は，実数1と2つの虚数 $\dfrac{-1+\sqrt{3}i}{2}$，$\dfrac{-1-\sqrt{3}i}{2}$ である。

高次方程式の解の個数

- 3次方程式 $(x-1)^2(x+2)=0$ の解のうち，解 $x=1$ を **2重解** という。
  方程式 $(x-1)^3=0$ の解 $x=1$ を **3重解** という。
- m 重解を m 個の解と数えるとすると，一般に，複素数の範囲で考えると，**n 次方程式は常に n 個の解をもつことが知られている。**

教 p.40

問1　$P(x)=x^3-3x+5$ のとき，次の値を求めよ。

(1)　$P(2)$　　(2)　$P(-1)$　　(3)　$P(0)$

考え方　$P(x)$ の変数 x に2，-1，0をそれぞれ代入する。

解 答　(1)　$P(2)=2^3-3\cdot2+5=8-6+5=7$

(2)　$P(-1)=(-1)^3-3\cdot(-1)+5=-1+3+5=7$

(3)　$P(0)=0^3-3\cdot0+5=5$

● 剰余の定理　　**解き方のポイント**

多項式 $P(x)$ を $x-\alpha$ で割ったときの 余りは $P(\alpha)$ である。

教 p.41

問2　次の第1式を第2式で割ったときの余りを求めよ。

(1)　x^3-4x^2+6x+1，$x+1$

(2)　$2x^3-6x^2+5x-15$，$x-3$

考え方　剰余の定理を利用する。

(1)　$x+1=x-(-1)$ であるから，x に -1 を代入する。

(2)　x に 3 を代入する。

解答　それぞれの第 1 式を $P(x)$ とおく。

(1)　多項式 $P(x)=x^3-4x^2+6x+1$ を $x+1$ で割った余りは

$$P(-1)=(-1)^3-4\cdot(-1)^2+6\cdot(-1)+1$$
$$=-1-4-6+1=\mathbf{-10}$$

(2)　多項式 $P(x)=2x^3-6x^2+5x-15$ を $x-3$ で割った余りは

$$P(3)=2\cdot3^3-6\cdot3^2+5\cdot3-15=54-54+15-15=\mathbf{0}$$

教 p.41

問 3　$3x^3+4x^2-ax-1$ を $x+2$ で割ったときの余りが -5 であるような定数 a の値を求めよ。

考え方　$P(x)=3x^3+4x^2-ax-1$ とおく。$P(x)$ を $x+2$ で割ったときの余りが -5 であるから，$P(-2)=-5$ である。

解答　$P(x)=3x^3+4x^2-ax-1$ とおくと，$P(x)$ を $x+2$ で割ったときの余りが -5 となるのは，剰余の定理により $P(-2)=-5$ のときである。

$$P(-2)=3\cdot(-2)^3+4\cdot(-2)^2-a\cdot(-2)-1$$
$$=-24+16+2a-1$$
$$=-9+2a$$

であるから　　$-9+2a=-5$

すなわち　　　$\boldsymbol{a=2}$

教 p.42

問 4　多項式 $P(x)$ を $x-4$ で割ると 2 余り，$x+2$ で割ると 14 余る。$P(x)$ を x^2-2x-8 で割ったときの余りを求めよ。

考え方　多項式 $P(x)$ を 2 次式 x^2-2x-8 で割ったときの<u>余りは 1 次以下の多項式であるから，それを $ax+b$ とおく</u>。したがって，商を $Q(x)$ とすると，$P(x)=(x^2-2x-8)Q(x)+ax+b$ と表すことができる。
x^2-2x-8 を因数分解し，剰余の定理を利用する。

解答　$P(x)$ を x^2-2x-8で割ったときの商を $Q(x)$ とする。
2 次式で割ったときの余りは 1 次以下の多項式であるから，それを $ax+b$ とおくと

$$P(x)=(x^2-2x-8)Q(x)+ax+b=(x-4)(x+2)Q(x)+ax+b$$

ここで

$$P(4)=4a+b \quad \cdots\cdots ①$$
$$P(-2)=-2a+b \quad \cdots\cdots ②$$

一方，剰余の定理により

$P(4)=2$ ……③ ⟵ $x-4$ で割ると 2 余る

$P(-2)=14$ ……④ ⟵ $x+2$ で割ると 14 余る

①，③ より　$4a+b=2$

②，④ より　$-2a+b=14$

これを解くと　$a=-2$，$b=10$

したがって，求める余りは　$\boldsymbol{-2x+10}$

● 因数定理　解き方のポイント

多項式 $P(x)$ が $x-\alpha$ を因数にもつ $\iff$ $P(\alpha)=0$

教 p.43

問 5　多項式 $2x^3-5x^2-6x+9$ が次の 1 次式を因数にもつかどうか調べよ。

(1)　$x-1$　　(2)　$x+1$　　(3)　$x+2$　　(4)　$x-3$

考え方　$P(x)=2x^3-5x^2-6x+9$ とおき，因数定理を利用して調べる。
$x-\alpha$ を因数にもつかどうかを調べるには，$P(x)$ の x に α を代入する。

解答　$P(x)=2x^3-5x^2-6x+9$ とおく。

(1)　$P(1)=2\cdot1^3-5\cdot1^2-6\cdot1+9=0$

したがって，$P(x)$ は $x-1$ を **因数にもつ。**

(2)　$P(-1)=2\cdot(-1)^3-5\cdot(-1)^2-6\cdot(-1)+9=8\neq0$

したがって，$P(x)$ は $x+1$ を **因数にもたない。**

(3)　$P(-2)=2\cdot(-2)^3-5\cdot(-2)^2-6\cdot(-2)+9=-15\neq0$

したがって，$P(x)$ は $x+2$ を **因数にもたない。**

(4)　$P(3)=2\cdot3^3-5\cdot3^2-6\cdot3+9=0$

したがって，$P(x)$ は $x-3$ を **因数にもつ。**

● 因数定理を用いた因数分解　解き方のポイント

まず $P(\alpha)=0$ となる α の値を探し，$P(x)$ を $x-\alpha$ で割って商 $Q(x)$ を求め，$P(x)=(x-\alpha)Q(x)$ の形に因数分解する。

教 p.43

問 6　因数定理を用いて，次の式を因数分解せよ。

(1)　x^3+3x^2-4　　(2)　$2x^3+5x^2+x-2$

(3)　$x^3-3x^2-4x+12$　　(4)　$3x^3+4x^2-17x-6$

考え方 $P(\alpha)=0$ となる α が見つかれば，$P(x)$ は $x-\alpha$ を因数にもつことが分かる。この α は定数項の約数の中から探す。

解答 (1) $P(x)=x^3+3x^2-4$ とおくと

$P(1)=1^3+3\cdot1^2-4=0$

よって，$P(x)$ は $x-1$ を因数にもつ。

そこで，右のように割り算を行うと

$P(x)=(x-1)(x^2+4x+4)$

$=(x-1)(x+2)^2$

$$\begin{array}{r|l} & x^2+4x+4 \\ \hline x-1 & x^3+3x^2-4 \\ & x^3-x^2 \\ \hline & 4x^2 \\ & 4x^2-4x \\ \hline & 4x-4 \\ & 4x-4 \\ \hline & 0 \end{array}$$

(2) $P(x)=2x^3+5x^2+x-2$ とおくと

$P(-1)=2\cdot(-1)^3+5\cdot(-1)^2+(-1)-2=0$

よって，$P(x)$ は $x+1$ を因数にもつ。

そこで，右のように割り算を行うと

$P(x)=(x+1)(2x^2+3x-2)$

$=(x+1)(x+2)(2x-1)$

$$\begin{array}{r|l} & 2x^2+3x-2 \\ \hline x+1 & 2x^3+5x^2+x-2 \\ & 2x^3+2x^2 \\ \hline & 3x^2+x \\ & 3x^2+3x \\ \hline & -2x-2 \\ & -2x-2 \\ \hline & 0 \end{array}$$

(3) $P(x)=x^3-3x^2-4x+12$ とおくと

$P(2)=2^3-3\cdot2^2-4\cdot2+12=0$

よって，$P(x)$ は $x-2$ を因数にもつ。

そこで，右のように割り算を行うと

$P(x)=(x-2)(x^2-x-6)$

$=(x-2)(x+2)(x-3)$

$$\begin{array}{r|l} & x^2-x-6 \\ \hline x-2 & x^3-3x^2-4x+12 \\ & x^3-2x^2 \\ \hline & -x^2-4x \\ & -x^2+2x \\ \hline & -6x+12 \\ & -6x+12 \\ \hline & 0 \end{array}$$

(4) $P(x)=3x^3+4x^2-17x-6$ とおくと

$P(2)=3\cdot2^3+4\cdot2^2-17\cdot2-6=0$

よって，$P(x)$ は $x-2$ を因数にもつ。

そこで，右のように割り算を行うと

$P(x)=(x-2)(3x^2+10x+3)$

$=(x-2)(x+3)(3x+1)$

$$\begin{array}{r|l} & 3x^2+10x+3 \\ \hline x-2 & 3x^3+4x^2-17x-6 \\ & 3x^3-6x^2 \\ \hline & 10x^2-17x \\ & 10x^2-20x \\ \hline & 3x-6 \\ & 3x-6 \\ \hline & 0 \end{array}$$

教 p.44

問7 次の方程式を解け。

(1) $x^3=8$　　(2) $x^3=-1$

考え方 次の因数分解の公式を利用する。

$a^3-b^3=(a-b)(a^2+ab+b^2)$

$a^3+b^3=(a+b)(a^2-ab+b^2)$

解答 (1) 8を左辺に移項して　$x^3-8=0$

左辺を因数分解すると　$(x-2)(x^2+2x+4)=0$

よって　$x-2=0$　または　$x^2+2x+4=0$

$x^2+2x+4=0$ より

$$x=-1\pm\sqrt{1^2-1\cdot4}=-1\pm\sqrt{-3}=-1\pm\sqrt{3}\,i$$

したがって　$x=2,\ -1\pm\sqrt{3}\,i$

(2) -1を左辺に移項して　$x^3+1=0$

左辺を因数分解すると　$(x+1)(x^2-x+1)=0$

よって　$x+1=0$　または　$x^2-x+1=0$

$x^2-x+1=0$ より

$$x=\frac{-(-1)\pm\sqrt{(-1)^2-4\cdot1\cdot1}}{2\cdot1}=\frac{1\pm\sqrt{-3}}{2}=\frac{1\pm\sqrt{3}\,i}{2}$$

したがって　$x=-1,\ \dfrac{1\pm\sqrt{3}\,i}{2}$

教 p.44

> **問 8**　1の3乗根のうち，虚数であるものの1つをωで表すとき，次のことを示せ。
>
> (1) 1の3乗根は，1，ω，ω^2 の3つである。
>
> (2) $\boldsymbol{\omega^2+\omega+1=0}$

考え方 (1) 1の3乗根は教科書 p.44 の例題4より，1，$\dfrac{-1+\sqrt{3}\,i}{2}$，$\dfrac{-1-\sqrt{3}\,i}{2}$

であるから，$\omega=\dfrac{-1+\sqrt{3}\,i}{2}$ のときの ω^2 と，$\omega=\dfrac{-1-\sqrt{3}\,i}{2}$ のときの ω^2 を求める。

(2) $\omega^2+\omega+1$ を計算して0になることを示す。

解答 (1) 例題4より，1の3乗根は，1，$\dfrac{-1\pm\sqrt{3}\,i}{2}$ である。

$\omega=\dfrac{-1+\sqrt{3}\,i}{2}$ のとき

$$\omega^2=\left(\frac{-1+\sqrt{3}\,i}{2}\right)^2=\frac{1-2\sqrt{3}\,i+3i^2}{4}=\frac{-2-2\sqrt{3}\,i}{4}$$

$$=\frac{-1-\sqrt{3}\,i}{2}$$

$\omega=\dfrac{-1-\sqrt{3}\,i}{2}$ のとき

$$\omega^2=\left(\frac{-1-\sqrt{3}\,i}{2}\right)^2=\frac{1+2\sqrt{3}\,i+3i^2}{4}=\frac{-2+2\sqrt{3}\,i}{4}$$

$$=\frac{-1+\sqrt{3}\,i}{2}$$

1の3乗根のうち，虚数解の一方をωとすると，ω^2はもう一方の虚数解となるから，1の3乗根は，1，ω，ω^2の3つである。

(2)　(1)より

$\omega=\dfrac{-1+\sqrt{3}\,i}{2}$ のとき

$$\omega^2+\omega+1=\frac{-1-\sqrt{3}\,i}{2}+\frac{-1+\sqrt{3}\,i}{2}+1=0$$

$\omega=\dfrac{-1-\sqrt{3}\,i}{2}$ のとき

$$\omega^2+\omega+1=\frac{-1+\sqrt{3}\,i}{2}+\frac{-1-\sqrt{3}\,i}{2}+1=0$$

したがって，$\omega^2+\omega+1=0$ が成り立つ。

別解　(1)　1，ωは1の3乗根である。

また

$$(\omega^2)^3=\omega^6=(\omega^3)^2=1^2=1$$

であるから，ω^2も1の3乗根である。

(2)　ωは1の3乗根であるから　$\omega^3=1$

移項して　$\omega^3-1=0$

左辺を因数分解すると　$(\omega-1)(\omega^2+\omega+1)=0$

ωは虚数であるから　$\omega\neq 1$

したがって　$\omega^2+\omega+1=0$

教 p.45

問9　次の方程式を解け。

(1)　$x^4-13x^2+36=0$　　(2)　$x^4-2x^2-15=0$

(3)　$x^4=1$

考え方　方程式がax^4+bx^2+cの形で表されるときは，$x^2=A$とおく。

解答　(1)　$x^2=A$とおくと　$A^2-13A+36=0$

左辺を因数分解して　$(A-4)(A-9)=0$

よって　$A-4=0$　または　$A-9=0$

すなわち　$x^2-4=0$　または　$x^2-9=0$

したがって　$\boldsymbol{x=\pm 2,\ \pm 3}$

(2) $x^2=A$ とおくと　$A^2-2A-15=0$

左辺を因数分解して　$(A-5)(A+3)=0$

よって　$A-5=0$　または　$A+3=0$

すなわち　$x^2-5=0$　または　$x^2+3=0$

したがって　$\boldsymbol{x=\pm\sqrt{5},\ \pm\sqrt{3}\,i}$

(3) $x^2=A$ とおくと　$A^2=1$

よって　$A=\pm1$

すなわち　$x^2=1$　または　$x^2=-1$

したがって　$\boldsymbol{x=\pm1,\ \pm i}$

教 p.45

問10　次の方程式を解け。

(1) $x^3-4x^2-7x+10=0$　　(2) $2x^3-5x-6=0$

考え方　因数定理を利用して因数分解する。

解答　(1) $P(x)=x^3-4x^2-7x+10$ とおくと

$$P(1)=1^3-4\cdot1^2-7\cdot1+10=0$$

よって，$P(x)$ は $x-1$ を因数にもつ。

そこで，右のように割り算を行うと

$$P(x)=(x-1)(x^2-3x-10)$$
$$=(x-1)(x-5)(x+2)$$

$$\begin{array}{r|l} & x^2-3x-10 \\ \hline x-1 & x^3-4x^2-7x+10 \\ & x^3-x^2 \\ \hline & -3x^2-7x \\ & -3x^2+3x \\ \hline & -10x+10 \\ & -10x+10 \\ \hline & 0 \end{array}$$

ゆえに　$(x-1)(x-5)(x+2)=0$

$x-1=0$　または　$x-5=0$　または　$x+2=0$

したがって　$\boldsymbol{x=1,\ 5,\ -2}$

(2) $P(x)=2x^3-5x-6$ とおくと

$$P(2)=2\cdot2^3-5\cdot2-6=0$$

よって，$P(x)$ は $x-2$ を因数にもつ。

そこで，右のように割り算を行うと

$$P(x)=(x-2)(2x^2+4x+3)$$

$$\begin{array}{r|l} & 2x^2+4x+3 \\ \hline x-2 & 2x^3\qquad -5x-6 \\ & 2x^3-4x^2 \\ \hline & 4x^2-5x \\ & 4x^2-8x \\ \hline & 3x-6 \\ & 3x-6 \\ \hline & 0 \end{array}$$

ゆえに　$(x-2)(2x^2+4x+3)=0$

$x-2=0$　または　$2x^2+4x+3=0$

$2x^2+4x+3=0$ より

$$x=\frac{-2\pm\sqrt{2^2-2\cdot3}}{2}=\frac{-2\pm\sqrt{-2}}{2}=\frac{-2\pm\sqrt{2}\,i}{2}$$

したがって　$\boldsymbol{x=2,\ \dfrac{-2\pm\sqrt{2}\,i}{2}}$

教 p.45

問 11 次の方程式を解け。

(1) $x^3-x^2-8x+12=0$　　(2) $x^3+3x^2+3x+1=0$

考え方 因数定理を利用して因数分解する。どちらも重解をもつ方程式である。

解 答 (1) $P(x)=x^3-x^2-8x+12$ とおくと

$$P(2)=2^3-2^2-8\cdot2+12=0$$

よって，$P(x)$ は $x-2$ を因数にもつ。

そこで，右のように割り算を行うと

$$\begin{array}{r} x^2+\ \ x-6 \\ x-2\,\big)\overline{x^3-\ \ x^2-8x+12} \\ \underline{x^3-2x^2\qquad\qquad} \\ x^2-8x\qquad \\ \underline{x^2-2x\qquad} \\ -6x+12 \\ \underline{-6x+12} \\ 0 \end{array}$$

$$P(x)=(x-2)(x^2+x-6)$$
$$=(x-2)(x-2)(x+3)$$
$$=(x-2)^2(x+3)$$

ゆえに　$(x-2)^2(x+3)=0$

$x-2=0$　または　$x+3=0$

したがって　$\boldsymbol{x=2,\ -3}$

(2) $P(x)=x^3+3x^2+3x+1$ とおくと

$$P(-1)=(-1)^3+3\cdot(-1)^2+3\cdot(-1)+1=0$$

よって，$P(x)$ は $x+1$ を因数にもつ。

そこで，右のように割り算を行うと

$$\begin{array}{r} x^2+2x\ +1 \\ x+1\,\big)\overline{x^3+3x^2+3x+1} \\ \underline{x^3+\ \ x^2\qquad\qquad} \\ 2x^2+3x\qquad \\ \underline{2x^2+2x\qquad} \\ x+1 \\ \underline{x+1} \\ 0 \end{array}$$

$$P(x)=(x+1)(x^2+2x+1)$$
$$=(x+1)(x+1)^2$$
$$=(x+1)^3$$

ゆえに　$(x+1)^3=0$

$x+1=0$

したがって　$\boldsymbol{x=-1}$

別解 (2) 左辺は，乗法公式

$$(a+b)^3=a^3+3a^2b+3ab^2+b^3$$

を利用して

$$x^3+3x^2+3x+1=x^3+3\cdot x^2\cdot1+3\cdot x\cdot1^2+1^3$$
$$=(x+1)^3$$

と因数分解することができる。

教 p.46

問12 $x=1-i$ が方程式 $x^3+ax^2+bx-2=0$ の解であるとき，実数 a，b の値と他の解を求めよ。

考え方 $x=1-i$ を与えられた方程式に代入し，複素数の相等を用いて a，b の値を求める。次に，因数定理を利用して因数分解し，方程式を解く。

解答 $x=1-i$ が方程式 $x^3+ax^2+bx-2=0$ の解であるから

$$(1-i)^3+a(1-i)^2+b(1-i)-2=0$$

$$(1-3i+3i^2-i^3)+a(1-2i+i^2)+b(1-i)-2=0$$

$$-2-2i-2ai+b-bi-2=0 \quad \longleftarrow i^3=-i$$

実部と虚部に分けて整理すると

$$(b-4)+(-2a-b-2)i=0 \quad \longleftarrow A+Bi \text{ の形にする}$$

a，b が実数であるから，$b-4$，$-2a-b-2$ も実数である。

したがって，次のことが成り立つ。

$$\begin{cases} b-4=0 & \cdots\cdots ① \\ -2a-b-2=0 & \cdots\cdots ② \end{cases}$$

これを解いて

$$\boldsymbol{a=-3,\ b=4}$$

このとき，方程式は

$$x^3-3x^2+4x-2=0$$

となる。

$P(x)=x^3-3x^2+4x-2$ とおくと

$$P(1)=1^3-3\cdot1^2+4\cdot1-2=0$$

よって，$P(x)$ は $x-1$ を因数にもつ。

そこで，右のように割り算を行うと

$$P(x)=(x-1)(x^2-2x+2)$$

$$\begin{array}{r} x^2-2x+2 \\ x-1\overline{)\,x^3-3x^2+4x-2} \\ \underline{x^3-\ \ x^2\qquad\qquad} \\ -2x^2+4x\qquad \\ \underline{-2x^2+2x\qquad} \\ 2x-2 \\ \underline{2x-2} \\ 0 \end{array}$$

ゆえに　$(x-1)(x^2-2x+2)=0$

$$x-1=0 \quad \text{または} \quad x^2-2x+2=0$$

$x^2-2x+2=0$ より

$$x=-(-1)\pm\sqrt{(-1)^2-1\cdot2}=1\pm i$$

よって　　$x=1,\ 1\pm i$

したがって

他の解は $x=1,\ 1+i$

一般に，係数がすべて実数である2次以上の方程式が虚数解 $a+bi$ をもつならば，それと共役な複素数 $a-bi$ もこの方程式の解であることが知られている。
したがって，問12において，$1-i$ と共役な複素数 $1+i$ も解となることが分かる。

教 p.47

問13 縦が3 cm，横が5 cm，高さが3 cmの直方体の箱がある。この箱の縦，横，高さを同じ長さだけ長くした直方体の箱を作ると，体積はもとの箱より130 cm³ だけ増加した。何cm長くしたか。

考え方 x cm長くしたとすると

　縦…$(3+x)$ cm，横…$(5+x)$ cm，高さ…$(3+x)$ cm

となる。

解答 縦，横，高さを x cmだけ長くした箱の縦，横，高さはそれぞれ

　$(x+3)$ cm，$(x+5)$ cm，$(x+3)$ cm

である。
この箱の体積は，もとの箱より130 cm³ だけ増加したから

$$(x+3)^2(x+5)=3\cdot5\cdot3+130$$

整理して

$$x^3+11x^2+39x-130=0$$

$P(x)=x^3+11x^2+39x-130$ とおくと

$$P(2)=2^3+11\cdot2^2+39\cdot2-130$$
$$=8+44+78-130=0$$

よって，$P(x)$ は $x-2$ を因数にもつ。
そこで，右のように割り算を行うと

$$P(x)=(x-2)(x^2+13x+65)$$

$$\begin{array}{r} x^2+13x+65 \\ x-2\overline{)\,x^3+11x^2+39x-130} \\ \underline{x^3-\ \ 2x^2\qquad\qquad\quad} \\ 13x^2+39x\qquad \\ \underline{13x^2-26x\qquad} \\ 65x-130 \\ \underline{65x-130} \\ 0 \end{array}$$

ゆえに　$(x-2)(x^2+13x+65)=0$

$x-2=0$　または　$x^2+13x+65=0$

$x^2+13x+65=0$ より

$$x=\frac{-13\pm\sqrt{13^2-4\cdot1\cdot65}}{2\cdot1}=\frac{-13\pm\sqrt{91}\,i}{2}$$

したがって　$x=2,\ \dfrac{-13\pm\sqrt{91}\,i}{2}$

x は正の実数であるから　$x=2$

したがって，2 cm長くした。

Training トレーニング 教 p.48

23 (1) 多項式 $P(x)$ を1次式 $ax+b$ で割ったときの余り R は，$\boldsymbol{R=P\left(-\frac{b}{a}\right)}$ であることを示せ。

(2) $4x^3-2x^2-7$ を $2x-3$ で割ったときの余りを求めよ。

考え方 (1) 多項式 $P(x)$ を1次式で割ったときの余りは定数である。商を $Q(x)$，余りを R として $P(x)$ を表し，$x=-\dfrac{b}{a}$ を代入する。

解答 (1) 多項式 $P(x)$ を1次式 $ax+b$ で割ったときの商を $Q(x)$ とする。
余りが R であるから

$$P(x)=(ax+b)Q(x)+R \quad (a,\ b,\ R\text{は定数}) \quad \cdots\cdots ①$$

$x=-\dfrac{b}{a}$ のとき，$ax+b=0$ であるから，① に $x=-\dfrac{b}{a}$ を代入すると

$$P\left(-\frac{b}{a}\right)=0\cdot Q\left(-\frac{b}{a}\right)+R=R$$

すなわち　$R=P\left(-\dfrac{b}{a}\right)$

(2) $P(x)=4x^3-2x^2-7$ とおくと，(1)の結果から，$P(x)$ を $2x-3$ で割ったときの余りは

$$P\left(\frac{3}{2}\right)=4\cdot\left(\frac{3}{2}\right)^3-2\cdot\left(\frac{3}{2}\right)^2-7=\frac{27}{2}-\frac{9}{2}-7=9-7=2$$

24 次の x の多項式 A を B で割ったときの余りが2であるような定数 a の値を求めよ。

(1) $A=x^3-ax^2-5x-4,\ B=x+2$

(2) $A=ax^3-2x^2-12x+10,\ B=3x-2$

考え方 剰余の定理を利用し，a についての方程式をつくり，それを解く。

(1) $x+2=x-(-2)$ であるから，x に -2 を代入する。

(2) 上の問題23(1)を利用する。

解答 (1) $P(x)=x^3-ax^2-5x-4$ とおくと，$P(x)$ を $x+2$ で割ったときの余りが2となるのは，剰余の定理により，$P(-2)=2$ のときである。

$$P(-2)=(-2)^3-a\cdot(-2)^2-5\cdot(-2)-4$$
$$=-8-4a+10-4=-4a-2$$

であるから　$-4a-2=2$

すなわち　$\boldsymbol{a=-1}$

(2) $P(x)=ax^3-2x^2-12x+10$ とおくと，$P(x)$ を $3x-2$ で割ったときの余りが2となるのは，剰余の定理により，$P\left(\frac{2}{3}\right)=2$ のときである。

$$P\left(\frac{2}{3}\right)=a\cdot\left(\frac{2}{3}\right)^3-2\cdot\left(\frac{2}{3}\right)^2-12\cdot\frac{2}{3}+10$$
$$=\frac{8}{27}a-\frac{8}{9}-8+10=\frac{8}{27}a+\frac{10}{9}$$

であるから　$\frac{8}{27}a+\frac{10}{9}=2$　両辺に27を掛けて $8a+30=54$

すなわち　$a=3$

25 多項式 $P(x)$ は $x+1$ で割り切れ，$x-2$ で割ると6余る。多項式 $P(x)$ を $(x+1)(x-2)$ で割ったときの余りを求めよ。

考え方 $(x+1)(x-2)$ で割ったときの商を $Q(x)$ とする。2次式で割ったときの余りは1次以下の多項式であるから，余りは $ax+b$ とおくことができる。

解　答 $P(x)$ を $(x+1)(x-2)$ で割ったときの商を $Q(x)$ とする。2次式で割ったときの余りは1次以下の多項式であるから，それを $ax+b$ とおくと

$$P(x)=(x+1)(x-2)Q(x)+ax+b$$

ここで

$P(-1)=-a+b$　……①

$P(2)=2a+b$　……②

一方，剰余の定理により

$P(-1)=0$　……③ ⟵ $x+1$ で割り切れる

$P(2)=6$　……④ ⟵ $x-2$ で割ると6余る

①，③より

$-a+b=0$

②，④より

$2a+b=6$

これを解くと　$a=2$，$b=2$

したがって，求める余りは　$2x+2$

26 因数定理を用いて，次の式を因数分解せよ。

(1) $4x^3+7x^2-5x-6$　　(2) $9x^3-30x^2+7x+6$

考え方 $P(\alpha)=0$ となる α が見つかれば，$P(x)$ は $x-\alpha$ を因数にもつことが分かる。この α は定数項の約数の中から探すとよい。

解答 (1) $P(x)=4x^3+7x^2-5x-6$ とおくと

$P(1)=4\cdot1^3+7\cdot1^2-5\cdot1-6$

$=0$

よって，$P(x)$ は $x-1$ を因数にもつ。

そこで，右のように割り算を行うと

$P(x)=(x-1)(4x^2+11x+6)$

$=(x-1)(x+2)(4x+3)$

$$\begin{array}{r} 4x^2+11x+6 \\ x-1\,\big)\,\overline{4x^3+7x^2-5x-6} \\ \underline{4x^3-4x^2} \\ 11x^2-5x \\ \underline{11x^2-11x} \\ 6x-6 \\ \underline{6x-6} \\ 0 \end{array}$$

(2) $P(x)=9x^3-30x^2+7x+6$ とおくと

$P(3)=9\cdot3^3-30\cdot3^2+7\cdot3+6$

$=243-270+21+6$

$=0$

よって，$P(x)$ は $x-3$ を因数にもつ。

そこで，右のように割り算を行うと

$P(x)=(x-3)(9x^2-3x-2)$

$=(x-3)(3x+1)(3x-2)$

$$\begin{array}{r} 9x^2-3x-2 \\ x-3\,\big)\,\overline{9x^3-30x^2+7x+6} \\ \underline{9x^3-27x^2} \\ -3x^2+7x \\ \underline{-3x^2+9x} \\ -2x+6 \\ \underline{-2x+6} \\ 0 \end{array}$$

27 1の3乗根のうち，虚数であるものの1つを ω で表すとき，次の値を求めよ。

(1) $\omega+\dfrac{1}{\omega}$ (2) $\omega^2+\dfrac{1}{\omega^2}$ (3) $\omega^3+\dfrac{1}{\omega^3}$

考え方 $\omega^3=1,\ \omega^2+\omega+1=0$

である。これが利用できるように，式を変形する。

解答 (1) $\omega+\dfrac{1}{\omega}=\dfrac{\omega^2+1}{\omega}=\dfrac{-\omega}{\omega}=-1$

(2) $\omega^2+\dfrac{1}{\omega^2}=\dfrac{\omega^4+1}{\omega^2}=\dfrac{\omega^3\cdot\omega+1}{\omega^2}=\dfrac{\omega+1}{\omega^2}=\dfrac{-\omega^2}{\omega^2}=-1$

(3) $\omega^3+\dfrac{1}{\omega^3}=1+\dfrac{1}{1}=2$

別解 (1) $\omega+\dfrac{1}{\omega}=\omega+\dfrac{\omega^3}{\omega}=\omega+\omega^2=(\omega^2+\omega+1)-1=-1$

(2) $\omega^2+\dfrac{1}{\omega^2}=\omega^2+\dfrac{\omega^3}{\omega^2}=\omega^2+\omega=(\omega^2+\omega+1)-1=-1$

28 次の方程式を解け。

(1) $2x^4-5x^2-3=0$ (2) $3x^4+10x^2+8=0$

解答 (1) $x^2=A$ とおくと $2A^2-5A-3=0$

左辺を因数分解して $(A-3)(2A+1)=0$

よって $A-3=0$ または $2A+1=0$

すなわち　$x^2-3=0$　または　$2x^2+1=0$

したがって　$\boldsymbol{x=\pm\sqrt{3},\ \pm\dfrac{\sqrt{2}}{2}i}$

(2) $x^2=A$ とおくと　$3A^2+10A+8=0$

左辺を因数分解して　$(A+2)(3A+4)=0$

よって　$A+2=0$　または　$3A+4=0$

すなわち　$x^2+2=0$　または　$3x^2+4=0$

したがって　$\boldsymbol{x=\pm\sqrt{2}\,i,\ \pm\dfrac{2\sqrt{3}}{3}i}$

29 次の方程式を解け。

(1) $2x^3+7x^2-20x-25=0$　　(2) $3x^3-8x+8=0$

解答 (1) $P(x)=2x^3+7x^2-20x-25$ とおくと

$$P(-1)=2\cdot(-1)^3+7\cdot(-1)^2-20\cdot(-1)-25$$
$$=-2+7+20-25=0$$

よって，$P(x)$ は $x+1$ を因数にもつ。

そこで，右のように割り算を行うと

$$P(x)=(x+1)(2x^2+5x-25)$$
$$=(x+1)(x+5)(2x-5)$$

$$\begin{array}{r|l} & 2x^2+5x-25 \\ \hline x+1 & 2x^3+7x^2-20x-25 \\ & 2x^3+2x^2 \\ \hline & 5x^2-20x \\ & 5x^2+5x \\ \hline & -25x-25 \\ & -25x-25 \\ \hline & 0 \end{array}$$

ゆえに　$(x+1)(x+5)(2x-5)=0$

$x+1=0$　または　$x+5=0$

または　$2x-5=0$

したがって　$\boldsymbol{x=-1,\ -5,\ \dfrac{5}{2}}$

(2) $P(x)=3x^3-8x+8$ とおくと

$$P(-2)=3\cdot(-2)^3-8\cdot(-2)+8$$
$$=-24+16+8=0$$

よって，$P(x)$ は $x+2$ を因数にもつ。

そこで，右のように割り算を行うと

$$P(x)=(x+2)(3x^2-6x+4)$$

$$\begin{array}{r|l} & 3x^2-6x+4 \\ \hline x+2 & 3x^3\qquad-8x+8 \\ & 3x^3+6x^2 \\ \hline & -6x^2-8x \\ & -6x^2-12x \\ \hline & 4x+8 \\ & 4x+8 \\ \hline & 0 \end{array}$$

ゆえに　$(x+2)(3x^2-6x+4)=0$

$x+2=0$　または　$3x^2-6x+4=0$

$3x^2-6x+4=0$ より

$$x=\frac{-(-3)\pm\sqrt{(-3)^2-3\cdot4}}{3}=\frac{3\pm\sqrt{-3}}{3}=\frac{3\pm\sqrt{3}\,i}{3}$$

したがって　$\boldsymbol{x=-2,\ \dfrac{3\pm\sqrt{3}\,i}{3}}$

30 $x=1+2i$ が方程式 $x^3+ax+b=0$ の解であるとき，実数 a，b の値と他の解を求めよ。

考え方 $x=1+2i$ を与えられた方程式に代入し，複素数の相等を用いて a，b のの値を求める。次に，因数定理を利用して因数分解し，方程式を解く。

解答 $x=1+2i$ が方程式 $x^3+ax+b=0$ の解であるから

$$(1+2i)^3+a(1+2i)+b=0$$

$$(-11-2i)+a(1+2i)+b=0$$

実部と虚部に分けて整理すると

$$(a+b-11)+(2a-2)i=0$$

a，b が実数であるから，$a+b-11$，$2a-2$ も実数である。

したがって，次のことが成り立つ。

$$\begin{cases} a+b-11=0 & \cdots\cdots ① \\ 2a-2=0 & \cdots\cdots ② \end{cases}$$

これを解いて

$$\boldsymbol{a=1,\ b=10}$$

このとき，方程式は $x^3+x+10=0$ となる。

$P(x)=x^3+x+10$ とおくと

$$P(-2)=(-2)^3+(-2)+10=0$$

であるから，$P(x)$ は $x+2$ を因数にもつ。

そこで，右のように割り算を行うと

$$\begin{array}{r} x^2-2x\ +5 \\ x+2\,\overline{)\,x^3 \qquad\quad +\ \ x+10} \\ \underline{x^3+2x^2 \qquad\qquad\quad} \\ -2x^2+\ \ x \qquad \\ \underline{-2x^2-4x \qquad} \\ 5x+10 \\ \underline{5x+10} \\ 0 \end{array}$$

$$P(x)=(x+2)(x^2-2x+5)$$

ゆえに　$(x+2)(x^2-2x+5)=0$

$$x+2=0 \quad \text{または} \quad x^2-2x+5=0$$

$x^2-2x+5=0$ より

$$x=-(-1)\pm\sqrt{(-1)^2-1\cdot5}=1\pm\sqrt{-4}=1\pm2i$$

よって　　$x=-2,\ 1\pm2i$

したがって，**他の解は**　　$\boldsymbol{x=-2,\ 1-2i}$

31 多項式 $P(x)$ を2次式 $(x-1)^2$ で割った余りは常に $P(1)$ であるといえるか。いえない場合は反例を1つ挙げよ。

解答 $P(x)=(x-1)^2(x-2)+3x+5$ とおくと，$P(x)$ を $(x-1)^2$ で割った商は $x-2$，余りは $3x+5$ である。

また，$P(1)=8$ であるから，$P(x)$ を2次式 $(x-1)^2$ で割った余りは常に $P(1)$ であるとはいえない。

答　**いえない，反例**　$\boldsymbol{P(x)=(x-1)^2(x-2)+3x+5}$

4節　式と証明

1 恒等式

用語のまとめ

恒等式

- 式の中の文字にどのような数を代入しても成り立つ等式を **恒等式** という。

等式 $\begin{cases} \text{方程式} \\ \text{恒等式} \end{cases}$

比例式

- 比の値が等しいことを示す式を **比例式** という。

● 恒等式であるための条件　　解き方のポイント

a, b, c, a', b', c' を実数とするとき，次のことが成り立つ。

$\boldsymbol{ax^2+bx+c=a'x^2+b'x+c'}$ **が x についての恒等式である**

$\boldsymbol{\iff \quad a=a',\ b=b',\ c=c'}$

特に，a, b, c を実数とするとき，次のことが成り立つ。

$\boldsymbol{ax^2+bx+c=0}$ **が x についての恒等式である**

$\boldsymbol{\iff \quad a=0,\ b=0,\ c=0}$

教 p.50

問1　次の等式が x についての恒等式となるように，定数 a, b, c の値を定めよ。

(1)　$x^2+1=ax^2+bx+c$　　(2)　$(a-1)x^2+2bx+(c+3)=0$

考え方　両辺の同じ次数の項の係数を比較する。

解答　(1)　$x^2+1=1\cdot x^2+0\cdot x+1$ であるから

$a=1$,　$b=0$,　$c=1$

(2)　$a-1=0$,　$2b=0$,　$c+3=0$ であるから

$a=1$,　$b=0$,　$c=-3$

教 p.51

問2　次の等式が x についての恒等式となるように，定数 a, b, c の値を定めよ。

(1)　$a(x+1)^2+b(x+1)+c=2x^2+3x+4$

(2)　$a(x-1)(x-2)+b(x-2)(x-3)+c(x-3)(x-1)=3x+5$

考え方　左辺を展開して px^2+qx+r の形に整理し，両辺の同じ次数の項の係数を比較して連立方程式をつくる。

解答 (1) 左辺を展開して整理すると，この等式は

$$ax^2+(2a+b)x+(a+b+c)=2x^2+3x+4$$

となるから，両辺の同じ次数の項の係数を比較すると

$$a=2 \quad \cdots\cdots ①$$

$$2a+b=3 \quad \cdots\cdots ②$$

$$a+b+c=4 \quad \cdots\cdots ③$$

①，②，③ を連立して a，b，c の値を求めると

$\boldsymbol{a=2,\ b=-1,\ c=3}$

(2) 左辺を展開して整理すると，この等式は

$$(a+b+c)x^2+(-3a-5b-4c)x+(2a+6b+3c)=3x+5$$

となるから，両辺の同じ次数の項の係数を比較すると

$$a+b+c=0 \quad \cdots\cdots ①$$

$$-3a-5b-4c=3 \quad \cdots\cdots ②$$

$$2a+6b+3c=5 \quad \cdots\cdots ③$$

①，②，③ を連立して a，b，c の値を求めると

$\boldsymbol{a=7,\ b=4,\ c=-11}$

別解 (1) $x+1=y$ とおくと，$x=y-1$ であるから，与えられた等式は

$$ay^2+by+c=2(y-1)^2+3(y-1)+4$$

よって　$ay^2+by+c=2y^2-y+3$

これが，y についての恒等式であるから

$a=2,\ b=-1,\ c=3$

(2) 与えられた等式を ① とおく。

① の両辺に $x=1,\ 2,\ 3$ をそれぞれ代入すると

$b\cdot(-1)\cdot(-2)=3\cdot1+5$　より　$b=4$

$c\cdot(-1)\cdot1=3\cdot2+5$　より　$c=-11$

$a\cdot2\cdot1=3\cdot3+5$　より　$a=7$

逆にこのとき，等式の左辺を変形すると，$3x+5$ となるから，① は x についての恒等式となる。

したがって

$a=7,\ b=4,\ c=-11$

教 p.52

問3　等式 $\dfrac{4x-13}{x^2+x-6}=\dfrac{a}{x+3}+\dfrac{b}{x-2}$ が x についての恒等式となるように，定数 a，b の値を定めよ。

考え方 分数式の恒等式は，分母を払って多項式の恒等式に直して考える。
$x^2+x-6=(x+3)(x-2)$ であるから，両辺に x^2+x-6 を掛ければ，分母を払うことができる。

解 答 両辺に $x^2+x-6=(x+3)(x-2)$ を掛けると

$$4x-13=a(x-2)+b(x+3)$$

この式が恒等式となればよい。
右辺を整理すると，この等式は

$$4x-13=(a+b)x+(-2a+3b)$$

よって　$a+b=4$，$-2a+3b=-13$
これを解いて　$\boldsymbol{a=5}$，$\boldsymbol{b=-1}$

● 等式の証明　解き方のポイント

等式 $A=B$ を証明するには，次のいずれかを行うとよい。

[1] A を B に変形する，または，B を A に変形する。

[2] A，B をそれぞれ同じ式 C に変形する。

[3] $A-B=0$ を示す。

教 p.53

問 4　次の等式を証明せよ。

(1) $(2a+b)^2-(a+2b)^2=3(a^2-b^2)$

(2) $(a^2+b^2)(c^2+d^2)=(ac+bd)^2+(ad-bc)^2$

考え方 左辺と右辺をそれぞれ展開して整理し，同じ式になることを示す。

証 明 (1)

$$\begin{aligned}(\text{左辺})&=(2a+b)^2-(a+2b)^2\\&=(4a^2+4ab+b^2)-(a^2+4ab+4b^2)\\&=3a^2-3b^2\end{aligned}$$

$$(\text{右辺})=3(a^2-b^2)=3a^2-3b^2$$

したがって

$$(2a+b)^2-(a+2b)^2=3(a^2-b^2)$$

(2)

$$\begin{aligned}(\text{左辺})&=(a^2+b^2)(c^2+d^2)\\&=a^2c^2+a^2d^2+b^2c^2+b^2d^2\end{aligned}$$

$$\begin{aligned}(\text{右辺})&=(ac+bd)^2+(ad-bc)^2\\&=(a^2c^2+2abcd+b^2d^2)+(a^2d^2-2abcd+b^2c^2)\\&=a^2c^2+a^2d^2+b^2c^2+b^2d^2\end{aligned}$$

したがって

$$(a^2+b^2)(c^2+d^2)=(ac+bd)^2+(ad-bc)^2$$

教 p.54

問5 次の等式を証明せよ。

(1) $x+y=1$ のとき $x^2-x=y^2-y$

(2) $a+b+c=0$ のとき $a^2+b^2+c^2=-2(ab+bc+ca)$

証明 (1) $x+y=1$ という条件から，$x=1-y$ であるから

$$(\text{左辺})=(1-y)^2-(1-y)$$
$$=1-2y+y^2-1+y=y^2-y=(\text{右辺})$$

したがって $x^2-x=y^2-y$

(2) $a+b+c=0$ という条件から $c=-a-b$

これを用いて，証明すべき等式の両辺から c を消去すると

$$(\text{左辺})=a^2+b^2+(-a-b)^2$$
$$=a^2+b^2+a^2+2ab+b^2$$
$$=2a^2+2ab+2b^2$$
$$(\text{右辺})=-2\{ab+b(-a-b)+(-a-b)a\}$$
$$=-2(ab-ab-b^2-a^2-ab)$$
$$=-2(-a^2-ab-b^2)$$
$$=2a^2+2ab+2b^2$$

したがって $a^2+b^2+c^2=-2(ab+bc+ca)$

別解 (左辺) − (右辺) を因数分解して証明することもできる。

(1) $(\text{左辺})-(\text{右辺})=(x^2-x)-(y^2-y)=(x^2-y^2)-(x-y)$

$$=(x+y)(x-y)-(x-y)=(x+y-1)(x-y)$$

(2) $(\text{左辺})-(\text{右辺})=(a^2+b^2+c^2)-\{-2(ab+bc+ca)\}$

$$=a^2+b^2+c^2+2ab+2bc+2ca=(a+b+c)^2$$

(1), (2) とも，与えられた条件を代入すると，(左辺) − (右辺) $=0$ となる。

教 p.54

問6 $\dfrac{a}{b}=\dfrac{c}{d}$ のとき，$\dfrac{2a+3c}{2b+3d}=\dfrac{2a-3c}{2b-3d}$ を証明せよ。

考え方 (比の値) $=k$ とおいて，等式が成り立つことを証明する。

証明 $\dfrac{a}{b}=\dfrac{c}{d}=k$ とおくと $a=bk,\ c=dk$

よって $(\text{左辺})=\dfrac{2bk+3dk}{2b+3d}=\dfrac{(2b+3d)k}{2b+3d}=k$

$$(\text{右辺})=\frac{2bk-3dk}{2b-3d}=\frac{(2b-3d)k}{2b-3d}=k$$

したがって $\dfrac{2a+3c}{2b+3d}=\dfrac{2a-3c}{2b-3d}$

2 不等式の証明

用語のまとめ

相加平均と相乗平均

- 2つの正の実数 a, b に対して，$\dfrac{a+b}{2}$ を **相加平均**，$\sqrt{ab}$ を **相乗平均** という。

● 不等式の性質 …… 解き方のポイント

実数 a, b, c に対して，次の性質が成り立つ。

[1] $a>b,\ b>c \implies a>c$

[2] $a>b \implies a+c>b+c,\quad a-c>b-c$

[3] $a>b,\ c>0 \implies ac>bc,\quad \dfrac{a}{c}>\dfrac{b}{c}$

[4] $a>b,\ c<0 \implies ac<bc,\quad \dfrac{a}{c}<\dfrac{b}{c}$ (不等号の向きが変わる)

実数 a, b に対して，次の性質が成り立つ。

$a>b \iff a-b>0$

a, b が同符号 $\iff ab>0$

a, b が異符号 $\iff ab<0$

● 不等式の証明 …… 解き方のポイント

不等式 $A>B$ を証明するには，$A-B>0$ となることを示せばよい。

教 p.56

問7 $a>b$ のとき，不等式 $3a+b>a+3b$ を証明せよ。

証明

$$
\begin{aligned}
(\text{左辺})-(\text{右辺}) &= (3a+b)-(a+3b)\\
&= 2a-2b\\
&= 2(a-b)
\end{aligned}
$$

ここで，$a>b$ より $a-b>0$ であるから

$$(\text{左辺})-(\text{右辺}) = 2(a-b)>0$$

したがって　$3a+b>a+3b$

実数の2乗(1) 解き方のポイント

実数 a に対し，$a^2 \geqq 0$ が成り立つ。
等号が成り立つのは，$a=0$ のときである。

教 p.57

問8 次の不等式を証明せよ。また，等号が成り立つのはどのようなときか。

(1) $2(x^2+y^2) \geqq (x-y)^2$　　(2) $5(x^2+y^2) \geqq (2x-y)^2$

証明 (1)

$$\begin{aligned}(\text{左辺})-(\text{右辺}) &= 2(x^2+y^2)-(x-y)^2\\ &= (2x^2+2y^2)-(x^2-2xy+y^2)\\ &= x^2+2xy+y^2\\ &= (x+y)^2\end{aligned}$$

$(x+y)^2 \geqq 0$ であるから　$(\text{左辺})-(\text{右辺}) \geqq 0$

したがって　$2(x^2+y^2) \geqq (x-y)^2$

等号が成り立つのは，$x+y=0$，すなわち　**$x=-y$ のとき** である。

(2)

$$\begin{aligned}(\text{左辺})-(\text{右辺}) &= 5(x^2+y^2)-(2x-y)^2\\ &= (5x^2+5y^2)-(4x^2-4xy+y^2)\\ &= x^2+4xy+4y^2\\ &= (x+2y)^2\end{aligned}$$

$(x+2y)^2 \geqq 0$ であるから　$(\text{左辺})-(\text{右辺}) \geqq 0$

したがって　$5(x^2+y^2) \geqq (2x-y)^2$

等号が成り立つのは，$x+2y=0$，すなわち　**$x=-2y$ のとき** である。

実数の2乗(2) 解き方のポイント

実数 a，b に対して，$a^2 \geqq 0$，$b^2 \geqq 0$ であるから

$a^2+b^2 \geqq 0$

が成り立つ。ここで，等号が成り立つのは，$a^2=0$ かつ $b^2=0$，すなわち
$a=b=0$ のときである。

教 p.57

問9 次の不等式を証明せよ。また，等号が成り立つのはどのようなときか。

(1) $x^2+y^2 \geqq xy$

(2) $x^2+y^2-4x-6y+13 \geqq 0$

考え方 (1) $(\text{左辺})-(\text{右辺})$ をつくり，平方完成する。

(2) 左辺を $(x+a)^2+(y+b)^2$ の形に変形し，0以上になることを示す。

証明 (1) (左辺) − (右辺) $= x^2 + y^2 - xy$

$$= x^2 - xy + y^2$$

$$= \left(x - \frac{y}{2}\right)^2 - \frac{y^2}{4} + y^2$$

$$= \left(x - \frac{y}{2}\right)^2 + \frac{3}{4}y^2$$

ここで，$\left(x - \dfrac{y}{2}\right)^2 \geqq 0$，$\dfrac{3}{4}y^2 \geqq 0$ であるから

$$\left(x - \frac{y}{2}\right)^2 + \frac{3}{4}y^2 \geqq 0$$

(左辺) − (右辺) $\geqq 0$ が成り立つから

$$x^2 + y^2 \geqq xy$$

等号が成り立つのは　$x - \dfrac{y}{2} = 0$ かつ $y = 0$

すなわち　$x = y = 0$ **のとき** である。

(2) $x^2 + y^2 - 4x - 6y + 13 = x^2 - 4x + y^2 - 6y + 13$

$$= (x-2)^2 - 4 + (y-3)^2 - 9 + 13$$

$$= (x-2)^2 + (y-3)^2$$

ここで，$(x-2)^2 \geqq 0$，$(y-3)^2 \geqq 0$ であるから

$$(x-2)^2 + (y-3)^2 \geqq 0$$

よって　$x^2 + y^2 - 4x - 6y + 13 \geqq 0$

等号が成り立つのは　$x - 2 = 0$ かつ $y - 3 = 0$

すなわち　$x = 2$，$y = 3$ **のとき** である。

● 平方による比較 …… 解き方のポイント

$A \geqq 0$，$B \geqq 0$ のとき

$$A \geqq B \iff A^2 \geqq B^2$$

根号や絶対値記号を含んだ不等式を証明するとき，このことを用いるとよい。

教 p.58

問10　$a \geqq 0$ のとき，不等式

$$a + 1 \geqq \sqrt{2a+1}$$

を証明せよ。また，等号が成り立つのはどのようなときか。

考え方　証明すべき不等式は両辺とも正であるから，それぞれを 2 乗した不等式 $(a+1)^2 \geqq \left(\sqrt{2a+1}\right)^2$ を証明する。

証明 $(a+1)^2-(\sqrt{2a+1})^2=(a^2+2a+1)-(2a+1)$
$=a^2 \geqq 0$

したがって　$(a+1)^2 \geqq (\sqrt{2a+1})^2$

$a+1>0$，$\sqrt{2a+1}>0$ であるから

$a+1 \geqq \sqrt{2a+1}$

等号が成り立つのは，$a^2=0$，すなわち　$a=0$ のとき である。

教 p.59

問 11　次の 2 数の相加平均と相乗平均を求め，その大小を比較せよ。

(1)　1 と 100　　(2)　40 と 40　　(3)　36 と 64

考え方　正の実数 a，b の相加平均は $\dfrac{a+b}{2}$，相乗平均は $\sqrt{ab}$ である。

解答　(1)　相加平均　$\dfrac{1+100}{2}=\dfrac{101}{2}$，相乗平均　$\sqrt{1\cdot 100}=10$

$\dfrac{101}{2}>10$ より　(相加平均) > (相乗平均)

(2)　相加平均　$\dfrac{40+40}{2}=40$，相乗平均　$\sqrt{40\cdot 40}=40$

$40=40$ より　(相加平均) = (相乗平均)

(3)　相加平均　$\dfrac{36+64}{2}=50$，相乗平均　$\sqrt{36\cdot 64}=\sqrt{6^2\cdot 8^2}=48$

$50>48$ より　(相加平均) > (相乗平均)

● 相加平均と相乗平均　解き方のポイント

$\boldsymbol{a>0,\ b>0}$ **のとき**

$$\frac{a+b}{2} \geqq \sqrt{ab}$$

等号が成り立つのは，$a=b$ のときである。

$a+b \geqq 2\sqrt{ab}$ の形で用いられることが多い。

教 p.60

問 12　$a>0$，$b>0$ のとき，次の不等式を証明せよ。また，等号が成り立つのはどのようなときか。

(1)　$a+\dfrac{4}{a} \geqq 4$　　(2)　$\dfrac{b}{a}+\dfrac{a}{b} \geqq 2$

証明 (1) $a>0$ であるから，a と $\frac{4}{a}$ はいずれも正である。

よって，相加平均と相乗平均の関係より

$$a+\frac{4}{a} \geqq 2\sqrt{a\cdot\frac{4}{a}}=4$$

が成り立つ。

ここで，等号が成り立つのは，$a=\frac{4}{a}$ のときである。

このとき　$a^2=4$

よって　　$a=\pm 2$

$a>0$ であるから　　$a=2$

したがって，**等号が成り立つのは $a=2$ のとき** である。

(2) $a>0$，$b>0$ であるから，$\frac{b}{a}$ と $\frac{a}{b}$ はいずれも正である。

よって，相加平均と相乗平均の関係より

$$\frac{b}{a}+\frac{a}{b} \geqq 2\sqrt{\frac{b}{a}\cdot\frac{a}{b}}=2$$

が成り立つ。

ここで，等号が成り立つのは，$\frac{b}{a}=\frac{a}{b}$ のときである。

このとき　　$a^2=b^2$

$a>0$，$b>0$ であるから　　$a=b$

したがって，**等号が成り立つのは $a=b$ のとき** である。

Challenge（チャレンジ）例題　絶対値を含む不等式の証明　教 p.61

● 実数の絶対値　解き方のポイント

実数 a，b の絶対値 $|a|$，$|b|$ について，次のことが成り立つ。

[1]　$a \geqq 0$ のとき　$|a|=a$

$a<0$ のとき　$|a|=-a$

[2]　$|a|^2=a^2$，$|ab|=|a||b|$，$\left|\frac{a}{b}\right|=\frac{|a|}{|b|}$　ただし　$b \neq 0$

$|a| \geqq 0$，$|a| \geqq a$，$|a| \geqq -a$

問1　不等式 $|a|+|b| \geqq |a-b|$ を証明せよ。また，等号が成り立つのはどのようなときか。

考え方 証明すべき不等式は両辺とも0以上であるから，それぞれを2乗して差をとった不等式 $(|a|+|b|)^2-|a-b|^2 \geqq 0$ を証明すればよい。

証明

$$\begin{aligned}(|a|+|b|)^2-|a-b|^2 &= |a|^2+2|a||b|+|b|^2-(a-b)^2\\ &= a^2+2|ab|+b^2-(a^2-2ab+b^2)\\ &= 2(|ab|+ab)\end{aligned}$$

ここで，$|ab| \geqq -ab$ であるから　　$2(|ab|+ab) \geqq 0$

したがって　　$(|a|+|b|)^2 \geqq |a-b|^2$

$|a|+|b| \geqq 0$，$|a-b| \geqq 0$ であるから

$$|a|+|b| \geqq |a-b|$$

等号が成り立つのは $|ab|=-ab$，**すなわち $ab \leqq 0$ のとき** である。

Training トレーニング 　教 p.62

32 次の等式が x についての恒等式となるように，定数 a，b，c の値を定めよ。

(1) $x^2-3=a(x-1)(x+1)+b(x-1)+c$

(2) $x^3-x^2-4x=(x-1)^3+a(x-1)^2+b(x-1)+c$

(3) $\dfrac{3x+8}{3x^2-5x-2}=\dfrac{a}{x-2}+\dfrac{b}{3x+1}$

解答 (1)　　(右辺) $=a(x^2-1)+b(x-1)+c=ax^2+bx-a-b+c$

となるから，この等式は

$$x^2-3=ax^2+bx+(-a-b+c)$$

となる。両辺の同じ次数の項の係数を比較すると

$$a=1 \quad \cdots\cdots ①$$

$$b=0 \quad \cdots\cdots ②$$

$$-a-b+c=-3 \quad \cdots\cdots ③$$

①，② を ③ に代入すると　　$c=-2$

したがって　　$\boldsymbol{a=1,\ b=0,\ c=-2}$

(2)　　(右辺) $=(x^3-3x^2+3x-1)+a(x^2-2x+1)+b(x-1)+c$

$$=x^3+(a-3)x^2+(-2a+b+3)x+a-b+c-1$$

となるから，この等式は

$$x^3-x^2-4x=x^3+(a-3)x^2+(-2a+b+3)x+(a-b+c-1)$$

となる。両辺の同じ次数の項の係数を比較すると

$$a-3=-1 \quad \cdots\cdots ①$$

$$-2a+b+3=-4 \quad \cdots\cdots ②$$

$$a-b+c-1=0 \quad \cdots\cdots ③$$

①，②，③ を連立して a，b，c を求めると

$$a=2,\ b=-3,\ c=-4$$

(3)　両辺に $3x^2-5x-2=(x-2)(3x+1)$ を掛けると

$$3x+8=a(3x+1)+b(x-2)$$

この式が恒等式となればよい。

右辺を整理すると，この等式は

$$3x+8=(3a+b)x+(a-2b)$$

よって

$$3a+b=3,\quad a-2b=8$$

これを解いて　　$a=2,\ b=-3$

33 次の等式を証明せよ。

(1)　$(ax-by)^2-(ay-bx)^2=(a^2-b^2)(x^2-y^2)$

(2)　$a^2+b^2+c^2-ab-bc-ca=\dfrac{1}{2}\{(a-b)^2+(b-c)^2+(c-a)^2\}$

(3)　$(x+1)^3-(3x^2+1)=(x-1)^3+(3x^2+1)$

考え方　(1), (3)　等式の両辺を展開して整理し，同じ式になることを示す。

(2)　右辺を展開して整理し，(左辺) = (右辺) を示す。

証明　(1)

$$(\text{左辺})=(a^2x^2-2abxy+b^2y^2)-(a^2y^2-2abxy+b^2x^2)$$
$$=a^2x^2-b^2x^2-a^2y^2+b^2y^2$$
$$(\text{右辺})=a^2x^2-a^2y^2-b^2x^2+b^2y^2=a^2x^2-b^2x^2-a^2y^2+b^2y^2$$

したがって

$$(ax-by)^2-(ay-bx)^2=(a^2-b^2)(x^2-y^2)$$

(2)

$$(\text{右辺})=\frac{1}{2}\{(a^2-2ab+b^2)+(b^2-2bc+c^2)+(c^2-2ca+a^2)\}$$
$$=\frac{1}{2}(2a^2+2b^2+2c^2-2ab-2bc-2ca)$$
$$=a^2+b^2+c^2-ab-bc-ca$$
$$=(\text{左辺})$$

したがって

$$a^2+b^2+c^2-ab-bc-ca=\frac{1}{2}\{(a-b)^2+(b-c)^2+(c-a)^2\}$$

(3)

$$(\text{左辺})=(x^3+3x^2+3x+1)-(3x^2+1)=x^3+3x$$
$$(\text{右辺})=(x^3-3x^2+3x-1)+(3x^2+1)=x^3+3x$$

したがって

$$(x+1)^3-(3x^2+1)=(x-1)^3+(3x^2+1)$$

34 $x-y=1$ のとき，次の等式を証明せよ。

(1)　$x^2+y^2=2xy+x-y$　　　(2)　$y^3+1=x^3-3xy$

証明 $x-y=1$ という条件から　$x=y+1$ ……①

(1) ①を用いて，証明すべき等式の両辺から x を消去すると

$$(\text{左辺})=(y+1)^2+y^2=y^2+2y+1+y^2=2y^2+2y+1$$

$$(\text{右辺})=2(y+1)y+(y+1)-y=2y^2+2y+1$$

したがって　$x^2+y^2=2xy+x-y$

(2) ①を，等式の右辺の x に代入すると

$$(\text{右辺})=(y+1)^3-3(y+1)y=y^3+3y^2+3y+1-(3y^2+3y)=y^3+1$$
$$=(\text{左辺})$$

したがって　$y^3+1=x^3-3xy$

別解 (1)

$$(\text{左辺})-(\text{右辺})=(x^2+y^2)-(2xy+x-y)$$
$$=(x^2-2xy+y^2)-(x-y)$$
$$=(x-y)^2-(x-y)=(x-y-1)(x-y)$$

$x-y=1$ を代入すると　$(\text{左辺})-(\text{右辺})=0$

35 $\dfrac{a}{b}=\dfrac{c}{d}$ のとき，$\dfrac{a+c}{b+d}=\dfrac{a^2d}{b^2c}$ を証明せよ。

考え方 $\dfrac{a}{b}=\dfrac{c}{d}=k$ とおいて，a，c をそれぞれ k の式で表す。

証明 $\dfrac{a}{b}=\dfrac{c}{d}=k$ とおくと　$a=bk$，$c=dk$

よって　$(\text{左辺})=\dfrac{a+c}{b+d}=\dfrac{bk+dk}{b+d}=\dfrac{(b+d)k}{b+d}=k$

$$(\text{右辺})=\frac{a^2d}{b^2c}=\frac{(bk)^2\cdot d}{b^2\cdot(dk)}=\frac{b^2dk^2}{b^2dk}=k$$

したがって　$\dfrac{a+c}{b+d}=\dfrac{a^2d}{b^2c}$

36 次の不等式を証明せよ。また，等号が成り立つのはどのようなときか。

$$(a^2+4)(x^2+1)\geqq(ax+2)^2$$

考え方 (左辺)－(右辺) を計算して，0 以上になることを示す。

証明

$$(\text{左辺})-(\text{右辺})=(a^2+4)(x^2+1)-(ax+2)^2$$
$$=(a^2x^2+a^2+4x^2+4)-(a^2x^2+4ax+4)$$
$$=4x^2-4ax+a^2$$
$$=(2x-a)^2$$

$(2x-a)^2\geqq0$ であるから　$(\text{左辺})-(\text{右辺})\geqq0$

よって　$(a^2+4)(x^2+1)\geqq(ax+2)^2$

等号が成り立つのは　$2x-a=0$

すなわち　**$a=2x$ のとき** である。

37 次の不等式を証明せよ。また，等号が成り立つのはどのようなときか。

$a^2+b^2 \geqq 2(a+b-1)$

考え方 (左辺)−(右辺) を平方の和の形に変形し，0 以上になることを示す。

証明

$$(\text{左辺})-(\text{右辺})=(a^2+b^2)-2(a+b-1)$$
$$=a^2-2a+b^2-2b+2$$
$$=(a^2-2a+1)+(b^2-2b+1)$$
$$=(a-1)^2+(b-1)^2$$

ここで，$(a-1)^2 \geqq 0$，$(b-1)^2 \geqq 0$ であるから

$$(a-1)^2+(b-1)^2 \geqq 0$$

(左辺)−(右辺) $\geqq 0$ が成り立つから

$$a^2+b^2 \geqq 2(a+b-1)$$

等号が成り立つのは　$a-1=0$ かつ $b-1=0$

すなわち　**$a=b=1$ のとき** である。

38 $a \geqq b \geqq 0$ のとき，不等式 $\sqrt{a}-\sqrt{b} \leqq \sqrt{a-b}$ を証明せよ。また，等号が成り立つのはどのようなときか。

考え方 $a \geqq b \geqq 0$ であるから　$\sqrt{a} \geqq \sqrt{b} \geqq 0$ であり，$\sqrt{a}-\sqrt{b} \geqq 0$ となる。また，$\sqrt{a-b} \geqq 0$ である。証明すべき不等式は両辺とも 0 以上であるから，両辺を 2 乗した不等式を証明する。

証明

$$(\sqrt{a-b})^2-(\sqrt{a}-\sqrt{b})^2=(a-b)-(a-2\sqrt{ab}+b)$$
$$=2\sqrt{ab}-2b$$
$$=2\sqrt{b}(\sqrt{a}-\sqrt{b}) \qquad \longleftarrow b=\sqrt{b}\times\sqrt{b}$$

$a \geqq b \geqq 0$ より $\sqrt{a} \geqq \sqrt{b} \geqq 0$ であるから

$$2\sqrt{b}(\sqrt{a}-\sqrt{b}) \geqq 0$$

したがって　$(\sqrt{a}-\sqrt{b})^2 \leqq (\sqrt{a-b})^2$

$\sqrt{a}-\sqrt{b} \geqq 0$，$\sqrt{a-b} \geqq 0$ であるから

$$\sqrt{a}-\sqrt{b} \leqq \sqrt{a-b}$$

等号が成り立つのは　$2\sqrt{b}(\sqrt{a}-\sqrt{b})=0$

すなわち　**$b=0$ または $a=b$ のとき** である。

39 $a>0$ のとき，不等式 $9a+\dfrac{4}{a} \geqq 12$ を証明せよ。また，等号が成り立つのはどのようなときか。

考え方 相加平均と相乗平均の関係を利用する。

証明 $a>0$ であるから，$9a$ と $\dfrac{4}{a}$ はいずれも正である。

よって，相加平均と相乗平均の関係より

$$9a+\frac{4}{a} \geqq 2\sqrt{9a\cdot\frac{4}{a}}=2\sqrt{36}=12$$

が成り立つ。

ここで，等号が成り立つのは，$9a=\dfrac{4}{a}$ のときである。

このとき　$a^2=\dfrac{4}{9}$

よって　　$a=\pm\dfrac{2}{3}$

$a>0$ であるから　$a=\dfrac{2}{3}$

したがって，**等号が成り立つのは $a=\dfrac{2}{3}$ のとき** である。

---

40 次の［問題］の［解答］は誤りである。どこが誤りか答えよ。

［問題］$x>0$ のとき，$\left(x+\dfrac{1}{x}\right)\left(x+\dfrac{4}{x}\right)$ の最小値を求めよ。

［解答］$x>0$ で，相加平均と相乗平均の関係より $x+\dfrac{1}{x} \geqq 2$，$x+\dfrac{4}{x} \geqq 4$

したがって，$\left(x+\dfrac{1}{x}\right)\left(x+\dfrac{4}{x}\right) \geqq 2\times4=8$ より，求める最小値は 8 である。

考え方 $x+\dfrac{1}{x}$，$x+\dfrac{4}{x}$ で相加平均と相乗平均の関係を考え，等号が成り立つ場合はどのようなときか調べる。

解答 $\left(x+\dfrac{1}{x}\right)\left(x+\dfrac{4}{x}\right) \geqq 8$ において，等号が成り立つのは，$x+\dfrac{1}{x} \geqq 2$，$x+\dfrac{4}{x} \geqq 4$ の等号が同時に成り立つときである。ここで

$x+\dfrac{1}{x} \geqq 2$ において，等号が成り立つのは

　$x=\dfrac{1}{x}$，すなわち $x=1$ のとき

$x+\dfrac{4}{x} \geqq 4$ において，等号が成り立つのは

　$x=\dfrac{4}{x}$，すなわち $x=2$ のとき

であるが，これらは同時に成り立たないから，$\left(x+\dfrac{1}{x}\right)\left(x+\dfrac{4}{x}\right) \geqq 8$ の

等号は成り立たない。

したがって，$\left(x+\dfrac{1}{x}\right)\left(x+\dfrac{4}{x}\right)=8$ となる x の値はないから，最小値が8とはいえない。

注意　それぞれの不等式の等号が同時に成り立つ場合があるときだけ，掛け合わせてできる不等式の等号も成り立つ。

参考　$$\left(x+\frac{1}{x}\right)\left(x+\frac{4}{x}\right)=x^2+\frac{4}{x^2}+5 \geqq 2\sqrt{x^2\cdot\frac{4}{x^2}}+5=9$$

したがって，$x^2=\dfrac{4}{x^2}$ のとき，最小値9をとる。

$x>0$ より，$x=\sqrt{2}$ のとき，最小値9をとる。

参考 ▶ 組立除法　教 p.63

● 組立除法　解き方のポイント

多項式 $P(x)$ を $x-\alpha$ という形の1次式で割るとき，組立除法 によって，商と余りを求めることができる。

教 p.63

問1　次の x の多項式 A を B で割ったときの商と余りを求めよ。

(1)　$A=x^3-5x^2+8x-3$，$B=x-3$

(2)　$A=x^4-x^2+3x-6$，$B=x+2$

考え方　係数を並べて組立除法を行う。

割る式 $x-\alpha$ の α を書く

3	1	−5	8	−3
+)		1×3 → 3	−2×3 → −6	2×3 → 6
	1	−2	2	3
		↑ $(-5)+3$	↑ $8+(-6)$	↑ $-3+6$

←割られる式の各項の係数を書く

←余り（3）

解答　(1)

3	1	−5	8	−3
+)		3	−6	6
	1	−2	2	3

商 x^2-2x+2
余り 3

(2)

−2	1	0	−1	3	−6
+)		−2	4	−6	6
	1	−2	3	−3	0

商 x^3-2x^2+3x-3
余り 0

教 p.64-65

1 次の問に答えよ。

(1) $a^3+b^3=(a+b)^3-3ab(a+b)$ を示せ。

(2) (1) の結果を用いて，次の式を因数分解せよ。

$$a^3+b^3+c^3-3abc$$

考え方 (1) 右辺を展開して整理し，左辺に等しくなることを示す。

(2) (1) の結果と公式 $a^3+b^3=(a+b)(a^2-ab+b^2)$ を利用する。

解答 (1)

$$\begin{aligned}(\text{右辺})&=(a^3+3a^2b+3ab^2+b^3)-(3a^2b+3ab^2)\\&=a^3+b^3\\&=(\text{左辺})\end{aligned}$$

したがって　$a^3+b^3=(a+b)^3-3ab(a+b)$

(2)

$$\begin{aligned}&a^3+b^3+c^3-3abc\\&=(a+b)^3-3ab(a+b)+c^3-3abc\\&=\{(a+b)^3+c^3\}-3ab\{(a+b)+c\}\\&=\{(a+b)+c\}\{(a+b)^2-(a+b)c+c^2\}\\&\qquad-3ab(a+b+c)\\&=(a+b+c)\{(a^2+2ab+b^2-ac-bc+c^2)\\&\qquad-3ab\}\\&=(a+b+c)(a^2+b^2+c^2-ab-bc-ca)\end{aligned}$$

← (1) の結果を利用する

← $a+b=X$ とおくと $(a+b)^3+c^3$ $=X^3+c^3$ $=(X+c)\times$ (X^2-Xc+c^2)

← $a+b+c$ が共通因数

注意 答えは輪環の順に整理して答える。

2 $(ax+b)^{12}$ の展開式における x^2 および x^{11} の係数をそれぞれ求めよ。ただし，a，b は定数であるとする。

考え方 $(a+b)^{12}$ の展開式の一般項は　${}_{12}\mathrm{C}_r a^{12-r}b^r$　$(r=0,\ 1,\ \cdots,\ 12)$

解答 $(ax+b)^{12}$ の展開式の一般項は

$${}_{12}\mathrm{C}_r(ax)^{12-r}b^r\quad(r=0,\ 1,\ 2,\ \cdots,\ 12)\quad\cdots\cdots①$$

と表される。

x^2 の項は，① において，$r=10$ の場合であるから

$${}_{12}\mathrm{C}_{10}(ax)^2b^{10}=66\cdot a^2x^2\cdot b^{10}=66a^2b^{10}x^2$$

← ${}_{12}\mathrm{C}_{10}={}_{12}\mathrm{C}_2$

したがって，x^2 の係数は　　$66a^2b^{10}$

x^{11} の項は，① において，$r=1$ の場合であるから

$${}_{12}\mathrm{C}_1(ax)^{11}b=12\cdot a^{11}x^{11}\cdot b=12a^{11}bx^{11}$$

したがって，x^{11} の係数は　　$12a^{11}b$

3 α，β を複素数とするとき，次のことを示せ。

(1) $\overline{\alpha+\beta}=\overline{\alpha}+\overline{\beta}$ (2) $\overline{\alpha\beta}=\overline{\alpha}\,\overline{\beta}$

考え方 $\alpha=a+bi$，$\beta=c+di$ として，(左辺) = (右辺) を示す。

解答 $\alpha=a+bi$，$\beta=c+di$ とおく。(a，b，c，d は実数)

(1) $\alpha+\beta=(a+bi)+(c+di)=(a+c)+(b+d)i$ であるから

$$\overline{\alpha+\beta}=\overline{(a+c)+(b+d)i}=(a+c)-(b+d)i$$

また

$$\overline{\alpha}+\overline{\beta}=(a-bi)+(c-di)=(a+c)-(b+d)i$$

したがって $\overline{\alpha+\beta}=\overline{\alpha}+\overline{\beta}$

(2) $\alpha\beta=(a+bi)(c+di)=(ac-bd)+(ad+bc)i$ であるから

$$\overline{\alpha\beta}=\overline{(ac-bd)+(ad+bc)i}=(ac-bd)-(ad+bc)i$$

また

$$\overline{\alpha}\,\overline{\beta}=(a-bi)(c-di)=ac-adi-bci+bdi^2$$
$$=(ac-bd)-(ad+bc)i$$

したがって $\overline{\alpha\beta}=\overline{\alpha}\,\overline{\beta}$

4 $x=1-\sqrt{3}\,i$ のとき，次の問に答えよ。

(1) $x^2-2x+4=0$ が成り立つことを示せ。

(2) (1) の結果を用いて，x^3-4x^2+9x+3 の値を求めよ。

考え方 (1) $x-1=-\sqrt{3}\,i$ となる。この式の両辺を 2 乗して整理する。

(2) x^3-4x^2+9x+3 を x^2-2x+4 で割って余りを求める。(1) より，$x^2-2x+4=0$ を用いると，x^3-4x^2+9x+3 の値が求められる。

解答 (1) $x=1-\sqrt{3}\,i$ より $x-1=-\sqrt{3}\,i$

両辺を 2 乗すると $(x-1)^2=(-\sqrt{3}\,i)^2$

$$x^2-2x+1=-3$$

よって $x^2-2x+4=0$

(2) 右のように，x^3-4x^2+9x+3 を x^2-2x+4 で割ると

$$\begin{array}{r|l} & x-2 \\ x^2-2x+4 & x^3-4x^2+9x+3 \\ & x^3-2x^2+4x \\ \hline & -2x^2+5x+3 \\ & -2x^2+4x-8 \\ \hline & x+11 \end{array}$$

$$x^3-4x^2+9x+3$$
$$=(x^2-2x+4)(x-2)+(x+11)$$

(1) の結果から，$x=1-\sqrt{3}\,i$ のとき，$x^2-2x+4=0$ であるから

$$x^3-4x^2+9x+3=0+(1-\sqrt{3}\,i)+11$$
$$=12-\sqrt{3}\,i$$

5 次の2つの2次方程式の一方が異なる2つの実数解をもち，他方が虚数解をもつような定数aの値の範囲を求めよ。

$$x^2-2x+a=0,\quad x^2+4x-2a=0$$

考え方 2つの方程式の判別式をD_1，D_2とすると，D_1，D_2の一方が正で，もう一方が負となる条件を求めればよい。すなわち，$D_1 \cdot D_2<0$となる定数aの値の範囲を求める。

解 答 2次方程式$x^2-2x+a=0$の判別式をD_1
2次方程式$x^2+4x-2a=0$の判別式をD_2
とすると

$$D_1=(-2)^2-4\cdot1\cdot a=4-4a=4(1-a)$$
$$D_2=4^2-4\cdot1\cdot(-2a)=16+8a=8(2+a)$$

2つの2次方程式の一方が異なる2つの実数解をもち，他方が虚数解をもつのは，D_1，D_2の一方が正で，もう一方が負であるとき，すなわち，$D_1\cdot D_2<0$となるときである。
よって

$$4(1-a)\cdot8(2+a)<0$$
$$(a-1)(a+2)>0$$

したがって，求めるaの値の範囲は

$$\boldsymbol{a<-2,\ 1<a}$$

6 2次方程式$x^2+kx-k-1=0$の2つの解をα，βとするとき，$\alpha^2+\beta^2=10$となるような定数kの値を求めよ。

考え方 解と係数の関係を用いて，$\alpha+\beta$，$\alpha\beta$をkの式で表す。これらの式を用いて，$\alpha^2+\beta^2$をkの式で表す。

解 答 解と係数の関係より

$$\alpha+\beta=-k,\quad \alpha\beta=-k-1$$

このとき

$$\alpha^2+\beta^2=(\alpha+\beta)^2-2\alpha\beta=(-k)^2-2(-k-1)=k^2+2k+2$$

となる。
$\alpha^2+\beta^2=10$より，$k^2+2k+2=10$であるから

$$k^2+2k-8=0$$
$$(k+4)(k-2)=0$$

よって　$\boldsymbol{k=-4,\ 2}$

7 多項式 $P(x)$ を $(x-1)(x-2)$ で割ると $3x-5$ 余り，$(x-1)(x+2)$ で割ると $-5x+3$ 余る。このとき，$P(x)$ を $(x-2)(x+2)$ で割ったときの余りを求めよ。

考え方 $P(x)$ を $(x-2)(x+2)$ で割ったときの商を $Q(x)$，余りを $ax+b$ (a，b は定数) とおく。一方，剰余の定理により，$P(2)=1$，$P(-2)=13$ である。この2式から a，b についての連立方程式をつくり，それを解く。

解　答 $P(x)$ を $(x-2)(x+2)$ で割ったときの商を $Q(x)$ とする。2次式で割ったときの余りは1次以下の多項式であるから，余りを $ax+b$ とおくと

$P(x)=(x-2)(x+2)Q(x)+ax+b$　……①

また，$P(x)$ を $(x-1)(x-2)$，$(x-1)(x+2)$ で割ったときの商をそれぞれ $Q_1(x)$，$Q_2(x)$ とおくと

$P(x)=(x-1)(x-2)Q_1(x)+3x-5$　……②

$P(x)=(x-1)(x+2)Q_2(x)-5x+3$　……③

したがって

①より　$P(2)=2a+b$，$P(-2)=-2a+b$

②より　$P(2)=1$

③より　$P(-2)=13$

よって　$2a+b=1$，$-2a+b=13$

これを解くと　$a=-3$，$b=7$

したがって，求める余りは　$-3x+7$

8 $3x^3+ax^2+bx-6$ が x^2+x-2 で割り切れるように，定数 a，b の値を定めよ。

考え方 $P(x)=3x^3+ax^2+bx-6$ とおく。割る式が $x^2+x-2=(x+2)(x-1)$ であるから，$P(x)$ が $x+2$，$x-1$ の両方を因数にもつ条件を考える。

解　答 $P(x)=3x^3+ax^2+bx-6$ とおく。

$x^2+x-2=(x+2)(x-1)$ であるから，$P(x)$ が x^2+x-2 で割り切れるとき，$x+2$ と $x-1$ の両方を因数にもつ。

したがって，$P(-2)=0$ かつ $P(1)=0$ であるから

$P(-2)=3\cdot(-2)^3+a\cdot(-2)^2+b\cdot(-2)-6=4a-2b-30$

より　$4a-2b-30=0$　……①

$P(1)=3\cdot1^3+a\cdot1^2+b\cdot1-6=a+b-3$

より　$a+b-3=0$　……②

①，②を連立して a，b を求めると

$a=6$，$b=-3$

9 1の3乗根のうち，虚数であるものの1つを ω で表すとき，次の値を求めよ。

(1) $\omega^6+\omega^3+1$　　(2) $\omega^4+\omega^2+1$

考え方 1の3乗根の性質より，次のことが成り立つ。

$$\omega^3=1,\ \omega^2+\omega+1=0$$

解答 (1) $\omega^6+\omega^3+1=(\omega^3)^2+\omega^3+1=1^2+1+1=3$

(2) $\omega^4+\omega^2+1=\omega\cdot\omega^3+\omega^2+1=\omega\cdot1+\omega^2+1=\omega^2+\omega+1=0$

10 直円柱の容器があり，その底面の直径は6 cm，高さは8 cm である。この容器の直径と高さを同じ長さだけ長くした直円柱の容器を作ったら体積が 88π cm^3 だけ増加した。直径や高さを何 cm 長くしたか。

考え方 円柱の体積は (底面積)×(高さ) で求められる。

直径と高さをそれぞれ x cm だけ長くしたとして，方程式をつくる。

解答 直径と高さを x cm だけ長くしたとする。

もとの容器の底面の円の半径は3 cm，高さは8 cm であるから，体積は

$$\pi\cdot3^2\cdot8=72\pi\ (\text{cm}^3)$$

新しい容器の底面の円の直径は $(6+x)$ cm であるから，

半径は $\left(3+\frac{1}{2}x\right)$ cm，高さは $(8+x)$ cm となる。したがって，体積は

$$\pi\left(3+\frac{1}{2}x\right)^2\cdot(8+x)\ (\text{cm}^3)$$

体積が 88π cm^3 だけ増加したことから

$$\pi\left(3+\frac{1}{2}x\right)^2\cdot(8+x)=72\pi+88\pi$$

整理して　$x^3+20x^2+132x-352=0$

$P(x)=x^3+20x^2+132x-352$ とおくと

$$P(2)=2^3+20\cdot2^2+132\cdot2-352=0$$

$P(2)=0$ であるから，$P(x)$ は $x-2$ を因数にもつ。

そこで，右のように割り算を行うと

$$(x-2)(x^2+22x+176)=0$$

$$\begin{array}{r}
x^2+22x+176 \\
x-2\,\big)\,\overline{x^3+20x^2+132x-352} \\
\underline{x^3-\ \ 2x^2\qquad\qquad\qquad} \\
22x^2+132x\qquad\ \\
\underline{22x^2-\ \ 44x\qquad\ } \\
176x-352 \\
\underline{176x-352} \\
0
\end{array}$$

$x^2+22x+176=0$ より

$$x=-11\pm\sqrt{11^2-176}=-11\pm\sqrt{55}\,i$$

よって　$x=2,\ -11\pm\sqrt{55}\,i$

x は正の実数であるから　$x=2$

したがって，2 cm だけ長くした。

11 $\dfrac{x}{a}=\dfrac{y}{b}=\dfrac{z}{c}$ のとき，次の等式を証明せよ。

$$(a^2+b^2+c^2)(x^2+y^2+z^2)=(ax+by+cz)^2$$

考え方 $\dfrac{x}{a}=\dfrac{y}{b}=\dfrac{z}{c}=k$ とおくと，$x=ak$，$y=bk$，$z=ck$ となる。これらを左辺と右辺にそれぞれ代入し，(左辺) = (右辺) となることを示す。

証明 $\dfrac{x}{a}=\dfrac{y}{b}=\dfrac{z}{c}=k$ とおくと　　$x=ak$，$y=bk$，$z=ck$

よって

$$\begin{aligned}(\text{左辺})&=(a^2+b^2+c^2)(x^2+y^2+z^2)\\&=(a^2+b^2+c^2)\{(ak)^2+(bk)^2+(ck)^2\}\\&=(a^2+b^2+c^2)\{k^2(a^2+b^2+c^2)\}\\&=k^2(a^2+b^2+c^2)^2\end{aligned}$$

$$\begin{aligned}(\text{右辺})&=(ax+by+cz)^2\\&=(a\cdot ak+b\cdot bk+c\cdot ck)^2\\&=\{k(a^2+b^2+c^2)\}^2\\&=k^2(a^2+b^2+c^2)^2\end{aligned}$$

したがって　　$(a^2+b^2+c^2)(x^2+y^2+z^2)=(ax+by+cz)^2$

12 $a\geqq b$，$c\geqq d$ のとき，不等式

$$(a+b)(c+d)\leqq 2(ac+bd)$$

を証明せよ。また，等号が成り立つのはどのようなときか。

考え方 $A\leqq B$ を証明するには，$B-A\geqq 0$ を示す。

証明

$$\begin{aligned}(\text{右辺})-(\text{左辺})&=2(ac+bd)-(a+b)(c+d)\\&=2ac+2bd-(ac+ad+bc+bd)\\&=ac-ad-bc+bd\\&=a(c-d)-b(c-d)\\&=(a-b)(c-d)\end{aligned}$$

ここで，$a\geqq b$，$c\geqq d$ より

$a-b\geqq 0$，$c-d\geqq 0$

であるから

$(a-b)(c-d)\geqq 0$

したがって，(右辺) − (左辺) $\geqq 0$ が成り立つから

$(a+b)(c+d)\leqq 2(ac+bd)$

等号が成り立つのは　　$a-b=0$　または　$c-d=0$

すなわち　$\boldsymbol{a=b}$　**または**　$\boldsymbol{c=d}$ **のとき** である。

13 次の不等式を証明せよ。また，等号が成り立つのはどのようなときか。

(1) $(a^2+b^2)(x^2+y^2) \geqq (ax+by)^2$

(2) $a^2+b^2+c^2 \geqq ab+bc+ca$

考え方 (左辺)－(右辺) を計算し，(実数)^2 の形をつくる。

証明 (1) (左辺)－(右辺)

$$=(a^2+b^2)(x^2+y^2)-(ax+by)^2$$
$$=(a^2x^2+a^2y^2+b^2x^2+b^2y^2)-(a^2x^2+2abxy+b^2y^2)$$
$$=b^2x^2-2abxy+a^2y^2$$
$$=(bx-ay)^2$$

$(bx-ay)^2 \geqq 0$ であるから

(左辺)－(右辺) $\geqq 0$

したがって

$$(a^2+b^2)(x^2+y^2) \geqq (ax+by)^2$$

等号が成り立つのは $bx-ay=0$

すなわち **$bx=ay$ のとき** である。

(2) (左辺)－(右辺)

$$=(a^2+b^2+c^2)-(ab+bc+ca)$$
$$=\frac{1}{2}(2a^2+2b^2+2c^2-2ab-2bc-2ca)$$
$$=\frac{1}{2}\{(a^2-2ab+b^2)+(b^2-2bc+c^2)+(c^2-2ca+a^2)\}$$
$$=\frac{1}{2}\{(a-b)^2+(b-c)^2+(c-a)^2\}$$

ここで，$(a-b)^2 \geqq 0$，$(b-c)^2 \geqq 0$，$(c-a)^2 \geqq 0$ であるから

$$\frac{1}{2}\{(a-b)^2+(b-c)^2+(c-a)^2\} \geqq 0$$

(左辺)－(右辺) $\geqq 0$ が成り立つから

$$a^2+b^2+c^2 \geqq ab+bc+ca$$

等号が成り立つのは $a-b=0$ かつ $b-c=0$ かつ $c-a=0$

すなわち **$a=b=c$ のとき** である。

14 次の不等式を証明せよ。また，等号が成り立つのはどのようなときか。

(1) $a>0$，$b>0$ のとき　$(a+b)\left(\dfrac{1}{a}+\dfrac{1}{b}\right) \geqq 4$

(2) $a>0$，$b>0$ のとき　$(a+b)\left(\dfrac{1}{a}+\dfrac{4}{b}\right) \geqq 9$

考え方 不等式の左辺を展開して整理し，相加平均と相乗平均の関係を用いる。

証明 (1)　$(\text{左辺}) = a\cdot\dfrac{1}{a}+a\cdot\dfrac{1}{b}+b\cdot\dfrac{1}{a}+b\cdot\dfrac{1}{b} = \dfrac{b}{a}+\dfrac{a}{b}+2$　……①

$a>0$，$b>0$ であるから，$\dfrac{b}{a}$，$\dfrac{a}{b}$ はいずれも正である。

よって，相加平均と相乗平均の関係より

$$\frac{b}{a}+\frac{a}{b} \geqq 2\sqrt{\frac{b}{a}\cdot\frac{a}{b}} = 2$$

が成り立つ。

したがって，① より　$(a+b)\left(\dfrac{1}{a}+\dfrac{1}{b}\right) \geqq 2+2=4$

ここで，等号が成り立つのは，$\dfrac{b}{a}=\dfrac{a}{b}$ のときである。

このとき　$a^2=b^2$

$a>0$，$b>0$ より　$a=b$

したがって，**等号が成り立つのは $a=b$ のとき** である。

(2)　$(\text{左辺}) = (a+b)\left(\dfrac{1}{a}+\dfrac{4}{b}\right) = 1+\dfrac{4a}{b}+\dfrac{b}{a}+4$

$$= \frac{4a}{b}+\frac{b}{a}+5 \quad \cdots\cdots ②$$

$a>0$，$b>0$ であるから，$\dfrac{4a}{b}$，$\dfrac{b}{a}$ はいずれも正である。

よって，相加平均と相乗平均の関係より

$$\frac{4a}{b}+\frac{b}{a} \geqq 2\sqrt{\frac{4a}{b}\cdot\frac{b}{a}} = 2\sqrt{4} = 4$$

が成り立つ。

したがって，② より　$(a+b)\left(\dfrac{1}{a}+\dfrac{4}{b}\right) \geqq 4+5=9$

ここで，等号が成り立つのは $\dfrac{4a}{b}=\dfrac{b}{a}$ のときである。

このとき　$b^2=4a^2$

$a>0$，$b>0$ より　$b=2a$

したがって，**等号が成り立つのは $b=2a$ のとき** である。

Investigation

教 p.66-67

計算の仕組みは？

Q 上の計算の仕組みについて，文字を使って調べてみよう。

1 上の計算の空欄に入る数値を予想してみよう。また，その予想を文字を使って等式に表し，その等式が成り立つことを証明してみよう。

2 悠さんと真さんの文字のおき方の違いは何だろうか。

3 a，b を自然数とする。
このとき
$$(a^2+1)(b^2+1)=(ab+1)^2+\text{②}$$
の ② がどのような式であれば，等号は成り立つだろうか。

4 **3** の結果から，前ページに示した計算の式を振り返ってみよう。
例えば
$$(4^2+1)(5^2+1)=\square^2+1 \quad \cdots\cdots(*)$$
の右辺の「$+1$」は，左辺の「4」と「5」を使うとどのように書き直すことができるだろうか。

考え方 **1** $10=9+1$，$50=49+1$，$170=169+1$，$442=441+1$ であり
$$9=3^2,\ 49=7^2,\ 169=13^2,\ 441=21^2$$
となっている。

解答 **1**
$$(1^2+1)(2^2+1)=10=9+1=3^2+1$$
$$(2^2+1)(3^2+1)=50=49+1=7^2+1$$
$$(3^2+1)(4^2+1)=170=169+1=13^2+1$$
$$(4^2+1)(5^2+1)=442=441+1=21^2+1$$
となっている。ここで
$$3=1\cdot2+1,\ 7=2\cdot3+1,\ 13=3\cdot4+1,\ 21=4\cdot5+1$$
したがって，次のように表される。
$$(1^2+1)(2^2+1)=(1\cdot2+1)^2+1$$
$$(2^2+1)(3^2+1)=(2\cdot3+1)^2+1$$
$$(3^2+1)(4^2+1)=(3\cdot4+1)^2+1$$
$$(4^2+1)(5^2+1)=(4\cdot5+1)^2+1$$
これを文字を使って表す。
n を自然数とすると
$$(n^2+1)\{(n+1)^2+1\}=\{n(n+1)+1\}^2+1$$
となる。

この等式が成り立つことを証明する。

$$
\begin{aligned}
(\text{左辺}) &= (n^2+1)\{(n+1)^2+1\}\\
&= (n^2+1)(n^2+2n+2)\\
&= n^4+2n^3+2n^2+n^2+2n+2\\
&= n^4+2n^3+3n^2+2n+2
\end{aligned}
$$

$$
\begin{aligned}
(\text{右辺}) &= \{n(n+1)+1\}^2+1\\
&= (n^2+n+1)^2+1\\
&= (n^4+n^2+1^2+2\cdot n^2\cdot n+2\cdot n\cdot 1+2\cdot 1\cdot n^2)+1\\
&= n^4+n^2+1+2n^3+2n+2n^2+1\\
&= n^4+2n^3+3n^2+2n+2
\end{aligned}
$$

したがって　$(n^2+1)\{(n+1)^2+1\}=\{n(n+1)+1\}^2+1$

となるから　① は　$\boldsymbol{\{n(n+1)+1\}}$

2 悠さんは，連続する自然数になるような文字のおき方をしている。真さんは，連続する自然数とは限らないような文字のおき方をしている。

3

$$
\begin{aligned}
(a^2+1)(b^2+1) &= a^2b^2+a^2+b^2+1\\
&= a^2b^2+2ab+1+a^2+b^2-2ab\\
&= (ab+1)^2+(a-b)^2
\end{aligned}
$$

したがって，② が $\boldsymbol{(a-b)^2}$ であれば，等号は成り立つ。

4

$$(4^2+1)(5^2+1)=(4\cdot 5+1)^2+\boldsymbol{(4-5)^2}$$

と書き直すことができる。

(!) 深める

$(a^2+1)(b^2+1)$ を $(a^2+c)(b^2+c)$ に変更すると

$$(a^2+c)(b^2+c)=\boxed{③}^2+\boxed{④}$$

という形の等式に表すことはできるだろうか。

$\boxed{③}$ と $\boxed{④}$ に入る式を考えてみよう。

考え方 左辺を展開して整理する。

解答

$$
\begin{aligned}
(a^2+c)(b^2+c) &= a^2b^2+c(a^2+b^2)+c^2\\
&= a^2b^2+2abc+c^2+c(a^2+b^2)-2abc\\
&= (a^2b^2+2abc+c^2)+c(a^2+b^2-2ab)\\
&= (ab+c)^2+c(a-b)^2
\end{aligned}
$$

したがって

③ は $\boldsymbol{(ab+c)}$，④ は $\boldsymbol{c(a-b)^2}$

2章　図形と方程式

1節　点と直線
2節　円
3節　軌跡と領域

Introduction

教 p.68-69

三角形の外心の座標は？

Q 前ページの △ABC の外心 G の座標を作図せずに求める方法を考えてみよう。

1 2点 A，B から等しい距離にある点を2つ見つけ，その2つの点を通る直線の方程式を求めてみよう。さらに，求めた直線の方程式を利用して，外心 G の座標を求めてみよう。

2 外心 G の座標を $(-1,\ y)$ とおいて，GA^2，GB^2，GC^2 を y を用いて表し，表した式を利用して外心 G の座標を求めてみよう。

3 前ページの作図と **1**，**2** のそれぞれの方法で求めた外心 G の座標は一致しているだろうか。

考え方 **1** 外心 G の座標は，辺 BC の垂直二等分線を表す式（直線 $x=-1$）と辺 AB の垂直二等分線を表す式を連立して求める。

2 三平方の定理を利用する。

解答 **1** 原点 $(0,\ 0)$ と点 $(-4,\ 4)$ は，2点 A，B から等しい距離にある。

この2点を通る直線を直線 l とすると，直線 l は原点を通るから，直線 l の方程式は $y=ax$ と表される。

直線 l は点 $(-4,\ 4)$ を通ることから

$4=a\cdot(-4)$

$a=-1$

したがって，直線 l の方程式は

$y=-x$

直線 l は，線分 AB の垂直二等分線である。

また，線分 BC の垂直二等分線は，線分 BC の中点 $(-1,\ 0)$ を通り，y 軸に平行な直線であるから，直線 $x=-1$ と表される。

外心 G は，直線 $x=-1$ と直線 $y=-x$ の交点であるから，G の座標は，$x=-1$ と $y=-x$ を連立して解くと

$x=-1,\ y=1$

したがって，外心 G の座標は

$(-1,\ 1)$

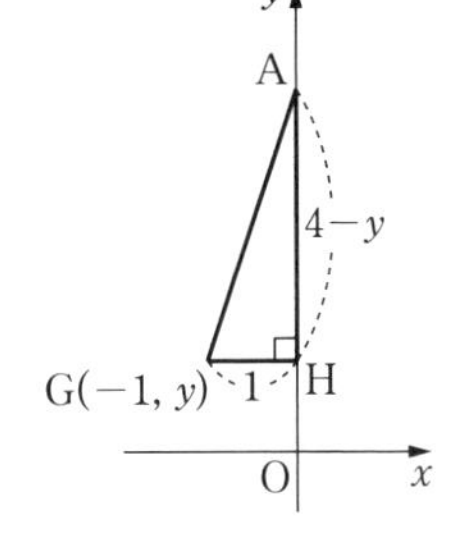

2 △ABC は鋭角三角形であるから，外心は△ABC の内部にある。したがって，点 G の y 座標は 4 より小さい。
右の図のように，点 G から y 軸に垂線 GH を下ろすと，△AGH は直角三角形となる。
三平方の定理により

$$\begin{aligned} GA^2 &= AH^2 + GH^2 \\ &= (4-y)^2 + 1^2 \\ &= \boldsymbol{y^2 - 8y + 17} \end{aligned}$$

同様にして，GB^2，GC^2 は

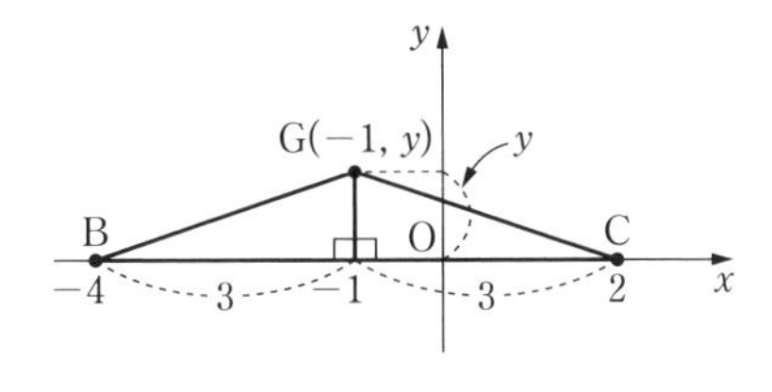

$$\mathbf{GB^2 = \boldsymbol{y}^2 + 9}$$

$$\mathbf{GC^2 = \boldsymbol{y}^2 + 9}$$

と表すことができる。
G は外心であるから

$$GA = GB = GC$$

したがって

$$GA^2 = GB^2 = GC^2$$

$GA^2 = GB^2$ より

$$\begin{aligned} y^2 - 8y + 17 &= y^2 + 9 \\ -8y &= -8 \\ y &= 1 \end{aligned}$$

したがって，外心 G の座標は
(−1, 1)

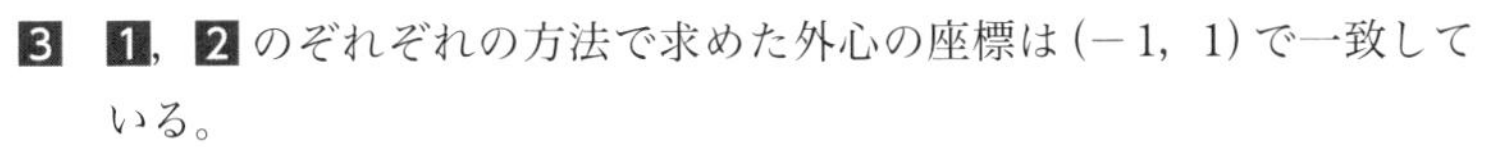

3 **1**，**2** のそれぞれの方法で求めた外心の座標は (−1，1) で一致している。
また，作図で求めた外心の座標も (−1，1) である。
したがって，作図，**1**，**2** のそれぞれの方法で求めた外心の座標はすべて **一致している**。

1節 点と直線

1 2点間の距離

用語のまとめ

座標平面

- 平面上に座標軸を定めると，その平面上の点Pの位置は座標 $(a,\ b)$ で表される。座標が $(a,\ b)$ である点Pのことを $\mathbf{P}(a,\ b)$ と書く。
- 座標の定められた平面を **座標平面** という。
- 座標平面は，x 軸と y 軸により右の図のように4つの **象限** に分けられる。ただし，座標軸上の点はどの象限にも入らない。

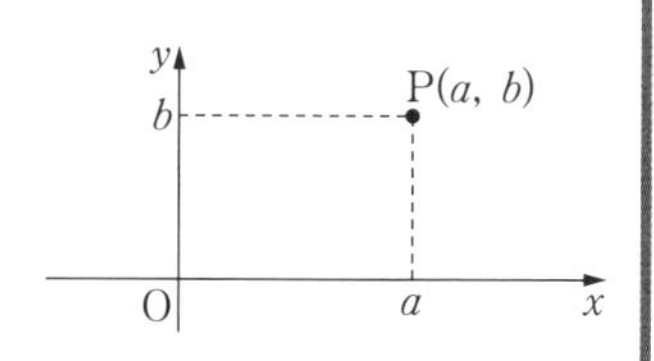

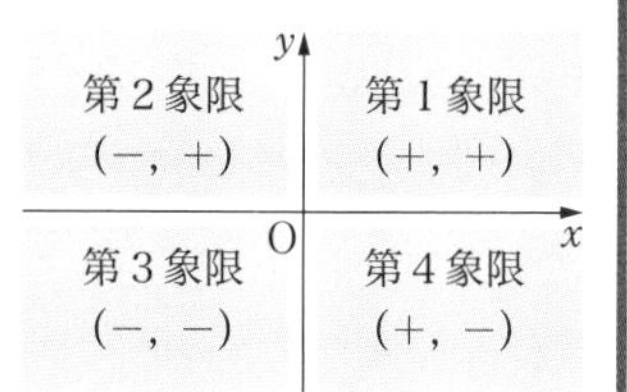

教 p.70

問1 次の各点はどの象限にあるか。

A(4, −2)，B(−3, 1)，C(−5, −1)，D(6, 5)

考え方 各象限の x，y 座標の符号は次のようになる。

第1象限 (+, +)　　第2象限 (−, +)

第3象限 (−, −)　　第4象限 (+, −)

解答 **点Aは第4象限，点Bは第2象限，点Cは第3象限，点Dは第1象限**

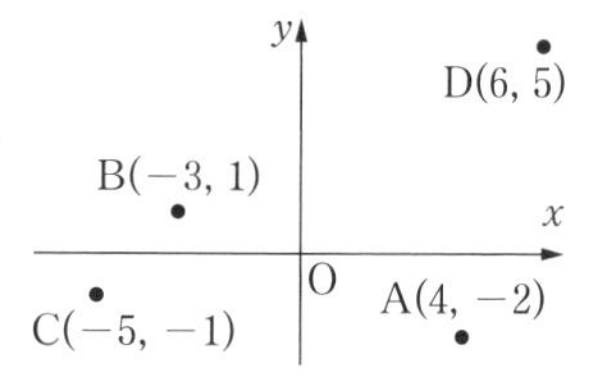

● 2点間の距離　　解き方のポイント

2点 $\mathrm{A}(x_1,\ y_1)$，$\mathrm{B}(x_2,\ y_2)$ 間の距離は

$$\mathrm{AB}=\sqrt{(x_2-x_1)^2+(y_2-y_1)^2}$$

特に，原点Oと点 $\mathrm{P}(x,\ y)$ の距離は

$$\mathrm{OP}=\sqrt{x^2+y^2}$$

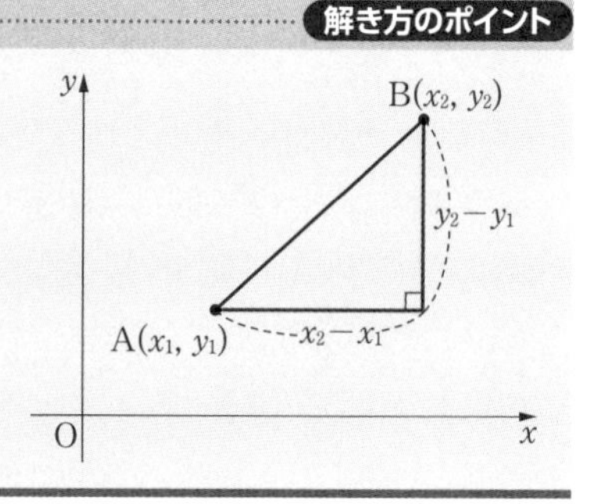

教 p.71

問 2 次の 2 点間の距離を求めよ。

(1) A(4, 2), B(7, 3)　(2) A(−1, 1), B(−4, −3)

(3) O(0, 0), P(−4, 2)　(4) A(3, −2), B(3, −9)

考え方 (1), (2), (4) 2 点間の距離の公式 $\sqrt{(x_2-x_1)^2+(y_2-y_1)^2}$ にあてはめる。

(3) 原点との距離の公式 $\sqrt{x^2+y^2}$ にあてはめる。

解答 (1) $\mathbf{AB}=\sqrt{(7-4)^2+(3-2)^2}=\sqrt{9+1}=\mathbf{\sqrt{10}}$

(2) $\mathbf{AB}=\sqrt{\{-4-(-1)\}^2+(-3-1)^2}=\sqrt{9+16}=\sqrt{25}=\mathbf{5}$

(3) $\mathbf{OP}=\sqrt{(-4)^2+2^2}=\sqrt{16+4}=\sqrt{20}=\mathbf{2\sqrt{5}}$

(4) $\mathbf{AB}=\sqrt{(3-3)^2+\{-9-(-2)\}^2}=\sqrt{0+49}=\sqrt{49}=\mathbf{7}$

別解 (4) 線分 AB は y 軸に平行であるから　$\mathrm{AB}=|-9-(-2)|=7$

2 内分点・外分点

用語のまとめ

内分点・外分点

- 線分 AB 上に点 P があって

  $\mathrm{AP}:\mathrm{PB}=m:n \quad (m>0,\ n>0)$

  が成り立つとき，点 P は線分 AB を $m:n$ に **内分する** という。このとき，点 P を線分 AB の **内分点** という。

  線分 AB の中点は AB を 1：1 に内分する点である。

- 線分 AB の延長上に点 Q があって

  $\mathrm{AQ}:\mathrm{QB}=m:n$

  $(m>0,\ n>0,\ m\neq n)$

  が成り立つとき，点 Q は線分 AB を $m:n$ に **外分する** という。このとき，点 Q を線分 AB の **外分点** という。

m>nのとき

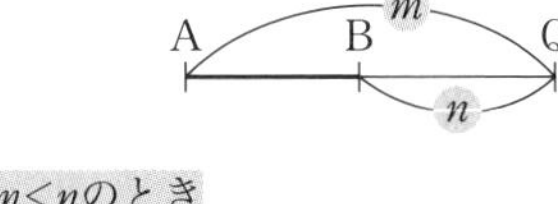

m<nのとき

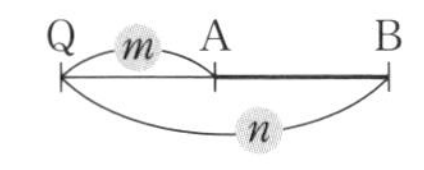

三角形の重心

- 三角形の頂点とその対辺の中点を結ぶ線分を中線という。三角形の 3 本の中線は 1 点で交わり，この点をその三角形の **重心** という。
- △ABC において，辺 BC の中点を M，重心を G とすると，AG：GM = 2：1 である。

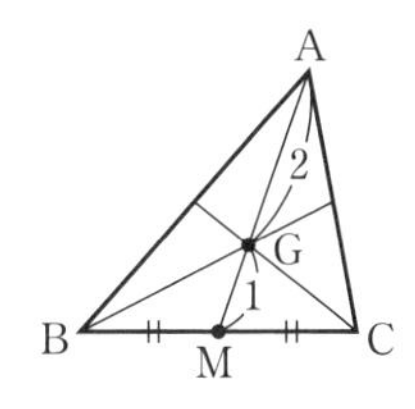

教 p.73

問3　下の図（省略）において，線分 AB を 2：1 に内分する点 P，2：1 に外分する点 Q，1：2 に外分する点 R をそれぞれ図示せよ。

考え方　P … AP：PB＝2：1 となるような点 P を，線分 AB 上にとる。

Q … 線分 AB を B の方へ延長し，AQ：QB＝2：1 となるような点 Q を線分 AB の延長上にとる。

R … 線分 BA を A の方へ延長し，AR：RB＝1：2 となるような点 R を線分 BA の延長上にとる。

解答

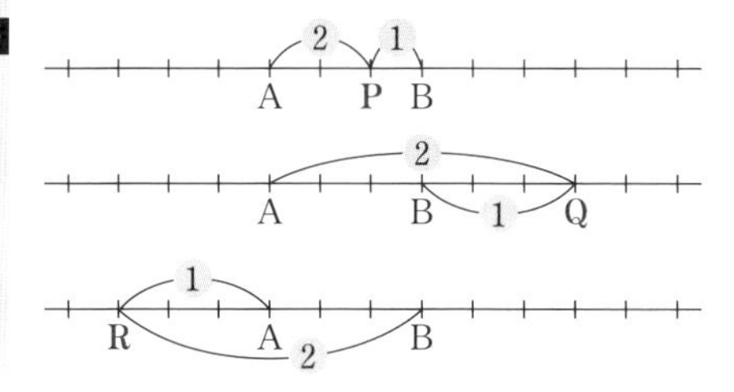

● 内分点・外分点の座標 (1)　……　解き方のポイント

2 点 A(a)，B(b) に対して，線分 AB を

$m:n$ に **内分する** 点 P の座標は　$\dfrac{na+mb}{m+n}$

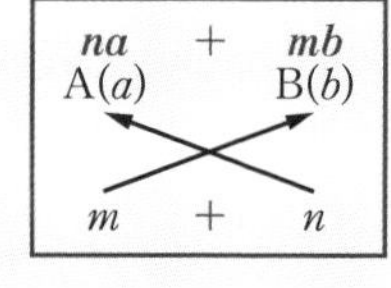

特に，線分 AB の **中点** M の座標は　$\dfrac{a+b}{2}$

$m:n$ に **外分する** 点 Q の座標は　$\dfrac{-na+mb}{m-n}$

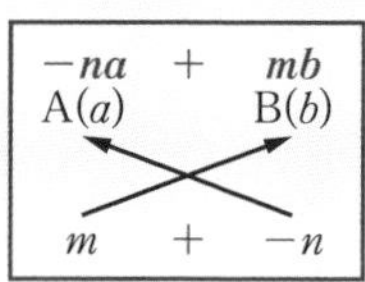

教 p.74

問4　2 点 A(3)，B(6) に対して，次の点の座標を求めよ。

(1)　線分 AB を 2：1 に内分する点 P

(2)　線分 AB を 2：3 に外分する点 Q

(3)　線分 AB の中点 M

解答　(1)　点 P の座標は　$\dfrac{1\cdot3+2\cdot6}{2+1}=5$

(2)　点 Q の座標は　$\dfrac{-3\cdot3+2\cdot6}{2-3}=-3$

(3)　点 M の座標は　$\dfrac{3+6}{2}=\dfrac{9}{2}$

● 内分点・外分点の座標 (2) …… 解き方のポイント

2点 $A(x_1, y_1)$, $B(x_2, y_2)$ に対して，線分 AB を

$m:n$ に **内分する** 点 P の座標は $\left(\dfrac{nx_1+mx_2}{m+n}, \dfrac{ny_1+my_2}{m+n}\right)$

特に，線分 AB の **中点** M の座標は $\left(\dfrac{x_1+x_2}{2}, \dfrac{y_1+y_2}{2}\right)$

$m:n$ に **外分する** 点 Q の座標は $\left(\dfrac{-nx_1+mx_2}{m-n}, \dfrac{-ny_1+my_2}{m-n}\right)$

教 p.77

問5 次の2点 A，B に対して，線分 AB を 4：3 に内分する点 P，4：3 に外分する点 Q，および線分 AB の中点 M の座標を求めよ。

(1) A(2, 1), B(9, 8)　　(2) A(−2, 3), B(6, −1)

解答 点 P，Q，M の座標をそれぞれ $P(a, b)$, $Q(c, d)$, $M(e, f)$ とする。

(1) $a=\dfrac{3\cdot2+4\cdot9}{4+3}=6$, $b=\dfrac{3\cdot1+4\cdot8}{4+3}=5$ より　P(6, 5)

$c=\dfrac{-3\cdot2+4\cdot9}{4-3}=30$, $d=\dfrac{-3\cdot1+4\cdot8}{4-3}=29$ より　Q(30, 29)

$e=\dfrac{2+9}{2}=\dfrac{11}{2}$, $f=\dfrac{1+8}{2}=\dfrac{9}{2}$ より　$M\left(\dfrac{11}{2}, \dfrac{9}{2}\right)$

したがって

$P(6, 5)$, $Q(30, 29)$, $M\left(\dfrac{11}{2}, \dfrac{9}{2}\right)$

(2) $a=\dfrac{3\cdot(-2)+4\cdot6}{4+3}=\dfrac{18}{7}$, $b=\dfrac{3\cdot3+4\cdot(-1)}{4+3}=\dfrac{5}{7}$ より

$P\left(\dfrac{18}{7}, \dfrac{5}{7}\right)$

$c=\dfrac{-3\cdot(-2)+4\cdot6}{4-3}=30$, $d=\dfrac{-3\cdot3+4\cdot(-1)}{4-3}=-13$ より

$Q(30, -13)$

$e=\dfrac{-2+6}{2}=2$, $f=\dfrac{3+(-1)}{2}=1$ より　M(2, 1)

したがって

$P\left(\dfrac{18}{7}, \dfrac{5}{7}\right)$, $Q(30, -13)$, $M(2, 1)$

教 p.77

問6 点 A$(-3,\ 1)$ に関して，点 P$(4,\ 3)$ と対称な点 Q の座標を求めよ。

考え方 線分 PQ の中点が点 A である。

点 Q の座標を $(a,\ b)$ として中点の座標の公式 $\left(\dfrac{x_1+x_2}{2},\ \dfrac{y_1+y_2}{2}\right)$ に代入して，a，b の値を求める。

解 答 点 Q の座標を $(a,\ b)$ とすると，線分 PQ の中点が点 A であるから

$$\frac{4+a}{2}=-3,\quad \frac{3+b}{2}=1$$

よって　$a=-10$，$b=-1$

したがって，点 Q の座標は

$$\mathbf{(-10,\ -1)}$$

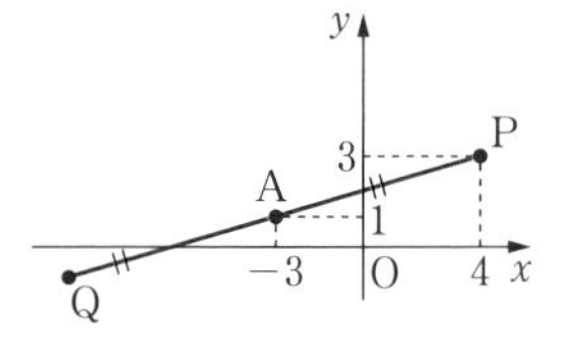

三角形の重心 　解き方のポイント

3 点 A$(x_1,\ y_1)$，B$(x_2,\ y_2)$，C$(x_3,\ y_3)$ を頂点とする △ABC の重心 G の座標は

$$\left(\frac{x_1+x_2+x_3}{3},\ \frac{y_1+y_2+y_3}{3}\right)$$

教 p.78

問7 次の 3 点を頂点とする △ABC の重心 G の座標を求めよ。

(1) A$(5,\ -3)$，B$(4,\ 7)$，C$(-6,\ 2)$

(2) A$(0,\ -4)$，B$(5,\ 3)$，C$(2,\ -4)$

解 答 △ABC の重心 G の座標を $(x,\ y)$ とする。

(1)
$$x=\frac{5+4+(-6)}{3}=1$$

$$y=\frac{-3+7+2}{3}=2$$

したがって，G の座標は　$\mathbf{(1,\ 2)}$

(2)
$$x=\frac{0+5+2}{3}=\frac{7}{3}$$

$$y=\frac{-4+3+(-4)}{3}=-\frac{5}{3}$$

したがって，G の座標は　$\left(\mathbf{\dfrac{7}{3},\ -\dfrac{5}{3}}\right)$

3 直線の方程式

用語のまとめ

方程式の表す図形

- x, y についての方程式を満たす点 $(x,\ y)$ 全体の集合を，その **方程式の表す図形** という。また，その方程式をその **図形の方程式** という。

y 切片

- 直線と y 軸との交点の y 座標を **y 切片** という。

点と直線の距離

- 直線 l 上にない点 P から l に下ろした垂線 PH の長さを **点 P と直線 l の距離** という。

● 1 点を通り傾きが m の直線　解き方のポイント

点 $(\boldsymbol{x_1},\ \boldsymbol{y_1})$ を通り，傾きが $\boldsymbol{m}$ の直線の方程式は

$$\boldsymbol{y-y_1=m(x-x_1)}$$

教 p.80

問 8　次の直線の方程式を求めよ。

(1) 点 $(1,\ 3)$ を通り，傾きが 2 の直線

(2) 点 $(-3,\ 4)$ を通り，傾きが $-\dfrac{1}{3}$ の直線

解 答　(1)　$y-3=2(x-1)$

すなわち　$\boldsymbol{y=2x+1}$

(2)　$y-4=-\dfrac{1}{3}\{x-(-3)\}$

すなわち　$\boldsymbol{y=-\dfrac{1}{3}x+3}$

● 2 点を通る直線　解き方のポイント

2 点 $\mathrm{A}(\boldsymbol{x_1},\ \boldsymbol{y_1})$, $\mathrm{B}(\boldsymbol{x_2},\ \boldsymbol{y_2})$ を通る直線の方程式は

$\boldsymbol{x_1 \neq x_2}$ のとき　$\boldsymbol{y-y_1=\dfrac{y_2-y_1}{x_2-x_1}(x-x_1)}$

$\boldsymbol{x_1=x_2}$ のとき　$\boldsymbol{x=x_1}$

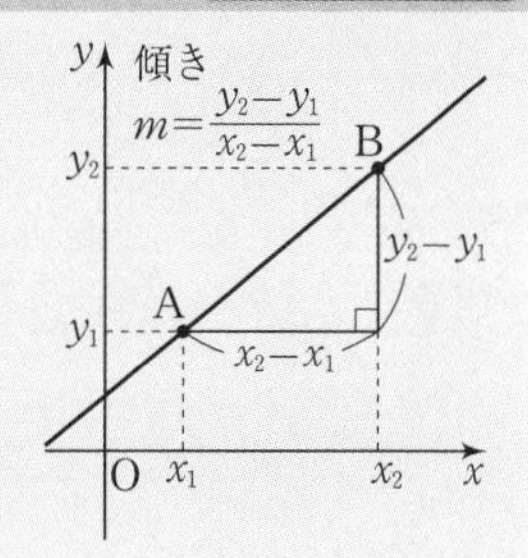

教 p.80

問9 次の2点A，Bを通る直線の方程式を求めよ。

(1) $A(-2,\ 3)$，$B(1,\ 9)$　　(2) $A(2,\ 0)$，$B(0,\ 6)$

(3) $A(-4,\ 1)$，$B(-4,\ 5)$　　(4) $A(2,\ 5)$，$B(-7,\ 5)$

考え方　(3) $x_1=x_2$ である。

解 答　(1) $y-3=\dfrac{9-3}{1-(-2)}\{x-(-2)\}$

$y-3=2(x+2)$　すなわち　$\boldsymbol{y=2x+7}$

(2) $y-0=\dfrac{6-0}{0-2}(x-2)$

$y=-3(x-2)$　すなわち　$\boldsymbol{y=-3x+6}$

(3) 2点A，Bの x 座標が等しいから　$\boldsymbol{x=-4}$

(4) $y-5=\dfrac{5-5}{-7-2}(x-2)$　すなわち　$\boldsymbol{y=5}$

別解　(3) 点 $A(-4,\ 1)$ を通り，y 軸に平行な直線であるから　$x=-4$

(4) 点 $A(2,\ 5)$ を通り，x 軸に平行な直線であるから　$y=5$

プラス＋　$a\neq 0$，$b\neq 0$ のとき，2点 $(a,\ 0)$，$(0,\ b)$ を通る直線の方程式は

$$\frac{x}{a}+\frac{y}{b}=1$$

となる。

(2) $\dfrac{x}{2}+\dfrac{y}{6}=1$　すなわち　$3x+y=6$

したがって　$y=-3x+6$

● 2直線の交点の座標　解き方のポイント

2直線の交点の座標は，2直線を表す方程式を連立させた連立2元1次方程式の解として得られる。

教 p.81

問10 2直線 $x+2y+1=0$，$x-y-5=0$ の交点と点 $(1,\ 2)$ を通る直線の方程式を求めよ。

考え方　2直線の方程式を連立方程式として解き，交点の座標を求める。

次に，2点を通る直線の方程式の公式 $y-y_1=\dfrac{y_2-y_1}{x_2-x_1}(x-x_1)$ を用いる。

解 答 連立方程式 $\begin{cases} x+2y+1=0 & \cdots\cdots ① \\ x-y-5=0 & \cdots\cdots ② \end{cases}$

を解くと　$x=3,\ y=-2$　※

となるから，交点の座標は $(3,\ -2)$ である。

求める直線は 2 点 $(1,\ 2)$，$(3,\ -2)$ を通るから，その方程式は

$$y-2=\frac{-2-2}{3-1}(x-1)$$

$$y-2=-2(x-1)$$

すなわち　$\boldsymbol{2x+y-4=0}$

※

① − ② より

$3y+6=0$

$y=-2$

$y=-2$ を ② に代入すると

$x-(-2)-5=0$

$x=3$

平行条件と垂直条件　　解き方のポイント

2 直線 $y=mx+n$，$y=m'x+n'$ について

2 直線が平行 $\iff m=m'$　(傾きが等しい。)

2 直線が垂直 $\iff mm'=-1$　(傾きの積が -1)

教 p.83

問 11　次の直線のうち，互いに平行なもの，互いに垂直なものを選べ。

① $y=4x$　　② $x+3y+2=0$

③ $2x+6y-5=0$　　④ $2x+8y-5=0$

考え方 それぞれの直線の傾きを求め，平行条件 $m=m'$，垂直条件 $mm'=-1$ を満たすものを選ぶ。

解 答 $y=mx+n$ の形に変形して，それぞれの直線の傾きを求めると

① $y=4x$ より，傾きは 4

② $x+3y+2=0$ を変形すると，$y=-\frac{1}{3}x-\frac{2}{3}$ より，傾きは $-\frac{1}{3}$

③ $2x+6y-5=0$ を変形すると，$y=-\frac{1}{3}x+\frac{5}{6}$ より，傾きは $-\frac{1}{3}$

④ $2x+8y-5=0$ を変形すると，$y=-\frac{1}{4}x+\frac{5}{8}$ より，傾きは $-\frac{1}{4}$

であるから

傾きが等しいものは ② と ③

傾きの積が -1 であるものは ① と ④

よって

互いに平行なものは　② と ③

互いに垂直なものは　① と ④

教 p.83

問 12　点 $(3,\ -1)$ を通り，直線 $4x-y-1=0$ に平行な直線と，垂直な直線の方程式をそれぞれ求めよ。

考え方　まず，直線 $4x-y-1=0$ の傾きを求める。

解答　$4x-y-1=0$ を変形すると，$y=4x-1$ より，直線 $4x-y-1=0$ の傾きは 4 であるから，これと平行な直線の傾きも 4 である。

よって，点 $(3,\ -1)$ を通り，直線 $4x-y-1=0$ に **平行な直線の方程式** は

$$y-(-1)=4(x-3)$$

すなわち　$\boldsymbol{4x-y-13=0}$

次に，直線 $4x-y-1=0$ に垂直な直線の傾きを m とすると

直線 $4x-y-1=0$ の傾きは 4 であるから，$4m=-1$ より　$m=-\dfrac{1}{4}$

よって，点 $(3,\ -1)$ を通り，直線 $4x-y-1=0$ に **垂直な直線の方程式** は

$$y-(-1)=-\frac{1}{4}(x-3)$$

すなわち　$\boldsymbol{x+4y+1=0}$

教 p.84

問 13　直線 $4x-2y-3=0$ に関して，点 $\mathrm{A}(4,\ -1)$ と対称な点 B の座標を求めよ。

考え方　2 点 A，B がある直線 l に関して対称である条件は

(i)　直線 AB は直線 l に垂直である

(ii)　線分 AB の中点は直線 l 上にある

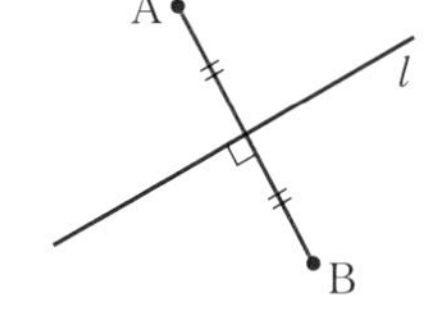

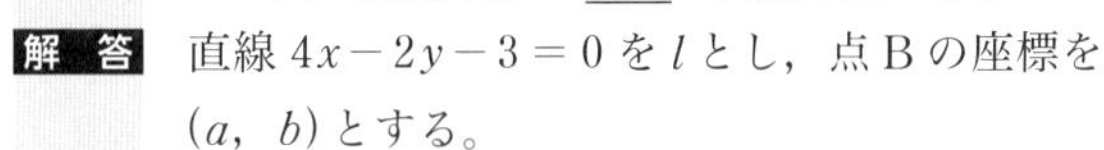

解答　直線 $4x-2y-3=0$ を l とし，点 B の座標を $(a,\ b)$ とする。

直線 l の傾きは 2

直線 AB の傾きは　$\dfrac{b-(-1)}{a-4}=\dfrac{b+1}{a-4}$

直線 l と直線 AB は垂直であるから　　⟵ 対称である条件 (i)

$$2\cdot\frac{b+1}{a-4}=-1 \quad \text{すなわち} \quad a+2b=2 \quad \cdots\cdots ①$$

線分 AB の中点 $\left(\dfrac{a+4}{2},\ \dfrac{b-1}{2}\right)$ は直線 l 上にあるから　　⟵ 対称である条件 (ii)

$$4\cdot\frac{a+4}{2}-2\cdot\frac{b-1}{2}-3=0 \quad \text{すなわち} \quad 2a-b=-6 \quad \cdots\cdots ②$$

①，② より　$a=-2,\ b=2$

したがって，点 B の座標は　$(-2,\ 2)$

● **点と直線の距離** …… **解き方のポイント**

点 $(x_1,\ y_1)$ と直線 $ax+by+c=0$ の距離 d は

$$d=\frac{|ax_1+by_1+c|}{\sqrt{a^2+b^2}}$$

教 p.86

問 14　次の点と直線の距離を求めよ。

(1)　点 $(2,\ -3)$，直線 $x+2y+2=0$

(2)　原点，直線 $4x-3y-5=0$

解　答　求める距離を d とする。

(1)　$d=\dfrac{|1\cdot 2+2\cdot(-3)+2|}{\sqrt{1^2+2^2}}=\dfrac{|-2|}{\sqrt{5}}=\dfrac{2}{\sqrt{5}}=\dfrac{2\sqrt{5}}{5}$

(2)　$d=\dfrac{|4\cdot 0-3\cdot 0-5|}{\sqrt{4^2+(-3)^2}}=\dfrac{|-5|}{5}=\dfrac{5}{5}=1$　⟵ 原点との距離 $\dfrac{|c|}{\sqrt{a^2+b^2}}$

教 p.87

問 15　上の説明では，どのような工夫をして座標軸を設定しているか。頂点A，B，Cの座標を $\mathrm{A}(a,\ b)$，$\mathrm{B}(c,\ d)$，$\mathrm{C}(e,\ f)$ とおいた場合の証明を想定して説明せよ。

解　答　頂点A，B，Cの座標を $\mathrm{A}(a,\ b)$，$\mathrm{B}(c,\ d)$，$\mathrm{C}(e,\ f)$ とおいた場合は，文字が6種類もあるため，証明するための式が複雑になる。
それに対して，教科書の説明では，辺BCを x 軸上において，点B，Cの y 座標をいずれも0にしている。さらに，辺BCの中点Mを原点として，△ABCの頂点の座標を，$\mathrm{A}(a,\ b)$，$\mathrm{B}(-c,\ 0)$，$\mathrm{C}(c,\ 0)$ と表し，文字を a，b，c の3種類だけ用いている。そのことによって，証明するための式が簡単になり，計算もしやすくなっている。
このように，用いる文字の種類を少なくなるように工夫をして，座標軸を設定している。

考察◦3-1 で証明した性質は中線定理という。

中線定理

△ABCの辺BCの中点をMとすると

$$\mathrm{AB}^2+\mathrm{AC}^2=2(\mathrm{AM}^2+\mathrm{BM}^2)$$

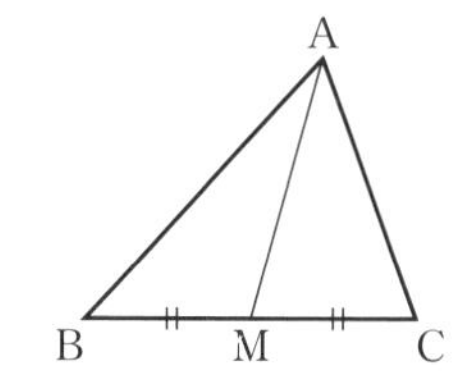

● 座標を用いた図形の性質の証明　　解き方のポイント

図形の性質を証明するには，座標を用いて次のようにするとよい。

[1] 座標軸を適当に設定し，図形の関係を数式で表す。
このとき，用いる文字の種類が少なくなるように，座標軸を設定する。

[2] 得られた数式を用いて計算する。

[3] 計算結果を図形的に解釈する。

参考 ▶ 2 直線の交点を通る直線　　教 p.88

● 2 直線の交点を通る直線　　解き方のポイント

2 直線 $ax+by+c=0$，$a'x+b'y+c'=0$ が交わるとき，2 直線の交点を通る直線の方程式は，次のように表される。

$$k(ax+by+c)+(a'x+b'y+c')=0 \quad (k \text{ は定数})$$

教 p.88

問 1　2 直線 $4x-5y+5=0$，$x+2y-6=0$ の交点と点 $(1,\ 1)$ を通る直線の方程式を求めよ。

考え方　求める直線の方程式を $k(4x-5y+5)+(x+2y-6)=0$ とおいて，これが点 $(1,\ 1)$ を通ることから k の値を求める。

解 答　k を定数として

$$k(4x-5y+5)+(x+2y-6)=0 \quad \cdots\cdots ①$$

を考えると，① は 2 直線の交点を通る直線である。

① は点 $(1,\ 1)$ を通るから，$x=1$，$y=1$ を代入して

$$k(4\cdot1-5\cdot1+5)+(1+2\cdot1-6)=0$$

$$4k-3=0$$

よって　$k=\dfrac{3}{4}$

① より

$$\frac{3}{4}(4x-5y+5)+(x+2y-6)=0$$

$$3(4x-5y+5)+4(x+2y-6)=0$$

$$12x-15y+15+4x+8y-24=0$$

したがって，求める直線の方程式は

$$\boldsymbol{16x-7y-9=0}$$

Training トレーニング 教 p.89

1 次の2点間の距離を求めよ。
(1) A(4, −2), B(−5, 7)　　(2) O(0, 0), A(4, −8)

考え方 (1) 2点間の距離の公式 $\sqrt{(x_2-x_1)^2+(y_2-y_1)^2}$ にあてはめる。
(2) 原点との距離の公式 $\sqrt{x^2+y^2}$ にあてはめる。

解答 (1) $\mathbf{AB}=\sqrt{(-5-4)^2+\{7-(-2)\}^2}=\sqrt{81+81}=\sqrt{81\cdot 2}=\mathbf{9\sqrt{2}}$
(2) $\mathbf{OA}=\sqrt{4^2+(-8)^2}=\sqrt{16+64}=\sqrt{80}=\mathbf{4\sqrt{5}}$

2 2点 A(−3, −2), B(4, 10) に対して，線分 AB を 2：5 に内分する点 P，2：5 に外分する点 Q の座標を求めよ。

考え方 内分点の座標の公式，外分点の座標の公式にそれぞれあてはめる。

解答 点 P，Q の座標を P$(a,\ b)$，Q$(c,\ d)$ とする。

$$a=\frac{5\cdot(-3)+2\cdot 4}{2+5}=-1$$

$$b=\frac{5\cdot(-2)+2\cdot 10}{2+5}=\frac{10}{7}$$

したがって，点 P の座標は　$\left(\mathbf{-1,\ \frac{10}{7}}\right)$

$$c=\frac{-5\cdot(-3)+2\cdot 4}{2-5}=-\frac{23}{3}$$

$$d=\frac{-5\cdot(-2)+2\cdot 10}{2-5}=-10$$

したがって，点 Q の座標は　$\left(\mathbf{-\frac{23}{3},\ -10}\right)$

3 点 A(−1, 1) に関して，点 P(2, 3) と対称な点 Q の座標を求めよ。

考え方 線分 PQ の中点が点 A である。点 Q の座標を $(a,\ b)$ として中点の座標の公式 $\left(\frac{x_1+x_2}{2},\ \frac{y_1+y_2}{2}\right)$ に代入して，a，b の値を求める。

解答 点 Q の座標を $(a,\ b)$ とすると，線分 PQ の中点が点 A であるから

$$\frac{2+a}{2}=-1,\quad \frac{3+b}{2}=1$$

よって　$a=-4,\ b=-1$

したがって，点 Q の座標は　$\mathbf{(-4,\ -1)}$

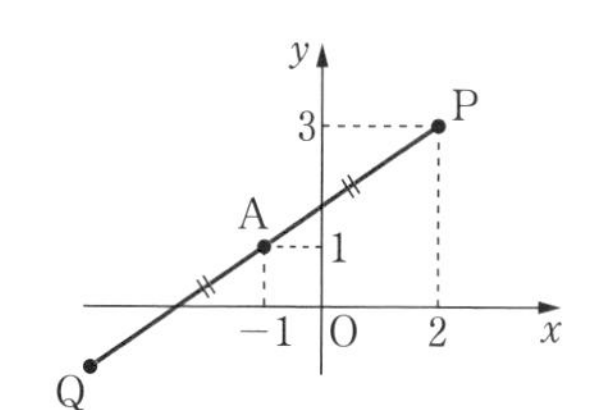

2章 図形と方程式

4 3点 A(2, 3), B(−1, 5), C(2, 1) を頂点とする △ABC の重心 G の座標を求めよ。

考え方 三角形の重心の座標の公式 $\left(\dfrac{x_1+x_2+x_3}{3},\ \dfrac{y_1+y_2+y_3}{3}\right)$ にあてはめる。

解答 △ABC の重心 G の座標を $(x,\ y)$ とする。

$$x=\frac{2+(-1)+2}{3}=1,\quad y=\frac{3+5+1}{3}=3$$

したがって，重心 G の座標は　**(1, 3)**

5 次の2点 A，B を通る直線の方程式を求めよ。

(1)　A(6, −1), B(−3, 5)　　(2)　A(−2, 0), B(−2, 6)

考え方 (1)　2点を通る直線の方程式は $y-y_1=\dfrac{y_2-y_1}{x_2-x_1}(x-x_1)$ である。

(2)　$x_1=x_2$ のとき，2点を通る直線の方程式は $x=x_1$ である。

解答 (1)

$$y-(-1)=\frac{5-(-1)}{-3-6}(x-6)$$

$$y+1=-\frac{2}{3}(x-6)$$

すなわち　$\boldsymbol{y=-\dfrac{2}{3}x+3}$

(2)　2点 A，B の x 座標が等しいから　$\boldsymbol{x=-2}$

6 2直線 $x+y+1=0$，$3x-y+7=0$ の交点と原点を通る直線の方程式を求めよ。

考え方 2直線の方程式を連立方程式として解き，交点の座標を求める。次に，2点を通る直線の方程式の公式 $y-y_1=\dfrac{y_2-y_1}{x_2-x_1}(x-x_1)$ を用いる。

または，求める直線の方程式を $k(x+y+1)+(3x-y+7)=0$ とおいて，これが原点を通ることから k の値を求めることもできる。(**別解** の方法)

解答 連立方程式 $\begin{cases}x+y+1=0 & \cdots\cdots ①\\ 3x-y+7=0 & \cdots\cdots ②\end{cases}$

を解くと　$x=-2,\ y=1$

となるから，交点の座標は点 (−2, 1) である。

求める直線は原点と点 (−2, 1) を通るから，その方程式は

$$y-0=\frac{1-0}{-2-0}(x-0)$$

すなわち　$\boldsymbol{x+2y=0}$

別解 k を定数として

$$k(x+y+1)+(3x-y+7)=0 \quad \cdots\cdots ①$$

を考えると，① は 2 直線の交点を通る直線である。

① は原点を通るから，$x=0$，$y=0$ を代入すると

$$k+7=0 \quad より \quad k=-7$$

よって，① より　$-7(x+y+1)+(3x-y+7)=0$

したがって，求める直線の方程式は

$$x+2y=0$$

---

7 2 点 A(1, −3)，B(7, 6) を通る直線を l とする。点 C(3, 4) を通り，l に平行な直線と，垂直な直線の方程式をそれぞれ求めよ。

考え方 直線 l の傾きを求め，平行条件，垂直条件を利用する。

解答 2 点 A，B を通る直線 l の傾きは　$\dfrac{6-(-3)}{7-1}=\dfrac{3}{2}$

よって，**l に平行な直線は**，点 C(3, 4) を通り，傾き $\dfrac{3}{2}$ の直線であるから

$$y-4=\frac{3}{2}(x-3)$$

すなわち　$\boldsymbol{3x-2y-1=0}$

l に垂直な直線の傾きを m とすると

$$\frac{3}{2}m=-1 \text{ より } \quad m=-\frac{2}{3}$$

よって，**l に垂直な直線は**，点 C(3, 4) を通り，傾き $-\dfrac{2}{3}$ の直線であるから

$$y-4=-\frac{2}{3}(x-3)$$

すなわち　$\boldsymbol{2x+3y-18=0}$

---

8 直線 $2x+y+4=0$ に関して，点 A(−4, −1) と対称な点 B の座標を求めよ。

考え方 2 点 A，B がある直線 l に関して対称である条件は

(i) 直線 AB は直線 l に垂直である。

(ii) 線分 AB の中点は直線 l 上にある。

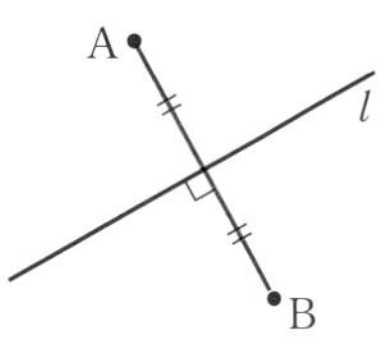

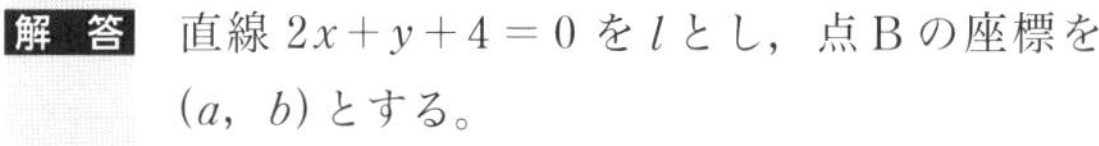

解答 直線 $2x+y+4=0$ を l とし，点 B の座標を $(a,\ b)$ とする。

直線 l の傾きは　-2

直線 AB の傾きは　$\dfrac{b+1}{a+4}$

直線 l と直線 AB は垂直であるから

$$(-2)\cdot\frac{b+1}{a+4}=-1$$

すなわち　　$a-2b+2=0$　……①

また，線分 AB の中点 $\left(\frac{a-4}{2},\ \frac{b-1}{2}\right)$ は直線 l 上にあるから

$$2\cdot\frac{a-4}{2}+\frac{b-1}{2}+4=0$$

すなわち　　$2a+b-1=0$　……②

①，② より　　$a=0,\ b=1$

したがって，点 B の座標は　**(0, 1)**

9 次の点と直線の距離を求めよ。

(1) 点 $(2,\ 4)$，直線 $2x-6y-5=0$

(2) 点 $(-7,\ 0)$，直線 $y=x+3$

考え方 点と直線の距離の公式 $\dfrac{|ax_1+by_1+c|}{\sqrt{a^2+b^2}}$ にあてはめる。

(2) 直線の方程式を $ax+by+c=0$ の形に直してから公式にあてはめる。

解答 (1) $\dfrac{|2\cdot2-6\cdot4-5|}{\sqrt{2^2+(-6)^2}}=\dfrac{|-25|}{2\sqrt{10}}=\dfrac{25}{2\sqrt{10}}=\boldsymbol{\dfrac{5\sqrt{10}}{4}}$

(2) 直線の方程式は $x-y+3=0$ であるから，求める距離は

$$\frac{|1\cdot(-7)-1\cdot0+3|}{\sqrt{1^2+(-1)^2}}=\frac{|-4|}{\sqrt{2}}=\frac{4}{\sqrt{2}}=\boldsymbol{2\sqrt{2}}$$

10 連立方程式 $x+y=1$，$2x+2y=5$ は，解をもたない。この理由を 2 直線の関係を用いて説明せよ。

考え方 連立方程式が解をもつとき，2 直線は共有点をもつ。したがって，この 2 直線が交わらない，すなわち，共有点をもたないことを示す。

解答 2 直線 $x+y=1$，$2x+2y=5$ の方程式は，それぞれ

$$y=-x+1,\quad y=-x+\frac{5}{2}$$

と変形できる。

2 直線 $x+y=1$，$2x+2y=5$ は，傾きが等しく，y 切片が異なるから，平行であり一致しない。したがって，2 直線は交わらない。すなわち，共有点をもたない。

よって，連立方程式 $x+y=1$，$2x+2y=5$ は，解をもたない。

2節 円

1 円の方程式

用語のまとめ

外心

- 三角形の外接円の中心を，その三角形の **外心** という。

● 円の方程式 解き方のポイント

点 $(a,\ b)$ を中心とする半径 r の円の方程式は

$$(x-a)^2+(y-b)^2=r^2$$

特に，原点を中心とする半径 r の円の方程式は

$$x^2+y^2=r^2$$

教 p.90

問1 次の円の方程式を求めよ。

(1) 点 $(2,\ -1)$ を中心とする半径3の円

(2) 原点を中心とする半径2の円

解答 (1) $(x-2)^2+(y+1)^2=9$

(2) $x^2+y^2=4$

教 p.91

問2 点 $(2,\ 3)$ を中心とし，点 $(5,\ -3)$ を通る円の方程式を求めよ。

考え方 求める円の半径は，中心と円周上の点との距離に等しい。

解答 求める円の半径 r は，2点 $(2,\ 3)$，$(5,\ -3)$ 間の距離に等しいから

$$r=\sqrt{(5-2)^2+(-3-3)^2}=\sqrt{45}$$

したがって，求める円の方程式は

$$(x-2)^2+(y-3)^2=45$$

教 p.91

問3　2点 A$(-3,\ 5)$，B$(1,\ -1)$ を直径の両端とする円の方程式を求めよ。

考え方　円の方程式を表すには，中心の座標と半径の長さが分かればよい。
中心の座標は，直径の中点の座標に等しい。
半径の長さは，中心から直径の両端の点までの距離に等しい。

解答　中心Cは，直径，すなわち，線分ABの中点であるから，x座標，y座標は

$$x=\frac{-3+1}{2}=-1,\quad y=\frac{5+(-1)}{2}=2$$

したがって，円の中心Cの座標は　$(-1,\ 2)$
円の半径は，中心Cと点Aとの距離に等しいから

$$\mathrm{CA}=\sqrt{\{-3-(-1)\}^2+(5-2)^2}=\sqrt{13}$$

したがって，求める円の方程式は

$$(x+1)^2+(y-2)^2=13$$

● 方程式 $x^2+y^2+lx+my+n=0$ の表す図形　……　解き方のポイント

方程式 $x^2+y^2+lx+my+n=0$ を $(x-a)^2+(y-b)^2=k$ の形に変形したとき

$k>0$ ならば，中心 $(a,\ b)$，半径 $\sqrt{k}$ の円を表す。
$k=0$ ならば，1点 $(a,\ b)$ を表す。
$k<0$ ならば，この方程式の表す図形はない。

教 p.92

問4　次の方程式はどのような図形を表すか。

(1)　$x^2+y^2-6x+4y+4=0$

(2)　$x^2+y^2+2x=0$

(3)　$x^2+y^2+4x-10y+29=0$

考え方　それぞれの式は $x^2+y^2+lx+my+n=0$ の形の x，y の2次方程式であるから，$(x-a)^2+(y-b)^2=k$ の形に変形することを考える。

解答　(1)　方程式 $x^2+y^2-6x+4y+4=0$ を変形すると

$$(x^2-6x)+(y^2+4y)=-4$$
$$(x-3)^2-3^2+(y+2)^2-2^2=-4$$
$$(x-3)^2+(y+2)^2=9$$

よって，この方程式は **点 $(3,\ -2)$ を中心とする半径3の円** を表す。

(2) 方程式 $x^2+y^2+2x=0$ を変形すると

$$(x^2+2x)+y^2=0$$
$$(x+1)^2-1^2+y^2=0$$
$$(x+1)^2+y^2=1$$

よって，この方程式は **点 $(-1,\ 0)$ を中心とする半径 1 の円** を表す。

(3) 方程式 $x^2+y^2+4x-10y+29=0$ を変形すると

$$(x^2+4x)+(y^2-10y)=-29$$
$$(x+2)^2-2^2+(y-5)^2-5^2=-29$$
$$(x+2)^2+(y-5)^2=0$$

よって，この方程式は **1 点 $(-2,\ 5)$** を表す。

教 p.93

問 5　3 点 A(1, 3), B(5, −1), C(−1, −1) を通る円の方程式を求めよ。

考え方　求める円の方程式を $x^2+y^2+lx+my+n=0$ とおき，円が 3 点を通ることから，l, m, n についての連立方程式をつくる。

解 答　求める円の方程式を $x^2+y^2+lx+my+n=0$ とおく。

この円が，点 A(1, 3) を通るから

$$1+9+l+3m+n=0$$

点 B(5, −1) を通るから

$$25+1+5l-m+n=0$$

点 C(−1, −1) を通るから

$$1+1-l-m+n=0$$

よって
$$\begin{cases} l+3m+n=-10 & \cdots\cdots ① \\ 5l-m+n=-26 & \cdots\cdots ② \\ -l-m+n=-2 & \cdots\cdots ③ \end{cases}$$

② − ③ より　$6l=-24$

すなわち　$l=-4$　……④

① − ② より　$-4l+4m=16$

すなわち　$l-m=-4$　……⑤

④, ⑤ より　$m=0$

このとき，③ より　$n=-6$

したがって，求める円の方程式は

$$\boldsymbol{x^2+y^2-4x-6=0}$$

2 円と直線

用語のまとめ

接線

- 円と直線がただ1点を共有するとき，円と直線は **接する** といい，この直線を円の **接線**，その共有点を **接点** という。

● 円と直線の共有点

解き方のポイント

円と直線の共有点の座標は，円と直線の方程式を連立させて解くことにより求めることができる。

教 p.94

問6 次の円と直線の共有点の座標を求めよ。

(1) $x^2+y^2=25,\ y=x-1$ (2) $x^2+y^2=8,\ y=-x+4$

考え方 円と直線の方程式を連立させて解く。

解答 (1) $\begin{cases} x^2+y^2=25 & \cdots\cdots ① \\ y=x-1 & \cdots\cdots ② \end{cases}$

において，② を ① に代入すると

$$x^2+(x-1)^2=25$$

整理すると $x^2-x-12=0$

$$(x+3)(x-4)=0$$

これを解くと $x=-3,\ 4$

② より $x=-3$ のとき $y=-4$

$x=4$ のとき $y=3$

したがって，共有点の座標は $(-3,\ -4)$，$(4,\ 3)$ である。

(2) $\begin{cases} x^2+y^2=8 & \cdots\cdots ① \\ y=-x+4 & \cdots\cdots ② \end{cases}$

において，② を ① に代入すると

$$x^2+(-x+4)^2=8$$

整理すると $x^2-4x+4=0$

$$(x-2)^2=0$$

これを解くと $x=2$

このとき，② より $y=2$

したがって，共有点の座標は $(2,\ 2)$ である。

円と直線の共有点（判別式の利用） 解き方のポイント

円と直線の方程式を連立させて得られる x についての 2 次方程式が $ax^2+bx+c=0$ であるとき，円と直線の共有点の個数は，この 2 次方程式の判別式 $D=b^2-4ac$ の符号によって，次のように分類される。

$D>0$ ⟺ 円と直線の **共有点は 2 個**

$D=0$ ⟺ 円と直線の **共有点は 1 個**

$D<0$ ⟺ 円と直線の **共有点はない**

教 p.95

問 7　直線 $y=3x+k$ と円 $x^2+y^2=5$ の位置関係について調べよ。

考え方　円と直線の方程式を連立させて y を消去し，x の 2 次方程式 $ax^2+bx+c=0$ をつくる。2 次方程式の判別式 D の符号によって場合分けして考える。

解答

連立方程式 $\begin{cases} y=3x+k & \cdots\cdots ① \\ x^2+y^2=5 & \cdots\cdots ② \end{cases}$

において，① を ② に代入して整理すると

$10x^2+6kx+k^2-5=0$

この 2 次方程式の判別式を D とすると

$D=(6k)^2-4\cdot10\cdot(k^2-5)=-4k^2+200=-4(k^2-50)$

$D=0$ のときの k の値を求めると　$k=\pm5\sqrt{2}$

$D>0$，すなわち，$-5\sqrt{2}<k<5\sqrt{2}$ **のとき**

直線 ① と円 ② の共有点は 2 個あるから，**2 点で交わる。**

$D=0$，すなわち，$k=\pm5\sqrt{2}$ **のとき**

直線 ① と円 ② の共有点は 1 個であるから，**接する。**

$D<0$，すなわち，$k<-5\sqrt{2}$，$5\sqrt{2}<k$ **のとき**

直線 ① と円 ② の共有点はないから，**離れている。**

プラス＋　円の中心と直線の距離と円の半径との大小を調べて求めることもできる。(次ページ「解き方のポイント」参照)

円の中心 (0, 0) と直線 $y=3x+k$ の距離を d とすると

$$d=\frac{|k|}{\sqrt{3^2+(-1)^2}}=\frac{|k|}{\sqrt{10}}$$

円の半径が $\sqrt{5}$ であるから，次の 3 つの場合を考える。

(i) $\dfrac{|k|}{\sqrt{10}}<\sqrt{5}$　(ii) $\dfrac{|k|}{\sqrt{10}}=\sqrt{5}$　(iii) $\dfrac{|k|}{\sqrt{10}}>\sqrt{5}$

● 円と直線の位置関係（円の中心と直線の距離を利用） …… 解き方のポイント

円の半径を r，円の中心 C と直線 l との距離を d とすると

$d<r$ のとき	$d=r$ のとき	$d>r$ のとき
2 点で交わる	接する	共有点はない
l, r, d, C	接点, 接線, l, r, d, C	l, r, d, C

教 p.96

問 8　直線 $y=-x+k$ が円 $x^2+y^2=9$ に接するような定数 k の値を求めよ。

考え方　直線と円が接する場合であるから，円の中心と直線の距離 d と円の半径 r が等しい。すなわち，$d=r$ となる。

解 答　円の中心 O と直線 $x+y-k=0$ の距離を d とする。

円の半径は 3 であるから，$d=3$ のとき，円と直線は接する。

点と直線の距離の公式により

$$d=\frac{|1\cdot 0+1\cdot 0-k|}{\sqrt{1^2+1^2}}=\frac{|-k|}{\sqrt{2}}=\frac{|k|}{\sqrt{2}}$$

したがって，$\dfrac{|k|}{\sqrt{2}}=3$ より　　$|k|=3\sqrt{2}$

すなわち　　$\boldsymbol{k=\pm 3\sqrt{2}}$

教 p.96

問 9　例題 4 を，判別式 D を用いて解け。また，例題 4 の解法と比べて，それぞれの解法の特徴を考えよ。

考え方　直線と円が接するとき，直線の方程式と円の方程式からできる 2 次方程式の判別式 D が $D=0$ となる。

解 答　**判別式 D を用いた解法**

連立方程式 $\begin{cases} y=2x+k & \cdots\cdots ① \\ x^2+y^2=1 & \cdots\cdots ② \end{cases}$

において，① を ② に代入して整理すると

$$5x^2+4kx+k^2-1=0 \quad \cdots\cdots ③$$

x の 2 次方程式 ③ の判別式を D とすると

$$D=(4k)^2-4\cdot 5\cdot (k^2-1)=-4k^2+20=-4(k^2-5)$$

直線と円は接するとき，$D=0$ であるから

$$k^2-5=0$$

これを解いて　　$\boldsymbol{k=\pm\sqrt{5}}$

解法の特徴

例題 4 の解法は，円の中心と直線の距離が円の半径と等しくなるという図形的な性質を利用しているのに対し，判別式 D を用いる解法は，円と直線の共有点の個数が 2 次方程式の異なる実数解の個数と一致することを利用している。

問 8 についても，判別式 D を用いて，次のように解くことができる。

連立方程式 $\begin{cases} y=-x+k & \cdots\cdots ① \\ x^2+y^2=9 & \cdots\cdots ② \end{cases}$

において，① を ② に代入して整理すると

$$2x^2-2kx+k^2-9=0 \quad \cdots\cdots ③$$

x の 2 次方程式 ③ の判別式を D とすると

$$D=(-2k)^2-4\cdot2\cdot(k^2-9)=-4k^2+72=-4(k^2-18)$$

円と直線が接するとき，$D=0$ であるから

$$k^2-18=0$$

これを解いて　　$k=\pm3\sqrt{2}$

● 円の接線の方程式　　解き方のポイント

円 $x^2+y^2=r^2$ 上の点 $\mathrm{P}(x_1,\ y_1)$ における接線の方程式は

$$\boldsymbol{x_1x+y_1y=r^2}$$

教 p.97

問 10　次の円上の点 P における接線の方程式を求めよ。

(1)　$x^2+y^2=10$，$\mathrm{P}(3,\ 1)$

(2)　$x^2+y^2=13$，$\mathrm{P}(-2,\ 3)$

(3)　$x^2+y^2=9$，$\mathrm{P}(3,\ 0)$

考え方　接線の公式 $x_1x+y_1y=r^2$ に，与えられた接点の座標を代入して整理する。

解 答　(1)　$3\cdot x+1\cdot y=10$　　したがって　$\boldsymbol{3x+y=10}$

(2)　$(-2)\cdot x+3\cdot y=13$　　したがって　$\boldsymbol{-2x+3y=13}$

(3)　$3\cdot x+0\cdot y=9$　　したがって　$\boldsymbol{x=3}$

教 p.98

問 11　点 $\mathrm{A}(2,\ 4)$ を通り，円 $x^2+y^2=10$ に接する直線の方程式を求めよ。

考え方 接点を $P(x_1, y_1)$ とおき，接線の公式を利用して，接線の方程式を x_1, y_1 を用いて表す。次に，(2, 4) が接線上の点であること，$P(x_1, y_1)$ が円上の点であることから，x_1, y_1 についての連立方程式をつくる。

解答 接点を $P(x_1, y_1)$ とすると，接線の方程式は

$x_1x + y_1y = 10$ ……①

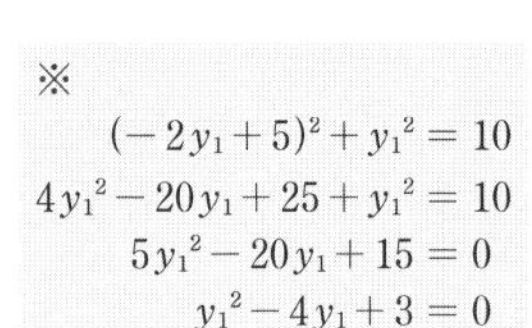

これが点 A(2, 4) を通るから

$2x_1 + 4y_1 = 10$

よって　$x_1 = -2y_1 + 5$ ……②

また，$P(x_1, y_1)$ は円上の点であるから

$x_1{}^2 + y_1{}^2 = 10$ ……③

② を ③ に代入して整理すると　※

$y_1{}^2 - 4y_1 + 3 = 0$

すなわち　$(y_1-1)(y_1-3) = 0$

よって　$y_1 = 1, 3$

②より

$y_1 = 1$ のとき　$x_1 = 3$

$y_1 = 3$ のとき　$x_1 = -1$

← 接点の座標は (3, 1), (−1, 3)

したがって，① より求める接線の方程式は

$\boldsymbol{3x + y = 10, \ -x + 3y = 10}$

※
$$(-2y_1+5)^2 + y_1{}^2 = 10$$
$$4y_1{}^2 - 20y_1 + 25 + y_1{}^2 = 10$$
$$5y_1{}^2 - 20y_1 + 15 = 0$$
$$y_1{}^2 - 4y_1 + 3 = 0$$

● 2つの円の位置関係　　解き方のポイント

2つの円 O, O′ の半径をそれぞれ r, r' $(r > r')$，中心間の距離を d とするとき，2つの円の位置関係は，次の(1)〜(5)のようになる。

(1) 互いに外部にある

$d > r + r'$

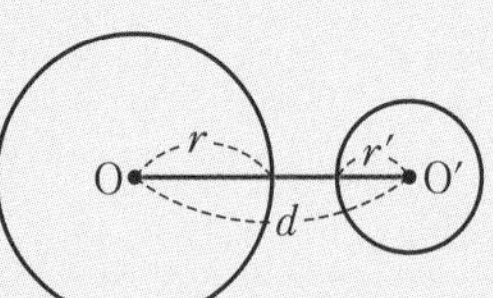

(2) 外接する

$d = r + r'$

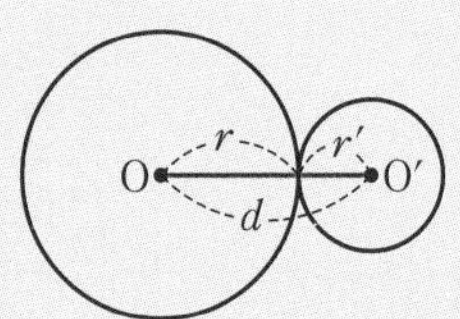

(3) 2点で交わる

$r - r' < d < r + r'$

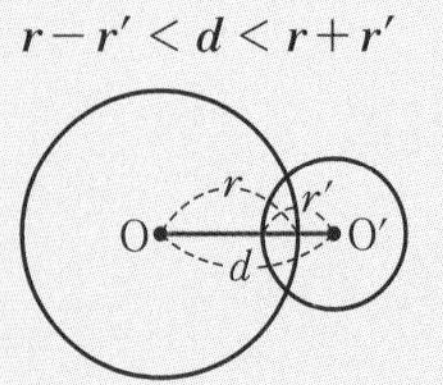

(4) 内接する

$d = r - r'$

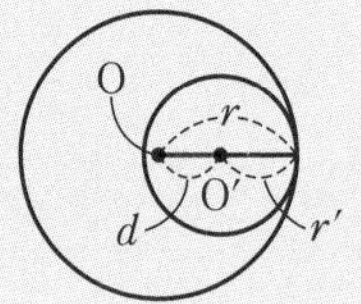

(5) 一方が他方を含む

$d < r - r'$

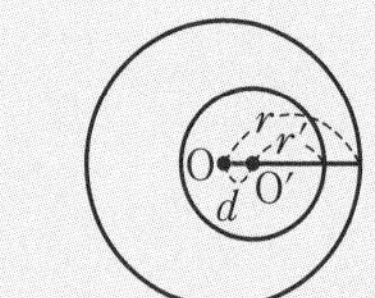

教 p.99

問 12　点 C(2, -2) を中心とし，円 $x^2+y^2=18$ に内接する円の方程式を求めよ。

考え方　円 $x^2+y^2=18$ の中心は原点 O，半径は $\sqrt{18}=3\sqrt{2}$ である。この円に内接する円を考えるから，2 つの円の半径の差が中心間の距離に等しい。

解答　求める円の半径を r とする。

円 $x^2+y^2=18$ の中心は原点 O，半径は $3\sqrt{2}$ である。

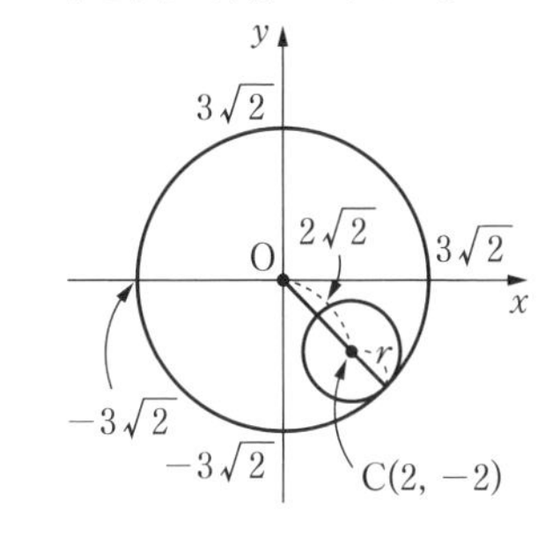

ここで，点 C と原点 O の距離は

$$\sqrt{2^2+(-2)^2}=2\sqrt{2}$$

であり，求める円と円 $x^2+y^2=18$ は内接するから

$$3\sqrt{2}-r=2\sqrt{2}$$

よって　$r=\sqrt{2}$

したがって，求める円の方程式は

$$\boldsymbol{(x-2)^2+(y+2)^2=2}$$

教 p.100

問 13　次の 2 つの円の共有点の座標を求めよ。

$$x^2+y^2=5, \quad x^2+y^2-12x+4y+15=0$$

解答　求める共有点の座標は次の連立方程式の実数解として得られる。

$$\begin{cases} x^2+y^2=5 & \cdots\cdots ① \\ x^2+y^2-12x+4y+15=0 & \cdots\cdots ② \end{cases}$$

① − ② より　$12x-4y-15=5$

すなわち　$y=3x-5$　……③

③ を ① に代入すると

$$x^2+(3x-5)^2=5$$

整理すると

$$x^2-3x+2=0$$

$$(x-1)(x-2)=0$$

これを解くと　$x=1,\ 2$

③ より　$x=1$ のとき　$y=-2$

　　　　$x=2$ のとき　$y=1$

したがって，共有点の座標は

(1, −2), (2, 1)

参考 ▶ 2つの円の交点を通る円 教 p.101

● 2つの円の交点を通る図形 ……… 解き方のポイント

2つの円

$x^2+y^2+lx+my+n=0$

$x^2+y^2+l'x+m'y+n'=0$

が異なる2点A，Bで交わるとき，その交点を通る円や直線は

$k(x^2+y^2+lx+my+n)+(x^2+y^2+l'x+m'y+n')=0$ （k は定数）…… ①

と表される。

$k \neq -1$ のとき，① は2点A，Bを通る円を表す。

$k=-1$ のとき，① は2点A，Bを通る直線を表す。

教 p.101

問1 2つの円 $x^2+y^2-6x+2y=0$，$x^2+y^2-4=0$ の交点をA，Bとする。

(1) 2点A，Bと点(2，1)を通る円の方程式を求めよ。

(2) 2点A，Bを通る直線の方程式を求めよ。

解答 k を定数とする。

方程式 $k(x^2+y^2-6x+2y)+(x^2+y^2-4)=0$ …… ①

で表される図形は交点A，Bを通る。

(1) ① に $x=2$，$y=1$ を代入すると

$k(2^2+1^2-6\cdot2+2\cdot1)+(2^2+1^2-4)=0$

$-5k+1=0$

よって $k=\dfrac{1}{5}$

これを ① に代入すると

$\dfrac{1}{5}(x^2+y^2-6x+2y)+(x^2+y^2-4)=0$

整理すると $3x^2+3y^2-3x+y-10=0$

したがって，求める円の方程式は

$$\boldsymbol{x^2+y^2-x+\frac{1}{3}y-\frac{10}{3}=0}$$

(2) 方程式 ① は，$k=-1$ のとき2点A，Bを通る直線を表す。

したがって，① に $k=-1$ を代入すると

$-(x^2+y^2-6x+2x)+(x^2+y^2-4)=0$

したがって，求める直線の方程式は $6x-2y-4=0$

すなわち $\boldsymbol{3x-y-2=0}$

Training トレーニング 教 p.102

11 次の円の方程式を求めよ。

(1) 中心が点 $(-4,\ 3)$ で，x 軸に接する円

(2) 2 点 $\mathrm{A}(-2,\ 3)$，$\mathrm{B}(2,\ 1)$ を直径の両端とする円

考え方 円の方程式を求めるには，中心の座標と半径の長さが分かればよい。

(1) 半径は，中心 C から x 軸までの距離に等しい。

(2) 円の中心 C は，直径，すなわち，線分 AB の中点である。また，半径は中心 C から点 B まで（または点 A まで）の距離に等しい。

解答 (1) 求める円の半径は，$(-4,\ 3)$ から x 軸までの距離に等しく，3 である。
したがって，求める円の方程式は

$$(x+4)^2+(y-3)^2=9$$

(2) 円の中心 C は，線分 AB の中点であるから

中心 C の座標は $\left(\dfrac{-2+2}{2},\ \dfrac{3+1}{2}\right)$

すなわち　$(0,\ 2)$

円の半径 r は

$$r=\mathrm{BC}=\sqrt{(0-2)^2+(2-1)^2}=\sqrt{4+1}=\sqrt{5}$$

よって，求める円の方程式は

$$x^2+(y-2)^2=5$$

12 次の方程式は，どのような図形を表すか。

(1) $x^2+y^2+4x-10y-7=0$

(2) $x^2+y^2+5y+2=0$

(3) $x^2+y^2-4x-6y+13=0$

考え方 それぞれの式を $(x-a)^2+(y-b)^2=k$ の形に変形する。k の値によってどのような図形を表すか考える。

解答 (1) 方程式 $x^2+y^2+4x-10y-7=0$ を変形すると

$$(x^2+4x)+(y^2-10y)=7$$

$$(x+2)^2-2^2+(y-5)^2-5^2=7$$

$$(x+2)^2+(y-5)^2=36$$

よって，この方程式は **点 $(-2,\ 5)$ を中心とする半径 6 の円** を表す。

(2) 方程式 $x^2+y^2+5y+2=0$ を変形すると

$$x^2+(y^2+5y)=-2$$

$$x^2+\left(y+\frac{5}{2}\right)^2-\left(\frac{5}{2}\right)^2=-2$$

$$x^2+\left(y+\frac{5}{2}\right)^2=\frac{17}{4}$$

よって，この方程式は **点 $\left(0,\ -\frac{5}{2}\right)$ を中心とする半径 $\frac{\sqrt{17}}{2}$ の円** を表す。

(3) 方程式 $x^2+y^2-4x-6y+13=0$ を変形すると

$$(x^2-4x)+(y^2-6y)=-13$$

$$(x-2)^2-2^2+(y-3)^2-3^2=-13$$

$$(x-2)^2+(y-3)^2=0$$

よって，この方程式は **1 点 (2, 3)** を表す。

13 3 点 (2, 0), (0, 6), (8, 6) を通る円の方程式を求めよ。また，この円の中心の座標と半径を求めよ。

考え方 求める円の方程式を $x^2+y^2+lx+my+n=0$ とおき，円が 3 点を通る条件から，l, m, n についての連立方程式をつくる。円の中心と半径を求めるには，円の方程式を $(x-a)^2+(y-b)^2=r^2$ の形に変形する。

解答 求める円の方程式を $x^2+y^2+lx+my+n=0$ とおく。

この円が，点 (2, 0) を通るから　$4+2l+n=0$

点 (0, 6) を通るから　$36+6m+n=0$

点 (8, 6) を通るから　$64+36+8l+6m+n=0$

よって $\begin{cases} 2l \qquad\quad +n=-4 & \cdots\cdots ① \\ \qquad 6m+n=-36 & \cdots\cdots ② \\ 8l+6m+n=-100 & \cdots\cdots ③ \end{cases}$

② − ③ より　$-8l=64$　よって　$l=-8$

$l=-8$ を ① に代入して　$-16+n=-4$　より　$n=12$

$n=12$ を ② に代入して　$6m+12=-36$　より　$m=-8$

したがって，求める円の方程式は　$\boldsymbol{x^2+y^2-8x-8y+12=0}$

この式を変形して

$$(x^2-8x)+(y^2-8y)=-12$$

$$(x-4)^2-4^2+(y-4)^2-4^2=-12$$

$$(x-4)^2+(y-4)^2=20$$

したがって，**中心 (4, 4)，半径 $2\sqrt{5}$**

14 次の円と直線の共有点の座標を求めよ。

(1) $x^2+y^2=13,\ y=-x+1$　　(2) $x^2+y^2=5,\ y=2x+5$

考え方 円と直線の方程式を連立させて解く。

解答 (1) $\begin{cases} x^2+y^2=13 & \cdots\cdots ① \\ y=-x+1 & \cdots\cdots ② \end{cases}$

において，② を ① に代入して整理すると　$x^2-x-6=0$

これを解くと　$(x+2)(x-3)=0$　より　$x=-2,\ 3$

② より

$x=-2$ のとき　$y=3$

$x=3$ のとき　$y=-2$

したがって，共有点の座標は　**$(-2,\ 3),\ (3,\ -2)$**

(2) $\begin{cases} x^2+y^2=5 & \cdots\cdots ① \\ y=2x+5 & \cdots\cdots ② \end{cases}$

において，② を ① に代入して整理すると

$x^2+4x+4=0$

$(x+2)^2=0$

これを解くと　$x=-2$

このとき，② より　$y=1$

したがって，共有点の座標は　**$(-2,\ 1)$**

15 円 $x^2+y^2=9$ と直線 $3x+y=k$ の共有点の個数は，定数 k の値によってどのように変わるか。

考え方 円と直線の共有点の個数は，2 つの式を連立させて y を消去して得られる x の 2 次方程式 $ax^2+bx+c=0$ の判別式 D の値によって判断する。

解答 $\begin{cases} x^2+y^2=9 & \cdots\cdots ① \\ 3x+y=k & \cdots\cdots ② \end{cases}$

② より　$y=-3x+k$

これを ① に代入して整理すると

$10x^2-6kx+k^2-9=0$

この 2 次方程式の判別式を D とすると

$D=(-6k)^2-4\cdot 10\cdot(k^2-9)=-4k^2+360=-4(k^2-90)$

$D=0$ となるときの k の値を求めると　$k=\pm 3\sqrt{10}$

よって

$D>0$，すなわち，**$-3\sqrt{10}<k<3\sqrt{10}$ のとき，共有点は 2 個**

$D=0$，すなわち，**$k=\pm 3\sqrt{10}$ のとき，共有点は 1 個**

$D<0$，すなわち，**$k<-3\sqrt{10},\ 3\sqrt{10}<k$ のとき，共有点は 0 個**

プラス＋ 円の中心と直線の距離を d，円の半径を r としたとき，d と r の大小関係から判断することもできる。

円の中心Oと直線 $3x+y-k=0$ の距離は

$$\frac{|3\cdot 0+1\cdot 0-k|}{\sqrt{3^2+1^2}}=\frac{|-k|}{\sqrt{10}}=\frac{|k|}{\sqrt{10}}$$

また，円の半径は3である。

よって

(i) $\frac{|k|}{\sqrt{10}}<3$ すなわち $-3\sqrt{10}<k<3\sqrt{10}$ のとき

円と直線は2点で交わるから，共有点は2個

(ii) $\frac{|k|}{\sqrt{10}}=3$ すなわち $k=\pm 3\sqrt{10}$ のとき

円と直線は接するから，共有点は1個

(iii) $\frac{|k|}{\sqrt{10}}>3$ すなわち $k<-3\sqrt{10}$，$3\sqrt{10}<k$ のとき

円と直線は離れているから，共有点は0個

16 次の円上の点Pにおける接線の方程式を求めよ。

(1) $x^2+y^2=10$，P$(-1,\ 3)$　　(2) $x^2+y^2=16$，P$(0,\ 4)$

考え方 接線の公式 $x_1x+y_1y=r^2$ に，与えられた接点の座標を代入して整理する。

解答 (1) $(-1)\cdot x+3\cdot y=10$　したがって　$\boldsymbol{-x+3y=10}$

(2) $0\cdot x+4\cdot y=16$　したがって　$\boldsymbol{y=4}$

17 点 $(15,\ 5)$ を通り，円 $x^2+y^2=50$ に接する直線の方程式を求めよ。

考え方 円の接線の方程式をつくる。次に，点 $(15,\ 5)$ が接線上の点であること，接点が円上の点であることから，連立方程式をつくる。

解答 接点を P$(x_1,\ y_1)$ とすると，接線の方程式は

$x_1x+y_1y=50$ ……①

これが点 $(15,\ 5)$ を通るから

$15x_1+5y_1=50$

よって　$y_1=-3x_1+10$ ……②

また，P$(x_1,\ y_1)$ は円上の点であるから

$x_1{}^2+y_1{}^2=50$ ……③

②を③に代入して整理すると ※

$x_1{}^2-6x_1+5=0$

すなわち　$(x_1-1)(x_1-5)=0$

よって　$x_1=1,\ 5$

※

$x_1{}^2+(-3x_1+10)^2=50$

$x_1{}^2+(9x_1{}^2-60x_1+100)=50$

$10x_1{}^2-60x_1+50=0$

$x_1{}^2-6x_1+5=0$

②より

$x_1 = 1$　のとき　$y_1 = 7$

$x_1 = 5$　のとき　$y_1 = -5$

したがって，①より求める接線の方程式は

$x + 7y = 50,\ 5x + (-5)y = 50$

すなわち　　$\boldsymbol{x + 7y = 50,\ x - y = 10}$

18 円 $x^2 + y^2 = 1$ と点 $(4,\ 3)$ を中心とする半径 r の円について，次の問に答えよ。

(1)　2つの円が外接するときの r の値を求めよ。

(2)　2つの円が2点で交わるときの r の値の範囲を求めよ。

考え方　2つの円の半径と中心間の距離を求め，(1)と(2)のそれぞれの位置関係のときの2つの半径の関係にあてはめて考える。

解答　円 $x^2 + y^2 = 1$ の中心は原点O，半径は1である。

また，2つの円の中心間の距離，すなわち点 $(4,\ 3)$ と原点の距離は

$\sqrt{4^2 + 3^2} = 5$

である。

(1)　2つの円が外接するから

$5 = r + 1$　　←── 外接するとき　$d = r + r'$

より　　$\boldsymbol{r = 4}$

(2)　2つの円が2点で交わるとき

$r - 1 < 5 < r + 1$　　←── 2点で交わるとき　$r - r' < d < r + r'$ $(r > r')$

であるから，これを解くと

$r - 1 < 5$　より　$r < 6$

$5 < r + 1$　より　$4 < r$

よって　　$\boldsymbol{4 < r < 6}$

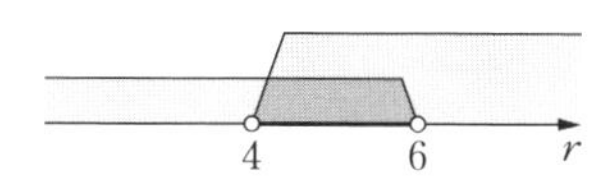

19 $l,\ m,\ n$ が実数であるとき，$x,\ y$ の2次方程式 $x^2 + y^2 + lx + my + n = 0$ の表す図形が円であるかどうかを調べるには，2次方程式をどのようにするとよいか答えよ。

解答　$x,\ y$ の2次方程式 $x^2 + y^2 + lx + my + n = 0$ を $(x - a)^2 + (y - b)^2 = k$ の形に変形する。

k が正であれば，この2次方程式の表す図形が円であることが分かる。

3節　軌跡と領域

1 軌跡とその方程式

用語のまとめ

軌跡

- 点がある条件を満たしながら動くとき，その点のえがく図形を，その条件を満たす点の **軌跡** という。

アポロニウスの円

- $m \neq n$ のとき，2 定点 A，B に対して

  $\mathrm{AP} : \mathrm{BP} = m : n$

  を満たす点 P の軌跡は，線分 AB を $m : n$ に内分する点と外分する点を直径の両端とする円になる。

  この円を **アポロニウスの円** という。

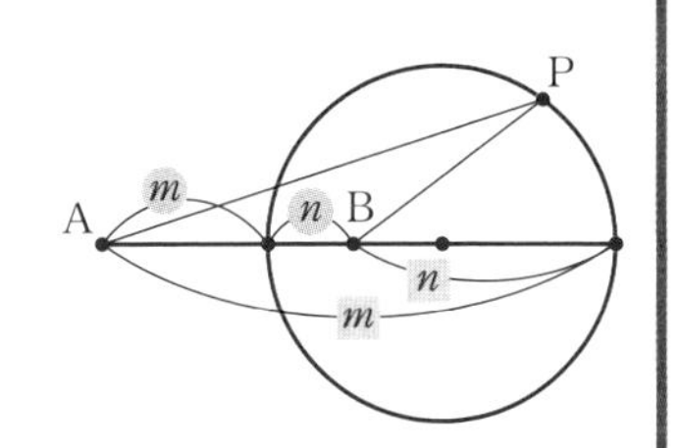

● 座標を利用した軌跡の求め方　　解き方のポイント

1　与えられた条件を満たす点は，図形上にあることを示す。

[1]　条件を満たす点 P の座標を $(x,\ y)$ とおく。

[2]　与えられた条件から，x と y の関係を式で表す。

[3]　[2] でつくった式を整理し，その式の表す図形を求める。

2　逆に，図形上のすべての点は，与えられた条件を満たすことを示す。

注意　2 が明らかな場合は，省略してもよい。

教 p.104

問 1　2 点 A(3，0)，B(0，5) から等距離にある点 P の軌跡を求めよ。

考え方　[1]　条件を満たす点 P の座標を $(x,\ y)$ とする。

[2]　2 点間の距離の公式を用いて，AP^2 と BP^2 を x，y の式で表す。
$\mathrm{AP}^2 = \mathrm{BP}^2$ であることから，x，y の関係を式で表す。

[3]　[2] でつくった式を整理し，その式の表す図形を求める。

解答　条件を満たす点 P の座標を $(x,\ y)$ とする。

$\mathrm{AP} = \mathrm{BP}$ より　　$\mathrm{AP}^2 = \mathrm{BP}^2$

よって　　$(x-3)^2 + y^2 = x^2 + (y-5)^2$

これを整理すると　　$3x - 5y + 8 = 0$

したがって，求める軌跡は

直線 $3x - 5y + 8 = 0$ である。

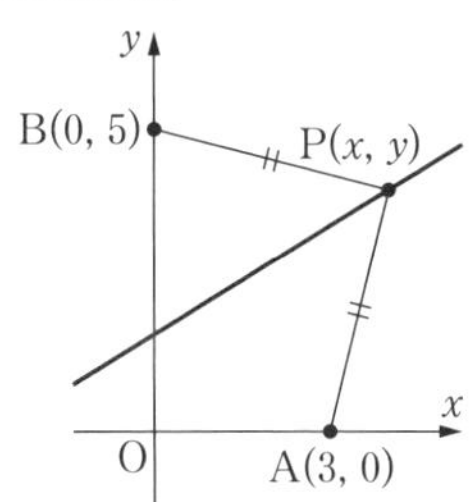

注意　求めた図形上のすべての点が与えられた条件を満たすことは明らかであるから，逆の証明は省略した。

教 p.104

問 2　2点 A(3, 0), B(−3, 0) に対して，$AP^2+BP^2=50$ を満たす点Pの軌跡を求めよ。

考え方　点Pの座標を (x, y) とする。与えられた条件 $AP^2+BP^2=50$ から，x, y の関係を式で表す。

解答　条件を満たす点Pの座標を (x, y) とすると

$$AP^2=(x-3)^2+y^2$$

$$BP^2=(x+3)^2+y^2$$

$AP^2+BP^2=50$ より

$$\{(x-3)^2+y^2\}+\{(x+3)^2+y^2\}=50$$

これを整理すると　　$x^2+y^2=16$

したがって，求める軌跡は **中心が原点，半径4の円** である。

教 p.104

問 3　2点 A(−2, 0), B(3, 0) に対して，AP：BP＝3：2 を満たす点Pの軌跡を求めよ。

考え方　点Pの座標を (x, y) とする。

AP：BP＝3：2 であるから，2AP＝3BP より，$4AP^2=9BP^2$ となる。

解答　条件を満たす点Pの座標を (x, y) とする。

AP：BP＝3：2 であるから

$$2AP=3BP$$

両辺を2乗すると

$$4AP^2=9BP^2$$

よって

$$4\{(x+2)^2+y^2\}=9\{(x-3)^2+y^2\}$$

$$4(x^2+4x+4+y^2)=9(x^2-6x+9+y^2)$$

$$5x^2+5y^2-70x+65=0$$

$$x^2+y^2-14x+13=0$$

すなわち

$$(x-7)^2+y^2=36$$

したがって，点Pの軌跡は **中心 (7, 0)，半径6の円** である。

● 図形上を動く点 P にともなって動く点 Q の軌跡 …… 解き方のポイント

[1] $\mathrm{P}(s,\ t)$, $\mathrm{Q}(x,\ y)$ とおき

点 P と点 Q の関係 …… ①

点 P が満たす条件 …… ②

をそれぞれ式で表す。

[2] ① と ② の式から s, t を消去して, x, y だけの式をつくる。

教 p.105

問 4 点 P が直線 $y=2x+3$ 上を動くとき, 点 $\mathrm{A}(5,\ 1)$ と点 P を結ぶ線分 AP の中点 Q の軌跡を求めよ。

考え方 次の手順で考える。

[1] 点 P の座標を $(s,\ t)$, 点 Q の座標を $(x,\ y)$ とおいて

点 Q が線分 AP の中点であること (①)

点 P が直線 $y=2x+3$ 上にあること (②)

をそれぞれ式で表す。

[2] ① と ② から s, t を消去して, x, y だけの式をつくる。

解 答 点 Q の座標を $(x,\ y)$, 点 P の座標を $(s,\ t)$ とする。

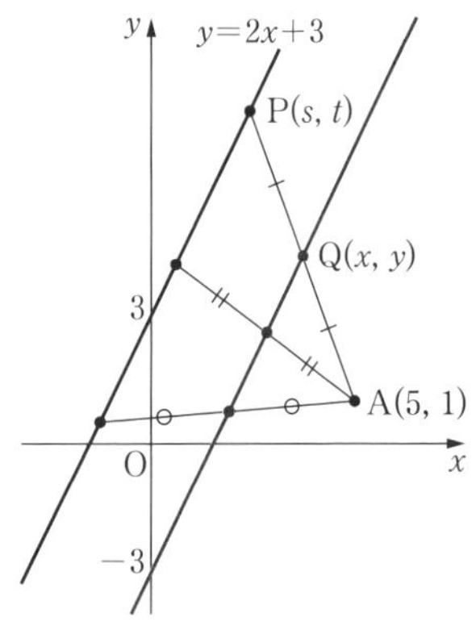

Q は線分 AP の中点であるから

$$x=\frac{s+5}{2},\quad y=\frac{t+1}{2}$$

すなわち

$$s=2x-5,\quad t=2y-1 \quad \cdots\cdots ①$$

また, P は直線 $y=2x+3$ 上の点であるから

$$t=2s+3 \quad \cdots\cdots ②$$

① を ② に代入すると

$$2y-1=2(2x-5)+3$$

$$y=2x-3$$

したがって, 点 Q の軌跡は **直線 $y=2x-3$** である。

教 p.105

問5 点Pが円 $x^2+y^2=8$ 上を動くとき，点A(0, 6)と点Pを結ぶ線分APの中点Qの軌跡を求めよ。

考え方 次の手順で考える。

1 点Pの座標を $(s,\ t)$，点Qの座標を $(x,\ y)$ とおいて

点Qが線分APの中点であること（①）

点Pが円 $x^2+y^2=8$ 上にあること（②）

をそれぞれ式で表す。

2 ①と②から s，t を消去して，x，y だけの式をつくる。

解答 点Qの座標を $(x,\ y)$，点Pの座標を $(s,\ t)$ とする。

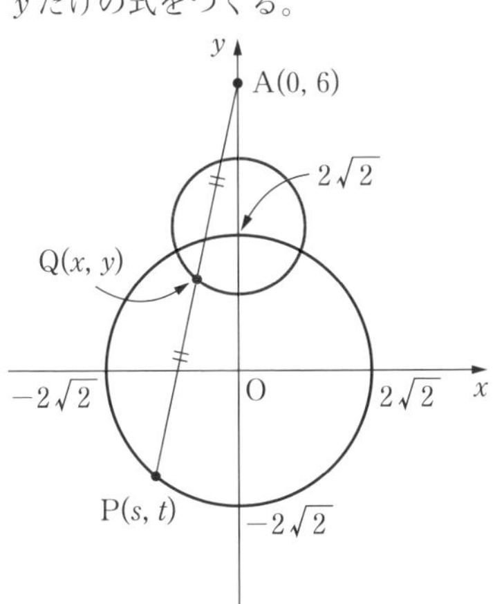

点Qは線分APの中点であるから

$$x=\frac{s+0}{2},\quad y=\frac{t+6}{2}$$

すなわち

$$s=2x,\quad t=2y-6 \quad \cdots\cdots ①$$

また，Pは円 $x^2+y^2=8$ 上の点であるから

$$s^2+t^2=8 \quad \cdots\cdots ②$$

①を②に代入すると

$$(2x)^2+(2y-6)^2=8$$

すなわち

$$4x^2+4(y-3)^2=8$$

両辺を4で割ると

$$x^2+(y-3)^2=2$$

したがって，点Qの軌跡は**中心(0, 3)，半径 $\sqrt{2}$ の円**である。

2 不等式の表す領域

用語のまとめ

不等式の表す領域

- x, y についての不等式があるとき，それを満たす点 (x, y) 全体の集合を，その **不等式の表す領域** という。

● 不等式と直線の上側・下側　解き方のポイント

直線 $y=mx+n$ を l とするとき

$y>mx+n$ の表す領域は　直線 l の上側

$y<mx+n$ の表す領域は　直線 l の下側

教 p.107

問6　次の不等式の表す領域を図示せよ。

(1)　$y>3x-2$　　(2)　$2x+y-3<0$

(3)　$y \geqq -x+4$　　(4)　$x-3y \geqq 6$

考え方　次の手順で考える。

1　左辺が y だけになるように不等式を変形する。

2　境界となる直線の方程式を求め，図示する。

3　不等号の向きを考えて，領域は直線の上側か下側かを判断する。

解答　(1)　不等式 $y>3x-2$ の表す領域は

直線　$y=3x-2$

の上側である。

すなわち，右の図の斜線部分である。

ただし，境界線は含まない。

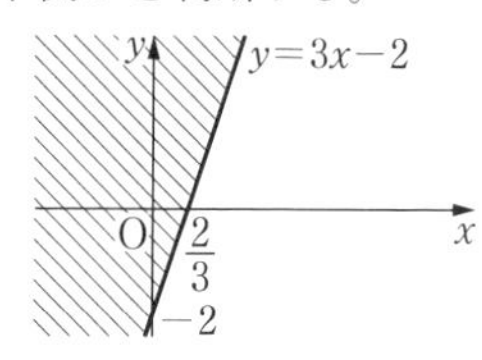

(2)　不等式 $2x+y-3<0$ は

$y<-2x+3$

と変形できる。

したがって，この不等式の表す領域は

直線　$y=-2x+3$

の下側である。

すなわち，右の図の斜線部分である。

ただし，境界線は含まない。

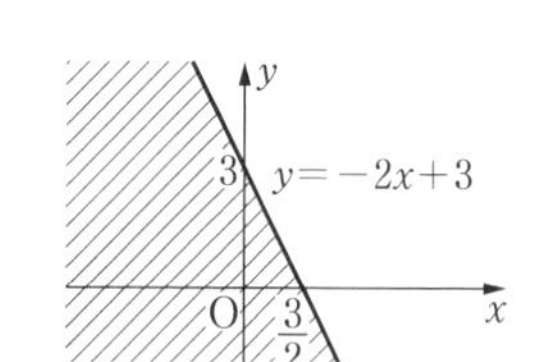

(3) 不等式 $y \geqq -x+4$ の表す領域は

　　直線　$y=-x+4$

および，その上側である。

すなわち，右の図の斜線部分である。

ただし，境界線を含む。

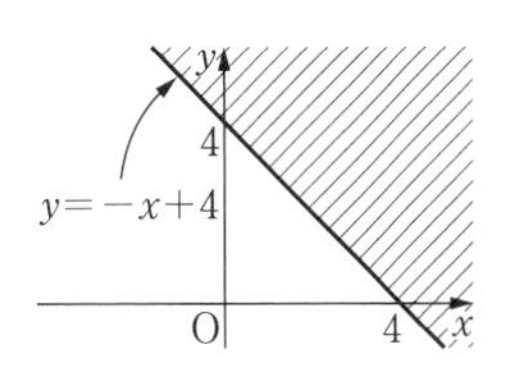

(4) 不等式 $x-3y \geqq 6$ は

$$y \leqq \frac{1}{3}x-2$$

と変形できる。

したがって，この不等式の表す領域は

　　直線　$y=\frac{1}{3}x-2$

および，その下側である。

すなわち，右の図の斜線部分である。

ただし，境界線を含む。

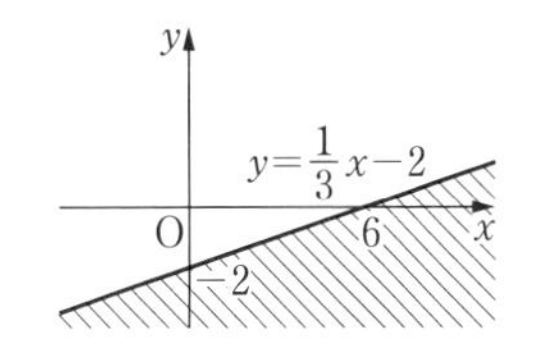

教 p.107

問7　次の不等式の表す領域を図示せよ。

(1) $2x-5<0$　　　(2) $y \geqq 3$

解答 (1) 不等式 $2x-5<0$ は　$x<\frac{5}{2}$

と変形できる。

したがって，この不等式の表す領域は，

x 座標が $\frac{5}{2}$ より小さい点 $(x,\ y)$ 全体の

集合であるから

　　直線　$x=\frac{5}{2}$

の左側である。

すなわち，右の図の斜線部分である。

ただし，境界線は含まない。

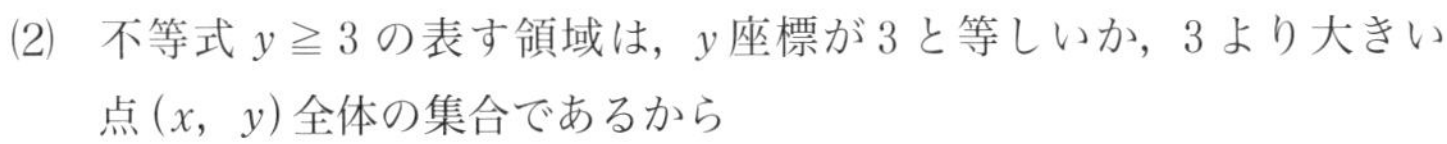
(2) 不等式 $y \geqq 3$ の表す領域は，y 座標が3と等しいか，3より大きい点 $(x,\ y)$ 全体の集合であるから

　　直線　$y=3$

および，その上側である。

すなわち，右の図の斜線部分である。

ただし，境界線を含む。

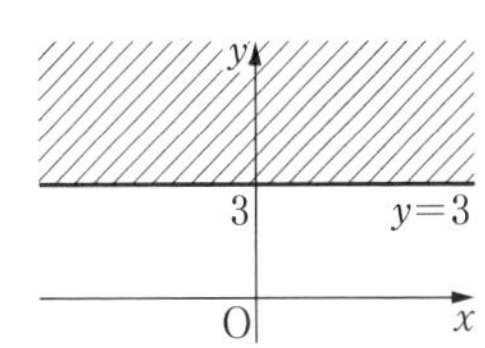

不等式と円の内部・外部　解き方のポイント

円 $(x-a)^2+(y-b)^2=r^2$ を C とすると

$(x-a)^2+(y-b)^2 < r^2$ の表す領域は　円 C の内部

$(x-a)^2+(y-b)^2 > r^2$ の表す領域は　円 C の外部

教 p.108

問8　次の不等式の表す領域を図示せよ。

(1)　$x^2+y^2>9$　　(2)　$(x+2)^2+(y-2)^2 \leqq 4$

考え方　境界線となる円の中心と半径を求める。不等号の向きを考えて，領域は，円の内部か外部かを判断する。

解　答　(1)　不等式 $x^2+y^2>9$ の表す領域は

円 $x^2+y^2=9$

の外部である。

すなわち，右の図の斜線部分である。

ただし，境界線は含まない。

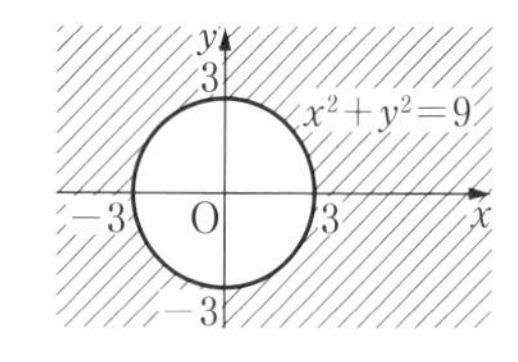

(2)　不等式 $(x+2)^2+(y-2)^2 \leqq 4$ の表す領域は

円 $(x+2)^2+(y-2)^2=4$

の内部および周である。

すなわち，右の図の斜線部分である。

ただし，境界線を含む。

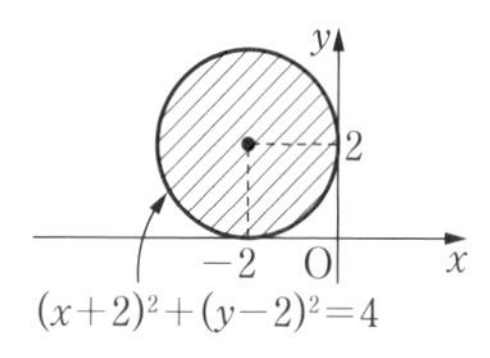

教 p.108

問9　次の不等式の表す領域を図示せよ。

(1)　$x^2+y^2+2x+4y-11<0$

(2)　$x^2+y^2-6x+2y+9 \geqq 0$

考え方　まず，不等式を変形して，境界線となる円の中心と半径を求める。

解　答　(1)　与えられた不等式は

$(x+1)^2+(y+2)^2<16$

と変形できる。

よって，この不等式の表す領域は

円 $(x+1)^2+(y+2)^2=16$

の内部である。

すなわち，右の図の斜線部分である。

ただし，境界線は含まない。

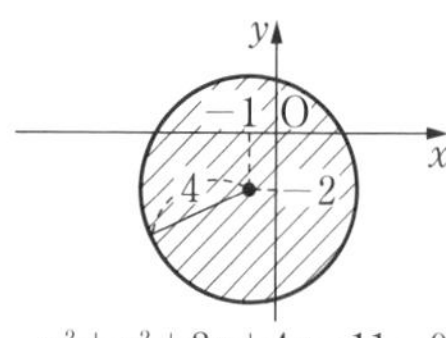

(2) 与えられた不等式は

$$(x-3)^2+(y+1)^2 \geqq 1$$

と変形できる。

よって，この不等式の表す領域は

円 $(x-3)^2+(y+1)^2=1$

の外部および周である。

すなわち，右の図の斜線部分である。

ただし，境界線を含む。

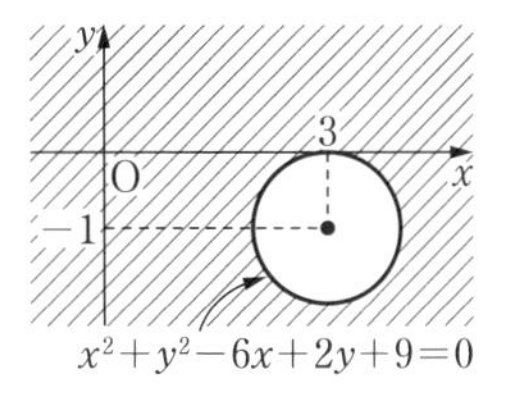

● 連立不等式の表す領域　解き方のポイント

2つの不等式を同時に満たす点全体の集合は，それぞれの不等式が表す領域の共通部分である。

教 p.109

問 10　次の連立不等式の表す領域を図示せよ。

(1) $\begin{cases} y > x-2 \\ y < -2x-2 \end{cases}$　　(2) $\begin{cases} 5x-2y-2 \leqq 0 \\ x-2y+6 \leqq 0 \end{cases}$

考え方　それぞれの不等式が表す領域の共通部分を求める。

解答　(1) $\begin{cases} y > x-2 & \cdots\cdots ① \\ y < -2x-2 & \cdots\cdots ② \end{cases}$

不等式 ① の表す領域は

直線 $y=x-2$ の上側

不等式 ② の表す領域は

直線 $y=-2x-2$ の下側

求める領域は，①，② の表す領域の共通部分であるから，右の図の斜線部分となる。

ただし，境界線は含まない。

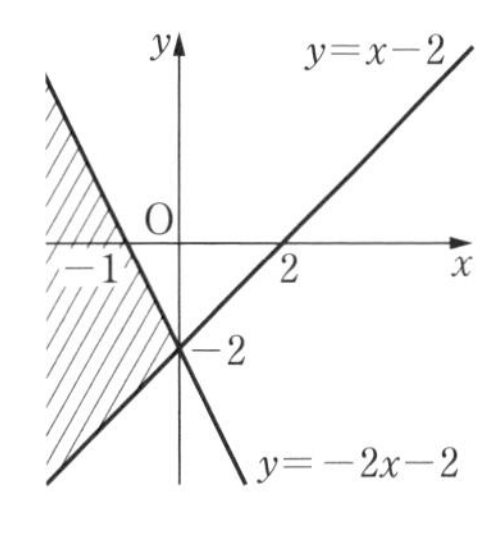

(2) $\begin{cases} 5x-2y-2 \leqq 0 & \cdots\cdots ① \\ x-2y+6 \leqq 0 & \cdots\cdots ② \end{cases}$

① より　$y \geqq \dfrac{5}{2}x-1$

よって，不等式 ① の表す領域は

直線 $y=\dfrac{5}{2}x-1$ および，その上側

② より　$y \geqq \dfrac{1}{2}x+3$

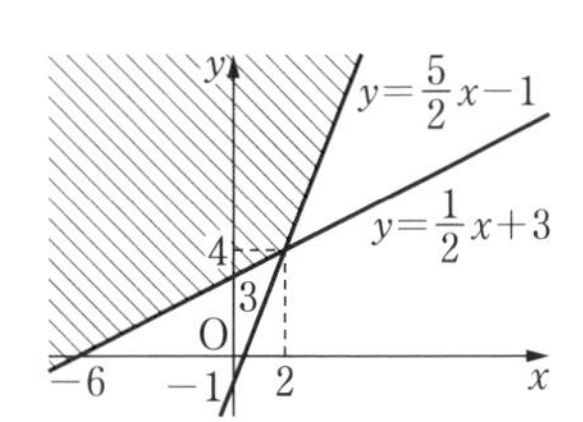

よって，不等式 ② の表す領域は

直線 $y=\dfrac{1}{2}x+3$ および，その上側

求める領域は，①，② の表す領域の共通部分であるから，前ページの図の斜線部分となる。ただし，境界線を含む。

教 p.109

問 11 第 1 象限は，どのような連立不等式の表す領域といえるか。また第 2 象限，第 3 象限，第 4 象限についてはどうか。

考え方 どの象限も，y 軸 (直線 $x=0$) と x 軸 (直線 $y=0$) を境界線とする領域で，x 軸，y 軸は含まない。それぞれの象限が，直線 $x=0$ の右側か左側か，直線 $y=0$ の上側か下側かを調べる。

解 答 各象限は右の図の通りである。よって

第 1 象限…$\begin{cases} x>0 \\ y>0 \end{cases}$　**第 2 象限**…$\begin{cases} x<0 \\ y>0 \end{cases}$

第 3 象限…$\begin{cases} x<0 \\ y<0 \end{cases}$　**第 4 象限**…$\begin{cases} x>0 \\ y<0 \end{cases}$

第 2 象限　第 1 象限
直線 $x=0$　直線 $y=0$
O
第 3 象限　第 4 象限

教 p.110

問 12 次の連立不等式の表す領域を図示せよ。

(1) $\begin{cases} x-y<0 \\ x^2+y^2<4 \end{cases}$　(2) $\begin{cases} 2x+y \geqq 0 \\ x^2+y^2 \geqq 9 \end{cases}$

考え方 まず，境界線を求め，それぞれの不等式の表す領域の共通部分を図示する。境界線を含むか，含まないかに注意する。

解 答 (1) $\begin{cases} x-y<0 & \cdots\cdots ① \\ x^2+y^2<4 & \cdots\cdots ② \end{cases}$

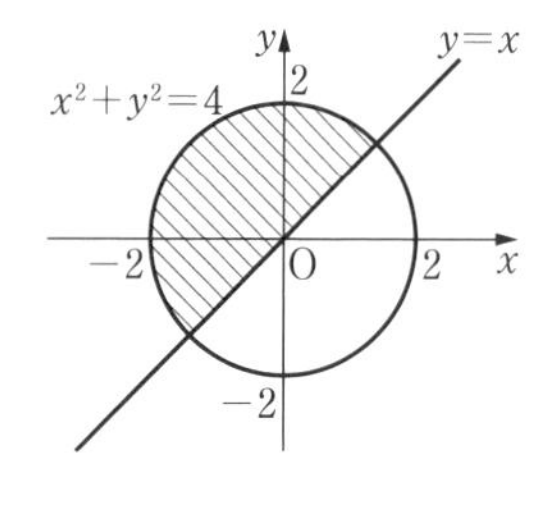

① より　$y>x$

よって，① の表す領域は

直線 $y=x$ の上側

② の表す領域は

円 $x^2+y^2=4$ の内部

与えられた連立不等式の表す領域は，①，② の表す領域の共通部分であるから，上の図の斜線部分となる。ただし，境界線は含まない。

(2) $\begin{cases} 2x+y \geqq 0 & \cdots\cdots ① \\ x^2+y^2 \geqq 9 & \cdots\cdots ② \end{cases}$

① より　$y \geqq -2x$

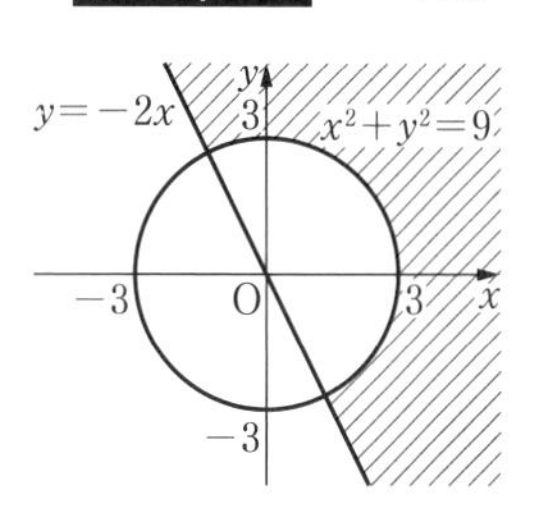

よって，① の表す領域は

　　直線 $y = -2x$ および，その上側

② の表す領域は

　　円 $x^2 + y^2 = 9$ の外部および周

与えられた連立不等式の表す領域は，①，② の表す領域の共通部分であるから，右の図の斜線部分となる。ただし，境界線を含む。

不等式 $XY > 0$，$XY < 0$ の表す領域　　解き方のポイント

不等式 $XY > 0$，$XY < 0$ の表す領域は

$$XY > 0 \iff \begin{cases} X > 0 \\ Y > 0 \end{cases} \text{ または } \begin{cases} X < 0 \\ Y < 0 \end{cases}$$

$$XY < 0 \iff \begin{cases} X > 0 \\ Y < 0 \end{cases} \text{ または } \begin{cases} X < 0 \\ Y > 0 \end{cases}$$

より，2 組の連立不等式の表す領域を合わせた領域となる。

教 p.110

問 13　不等式 $(3x - y + 5)(x - 2y + 5) \leqq 0$ の表す領域を図示せよ。

考え方　与えられた不等式が成り立つことは，「$3x - y + 5 \geqq 0$，$x - 2y + 5 \leqq 0$」または「$3x - y + 5 \leqq 0$，$x - 2y + 5 \geqq 0$」が成り立つことと同値である。求める領域は，その 2 つを合わせた領域となる。

解　答　与えられた不等式が成り立つことは

$$\begin{cases} 3x - y + 5 \geqq 0 \\ x - 2y + 5 \leqq 0 \end{cases} \text{ または } \begin{cases} 3x - y + 5 \leqq 0 \\ x - 2y + 5 \geqq 0 \end{cases}$$

すなわち $\begin{cases} y \leqq 3x + 5 \\ y \geqq \dfrac{1}{2}x + \dfrac{5}{2} \end{cases}$ ……①　　または $\begin{cases} y \geqq 3x + 5 \\ y \leqq \dfrac{1}{2}x + \dfrac{5}{2} \end{cases}$ ……②

が成り立つことと同値である。

①，② の表す領域をそれぞれ A，B とすると，求める領域は A と B の和集合 $A \cup B$ である。これを図示すると右の図の斜線部分となる。

ただし，境界線を含む。

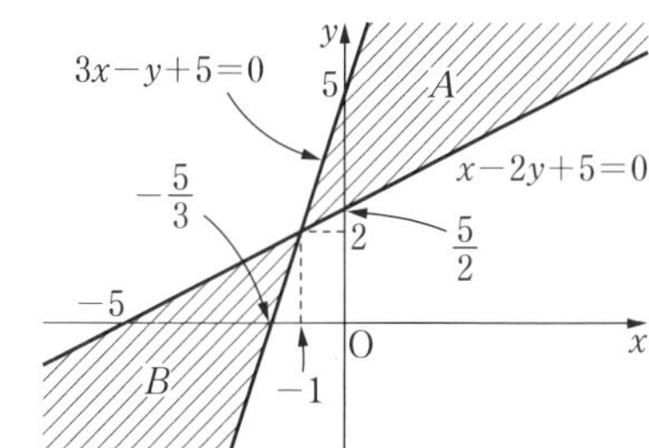

● 領域と最大値・最小値 …… 解き方のポイント

点 $(x,\ y)$ が領域 D 内を動くとき，$ax+by$ のとる値の範囲を求めるには，次のようにする。

1 領域 D を図示する。

2 $ax+by=k$ とおく。これは直線を表す。

3 直線 $ax+by=k$ の k の値を変えて，直線を平行に動かしてみる。

4 領域 D が多角形の場合，直線が頂点を通るときに着目して，k の最大値・最小値を調べる。

教 p.111

問 14 点 $(x,\ y)$ が連立不等式

$$2x+y \leqq 9,\quad x+3y \leqq 12,\quad x \geqq 0,\quad y \geqq 0$$

の表す領域 D 内を動くとき，$x+y$ の値の最大値と最小値を求めよ。

考え方 領域 D を図示する。次に $x+y=k$ とおき，この直線が領域 D と共有点をもつときの k の値の最大値と最小値を求める。
$y=-x+k$ となるから，k はこの直線の y 切片である。

解 答 直線 $2x+y=9$ と $x+3y=12$ の交点の座標は

連立方程式 $\begin{cases} 2x+y=9 & \cdots\cdots ① \\ x+3y=12 & \cdots\cdots ② \end{cases}$

を解くと，$x=3,\ y=3$ であるから　$(3,\ 3)$
また

直線 ① と x 軸の交点の座標は　$\left(\dfrac{9}{2},\ 0\right)$

直線 ② と y 軸の交点の座標は　$(0,\ 4)$

であるから，領域 D は

4 点 $\mathrm{O}(0,\ 0)$，$\mathrm{A}\left(\dfrac{9}{2},\ 0\right)$，$\mathrm{B}(3,\ 3)$，$\mathrm{C}(0,\ 4)$

を頂点とする四角形の内部および周である。
ここで

$x+y=k$　$\cdots\cdots$ ①

とおくと，$y=-x+k$ と変形できる。
よって，① は傾きが -1，y 切片が k の直線を表す。
また，直線 ① は k の値が増加すると下から上へ平行移動する。

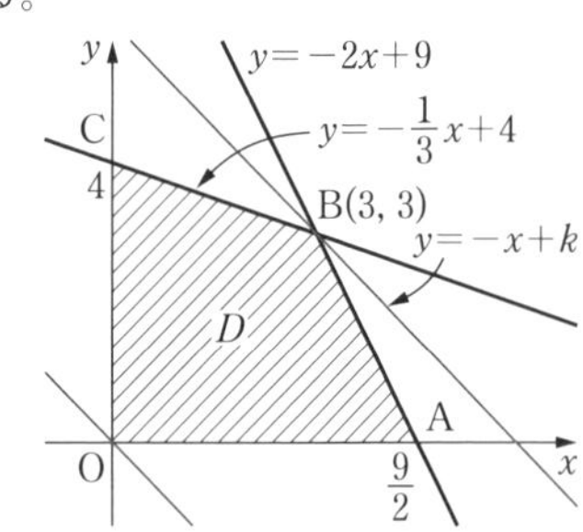

よって，前ページの図より，k の値が最大になるのは直線 ① が点 B を通るときであり，最小になるのは直線 ① が原点 O を通るときである。
したがって，$x+y$ は

$x=3$，$y=3$ のとき　最大値 6

$x=0$，$y=0$ のとき　最小値 0

をとる。

Challenge 例題　領域を利用した証明

教 p.112

● 領域を利用した証明　解き方のポイント

条件 p，q を満たすもの全体の集合をそれぞれ P，Q で表す。このとき，命題「$p \Longrightarrow q$」が真であることは，$P \subset Q$ が成り立つことと同値である。
このことを利用して，命題が成り立つことを証明することができる。

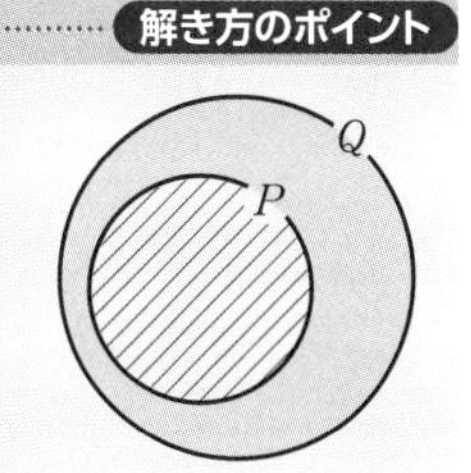

問1　次の命題が成り立つことを証明せよ。

$x^2+y^2<2$　ならば　$x+y<2$

考え方　不等式 $x^2+y^2<2$ の表す領域を P

不等式 $x+y<2$ の表す領域を Q

として，$P \subset Q$ が成り立つことを証明する。

証明　不等式 $x^2+y^2<2$，$x+y<2$ の表す領域をそれぞれ P，Q とする。

領域 P は，円 $x^2+y^2=2$ の内部で，境界線は含まない。

$x+y<2$ は $y<-x+2$ と変形できるから

領域 Q は，直線 $y=-x+2$ の下側で，境界線は含まない。

ここで，円 $x^2+y^2=2$ の中心 O と直線 $x+y=2$ の距離を d とすると

$$d=\frac{|1\cdot 0+1\cdot 0-2|}{\sqrt{1^2+1^2}}=\frac{|-2|}{\sqrt{2}}=\frac{2}{\sqrt{2}}=\sqrt{2}$$

円 $x^2+y^2=2$ の半径は $\sqrt{2}$ であるから，
円 $x^2+y^2=2$ と直線 $x+y=2$ は接する。
よって，領域 P，Q を図示すると右の図のようになるから，$P \subset Q$ が成り立つ。
ゆえに

$x^2+y^2<2$　ならば　$x+y<2$

が成り立つ。

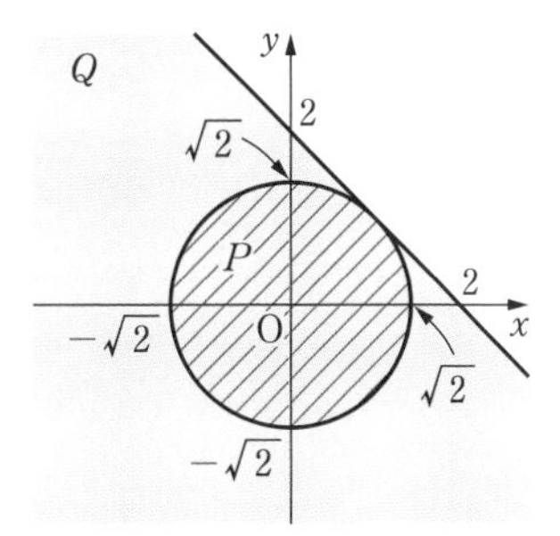

Training トレーニング 教 p.113

20 2点 A(−3, 0), B(5, 0) に対して
$$AP^2-BP^2=16$$
を満たす点 P の軌跡を求めよ。

考え方 点 P の座標を $(x,\ y)$ とし，2点間の距離の公式を用いて，AP^2 と BP^2 を x, y の式で表す。これと $AP^2-BP^2=16$ から x, y の方程式をつくる。

解答 条件を満たす点 P の座標を $(x,\ y)$ とすると
$$AP^2=(x+3)^2+y^2$$
$$BP^2=(x-5)^2+y^2$$
$AP^2-BP^2=16$ であるから
$$\{(x+3)^2+y^2\}-\{(x-5)^2+y^2\}=16$$
整理すると　$x=2$

したがって，点 P の軌跡は **直線 $x=2$** である。

21 2点 A(−2, 0), B(6, 0) に対して，AP：BP = 1：3 を満たす点 P の軌跡を求めよ。

考え方 点 P の座標を $(x,\ y)$ とする。

AP：BP = 1：3 であるから
$$3AP=BP \text{ より } \quad 9AP^2=BP^2$$
このことから，x, y の方程式をつくる。

解答 条件を満たす点 P の座標を $(x,\ y)$ とする。

AP：BP = 1：3 であるから　　$3AP=BP$

両辺を2乗すると　　$9AP^2=BP^2$

よって　　$9\{(x+2)^2+y^2\}=(x-6)^2+y^2$

整理すると　　$x^2+y^2+6x=0$

すなわち　　$(x+3)^2+y^2=9$

したがって，点 P の軌跡は **中心 (−3, 0), 半径3の円** である。

22 次のような点 Q の軌跡を求めよ。

(1) 点 P が円 $x^2+y^2=12$ 上を動くとき，点 A(5, 2) と点 P を結ぶ線分 AP の中点 Q

(2) 点 P が直線 $x-2y+6=0$ 上を動くとき，点 A(6, 0) と点 P を結ぶ線分 AP を 2：1 に内分する点 Q

考え方 点Pの座標を$(s,\ t)$，点Qの座標を$(x,\ y)$とおいて，それぞれ次の手順で考える。

1 (1) 点QがAPの中点であること，点Pが円$x^2+y^2=12$上にあることを，それぞれ式で表す。

(2) 点QがAPを2：1に内分する点であること，点Pが直線$x-2y+6=0$上にあることを，それぞれ式で表す。

2 (1)，(2)それぞれで，1でつくった式からs，tを消去して，x，yだけの式をつくる。

解答 (1) 点Qの座標を$(x,\ y)$，点Pの座標を$(s,\ t)$とする。

点Qは線分APの中点であるから

$$x=\frac{s+5}{2},\quad y=\frac{t+2}{2}$$

すなわち

$$s=2x-5,\quad t=2y-2 \quad \cdots\cdots ①$$

また，Pは円$x^2+y^2=12$上の点であるから

$$s^2+t^2=12 \quad \cdots\cdots ②$$

①を②に代入すると

$$(2x-5)^2+(2y-2)^2=12$$

すなわち

$$4\left(x-\frac{5}{2}\right)^2+4(y-1)^2=12$$

両辺を4で割ると

$$\left(x-\frac{5}{2}\right)^2+(y-1)^2=3$$

したがって，点Qの軌跡は**中心$\left(\frac{5}{2},\ 1\right)$，半径$\sqrt{3}$の円**である。

(2) 点Qの座標を$(x,\ y)$，点Pの座標を$(s,\ t)$とする。

点Qは線分APを2：1に内分する点であるから

$$x=\frac{1\cdot 6+2\cdot s}{2+1} \quad より \quad x=\frac{2s+6}{3}$$

$$y=\frac{1\cdot 0+2\cdot t}{2+1} \quad より \quad y=\frac{2t}{3}$$

すなわち　$s=\dfrac{3x-6}{2},\quad t=\dfrac{3}{2}y \quad \cdots ①$

また，Pは直線$x-2y+6=0$上の点であるから

$$s-2t+6=0 \quad \cdots\cdots ②$$

①を②に代入すると

$$\frac{3x-6}{2}-2\cdot\frac{3}{2}y+6=0$$

整理すると　$x-2y+2=0$

したがって，点 Q の軌跡は **直線 $\boldsymbol{x-2y+2=0}$** である。

23 次の不等式の表す領域を図示せよ。

(1)　$3x-y-1>0$　　(2)　$x+2y \geqq 4$　　(3)　$y+1<0$

考え方　不等式を変形して，左辺が y だけになるようにする。
不等号の向きを考えて，領域は直線の上側か下側かを判断する。

解　答　(1)　不等式 $3x-y-1>0$ は　$y<3x-1$
と変形できる。
したがって，この不等式の表す領域は
　　直線　$y=3x-1$
の下側である。
すなわち，右の図の斜線部分である。
ただし，境界線は含まない。

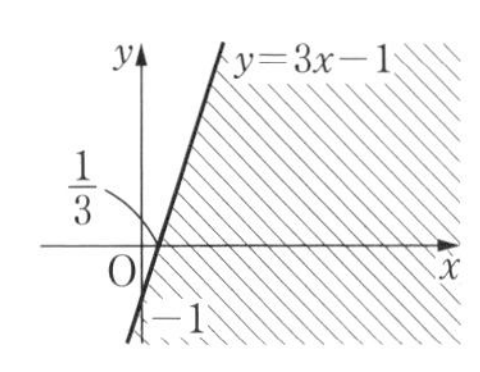

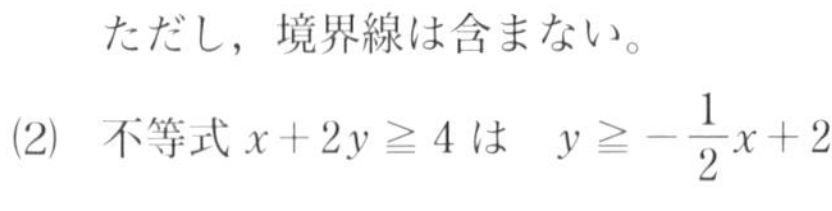

(2)　不等式 $x+2y \geqq 4$ は　$y \geqq -\dfrac{1}{2}x+2$
と変形できる。
したがって，この不等式の表す領域は
　　直線　$y=-\dfrac{1}{2}x+2$
および，その上側である。
すなわち，右の図の斜線部分である。
ただし，境界線を含む。

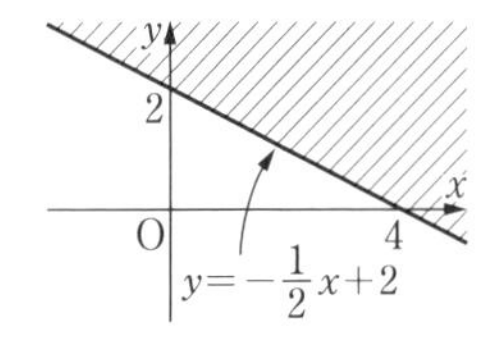

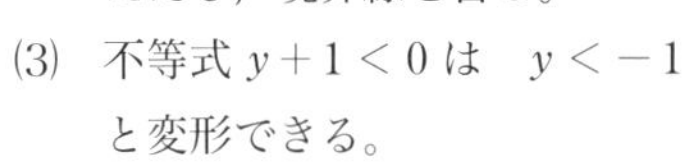

(3)　不等式 $y+1<0$ は　$y<-1$
と変形できる。
不等式 $y<-1$ の表す領域は，y 座標が -1 より小さい点 $(x,\ y)$ 全体の集合であるから
　　直線　$y=-1$
の下側である。
すなわち，右の図の斜線部分である。
ただし，境界線は含まない。

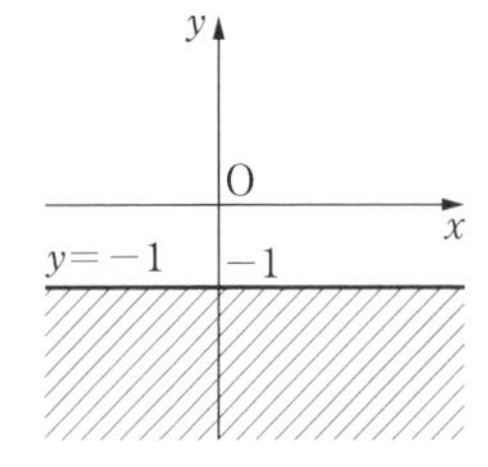

24 次の不等式の表す領域を図示せよ。

(1) $x^2+y^2-4x-2y-4<0$　　(2) $x^2+y^2-6x+8y \geqq 0$

考え方 境界線となる円の中心と半径を求める。

解 答 (1) 与えられた不等式は

$$(x-2)^2+(y-1)^2<9$$

と変形できる。

よって，この不等式の表す領域は

円$(x-2)^2+(y-1)^2=9$

の内部である。

すなわち，右の図の斜線部分である。

ただし，境界線は含まない。

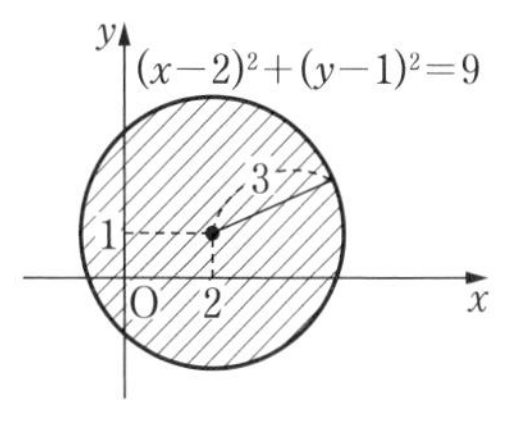

(2) 与えられた不等式は

$$(x-3)^2+(y+4)^2 \geqq 25$$

と変形できる。

よって，この不等式の表す領域は

円$(x-3)^2+(y+4)^2=25$

の外部および周である。

すなわち，右の図の斜線部分である。

ただし，境界線を含む。

25 次の連立不等式の表す領域を図示せよ。

(1) $\begin{cases} 2x+y-3 \leqq 0 \\ x^2+y^2 \leqq 9 \end{cases}$　　(2) $\begin{cases} x^2+y^2<1 \\ (x-1)^2+y^2<1 \end{cases}$

考え方 それぞれの不等式が表す領域の共通部分を求める。

解 答 (1) $\begin{cases} 2x+y-3 \leqq 0 & \cdots\cdots ① \\ x^2+y^2 \leqq 9 & \cdots\cdots ② \end{cases}$

①より　$y \leqq -2x+3$

よって，① の表す領域は

直線 $y=-2x+3$ および，

その下側

② の表す領域は

円 $x^2+y^2=9$ の内部および周

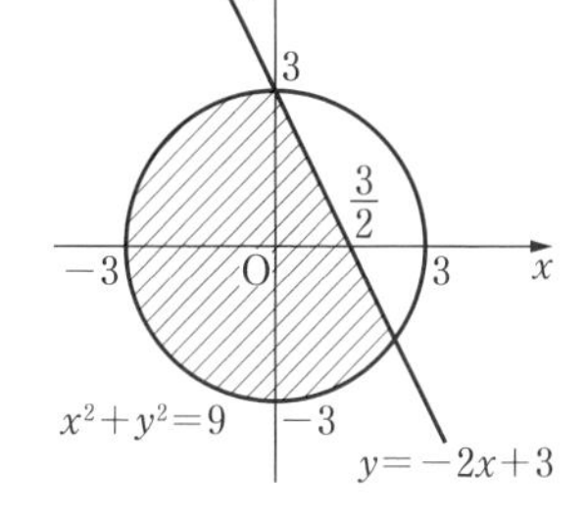

与えられた連立不等式の表す領域は，①，② の表す領域の共通部分であるから，上の図の斜線部分となる。ただし，境界線を含む。

(2) $\begin{cases} x^2+y^2<1 & \cdots\cdots ① \\ (x-1)^2+y^2<1 & \cdots\cdots ② \end{cases}$

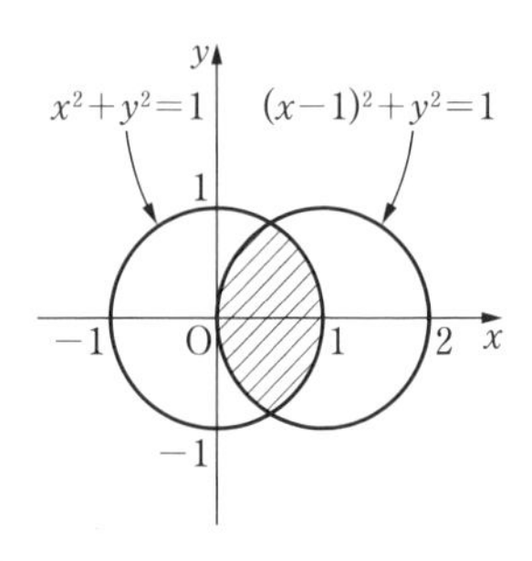

① の表す領域は

円 $x^2+y^2=1$ の内部

② の表す領域は

円 $(x-1)^2+y^2=1$ の内部

与えられた連立不等式の表す領域は，

①，② の表す領域の共通部分であるから，

右の図の斜線部分となる。ただし，境界線は含まない。

26 点 $(x,\ y)$ が連立不等式

$2x-y \geqq 0,\qquad x-5y \leqq 0,\qquad x+y-6 \leqq 0$

の表す領域 D 内を動くとき，$y-x$ の値の最大値と最小値を求めよ。

考え方 領域 D は三角形となるから，その頂点の座標を求め，領域 D を図示する。次に，$y-x=k$ とおき，直線 $y=x+k$ が領域 D と共有点をもつときの y 切片 k の値の最大値と最小値を求める。

解答 3 つの直線 $2x-y=0$，$x-5y=0$，$x+y-6=0$ のそれぞれの交点の座標は

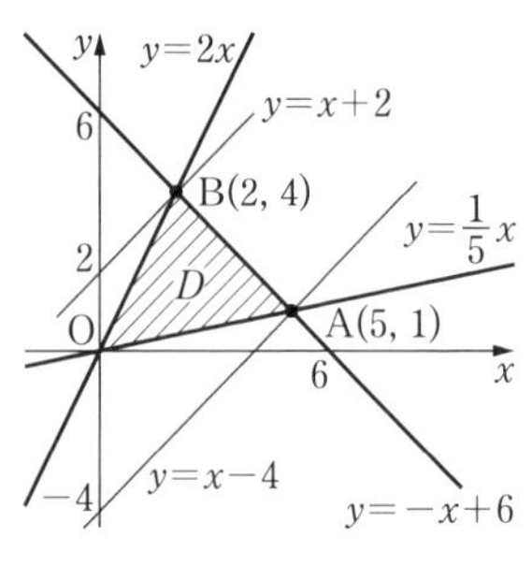

$\begin{cases} 2x-y=0 \\ x-5y=0 \end{cases}$ より　$x=0$，$y=0$

であるから，交点の座標は O(0, 0)

$\begin{cases} x-5y=0 \\ x+y-6=0 \end{cases}$ より　$x=5$，$y=1$

であるから，交点の座標は A(5, 1)

$\begin{cases} 2x-y=0 \\ x+y-6=0 \end{cases}$ より　$x=2$，$y=4$

であるから，交点の座標は B(2, 4) となる。

よって，領域 D は

3 点 O(0, 0)，A(5, 1)，B(2, 4)

を頂点とする三角形の内部および周である。

ここで

$y-x=k$ ……①

とおくと，$y=x+k$ と変形できる。よって，① は傾きが 1，y 切片が k の直線を表す。また，直線 ① は k の値が増加すると下から上へ平行移動する。よって，上の図より，k の値が最大になるのは直線 ① が点 B(2, 4) を通るときであり，最小になるのは直線 ① が点 A(5, 1) を通るときである。

したがって，$y-x$ は

　　$x=2,\ y=4$ のとき　**最大値 2**

　　$x=5,\ y=1$ のとき　**最小値 −4**

をとる。

27 連立不等式 $\begin{cases} x+y>2 \\ 2x-y>1 \end{cases}$ の表す領域は，右の図の斜線部分(ア)である。右の図の(イ)，(ウ)の領域を表す連立不等式は，次の ①，②，③ のうちどれか番号で答えよ。ただし，境界線はいずれの場合も含まない。

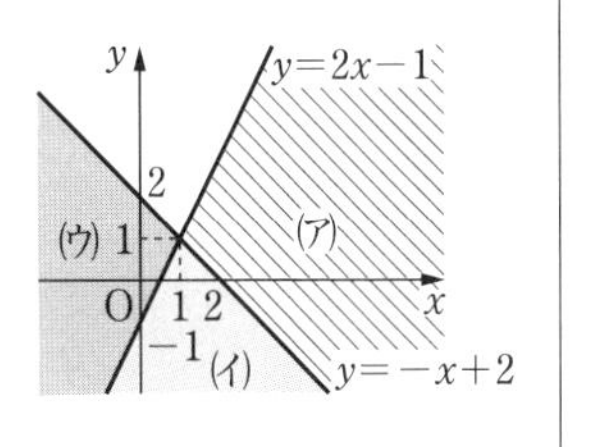

① $\begin{cases} x+y>2 \\ 2x-y<1 \end{cases}$　② $\begin{cases} x+y<2 \\ 2x-y>1 \end{cases}$　③ $\begin{cases} x+y<2 \\ 2x-y<1 \end{cases}$

考え方　それぞれの領域について，直線の上側か下側かを考えて，あてはまる連立不等式を判断する。

解　答　**(イ) の領域**は

　　直線 $y=-x+2$ の下側

　　直線 $y=2x-1$ の下側

であるから，(イ) の領域を表す連立不等式は

$$\begin{cases} y<-x+2 \\ y<2x-1 \end{cases}$$

すなわち

　　② $\begin{cases} x+y<2 \\ 2x-y>1 \end{cases}$

(ウ) の領域は

　　直線 $y=-x+2$ の下側

　　直線 $y=2x-1$ の上側

であるから，(ウ) の領域を表す連立不等式は

$$\begin{cases} y<-x+2 \\ y>2x-1 \end{cases}$$

すなわち

　　③ $\begin{cases} x+y<2 \\ 2x-y<1 \end{cases}$

したがって　　(イ)…②，(ウ)…③

別解

領域(イ)は，領域(ア)と直線 $x+y=2$ を境界線として隣り合っているから，領域(ア)を表す連立不等式において，$x+y>2$ の不等号の向きを変えた連立不等式が，領域(イ)を表す連立不等式である。すなわち，② である。

領域(ウ)は，領域(イ)と直線 $2x-y=1$ を境界線として隣り合っているから，領域(イ)を表す連立不等式において，$2x-y>1$ の不等号の向きを変えた連立不等式が，領域(ウ)を表す連立不等式である。すなわち，③ である。

教 p.114-115

1 2点 A$(-1,\ 1)$，B$(2,\ 4)$ から等距離にある x 軸上の点 P の座標を求めよ。

考え方 2点 A，B から点 P までの距離が等しいから，AP = BP である。また，点 P は x 軸上にあるから，P の座標は $(x,\ 0)$ とおくことができる。

解答 点 P は x 軸上にあるから，その座標を $(x,\ 0)$ とする。

AP = BP であるから　　$AP^2 = BP^2$

よって

$$(x+1)^2+(0-1)^2=(x-2)^2+(0-4)^2$$
$$6x=18$$
$$x=3$$

したがって，点 P の座標は　$(3,\ 0)$

2 4点 A$(-1,\ -3)$，B$(5,\ -1)$，C$(3,\ 3)$，D を頂点とする平行四辺形 ABCD の頂点 D の座標を求めよ。

考え方 平行四辺形の対角線はそれぞれの中点で交わるから，AC の中点の座標と BD の中点の座標は一致する。

解答 頂点 D の座標を $(a,\ b)$ とする。

線分 AC の中点の座標は

$$\left(\frac{-1+3}{2},\ \frac{-3+3}{2}\right)$$

すなわち　$(1,\ 0)$

線分 BD の中点の座標は

$$\left(\frac{5+a}{2},\ \frac{-1+b}{2}\right)$$

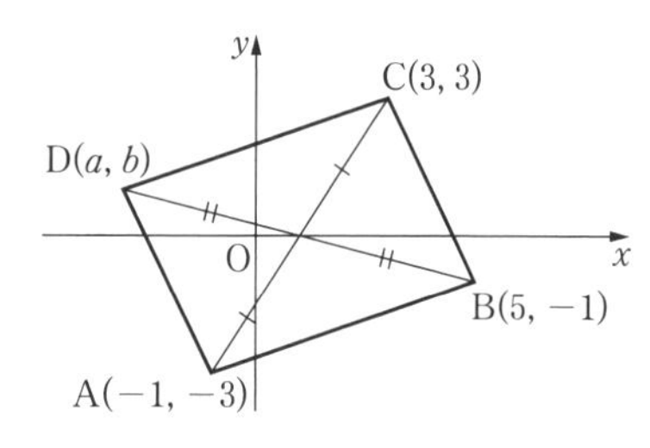

四角形 ABCD は平行四辺形であるから，対角線はそれぞれの中点で交わる。

したがって，AC の中点と BD の中点は一致する。

よって　　$\dfrac{5+a}{2}=1,\ \dfrac{-1+b}{2}=0$

これを解くと　　$a=-3,\ b=1$

したがって，頂点 D の座標は　$(-3,\ 1)$

別解 点 B を x 軸方向へ -6，y 軸方向へ -2 だけ移動させると点 A に重ねることができる。したがって，点 C を x 軸方向へ -6，y 軸方向へ -2 だけ移動させた点が点 D となる。

　　D$(3-6,\ 3-2)$ より　　D$(-3,\ 1)$

3 3 点 $(a,\ a+4)$, $(-2,\ 6)$, $(7,\ 3)$ が一直線上にあるように，定数 a の値を定めよ。

考え方　3 点を $\mathrm{A}(a,\ a+4)$, $\mathrm{B}(-2,\ 6)$, $\mathrm{C}(7,\ 3)$ とし，まず，2 点 B, C を通る直線の方程式を求める。
3 点が一直線上にある条件は，点 A が直線 BC 上にあることである。

解　答　3 点を $\mathrm{A}(a,\ a+4)$, $\mathrm{B}(-2,\ 6)$, $\mathrm{C}(7,\ 3)$ とする。
2 点 B, C を通る直線の方程式は

$$y-6=\frac{3-6}{7+2}(x+2) \quad \text{より} \quad y-6=-\frac{1}{3}(x+2)$$

すなわち　$x+3y-16=0$　…… ①
3 点が一直線上にある条件は，点 A が直線 ① 上にあることである。
① に $x=a$, $y=a+4$ を代入すると

$$a+3(a+4)-16=0$$

これを解くと　$\boldsymbol{a=1}$

4 2 直線 $ax+by+c=0$, $a'x+b'y+c'=0$ について，次のことが成り立つことを示せ。ただし，$b \neq 0$, $b' \neq 0$ とする。
(1) 2 直線が **平行** $\iff$ $\boldsymbol{ab'-a'b=0}$
(2) 2 直線が **垂直** $\iff$ $\boldsymbol{aa'+bb'=0}$

考え方　2 直線の傾き m, m' を求め，(1) は平行条件 $m=m'$, (2) は垂直条件 $mm'=-1$ から，a, a', b, b' の関係を考える。

解　答　直線 $ax+by+c=0$ の傾きは　$-\dfrac{a}{b}$

直線 $a'x+b'y+c'=0$ の傾きは　$-\dfrac{a'}{b'}$

(1) 2 直線が平行であるための条件は

$$-\frac{a}{b}=-\frac{a'}{b'}$$

であるから

$$ab'=a'b \quad \text{すなわち} \quad ab'-a'b=0$$

したがって　2 直線が平行 $\iff$ $ab'-a'b=0$

(2) 2 直線が垂直であるための条件は

$$\left(-\frac{a}{b}\right)\cdot\left(-\frac{a'}{b'}\right)=-1$$

であるから

$$aa'=-bb' \quad \text{すなわち} \quad aa'+bb'=0$$

したがって　2 直線が垂直 $\iff$ $aa'+bb'=0$

5 2 点 A(1, 3), B(5, 1) を結ぶ線分 AB の垂直二等分線の方程式を求めよ。

考え方 直線 l が線分 AB の垂直二等分線であるということは

(i) $l \perp \mathrm{AB}$　　(ii) l が線分 AB の中点を通る

ということである。したがって，直線 AB の傾きから，(i) より求める垂直二等分線の傾きが分かる。次に，線分 AB の中点の座標が分かれば，(ii) より垂直二等分線の方程式を求めることができる。

解答 直線 AB の傾きは　$\dfrac{1-3}{5-1}=-\dfrac{1}{2}$

求める直線の傾きを m とすると

$-\dfrac{1}{2}\cdot m=-1$　よって　$m=2$　⟵ $l \perp \mathrm{AB}$

線分 AB の中点の座標は

$\dfrac{1+5}{2}=3,\ \dfrac{3+1}{2}=2$　より　(3, 2)

したがって，線分 AB の垂直二等分線は，傾きが 2 で，点 (3, 2) を通る直線であるから

$y-2=2(x-3)$

すなわち　$\boldsymbol{2x-y-4=0}$

垂直二等分線上の点 P は，線分 AB の両端 A，B から等距離にあること，すなわち，AP = BP を利用して考えることもできる。

求める直線上の点を P(x, y) とすると，AP = BP である。

このとき $\mathrm{AP}^2=\mathrm{BP}^2$ であるから

$(x-1)^2+(y-3)^2=(x-5)^2+(y-1)^2$

したがって　$2x-y-4=0$

6 3 点 A(1, 1), B(7, 2), C(3, 5) を頂点とする △ABC について，次の問に答えよ。

(1) 辺 BC の長さを求めよ。

(2) 点 A と直線 BC の距離を求めよ。

(3) △ABC の面積を求めよ。

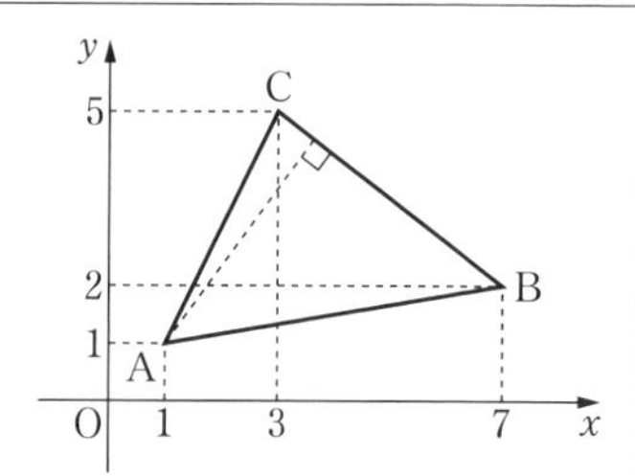

考え方 (1) 2 点間の距離の公式にあてはめる。

(2) 直線 BC の方程式を求め，点と直線の距離の公式にあてはめる。

(3) △ABC において，底辺を BC と見ると，高さは点 A と直線 BC の距離と考えることができる。

解答 (1) $\mathrm{BC}=\sqrt{(3-7)^2+(5-2)^2}=\mathbf{5}$

(2) 直線 BC の方程式は

$$y-2=\frac{5-2}{3-7}(x-7)$$

すなわち　$3x+4y-29=0$

したがって，点 A(1, 1) と直線 BC の距離 d は

$$d=\frac{|3\cdot1+4\cdot1-29|}{\sqrt{3^2+4^2}}=\mathbf{\frac{22}{5}}$$

(3) △ABC において，辺 BC を底辺とするとき，点 A と直線 BC の距離 d が△ABC の高さとなる。したがって，△ABC の面積は

$$\frac{1}{2}\cdot\mathrm{BC}\cdot d=\frac{1}{2}\cdot5\cdot\frac{22}{5}=\mathbf{11}$$

7 次の円の方程式を求めよ。
(1) 点 (3, 2) を中心とし，直線 $x-2y+6=0$ に接する円
(2) 点 (1, 2) を通り，x 軸と y 軸の両方に接する円

考え方 (1) 円の半径は，点 (3, 2) と直線の距離に等しい。

(2) 点 (1, 2) を通り，x 軸と y 軸の両方に接する円は，右の図のように 2 つある。
中心は第 1 象限にあり，その座標は $(r,\ r)\ (r>0)$ とおくことができる。

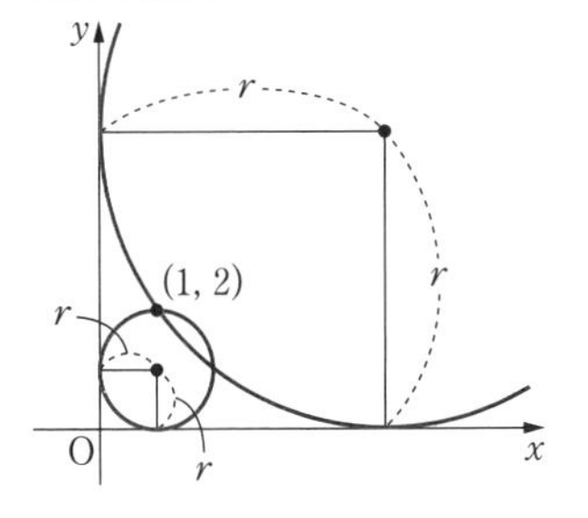

解答 (1) 求める円の半径は，点 (3, 2) と直線 $x-2y+6=0$ の距離に等しいから，半径を r とすると

$$r=\frac{|1\cdot3-2\cdot2+6|}{\sqrt{1^2+(-2)^2}}=\frac{5}{\sqrt{5}}=\sqrt{5}$$

したがって，求める円の方程式は

$$\boldsymbol{(x-3)^2+(y-2)^2=5}$$

(2) 求める円の半径を $r(r>0)$ とすると，点 (1, 2) を通り，x 軸と y 軸の両方に接するから，中心は第 1 象限にあり，その座標は $(r,\ r)$ である。

したがって，この円の方程式は $(x-r)^2+(y-r)^2=r^2$ と表される。

この円が点 (1, 2) を通るから

$$(1-r)^2+(2-r)^2=r^2$$

整理すると　$r^2-6r+5=0$

$$(r-1)(r-5)=0$$

これを解くと　　$r = 1,\ 5$

したがって，求める円の方程式は

$$(x-1)^2+(y-1)^2=1,\ (x-5)^2+(y-5)^2=25$$

8　直線 $y = mx - 3$ が円 $x^2 + y^2 - 2y = 0$ と異なる 2 点で交わるとき，定数 m の値の範囲を求めよ。

考え方　直線と円の方程式から y を消去して得られる x の 2 次方程式の判別式を D とする。直線と円が異なる 2 点で交わるから，$D > 0$ となる。

解答　連立方程式 $\begin{cases} y = mx - 3 & \cdots\cdots ① \\ x^2 + y^2 - 2y = 0 & \cdots\cdots ② \end{cases}$

において，① を ② に代入して整理すると

$$(m^2+1)x^2 - 8mx + 15 = 0$$

この 2 次方程式の判別式を D とすると

$$D = (-8m)^2 - 4\cdot(m^2+1)\cdot 15 = 4m^2 - 60 = 4(m^2 - 15)$$

直線と円が異なる 2 点で交わるから　　$D > 0$

したがって　　$m^2 - 15 > 0$

これを解いて　　$m < -\sqrt{15},\ \sqrt{15} < m$

9　円 $x^2 + y^2 = 2$ と直線 $x - y - 1 = 0$ の 2 つの交点を結ぶ線分の長さ l を求めよ。

考え方　まず，点と直線の距離の公式を用いて，円の中心と直線の距離を求める。次に，それと円の半径を用いて，2 つの交点を結ぶ線分の長さを，三平方の定理を利用して求める。

解答　円の中心 O から直線 $x - y - 1 = 0$ に垂線 OH を下ろすと

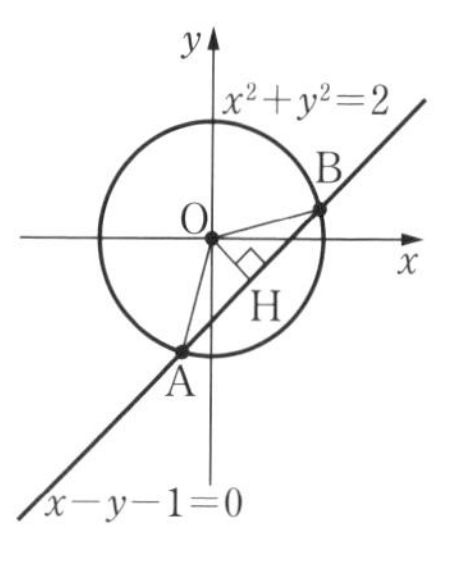

$$\mathrm{OH} = \frac{|1\cdot 0 - 1\cdot 0 - 1|}{\sqrt{1^2+(-1)^2}} = \frac{|-1|}{\sqrt{2}} = \frac{1}{\sqrt{2}}$$

円と直線の交点を A，B とすると，円の半径は $\sqrt{2}$ であるから

$$\mathrm{OA} = \sqrt{2}$$

直角三角形 OAH において，三平方の定理により

$$\mathrm{AH} = \sqrt{\mathrm{OA}^2 - \mathrm{OH}^2}$$

$$= \sqrt{(\sqrt{2})^2 - \left(\frac{1}{\sqrt{2}}\right)^2} = \frac{\sqrt{6}}{2}$$

したがって　　$l = \mathrm{AB} = 2\mathrm{AH} = 2\cdot\dfrac{\sqrt{6}}{2} = \sqrt{6}$　←── H は線分 AB の中点である

10 原点Oから円 $x^2+(y-2)^2=2$ に引いた接線の方程式を求めよ。

考え方 原点から引いた接線は右の図のように y 軸と一致しないから，接線の方程式を $y=mx$ とおくことができる。この式と円の方程式とを連立させ，y を消去して x の2次方程式をつくる。この2次方程式の判別式 D が，$D=0$ であることから，m についての方程式をつくる。

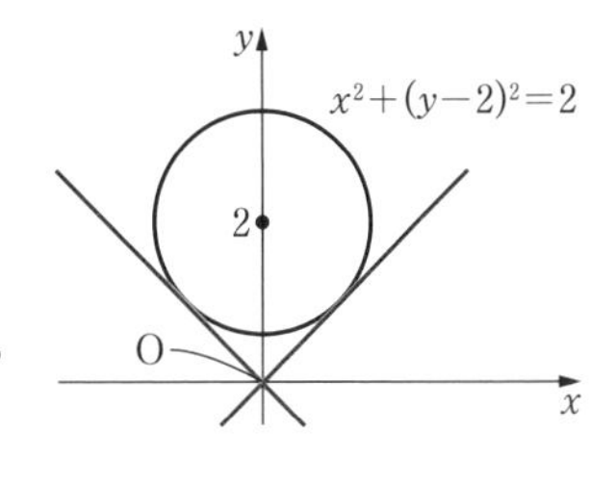

解 答 y 軸はこの円の接線にはならないから，原点からこの円に引いた接線の方程式は $y=mx$ と表すことができる。
この式を円の方程式に代入すると

$$x^2+(mx-2)^2=2$$

左辺を展開して整理すると

$$(m^2+1)x^2-4mx+2=0$$

この2次方程式の判別式を D とすると

$$D=(-4m)^2-4\cdot(m^2+1)\cdot2=8m^2-8=8(m^2-1)$$

円と直線が接するから　$D=0$
であるから　$m^2-1=0$
すなわち　$m^2=1$
よって　$m=\pm1$
したがって，求める接線の方程式は　$\boldsymbol{y=x,\ y=-x}$

円の中心と接線の距離が円の半径に等しいことから求めることもできる。
原点からこの円に引いた接線の方程式を $y=mx$ とおくと，円の中心 $(0,\ 2)$ と直線 $mx-y=0$ の距離が円の半径 $\sqrt{2}$ に等しいことから

$$\frac{|m\cdot0-1\cdot2|}{\sqrt{m^2+(-1)^2}}=\sqrt{2}$$

よって　$2=\sqrt{2}\sqrt{m^2+1}$
両辺を2乗すると　$4=2m^2+2$
整理すると　$m^2=1$
よって　$m=\pm1$
したがって，求める接線の方程式は

$$y=x,\ y=-x$$

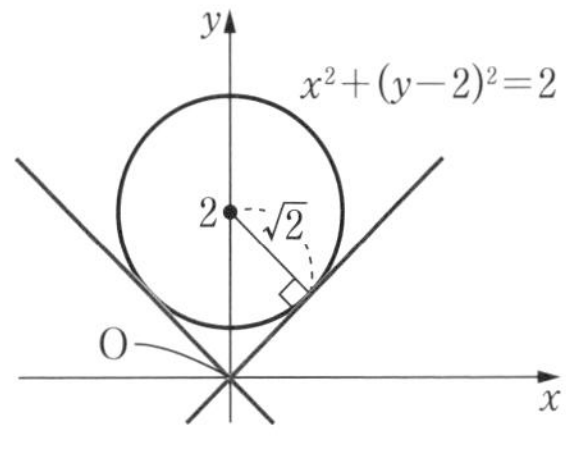

11 3点 $A(1,\ 0)$, $B(0,\ 2)$, $C(2,\ 4)$ について

$$AP^2+BP^2+CP^2=37$$

を満たす点Pの軌跡を求めよ。

考え方 点Pの座標を $(x,\ y)$ として，2点間の距離の公式を用いて，AP^2, BP^2, CP^2 を x, y の式で表す。これらを与えられた等式に代入して整理し，どんな図形を表すかを調べる。

解答 条件を満たす点Pの座標を $(x,\ y)$ とすると

$$AP^2=(x-1)^2+y^2$$

$$BP^2=x^2+(y-2)^2$$

$$CP^2=(x-2)^2+(y-4)^2$$

$AP^2+BP^2+CP^2=37$ であるから

$$\{(x-1)^2+y^2\}+\{x^2+(y-2)^2\}+\{(x-2)^2+(y-4)^2\}=37$$

整理すると

$$x^2+y^2-2x-4y-4=0$$

$$(x-1)^2+(y-2)^2=9$$

したがって，点Pの軌跡は **中心 $(1,\ 2)$，半径3の円** である。

12 2点 $A(6,\ 3)$, $B(6,\ -3)$ と円 $x^2+y^2=9$ 上を動く点Pがある。このとき，△ABPの重心Gの軌跡を求めよ。

考え方 点P，Gの座標をそれぞれ $(s,\ t)$，$(x,\ y)$ とし，点Pが円 $x^2+y^2=9$ 上の点であることと，点Gが△ABPの重心であることを式で表す。これらの式から，s，t を消去して，x，y だけの式をつくる。

解答 重心Gの座標を $(x,\ y)$，点Pの座標を $(s,\ t)$ とする。

点Gは重心であるから

$$x=\frac{6+6+s}{3},\quad y=\frac{3+(-3)+t}{3}$$

すなわち　$s=3x-12,\ t=3y$　……①

また，点Pは円 $x^2+y^2=9$ 上の点であるから

$$s^2+t^2=9 \quad \cdots\cdots ②$$

①を②に代入すると

$$(3x-12)^2+(3y)^2=9$$

すなわち　$9(x-4)^2+9y^2=9$

両辺を9で割ると　$(x-4)^2+y^2=1$

したがって，重心Gの軌跡は **中心 $(4,\ 0)$，半径1の円** である。

13 次の図の斜線部分はどのような不等式で表されるか。ただし，境界線は含まないものとする。

(1)

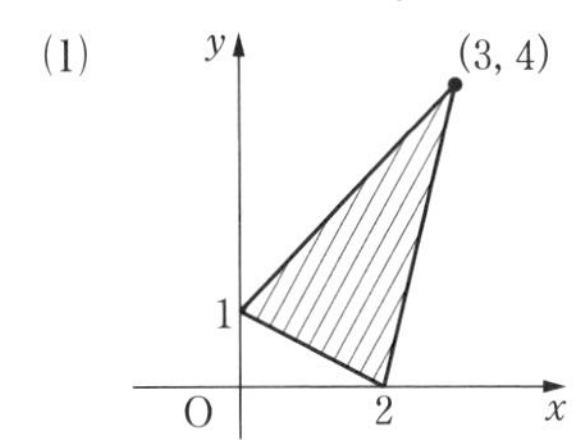

(2)

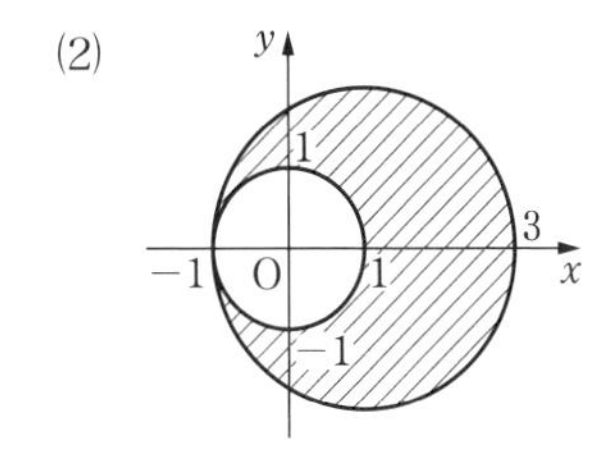

考え方 (1) 境界線を表す3つの直線の方程式を求め，図の領域が3つの直線それぞれの上側か下側かを考え，連立不等式で表す。

(2) 境界線を表す2つの円の方程式を求め，円の外部か内部かを考える。

解答 (1) A(0, 1)，B(3, 4)，C(2, 0) とすると

直線 AB の方程式は

$$y-1=\frac{4-1}{3-0}(x-0)$$

すなわち　$y=x+1$

直線 BC の方程式は

$$y-4=\frac{0-4}{2-3}(x-3)\qquad すなわち\qquad y=4x-8$$

直線 CA の方程式は

$$y-0=\frac{1-0}{0-2}(x-2)\qquad すなわち\qquad y=-\frac{1}{2}x+1$$

図の斜線部分は，直線 AB の下側，直線 BC の上側，直線 CA の上側の共通部分で，それぞれ境界線を含まないから

$$\begin{cases} \boldsymbol{y<x+1} \\ \boldsymbol{y>4x-8} \\ \boldsymbol{y>-\frac{1}{2}x+1} \end{cases}$$

(2) 小さいほうの円は，中心が O，半径が 1 の円であるから，その方程式は

$$x^2+y^2=1$$

大きいほうの円は，中心が (1, 0)，半径が 2 の円であるから，その方程式は

$$(x-1)^2+y^2=4$$

図の斜線部分は，円 $x^2+y^2=1$ の外部と円 $(x-1)^2+y^2=4$ の内部の共通部分で，それぞれ境界線を含まないから

$$\begin{cases} \boldsymbol{x^2+y^2>1} \\ \boldsymbol{(x-1)^2+y^2<4} \end{cases}$$

14 点 $(x,\ y)$ が連立不等式

$$x-2y+4\geqq 0,\ 3x+y-9\leqq 0,\ 2x+3y+1\geqq 0$$

の表す領域 D 内を動くとき，$2x-y$ の値の最大値と最小値を求めよ。

考え方 3 つの直線の交点の座標を求め，領域 D を図示する。次に，$2x-y=k$ とおき，直線 $y=2x-k$ が領域 D と共有点をもつときの k の値の最大値と最小値を求める。

解 答 直線 $x-2y+4=0$ と $3x+y-9=0$ の交点 A の座標は

$$\begin{cases}x-2y+4=0\\3x+y-9=0\end{cases} \quad より\quad A(2,\ 3)$$

直線 $x-2y+4=0$ と $2x+3y+1=0$ の交点 B の座標は

$$\begin{cases}x-2y+4=0\\2x+3y+1=0\end{cases} \quad より\quad B(-2,\ 1)$$

直線 $3x+y-9=0$ と $2x+3y+1=0$ の交点 C の座標は

$$\begin{cases}3x+y-9=0\\2x+3y+1=0\end{cases} \quad より\quad C(4,\ -3)$$

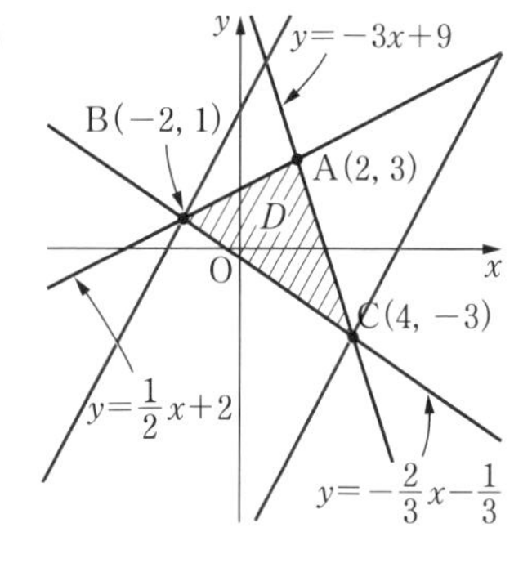

したがって，領域 D は，3 点 A(2, 3), B(−2, 1), C(4, −3) を頂点とする三角形の内部および周である。

$2x-y=k$ ……①

とおくと，$y=2x-k$ と変形できる。
よって，① は傾きが 2，y 切片が $-k$ の直線を表す。また，直線 ① は k の値が増加すると，上から下へ平行移動する。
よって，右の図より，k の値が最大になるのは直線 ① が点 C を通るときであり，k の値が最小になるのは直線 ① が点 B を通るときである。
したがって，$2x-y$ は

$x=4$，$y=-3$ のとき　最大値 11

$x=-2$，$y=1$ のとき　最小値 −5

をとる。

Investigation

教 p.116-117

□ スポーツ選手の栄養補給ドリンク □

Q 前ページの条件 1，2，3 をすべて満たすようなバナナジュースを作るには，牛乳とバナナをそれぞれどのくらい混ぜ合わせればよいだろうか。

1 牛乳を $100x$ mL，バナナを $100y$ g 使うとして，前ページの条件 1，2 を不等式で表してみよう。

2 **1** で表した不等式の表す領域を座標平面上に図示してみよう。

3 前ページの条件 3 は，費用を表す式と **2** でかいた図を使うとどのように表現できるか説明してみよう。

4 前ページの条件 1，2，3 をすべて満たすようなバナナジュースを作るためには，牛乳とバナナをそれぞれどのくらい混ぜ合わせればよいか考えてみよう。

5 前ページの条件 1，2，3 に加えて，次の条件 4 (省略) も満たすようなバナナジュースを作るには，牛乳とバナナをそれぞれどのくらい混ぜ合わせればよいか考えてみよう。

解答 **1** 条件 1 を表す不等式は

$$5x + 20y \geqq 100$$

条件 2 を表す不等式は

$$114x + 6y \geqq 480$$

2 **1** で表した不等式の表す領域は右の図の斜線部分となる。ただし，境界線を含む。

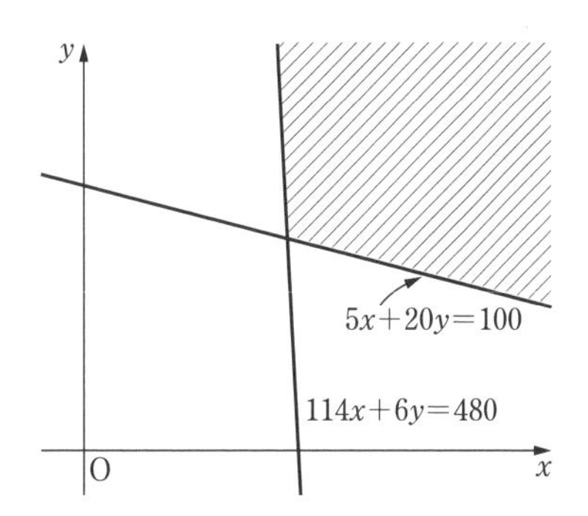

3 費用を K 円とすると，費用を表す式は

$$15x + 40y = K$$

この方程式において K の値ができるだけ小さくなるような x，y の値を，**2** で求めた領域の中から探せばよい。

方程式を y について解くと

$$y = -\frac{15}{40}x + \frac{K}{40} \quad \cdots\cdots ①$$

となり，費用 K が最小となるとき，y 切片 $\frac{K}{40}$ が最小となる。

したがって，条件 3 は，① **が表す直線が 2 の図で求めた領域と共有点をもち，かつ y 切片が最小となること** と表現することができる。

4 ① の y 切片が最小となるのは，直線 ① が

直線 $5x + 20y = 100$　と　直線 $114x + 6y = 480$

の交点 A を通るときである。

交点 A の座標は

連立方程式 $\begin{cases} 5x + 20y = 100 \\ 114x + 6y = 480 \end{cases}$

を解いて A(4，4) となる。

したがって，**牛乳 400 mL とバナナ 400 g を混ぜ合わせればよい。**

5 条件 4 を表す不等式は

$3x + y \geqq 27$

であり，y について解くと

$y \geqq -3x + 27$

となる。

この不等式が表す領域を，2 で考えた図にかき加えると，条件 1，2，4 の不等式を同時に満たす領域は，右の図の斜線部分となる。ただし，境界線を含む。

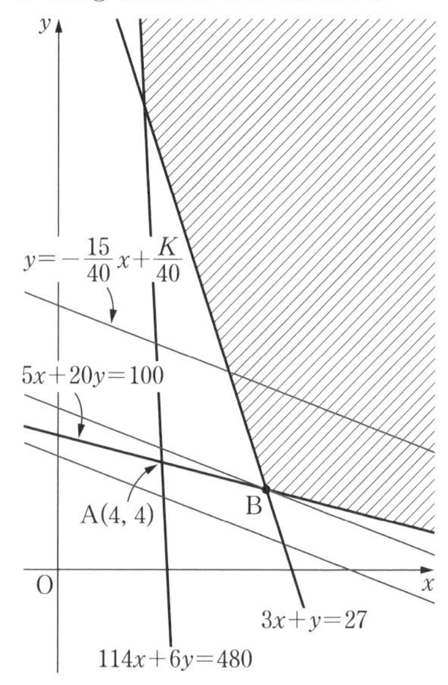

K の値が最小となるのは，直線 ① が，交点 B を通るときである。

交点 B の座標は

連立方程式 $\begin{cases} 3x + y = 27 \\ 5x + 20y = 100 \end{cases}$

を解くと　B(8，3)

したがって，**牛乳 800 mL とバナナ 300 g を混ぜ合わせればよい。**

3章　三角関数

1節　三角関数
2節　加法定理

関連する既習内容

三角比

- $\sin A = \dfrac{a}{c}$

  $\cos A = \dfrac{b}{c}$

  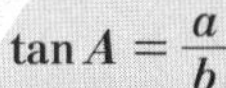

  $\tan A = \dfrac{a}{b}$

- $a = c\sin A$

  $b = c\cos A$

  $a = b\tan A$

三角比の相互関係

- $\tan A = \dfrac{\sin A}{\cos A}$

  $\sin^2 A + \cos^2 A = 1$

  $1 + \tan^2 A = \dfrac{1}{\cos^2 A}$

$90° - A$ の三角比

- $\sin(90° - A) = \cos A$

  $\cos(90° - A) = \sin A$

  $\tan(90° - A) = \dfrac{1}{\tan A}$

三角比の拡張

- $0° \leqq \theta \leqq 180°$ の角 θ について

  $\sin\theta = \dfrac{y}{r}$，$\cos\theta = \dfrac{x}{r}$，$\tan\theta = \dfrac{y}{x}$

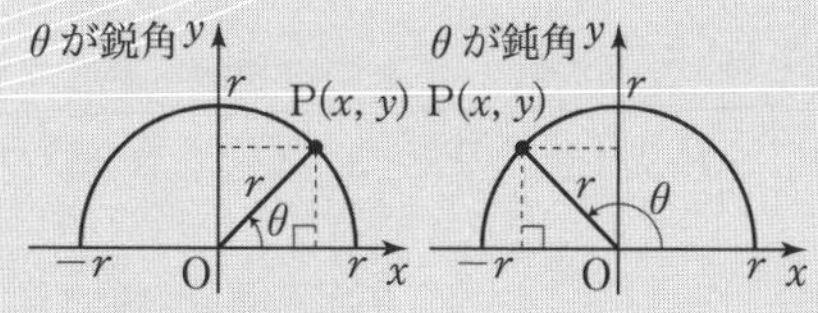

$180° - \theta$ の三角比

- $\sin(180° - \theta) = \sin\theta$

  $\cos(180° - \theta) = -\cos\theta$

  $\tan(180° - \theta) = -\tan\theta$

Introduction

教 p.118-119

滝が見えるのは何秒間？

Q 1つのゴンドラが3回転する間に，滝を見ることができる時間はどれぐらいだろうか。

1 ゴンドラがいちばん下の位置から出発して20秒後，40秒後，60秒後のとき，滝が見えるか調べてみよう。

2 このゴンドラが出発してからx秒後の高さy mを表す表をつくり，その表をもとにして，乗車してからの時間と高さの関係を表すグラフを下の図（省略）にかいてみよう。

3 3回転する間に合計でおよそ何秒間，滝を見ることができるだろうか。

考え方 **1** 20秒後，40秒後，60秒後のゴンドラの高さを考える。

2 20秒後と140秒後，40秒後と120秒後，60秒後と100秒後は同じ高さになる。グラフは，表の値に対応する点をとり，なめらかな曲線で結ぶ。

解答 **1** 出発してから20秒後は，右の図をもとにすると，ゴンドラはいちばん下の位置から反時計回りに45°回転した位置にある。

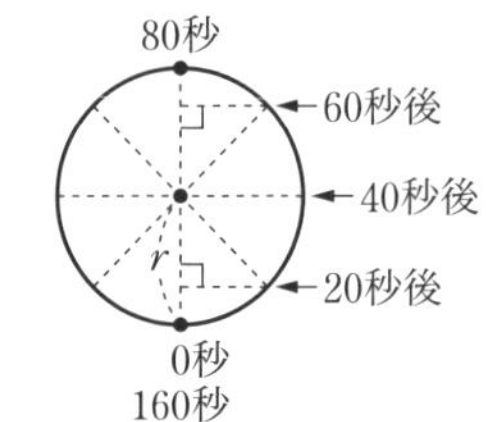

観覧車の半径rは$54 \div 2 = 27$ (m)であるから，ゴンドラの高さは

$$r - r\cos 45^\circ = r\left(1 - \frac{\sqrt{2}}{2}\right) = \frac{2-\sqrt{2}}{2}r$$

$$\fallingdotseq 0.293 \times 27 = 7.911$$

よって　　20秒後の高さは7.9 m

40秒後は，ゴンドラはいちばん下の位置から反時計回りに90°回転した位置にあり，観覧車の中心と同じ高さになる。

よって　　40秒後の高さは27 m

60秒後は，ゴンドラはいちばん下の位置から反時計回りに135°回転した位置にある。上の図より，ゴンドラの高さは

$$r + r\cos 45^\circ = r\left(1 + \frac{\sqrt{2}}{2}\right) = \frac{2+\sqrt{2}}{2}r$$

$$\fallingdotseq 1.707 \times 27 = 46.089$$

よって　　60秒後の高さは46.1 m

滝が見えるのは，ゴンドラの高さが16.5 m以上のときであるから

40秒後 と **60秒後** である。

2

x (秒)	0	20	40	60	80	100	120	140	160
y (m)	0	7.9	27	46.1	54	46.1	27	7.9	0

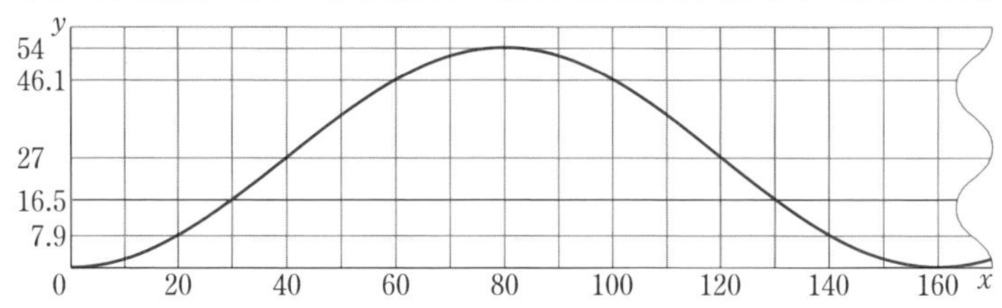

3 **2** のグラフより，1 回転する間でゴンドラが 16.5 m 以上の高さにあるのは，およそ 30 秒後から 130 秒後までの 100 秒間である。

ゴンドラは，3 回転するから

$100 \times 3 = 300$ (秒)

したがって，滝は **約 300 秒間** 見ることができる。

1節 三角関数

1 一般角と弧度法

用語のまとめ

動径の回転

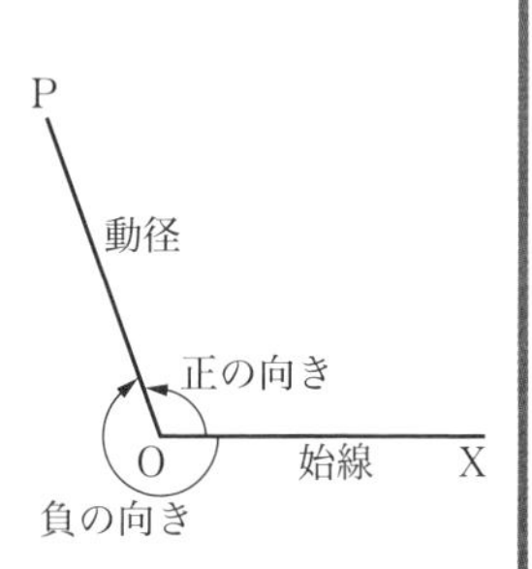

- 平面上で，点Oを中心として半直線OPを回転させるとき，回転する半直線OPを **動径** といい，動径の始めの位置を示す半直線OXを **始線** という。
- 回転には2つの向きがあり，時計の針の回転と逆の向きを **正の向き**，時計の針の回転と同じ向きを **負の向き** という。

動径の表す一般角

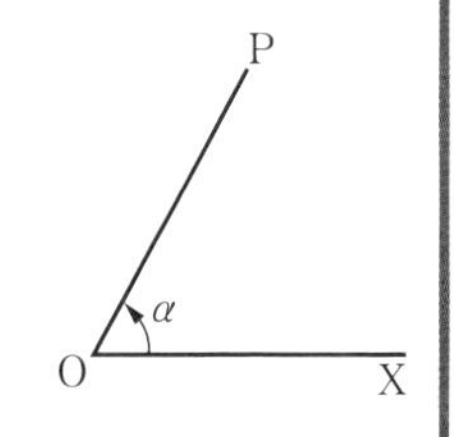

- 負の角や360°よりも大きい角にまで意味を広げて考えた角を **一般角** という。
- α を一般角として，始線OXの位置から点Oのまわりに α だけ回転した動径を，**角 α の動径** という。
- n を整数とするとき，$\alpha+360^\circ\times n$ の形で表される角の動径の位置は，すべて α の動径の位置と一致する。これらの角を **動径の表す角** という。

弧度法

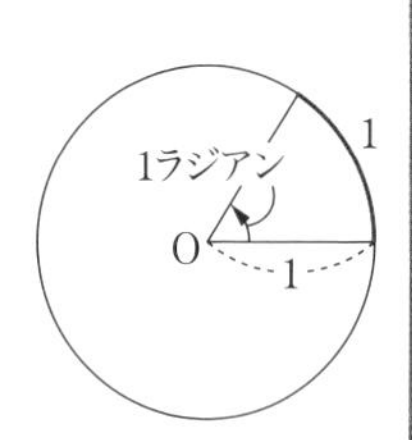

- 半径1の円において，長さ1の弧に対する中心角の大きさを **1ラジアン** または **1弧度** といい，これを単位とする角の表し方を **弧度法** という。

教 p.121

問1 半直線OXを始線として，次の角の動径OPを図示せよ。

(1) 240°　(2) -60°　(3) 765°　(4) -210°

考え方 正の向きの角は時計の針の回転と逆の向き，負の向きの角は時計の針の回転と同じ向きにとる。

解 答 (1)

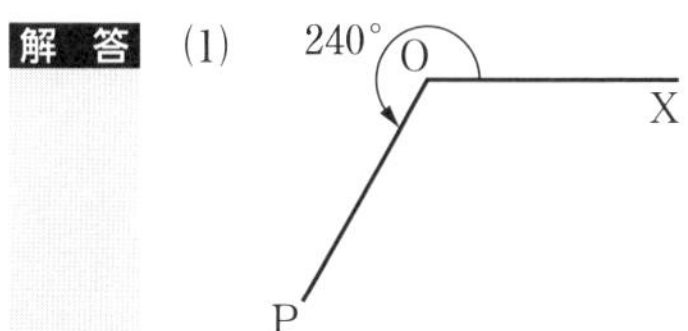

(2)

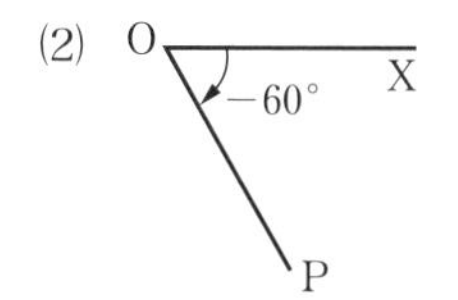

(3)

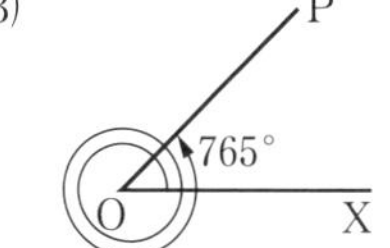

(4)

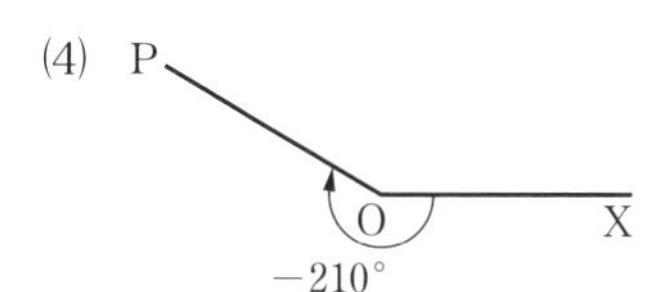

● 動径の表す一般角 　解き方のポイント

角 α の動径が表す一般角は

$\alpha + 360° \times n$ 　(n は整数)

教 p.121

問2 次の図で，OX を始線としたときの動径 OP の表す一般角を求めよ。

(1)

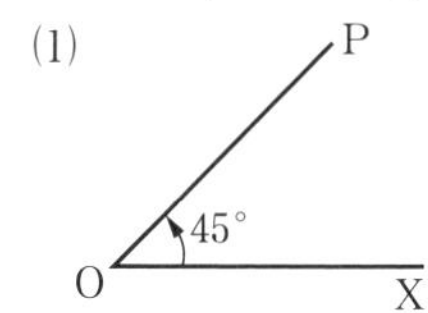

(2)

180°
P O X

(3)

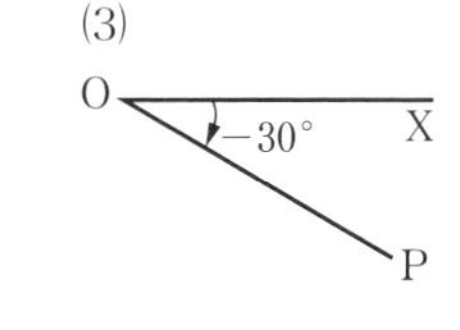

解 答 (1) $45° + 360° \times n$ 　(n は整数)

(2) $180° + 360° \times n$ 　(n は整数)

(3) $-30° + 360° \times n$ 　(n は整数)

教 p.121

問3 次の角を $\alpha + 360° \times n$ (n は整数) の形で表すとき，α を求めよ。ただし，$0° \leqq \alpha < 360°$ とする。

(1) $420°$ 　(2) $730°$ 　(3) $-210°$ 　(4) $-675°$

考え方 $\alpha + 360° \times n$ の α が $0° \leqq \alpha < 360°$ になるように変形する。
n は整数であるから，負の数になる場合もある。

解 答 (1) $420° = 60° + 360° \times 1$ より 　$\alpha = 60°$

(2) $730° = 10° + 360° \times 2$ より 　$\alpha = 10°$

(3) $-210° = 150° + 360° \times (-1)$ より 　$\alpha = 150°$

(4) $-675° = 45° + 360° \times (-2)$ より 　$\alpha = 45°$

● 弧度法 解き方のポイント

$360° = 2\pi$ ラジアン

$180° = \pi$ ラジアン

$1° = \dfrac{\pi}{180}$ ラジアン

1 ラジアン $= \dfrac{180°}{\pi} \fallingdotseq 57.2958°$

いろいろな角について，度と弧度の対応は，次の図のようになる。

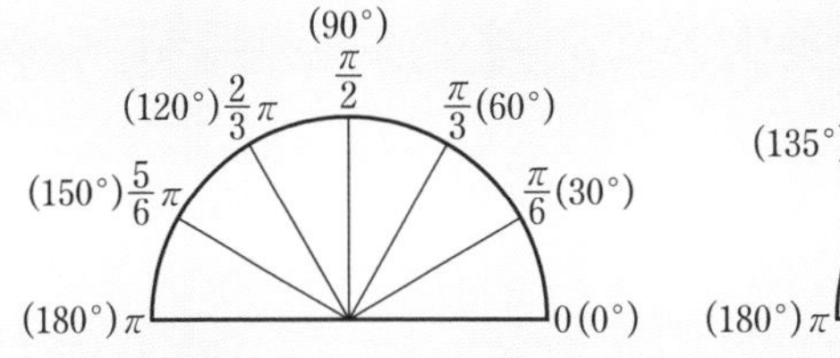

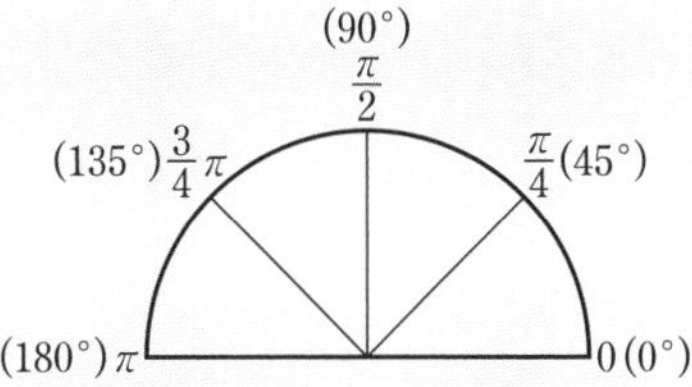

教 p.122

問4 270°，315°，−60°，−225° を弧度法で表せ。

考え方 $180° = \pi$ ラジアン を用いて計算する。

解 答

$270° = \dfrac{270}{180} \times 180° = \dfrac{3}{2}\pi$ ←── $180° = \pi$

$315° = \dfrac{315}{180} \times 180° = \dfrac{7}{4}\pi$

$-60° = \dfrac{-60}{180} \times 180° = -\dfrac{\pi}{3}$

$-225° = \dfrac{-225}{180} \times 180° = -\dfrac{5}{4}\pi$

教 p.123

問5 弧度法による角 $\dfrac{\pi}{5}$，$\dfrac{7}{6}\pi$，$-\dfrac{11}{6}\pi$，$-\dfrac{3}{2}\pi$ を度で表せ。

考え方 π ラジアン $= 180°$ を用いて計算する。

解 答

$\dfrac{\pi}{5} = \dfrac{1}{5} \times 180° = 36°$ ←── $\pi = 180°$

$\dfrac{7}{6}\pi = \dfrac{7}{6} \times 180° = 210°$

$-\dfrac{11}{6}\pi = -\dfrac{11}{6} \times 180° = -330°$

$-\dfrac{3}{2}\pi = -\dfrac{3}{2} \times 180° = -270°$

● 弧度法による一般角の表し方　解き方のポイント

弧度法を用いると，角 α の動径が表す一般角 θ は，次のように表される。

$\theta = \alpha + 2n\pi$　　(n は整数)

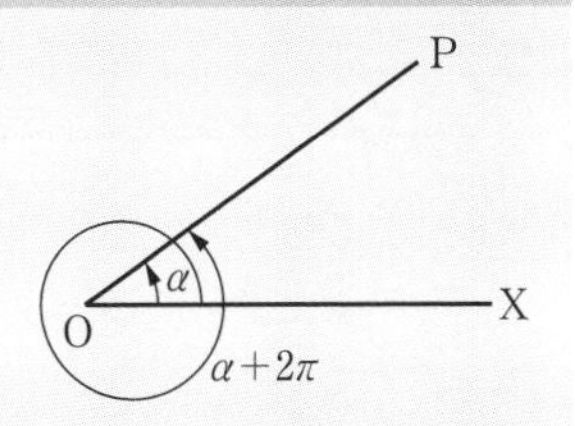

● 扇形の弧の長さと面積　解き方のポイント

半径 r，中心角 θ の扇形の弧の長さを l，面積を S とするとき

$l = r\theta$

$S = \dfrac{1}{2}r^2\theta = \dfrac{1}{2}lr$

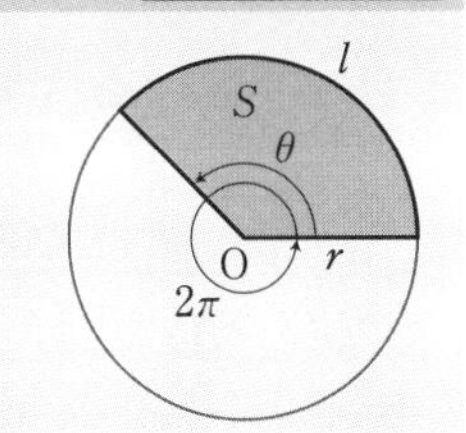

教 p.123

問6　半径 8，中心角 $\dfrac{3}{4}\pi$ の扇形の弧の長さ l と面積 S を求めよ。

解答　$r = 8$，$\theta = \dfrac{3}{4}\pi$ であるから

弧の長さは　　$l = r\theta = 8\cdot\dfrac{3}{4}\pi = 6\pi$

面積は　　$S = \dfrac{1}{2}r^2\theta = \dfrac{1}{2}\cdot 8^2\cdot\dfrac{3}{4}\pi = 24\pi$

別解　面積は　　$S = \dfrac{1}{2}lr = \dfrac{1}{2}\cdot 6\pi\cdot 8 = 24\pi$

2 三角関数

用語のまとめ

三角関数

- θ が決まると，$\sin\theta$，$\cos\theta$，$\tan\theta$ の値がそれぞれ1つに定まるから，これらは関数であり，$\sin\theta$，$\cos\theta$，$\tan\theta$ をまとめて，θ の **三角関数** という。

第 n 象限の角

- 角 θ の動径が第 n 象限にあるとき，θ を **第 n 象限の角** という。

● 三角関数の定義 解き方のポイント

座標平面上で，原点Oを中心とする半径 r の円をかく。そして，x 軸の正の部分を始線として，角 θ の動径と円Oの交点を $\mathrm{P}(x,\ y)$ とする。このとき

$$\sin\theta=\frac{y}{r},\quad \cos\theta=\frac{x}{r},\quad \tan\theta=\frac{y}{x}$$

と表す。

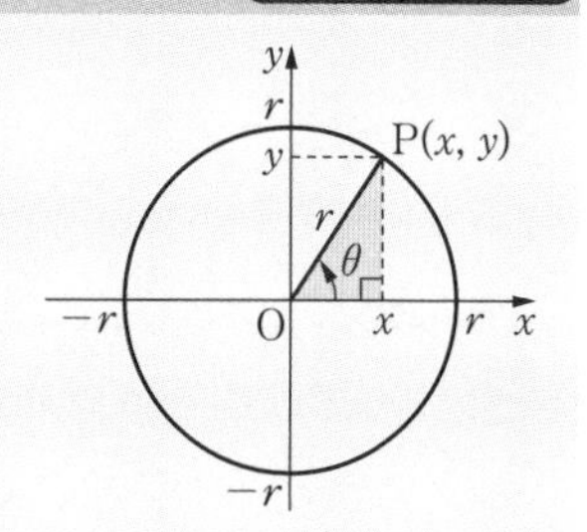

教 p.125

問7 θ が次の角のとき，$\sin\theta$，$\cos\theta$，$\tan\theta$ の値を求めよ。

(1) $\dfrac{7}{6}\pi$　(2) $\dfrac{9}{4}\pi$　(3) $-\dfrac{\pi}{3}$　(4) -3π

考え方 θ が $\dfrac{\pi}{6}$ や $\dfrac{\pi}{3}$ の整数倍のときは半径を2，$\dfrac{\pi}{4}$ の奇数倍のときは半径を $\sqrt{2}$，$\dfrac{\pi}{2}$ や π の整数倍のときは半径を1として，それぞれ原点を中心とする円をかき，三角関数の定義にあてはめる。

解答 (1) 右の図で，原点Oを中心とする，半径2の円と $\dfrac{7}{6}\pi$ の動径の交点Pの座標は $(-\sqrt{3},\ -1)$ であるから

$$\sin\frac{7}{6}\pi=\frac{-1}{2}=-\frac{1}{2}$$

$$\cos\frac{7}{6}\pi=\frac{-\sqrt{3}}{2}=-\frac{\sqrt{3}}{2}$$

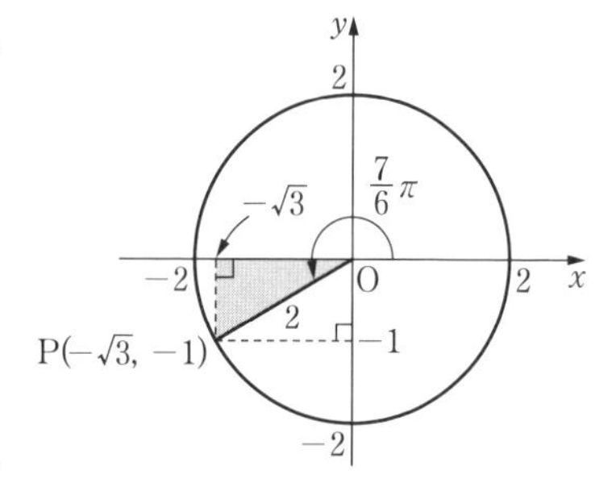

$$\tan\frac{7}{6}\pi=\frac{-1}{-\sqrt{3}}=\frac{1}{\sqrt{3}}$$

(2) 右の図で，原点Oを中心とする，半径 $\sqrt{2}$ の円と $\frac{9}{4}\pi$ の動径の交点Pの座標は $(1,\ 1)$ であるから

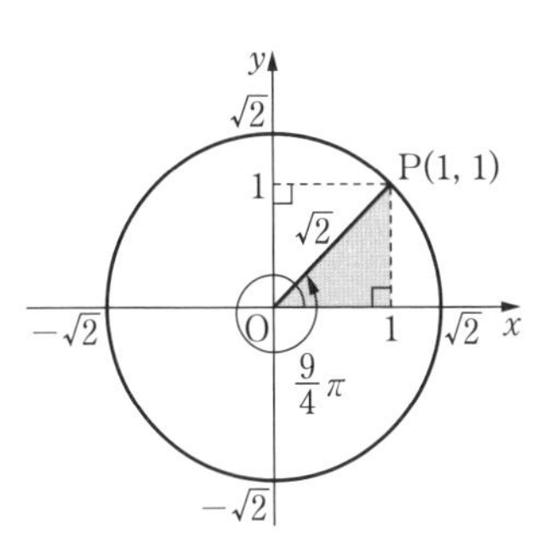

$$\sin\frac{9}{4}\pi=\frac{1}{\sqrt{2}},\quad \cos\frac{9}{4}\pi=\frac{1}{\sqrt{2}}$$

$$\tan\frac{9}{4}\pi=\frac{1}{1}=1$$

(3) 右の図で，原点Oを中心とする，半径2の円と $-\frac{\pi}{3}$ の動径の交点Pの座標は $(1,\ -\sqrt{3})$ であるから

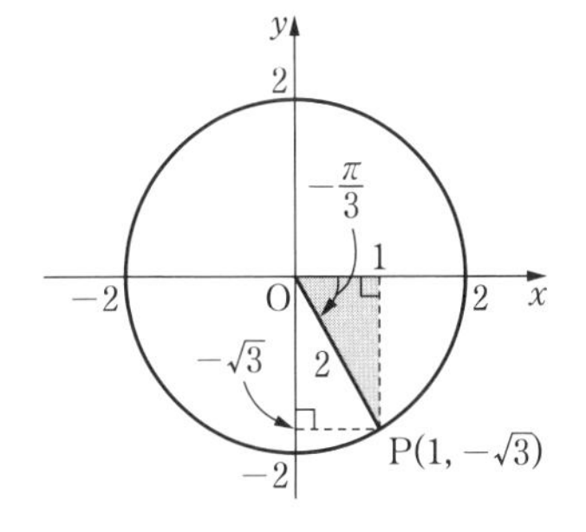

$$\sin\left(-\frac{\pi}{3}\right)=\frac{-\sqrt{3}}{2}=-\frac{\sqrt{3}}{2}$$

$$\cos\left(-\frac{\pi}{3}\right)=\frac{1}{2}$$

$$\tan\left(-\frac{\pi}{3}\right)=\frac{-\sqrt{3}}{1}=-\sqrt{3}$$

(4) 右の図で，原点Oを中心とする，半径1の円と -3π の動径の交点Pの座標は $(-1,\ 0)$ であるから

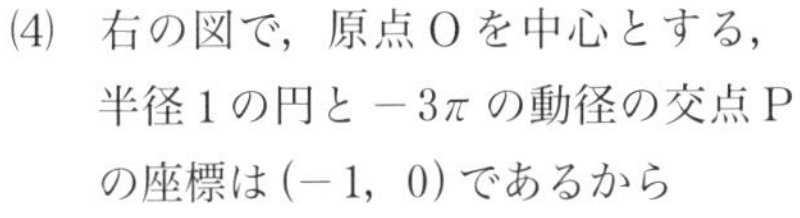

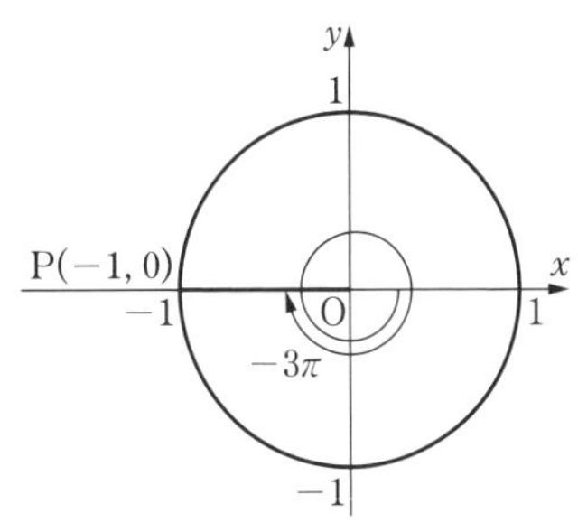

$$\sin(-3\pi)=\frac{0}{1}=0$$

$$\cos(-3\pi)=\frac{-1}{1}=-1$$

$$\tan(-3\pi)=\frac{0}{-1}=0$$

● 三角関数の値の正負 …… 解き方のポイント

三角関数の値の正負は，θ がどの象限の角であるかによって定まる。

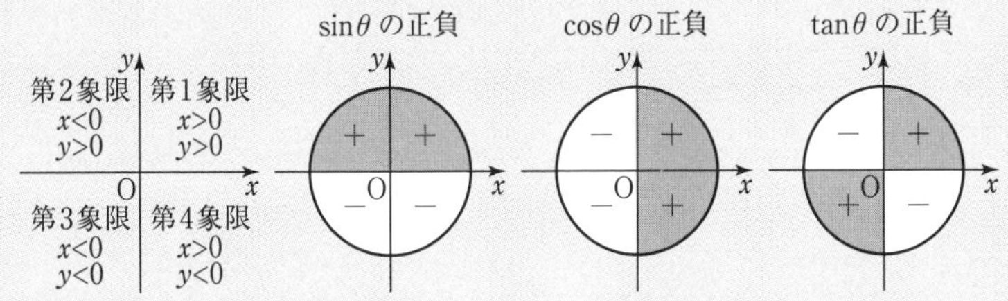

教 p.125

問 8　次の条件を満たす角 θ は第何象限の角か。

(1)　$\sin\theta < 0$，$\cos\theta > 0$　　　(2)　$\tan\theta < 0$，$\cos\theta < 0$

考え方　2 つの条件を同時に満たす象限に角 θ の動径がある。

解　答　(1)　$\sin\theta$ が負であるのは，第 3 象限と第 4 象限

$\cos\theta$ が正であるのは，第 1 象限と第 4 象限

したがって，条件を満たす角 θ は **第 4 象限の角** である。

(2)　$\tan\theta$ が負であるのは，第 2 象限と第 4 象限

$\cos\theta$ が負であるのは，第 2 象限と第 3 象限

したがって，条件を満たす角 θ は **第 2 象限の角** である。

● 三角関数のとり得る値の範囲　解き方のポイント

$$-1 \leqq \sin\theta \leqq 1, \quad -1 \leqq \cos\theta \leqq 1$$

● 三角関数の相互関係　解き方のポイント

[1]　$\sin^2\theta + \cos^2\theta = 1$

[2]　$\tan\theta = \dfrac{\sin\theta}{\cos\theta}$

[3]　$1 + \tan^2\theta = \dfrac{1}{\cos^2\theta}$

教 p.127

問 9　(1)　θ が第 4 象限の角で，$\cos\theta = \dfrac{1}{3}$ のとき，$\sin\theta$，$\tan\theta$ の値を求めよ。

(2)　θ が第 3 象限の角で，$\sin\theta = -\dfrac{\sqrt{3}}{3}$ のとき，$\cos\theta$，$\tan\theta$ の値を求めよ。

考え方　公式 $\sin^2\theta + \cos^2\theta = 1$ を利用する。

θ が第何象限の角かによって，三角関数の値の正負を考える。

(1)　θ は第 4 象限の角であるから，$\sin\theta < 0$ である。

(2)　θ は第 3 象限の角であるから，$\cos\theta < 0$ である。

$\tan\theta$ の値は，$\dfrac{\sin\theta}{\cos\theta}$ を利用して求める。

解答 (1) $\sin^2\theta+\cos^2\theta=1$ より　　$\sin^2\theta=1-\cos^2\theta=1-\left(\frac{1}{3}\right)^2=\frac{8}{9}$

θ が第 4 象限の角であるから，$\sin\theta<0$ である。

したがって　　$\sin\theta=-\sqrt{\frac{8}{9}}=-\frac{\sqrt{8}}{\sqrt{9}}=-\frac{2\sqrt{2}}{3}$

また　　$\tan\theta=\frac{\sin\theta}{\cos\theta}=\left(-\frac{2\sqrt{2}}{3}\right)\div\frac{1}{3}=-2\sqrt{2}$

(2) $\sin^2\theta+\cos^2\theta=1$ より　　$\cos^2\theta=1-\sin^2\theta=1-\left(-\frac{\sqrt{3}}{3}\right)^2=\frac{2}{3}$

θ が第 3 象限の角であるから，$\cos\theta<0$ である。

したがって　　$\cos\theta=-\sqrt{\frac{2}{3}}=-\frac{\sqrt{2}}{\sqrt{3}}=-\frac{\sqrt{6}}{3}$

また　　$\tan\theta=\frac{\sin\theta}{\cos\theta}=\left(-\frac{\sqrt{3}}{3}\right)\div\left(-\frac{\sqrt{6}}{3}\right)=\frac{\sqrt{3}}{\sqrt{6}}=\frac{1}{\sqrt{2}}$

$=\frac{\sqrt{2}}{2}$

教 p.127

問 10　θ が第 3 象限の角で，$\tan\theta=\frac{1}{2}$ のとき，$\sin\theta$，$\cos\theta$ の値を求めよ。

考え方　$1+\tan^2\theta=\frac{1}{\cos^2\theta}$，$\tan\theta=\frac{\sin\theta}{\cos\theta}$ を用いる。

解答　$\frac{1}{\cos^2\theta}=1+\tan^2\theta=1+\left(\frac{1}{2}\right)^2=\frac{5}{4}$ より　　$\cos^2\theta=\frac{4}{5}$

θ が第 3 象限の角であるから，$\cos\theta<0$ である。

したがって　　$\cos\theta=-\sqrt{\frac{4}{5}}=-\frac{2}{\sqrt{5}}=-\frac{2\sqrt{5}}{5}$

また，$\tan\theta=\frac{\sin\theta}{\cos\theta}$ より

$\sin\theta=\tan\theta\cos\theta=\frac{1}{2}\cdot\left(-\frac{2\sqrt{5}}{5}\right)=-\frac{\sqrt{5}}{5}$

教 p.128

問 11　$\sin\theta-\cos\theta=\frac{1}{5}$ のとき，$\sin\theta\cos\theta$，$\sin^3\theta-\cos^3\theta$ の値を求めよ。

考え方　与えられた等式の両辺を 2 乗して，公式 $\sin^2\theta+\cos^2\theta=1$ を用いる。

$\sin^3\theta-\cos^3\theta$ は，$a^3-b^3=(a-b)(a^2+ab+b^2)$ を利用して因数分解する。

解答 与えられた式の両辺を 2 乗すると

$$\sin^2\theta - 2\sin\theta\cos\theta + \cos^2\theta = \frac{1}{25}$$

$\sin^2\theta + \cos^2\theta = 1$ であるから

$$-2\sin\theta\cos\theta + 1 = \frac{1}{25}$$

よって　$-2\sin\theta\cos\theta = \dfrac{1}{25} - 1 = -\dfrac{24}{25}$ より

$$\mathbf{\sin\theta\cos\theta} = -\frac{1}{2}\cdot\left(-\frac{24}{25}\right) = \mathbf{\frac{12}{25}}$$

また

$$\begin{aligned}\mathbf{\sin^3\theta - \cos^3\theta} &= (\sin\theta - \cos\theta)(\sin^2\theta + \sin\theta\cos\theta + \cos^2\theta) \\ &= (\sin\theta - \cos\theta)(1 + \sin\theta\cos\theta) \\ &= \frac{1}{5}\cdot\left(1 + \frac{12}{25}\right) \\ &= \mathbf{\frac{37}{125}}\end{aligned}$$

教 p.128

問 12　等式 $\dfrac{\cos\theta}{1+\sin\theta} + \tan\theta = \dfrac{1}{\cos\theta}$ を証明せよ。

考え方　$\tan\theta = \dfrac{\sin\theta}{\cos\theta}$，$\sin^2\theta + \cos^2\theta = 1$ を利用して，式を変形する。

証明

$$\begin{aligned}\frac{\cos\theta}{1+\sin\theta} + \tan\theta &= \frac{\cos\theta}{1+\sin\theta} + \frac{\sin\theta}{\cos\theta} && \longleftarrow \tan\theta = \frac{\sin\theta}{\cos\theta} \\ &= \frac{\cos^2\theta + \sin\theta(1+\sin\theta)}{(1+\sin\theta)\cos\theta} && \longleftarrow \text{通分する} \\ &= \frac{\cos^2\theta + \sin^2\theta + \sin\theta}{(1+\sin\theta)\cos\theta} && \longleftarrow \text{分子の括弧を外す} \\ &= \frac{1+\sin\theta}{(1+\sin\theta)\cos\theta} && \longleftarrow \cos^2\theta + \sin^2\theta = 1 \\ &= \frac{1}{\cos\theta} && \longleftarrow \text{約分する}\end{aligned}$$

したがって　$\dfrac{\cos\theta}{1+\sin\theta} + \tan\theta = \dfrac{1}{\cos\theta}$

3 三角関数の性質

● $\theta+2n\pi$ の三角関数 解き方のポイント

[1] $\sin(\theta+2n\pi)=\sin\theta,\quad \cos(\theta+2n\pi)=\cos\theta,\quad \tan(\theta+2n\pi)=\tan\theta$

ただし，n は整数

● $-\theta$ の三角関数 解き方のポイント

[2] $\sin(-\theta)=-\sin\theta,\ \cos(-\theta)=\cos\theta,\ \tan(-\theta)=-\tan\theta$

教 p.130

問 13 $\sin\left(-\dfrac{\pi}{6}\right)$，$\cos\left(-\dfrac{\pi}{6}\right)$，$\tan\left(-\dfrac{\pi}{6}\right)$ の値を求めよ。

解答

$$\sin\left(-\frac{\pi}{6}\right)=-\sin\frac{\pi}{6}=-\frac{1}{2}$$

$$\cos\left(-\frac{\pi}{6}\right)=\cos\frac{\pi}{6}=\frac{\sqrt{3}}{2}$$

$$\tan\left(-\frac{\pi}{6}\right)=-\tan\frac{\pi}{6}=-\frac{1}{\sqrt{3}}$$

● $\theta+\pi$ の三角関数 解き方のポイント

[3] $\sin(\theta+\pi)=-\sin\theta,\quad \cos(\theta+\pi)=-\cos\theta,\quad \tan(\theta+\pi)=\tan\theta$

教 p.130

問 14 $\sin\dfrac{5}{4}\pi$，$\cos\dfrac{5}{4}\pi$，$\tan\dfrac{5}{4}\pi$ の値を求めよ。

考え方 $\dfrac{5}{4}\pi=\dfrac{\pi}{4}+\pi$ であるから，$\theta+\pi$ の三角関数の公式が利用できる。

解答

$$\sin\frac{5}{4}\pi=\sin\left(\frac{\pi}{4}+\pi\right)=-\sin\frac{\pi}{4}=-\frac{1}{\sqrt{2}}$$

$$\cos\frac{5}{4}\pi=\cos\left(\frac{\pi}{4}+\pi\right)=-\cos\frac{\pi}{4}=-\frac{1}{\sqrt{2}}$$

$$\tan\frac{5}{4}\pi=\tan\left(\frac{\pi}{4}+\pi\right)=\tan\frac{\pi}{4}=1$$

● $\theta+\dfrac{\pi}{2}$ の三角関数 ……… 解き方のポイント

[4] $\sin\left(\theta+\dfrac{\pi}{2}\right)=\cos\theta$, $\cos\left(\theta+\dfrac{\pi}{2}\right)=-\sin\theta$, $\tan\left(\theta+\dfrac{\pi}{2}\right)=-\dfrac{1}{\tan\theta}$

● $\pi-\theta$, $\dfrac{\pi}{2}-\theta$ の三角関数 ……… 解き方のポイント

[5] $\sin(\pi-\theta)=\sin\theta$, $\cos(\pi-\theta)=-\cos\theta$, $\tan(\pi-\theta)=-\tan\theta$

[6] $\sin\left(\dfrac{\pi}{2}-\theta\right)=\cos\theta$, $\cos\left(\dfrac{\pi}{2}-\theta\right)=\sin\theta$, $\tan\left(\dfrac{\pi}{2}-\theta\right)=\dfrac{1}{\tan\theta}$

教 p.131

問 15 次の□にあてはまる鋭角を答えよ。

(1) $\sin\dfrac{7}{8}\pi=\cos\square$　　(2) $\tan\dfrac{5}{6}\pi=-\dfrac{1}{\tan\square}$

(3) $\sin\dfrac{3}{4}\pi=\sin\square$　　(4) $\cos\dfrac{5}{6}\pi=-\cos\square$

(5) $\cos\dfrac{3}{8}\pi=\sin\square$　　(6) $\tan\dfrac{\pi}{4}=\dfrac{1}{\tan\square}$

考え方 公式[4]～[6]のどれが利用できるかを，左辺と右辺の三角関数から考える。どの場合も，符号に注意する。

解 答 (1) $\sin\dfrac{7}{8}\pi=\sin\left(\dfrac{3}{8}\pi+\dfrac{\pi}{2}\right)=\cos\dfrac{3}{8}\pi$ ⟵ 公式 [4]

(2) $\tan\dfrac{5}{6}\pi=\tan\left(\dfrac{\pi}{3}+\dfrac{\pi}{2}\right)=-\dfrac{1}{\tan\dfrac{\pi}{3}}$ ⟵ 公式 [4]

(3) $\sin\dfrac{3}{4}\pi=\sin\left(\pi-\dfrac{\pi}{4}\right)=\sin\dfrac{\pi}{4}$ ⟵ 公式 [5]

(4) $\cos\dfrac{5}{6}\pi=\cos\left(\pi-\dfrac{\pi}{6}\right)=-\cos\dfrac{\pi}{6}$ ⟵ 公式 [5]

(5) $\cos\dfrac{3}{8}\pi=\cos\left(\dfrac{\pi}{2}-\dfrac{\pi}{8}\right)=\sin\dfrac{\pi}{8}$ ⟵ 公式 [6]

(6) $\tan\dfrac{\pi}{4}=\tan\left(\dfrac{\pi}{2}-\dfrac{\pi}{4}\right)=\dfrac{1}{\tan\dfrac{\pi}{4}}$ ⟵ 公式 [6]

4 三角関数のグラフ

用語のまとめ

正弦曲線

- $y=\sin\theta$ のグラフの形の曲線を **正弦曲線** という。

漸近線

- グラフがある直線に限りなく近付くとき，その直線をグラフの **漸近線** という。

周期関数

- 関数 $y=f(x)$ について，0 でない定数 p があって，等式 $f(x+p)=f(x)$ がすべての x に対して成り立つとき，$f(x)$ は，p を周期とする **周期関数** であるという。
- p のとり方は無数にあるが，普通は正で最小のものを **周期** という。

教 p.132

θ	0	$\frac{\pi}{6}$	$\frac{\pi}{4}$	$\frac{\pi}{3}$	$\frac{\pi}{2}$	$\frac{2}{3}\pi$	$\frac{3}{4}\pi$	$\frac{5}{6}\pi$	π
$y=\sin\theta$	0	$\frac{1}{2}$	$\frac{\sqrt{2}}{2}$	$\frac{\sqrt{3}}{2}$	1	$\frac{\sqrt{3}}{2}$	$\frac{\sqrt{2}}{2}$	$\frac{1}{2}$	0
y (近似値)	0	0.5	0.71	0.87	1	0.87	0.71	0.5	0

(グラフは省略)

● 三角関数のグラフ　解き方のポイント

$y=\sin\theta$ のグラフ

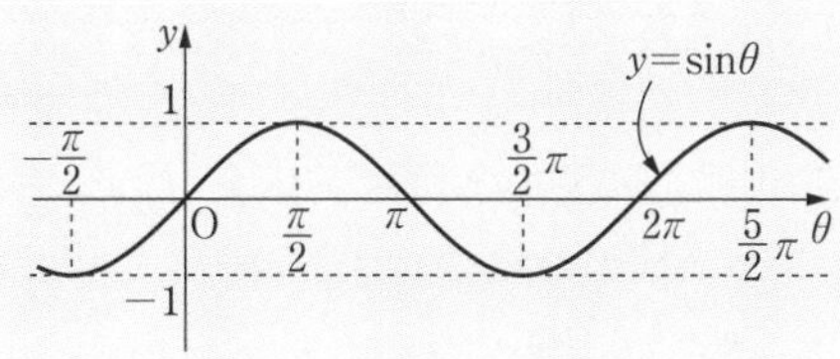

〔特徴〕

① $\sin\theta$ は 周期 2π の周期関数

② $-1 \leqq \sin\theta \leqq 1$

③ グラフは原点を通る

④ グラフは 原点に関して対称

$y=\cos\theta$ のグラフ

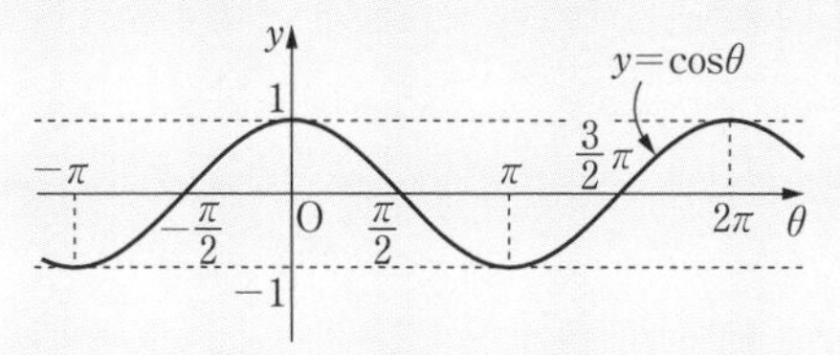

〔特徴〕

① $\cos\theta$ は 周期 2π の周期関数

② $-1 \leqq \cos\theta \leqq 1$

③ グラフは点 $(0,\ 1)$ を通る

④ グラフは y 軸に関して対称

$y=\cos\theta$ のグラフは $y=\sin\theta$ のグラフを θ 軸方向に $-\dfrac{\pi}{2}$ だけ平行移動したものであり，$y=\cos\theta$ のグラフも正弦曲線である。

$y=\tan\theta$ のグラフ

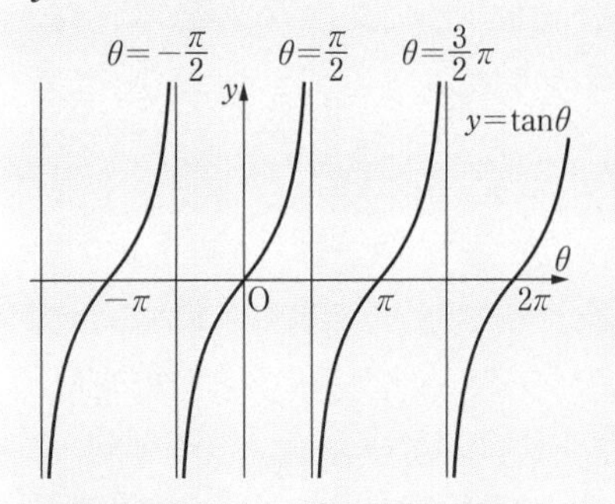

〔特徴〕

① $\tan\theta$ は 周期 π の周期関数

② すべての実数値をとる。

③ グラフは原点を通る

④ グラフは 原点に関して対称

⑤ 直線 $\theta=\dfrac{\pi}{2}+n\pi$ (n は整数) はグラフの 漸近線 である。

教 p.136

問16 $y=2\cos\theta$ のグラフをかけ。また，その周期を求めよ。

考え方 $y=2\cos\theta$ のグラフは，θ 軸を基準にして，$y=\cos\theta$ のグラフを y 軸方向に 2 倍に拡大したものである。

周期は $y=\cos\theta$ と等しい。

解答

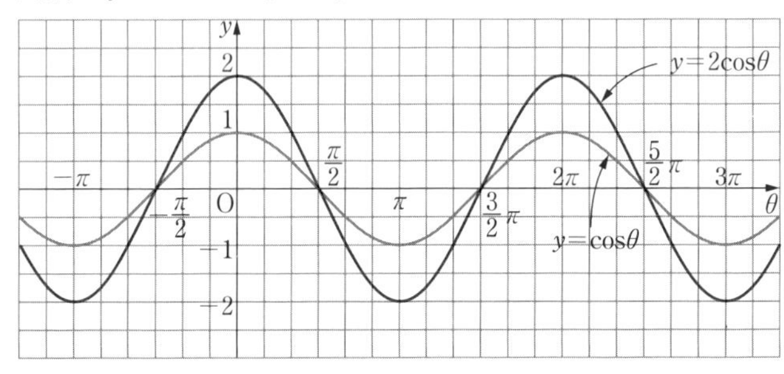

周期は 2π

教 p.136

問17 $y=\dfrac{1}{2}\sin\theta$ のグラフをかけ。また，その周期を求めよ。

考え方 $y=\dfrac{1}{2}\sin\theta$ のグラフは，θ 軸を基準にして，$y=\sin\theta$ のグラフを y 軸方向に $\dfrac{1}{2}$ 倍に縮小したものである。

周期は $y=\sin\theta$ と等しい。

解答

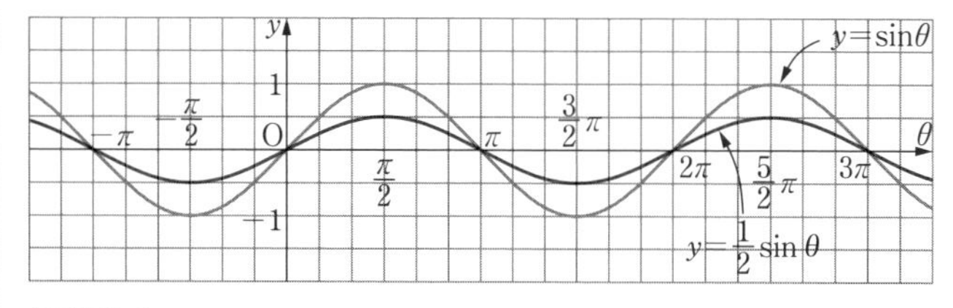

周期は 2π

● 関数 $y=\sin\theta$ のグラフの平行移動　解き方のポイント

$y=\sin(\theta-p)$ のグラフは $y=\sin\theta$ のグラフを θ 軸方向に p だけ平行移動したものである。

教 p.137

問 18　$y=\sin\left(\theta+\dfrac{\pi}{4}\right)$ のグラフは，$y=\sin\theta$ のグラフをどのように移動したものか説明せよ。

解答　$y=\sin\left(\theta+\dfrac{\pi}{4}\right)$ のグラフは，$y=\sin\theta$ のグラフを **θ 軸方向に $-\dfrac{\pi}{4}$ だけ平行移動** したものである。

教 p.137

問 19　$y=\cos\left(\theta-\dfrac{\pi}{3}\right)$ のグラフをかけ。また，その周期を求めよ。

考え方　$y=\cos\left(\theta-\dfrac{\pi}{3}\right)$ のグラフは，$y=\cos\theta$ のグラフを θ 軸方向に $\dfrac{\pi}{3}$ だけ平行移動した曲線となる。

周期は $y=\cos\theta$ と等しい。

解答

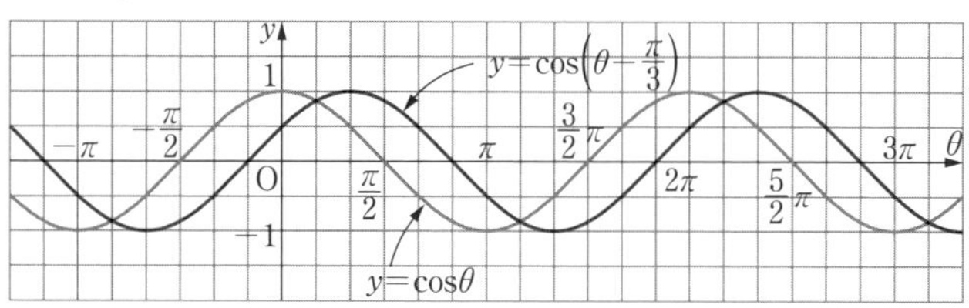

周期は 2π

● 三角関数のグラフの周期 ……………… **解き方のポイント**

a を正の定数とするとき

$\sin a\theta$ の周期は $\dfrac{2\pi}{a}$，$\cos a\theta$ の周期は $\dfrac{2\pi}{a}$，$\tan a\theta$ の周期は $\dfrac{\pi}{a}$

教 p.138

問 20 $y=\cos 2\theta$ のグラフをかけ。また，その周期を求めよ。

考え方 $y=\cos 2\theta$ のグラフは，y 軸を基準にして，$y=\cos\theta$ のグラフを θ 軸方向に $\dfrac{1}{2}$ 倍に縮小したものである。

解答

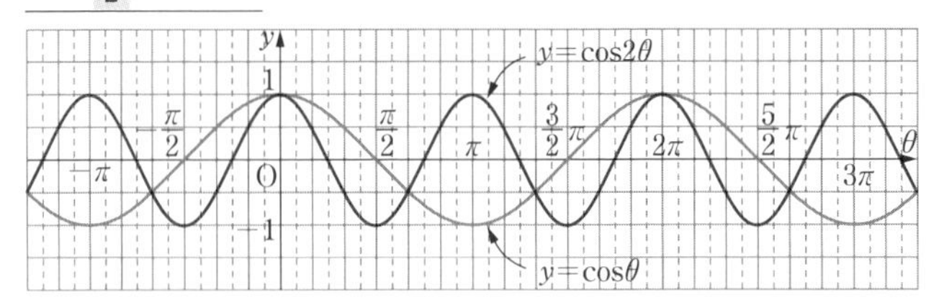

周期は $\dfrac{2\pi}{2}=\pi$

教 p.138

問 21 $y=\tan\theta$ のグラフをもとにしたときの，$y=\tan 2\theta$ のグラフをかき，周期を求めよ。また，そのグラフのかき方を説明せよ。

解答

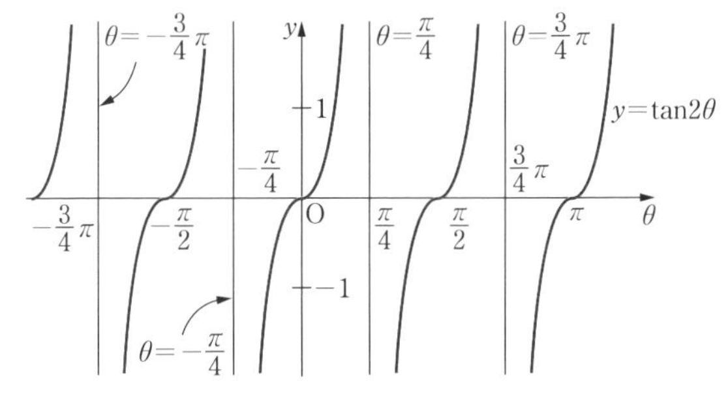

周期は $\dfrac{\pi}{2}$

$y=\tan 2\theta$ のグラフをかくには，y 軸を基準にして，$y=\tan\theta$ のグラフを θ 軸方向に $\dfrac{1}{2}$ 倍に縮小すればよい。

5 三角関数を含む方程式・不等式

● 三角関数を含む方程式　解き方のポイント

三角関数を含む方程式は次の手順で解く。

1 単位円をかき，単位円の周上に，次のような点 P をとる。

$\sin\theta = a$ のとき　(y 座標) $= a$ となる点 P

$\cos\theta = b$ のとき　(x 座標) $= b$ となる点 P

$\tan\theta = c$ のとき　点 $(1,\ c)$ と原点を通る直線と単位円の交点 P

2 動径 OP の表す角 θ の値を求める。

教 p.139

問 22　$0 \leqq \theta < 2\pi$ のとき，次の方程式を満たす θ の値を求めよ。

(1) $\sin\theta = -\dfrac{\sqrt{3}}{2}$　(2) $\cos\theta = \dfrac{1}{\sqrt{2}}$　(3) $\tan\theta = -1$

考え方 (1) 単位円の周上で，y 座標が $-\dfrac{\sqrt{3}}{2}$ となる点を考える。

(2) 単位円の周上で，x 座標が $\dfrac{1}{\sqrt{2}}$ となる点を考える。

(3) 点 $(1,\ -1)$ と原点を通る直線と単位円の交点を考える。

解答 (1) 右の図のように，単位円の周上で，y 座標が $-\dfrac{\sqrt{3}}{2}$ となる点を P，P′ とすると，動径 OP，OP′ の表す角が求める角である。

よって，$0 \leqq \theta < 2\pi$ の範囲で θ の値を求めると

$$\theta = \frac{4}{3}\pi,\ \frac{5}{3}\pi$$

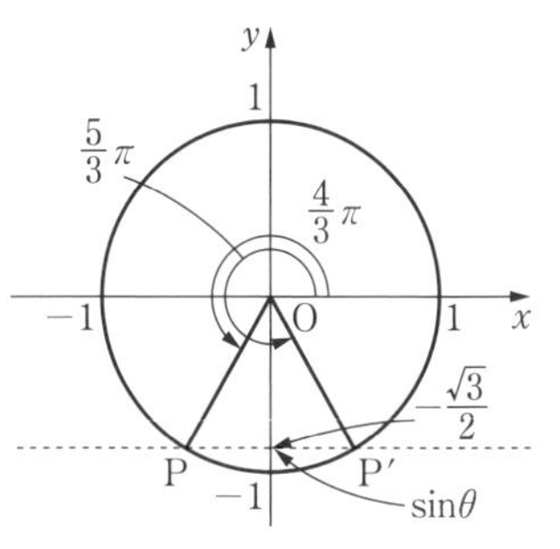

(2) 右の図のように，単位円の周上で，x 座標が $\dfrac{1}{\sqrt{2}}$ となる点を P，P′ とすると，動径 OP，OP′ の表す角が求める角である。

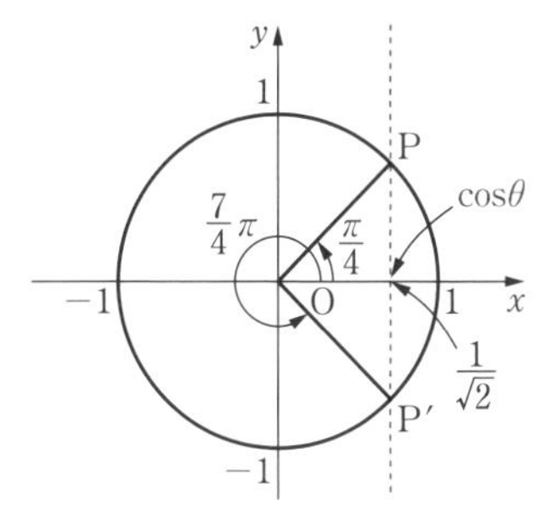

よって，$0 \leqq \theta < 2\pi$ の範囲で θ の値を求めると

$$\theta = \frac{\pi}{4},\ \frac{7}{4}\pi$$

(3) 右の図のように，点 T(1, −1) と原点を通る直線と単位円の交点を P, P′ とすると，動径 OP, OP′ の表す角が求める角である。

よって，$0 \leqq \theta < 2\pi$ の範囲で θ の値を求めると

$$\theta = \frac{3}{4}\pi,\ \frac{7}{4}\pi$$

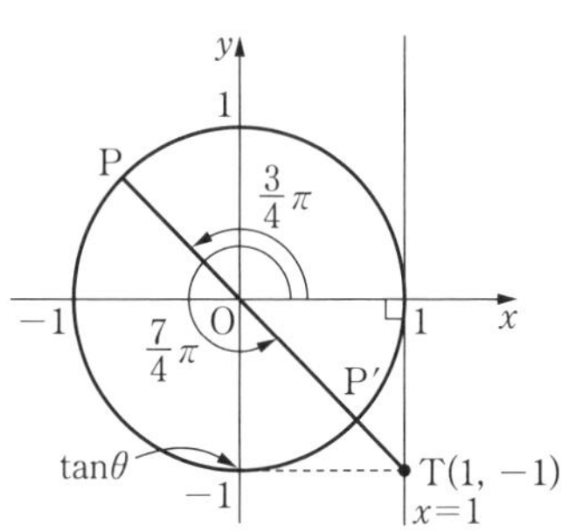

教 p.140

> **問23** $0 \leqq \theta < 2\pi$ のとき，次の方程式を満たす θ の値を求めよ。
>
> (1) $\cos\left(\theta + \frac{\pi}{4}\right) = -\frac{1}{\sqrt{2}}$　　(2) $\sin\left(\theta - \frac{\pi}{3}\right) = -\frac{1}{2}$

考え方 (1) $\theta + \frac{\pi}{4}$ の値の範囲に注意して，まず，$\theta + \frac{\pi}{4}$ の値を求める。

(2) $\theta - \frac{\pi}{3}$ の値の範囲に注意して，まず，$\theta - \frac{\pi}{3}$ の値を求める。

解答 (1) $0 \leqq \theta < 2\pi$ のとき　$\frac{\pi}{4} \leqq \theta + \frac{\pi}{4} < \frac{9}{4}\pi$ ……①

単位円の周上で，x 座標が $-\frac{1}{\sqrt{2}}$ となる

$\theta + \frac{\pi}{4}$ の値は，① の範囲で

$$\theta + \frac{\pi}{4} = \frac{3}{4}\pi,\ \frac{5}{4}\pi$$

であるから

$$\theta = \frac{3}{4}\pi - \frac{\pi}{4} = \frac{\pi}{2}$$

$$\theta = \frac{5}{4}\pi - \frac{\pi}{4} = \pi$$

したがって　$\theta = \frac{\pi}{2},\ \pi$

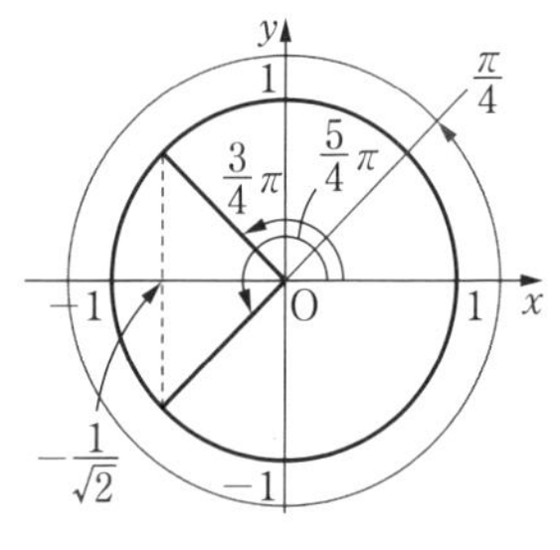

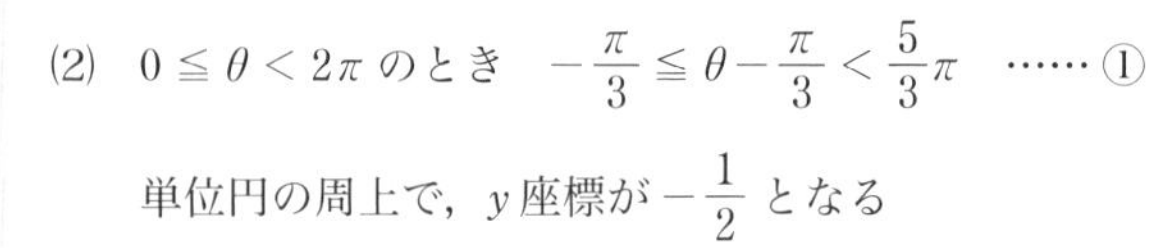

(2) $0 \leqq \theta < 2\pi$ のとき　$-\frac{\pi}{3} \leqq \theta - \frac{\pi}{3} < \frac{5}{3}\pi$ ……①

単位円の周上で，y 座標が $-\frac{1}{2}$ となる

$\theta-\dfrac{\pi}{3}$ の値は，① の範囲で

$$\theta-\frac{\pi}{3}=-\frac{\pi}{6},\ \frac{7}{6}\pi$$

であるから

$$\theta=-\frac{\pi}{6}+\frac{\pi}{3}=\frac{\pi}{6}$$

$$\theta=\frac{7}{6}\pi+\frac{\pi}{3}=\frac{3}{2}\pi$$

したがって　　$\theta=\dfrac{\pi}{6},\ \dfrac{3}{2}\pi$

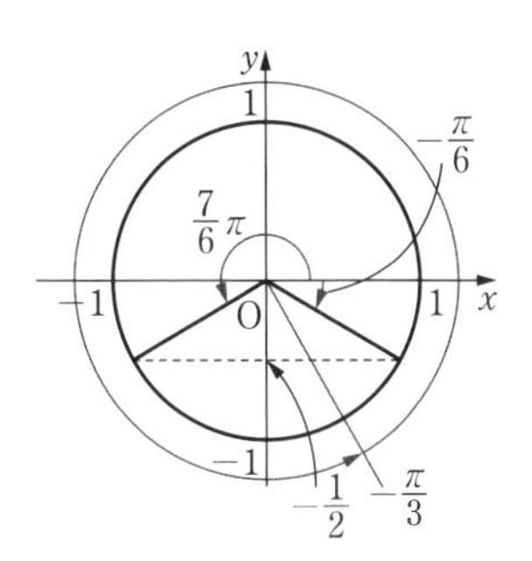

三角関数を含む不等式　　解き方のポイント

不等号を等号に置き換えた方程式を解いて θ の値を求め，単位円を利用して，θ の値の範囲を求める。

教 p.141

問 24　$0\leqq\theta<2\pi$ のとき，次の不等式を満たす θ の値の範囲を求めよ。

(1)　$\cos\theta\leqq-\dfrac{1}{2}$　　(2)　$\cos\theta>\dfrac{1}{2}$　　(3)　$\sin\theta\geqq-\dfrac{1}{\sqrt{2}}$

解答　(1)　$0\leqq\theta<2\pi$ の範囲で，$\cos\theta=-\dfrac{1}{2}$ となる θ の値は

$$\theta=\frac{2}{3}\pi,\ \frac{4}{3}\pi$$

であるから，求める角 θ の動径は，右の図の斜線部分にある。

したがって　$\dfrac{2}{3}\pi\leqq\theta\leqq\dfrac{4}{3}\pi$

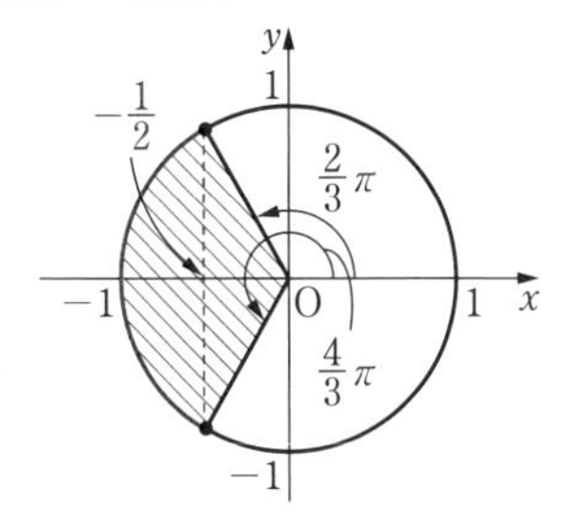

(2)　$0\leqq\theta<2\pi$ の範囲で，$\cos\theta=\dfrac{1}{2}$ となる θ の値は

$$\theta=\frac{\pi}{3},\ \frac{5}{3}\pi$$

であるから，求める角 θ の動径は，右の図の斜線部分にある。

したがって　$0\leqq\theta<\dfrac{\pi}{3},\ \dfrac{5}{3}\pi<\theta<2\pi$

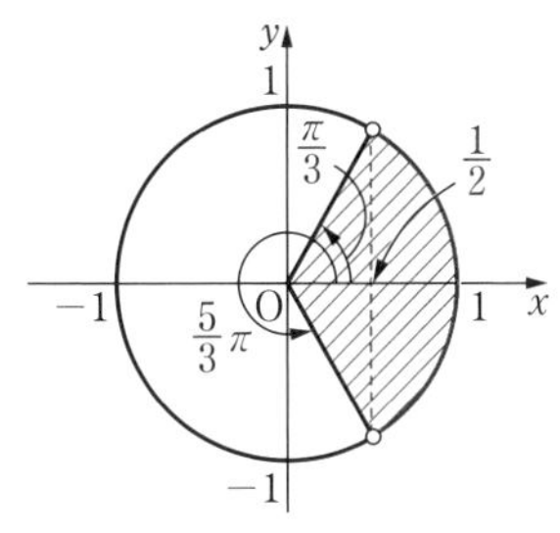

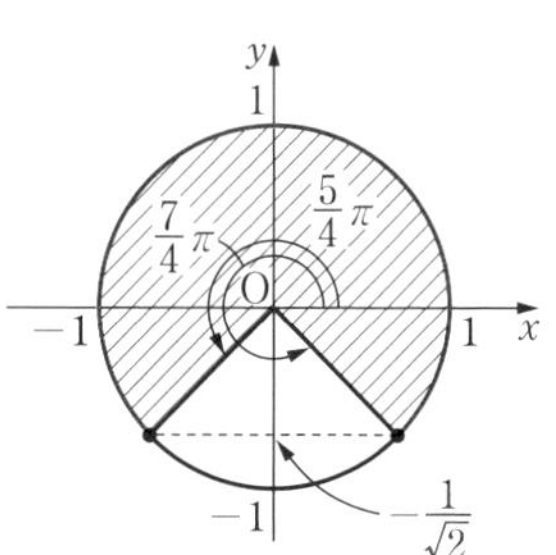

(3) $0 \leqq \theta < 2\pi$ の範囲で，$\sin\theta = -\frac{1}{\sqrt{2}}$

となる θ の値は

$$\theta = \frac{5}{4}\pi,\ \frac{7}{4}\pi$$

であるから，求める角 θ の動径は，右の図の斜線部分にある。

したがって　$0 \leqq \theta \leqq \frac{5}{4}\pi,\ \frac{7}{4}\pi \leqq \theta < 2\pi$

別解 グラフを利用して，次の部分にある θ の値の範囲を求めてもよい。

(1) 関数 $y = \cos\theta$ のグラフが，直線 $y = -\frac{1}{2}$ および，その下側にある

(2) 関数 $y = \cos\theta$ のグラフが，直線 $y = \frac{1}{2}$ より上側にある

(3) 関数 $y = \sin\theta$ のグラフが，直線 $y = -\frac{1}{\sqrt{2}}$ および，その上側にある

教 p.142

問 25 $-\frac{\pi}{2} < \theta < \frac{\pi}{2}$ のとき，次の不等式を満たす θ の値の範囲を求めよ。

(1) $-1 < \tan\theta < \frac{1}{\sqrt{3}}$　　(2) $\tan\theta \leqq \sqrt{3}$

考え方 $-\frac{\pi}{2} < \theta < \frac{\pi}{2}$ の範囲で，まず，次の値を求める。

(1) $\tan\theta = -1$，$\tan\theta = \frac{1}{\sqrt{3}}$ となる θ の値

(2) $\tan\theta = \sqrt{3}$ となる θ の値

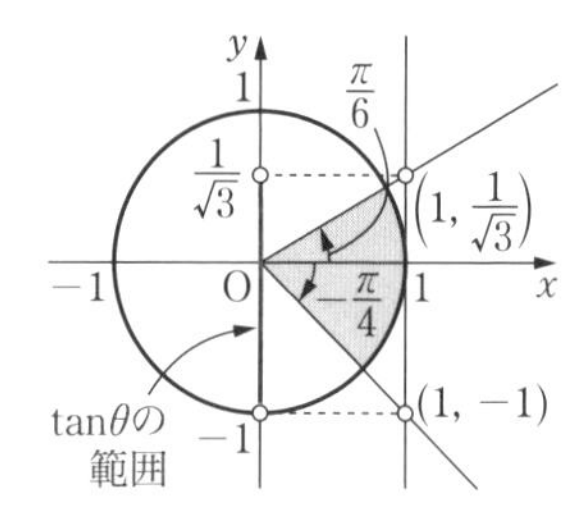

解答 (1) $-\frac{\pi}{2} < \theta < \frac{\pi}{2}$ の範囲で

$\tan\theta = -1$ となる θ の値は

$$\theta = -\frac{\pi}{4}$$

$\tan\theta = \frac{1}{\sqrt{3}}$ となる θ の値は

$$\theta = \frac{\pi}{6}$$

よって，右の図から，不等式を満たす θ の値の範囲は

$$-\frac{\pi}{4} < \theta < \frac{\pi}{6}$$

(2) $-\dfrac{\pi}{2}<\theta<\dfrac{\pi}{2}$ の範囲で

$\tan\theta=\sqrt{3}$ となる θ の値は

$$\theta=\frac{\pi}{3}$$

よって，右の図から，不等式を満たす θ の値の範囲は

$$-\frac{\pi}{2}<\theta\leqq\frac{\pi}{3}$$

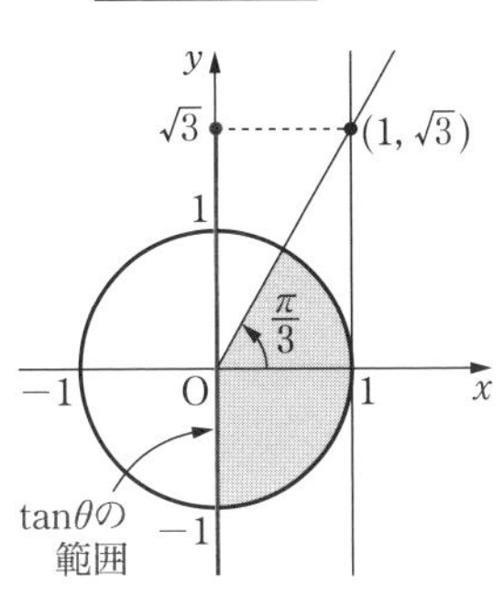

別解 グラフを利用して，次の部分にある θ の値の範囲を求めてもよい。

(1) 関数 $y=\tan\theta$ のグラフが，直線 $y=\dfrac{1}{\sqrt{3}}$ より下側で，かつ，直線 $y=-1$ より上側にある

(2) 関数 $y=\tan\theta$ のグラフが，直線 $y=\sqrt{3}$ および，その下側にある

Challenge(チャレンジ)例題 三角関数を含む関数の最大・最小 教 p.143

問1 $0\leqq\theta<2\pi$ のとき，次の関数の最大値と最小値を求めよ。また，そのときの θ の値を求めよ。

(1) $y=\cos^2\theta-\cos\theta+2$　　(2) $y=\cos^2\theta+\sin\theta$

考え方 (1) $\cos\theta=t$ とおいて，与えられた関数を t の2次関数と見て考える。

(2) $\cos^2\theta+\sin^2\theta=1$ を利用し，与えられた関数を $\sin\theta$ のみの式で表す。

解答 (1) $\cos\theta=t$ とおくと，$0\leqq\theta<2\pi$ より

$$-1\leqq t\leqq 1 \quad \cdots\cdots ①$$

また，y を t で表すと

$$y=t^2-t+2$$
$$=\left(t-\frac{1}{2}\right)^2+\frac{7}{4}$$

よって，① の範囲でこの関数は

$t=-1$ のとき　最大値 4

$t=\dfrac{1}{2}$ のとき　最小値 $\dfrac{7}{4}$

をとる。

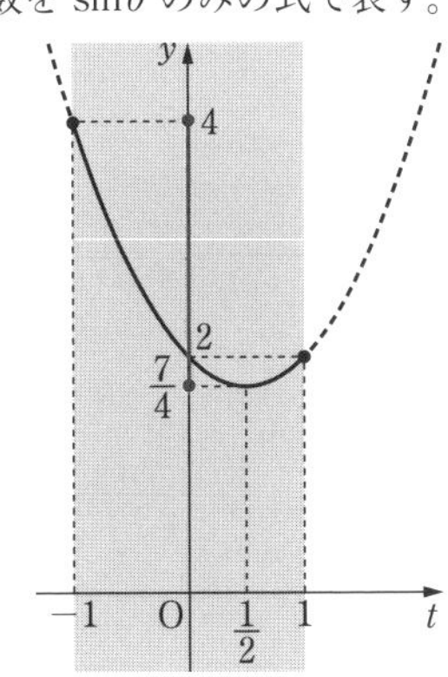

3章 三角関数

ここで，$0 \leqq \theta < 2\pi$ より

$\cos\theta = -1$ となるのは　$\theta = \pi$ のとき

$\cos\theta = \dfrac{1}{2}$ となるのは　$\theta = \dfrac{\pi}{3},\ \dfrac{5}{3}\pi$ のとき

したがって

$\theta = \pi$ のとき　最大値 4

$\theta = \dfrac{\pi}{3},\ \dfrac{5}{3}\pi$ のとき　最小値 $\dfrac{7}{4}$

(2) $\sin\theta = t$ とおくと，$0 \leqq \theta < 2\pi$ より

$-1 \leqq t \leqq 1$ ……①

また，y を t で表すと

$$\begin{aligned} y &= \cos^2\theta + \sin\theta \\ &= (1 - \sin^2\theta) + \sin\theta \\ &= -\sin^2\theta + \sin\theta + 1 \\ &= -t^2 + t + 1 \\ &= -\left(t - \frac{1}{2}\right)^2 + \frac{5}{4} \end{aligned}$$

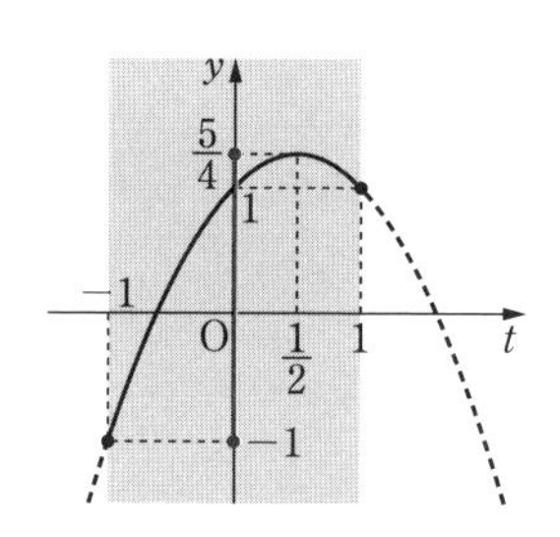

よって，① の範囲でこの関数は

$t = \dfrac{1}{2}$ のとき　最大値 $\dfrac{5}{4}$

$t = -1$ のとき　最小値 -1

をとる。

ここで，$0 \leqq \theta < 2\pi$ より

$\sin\theta = \dfrac{1}{2}$ となるのは　$\theta = \dfrac{\pi}{6},\ \dfrac{5}{6}\pi$ のとき

$\sin\theta = -1$ となるのは　$\theta = \dfrac{3}{2}\pi$ のとき

したがって

$\theta = \dfrac{\pi}{6},\ \dfrac{5}{6}\pi$ のとき　最大値 $\dfrac{5}{4}$

$\theta = \dfrac{3}{2}\pi$ のとき　最小値 -1

Training トレーニング 教 p.144

1 θ が次の角のとき，$\sin\theta$，$\cos\theta$，$\tan\theta$ の値をそれぞれ求めよ。

(1) $\dfrac{11}{6}\pi$　　(2) $\dfrac{11}{4}\pi$　　(3) $-\dfrac{2}{3}\pi$　　(4) 5π

考え方 θ が $\dfrac{\pi}{6}$ や $\dfrac{\pi}{3}$ の整数倍のときは半径を 2，$\dfrac{\pi}{4}$ の奇数倍のときは半径を $\sqrt{2}$，$\dfrac{\pi}{2}$ や π の整数倍のときは半径を 1 として，それぞれ原点を中心とする円をかいて考える。

解答 (1) 右の図で，原点 O を中心とする，半径 2 の円と $\dfrac{11}{6}\pi$ の動径の交点 P の座標は $(\sqrt{3},\ -1)$ であるから

$$\sin\frac{11}{6}\pi=\frac{-1}{2}=-\frac{1}{2}$$

$$\cos\frac{11}{6}\pi=\frac{\sqrt{3}}{2}$$

$$\tan\frac{11}{6}\pi=\frac{-1}{\sqrt{3}}=-\frac{1}{\sqrt{3}}$$

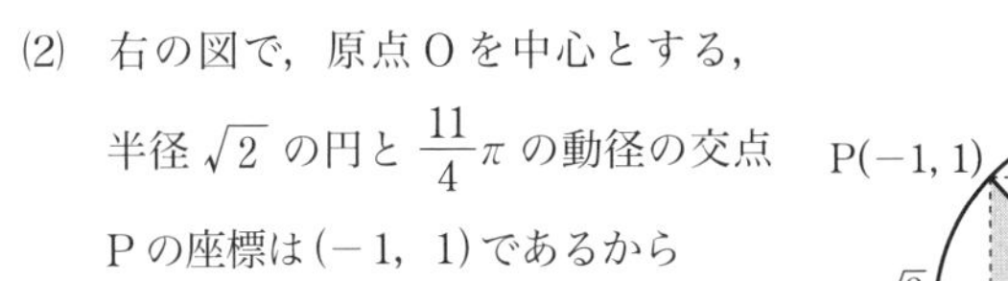

(2) 右の図で，原点 O を中心とする，半径 $\sqrt{2}$ の円と $\dfrac{11}{4}\pi$ の動径の交点 P の座標は $(-1,\ 1)$ であるから

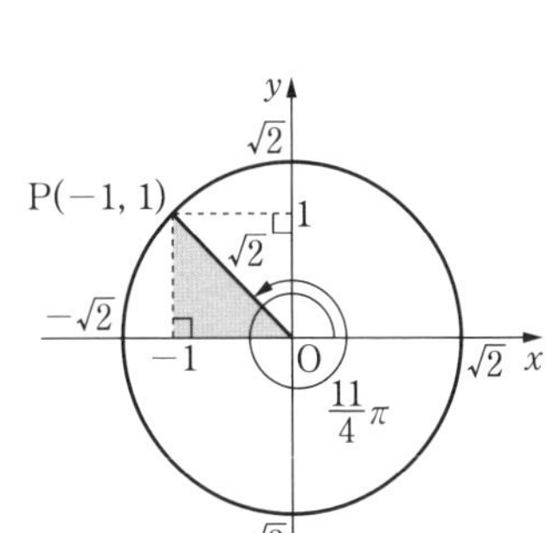

$$\sin\frac{11}{4}\pi=\sin\frac{3}{4}\pi=\frac{1}{\sqrt{2}}$$

$$\cos\frac{11}{4}\pi=\cos\frac{3}{4}\pi=\frac{-1}{\sqrt{2}}$$

$$=-\frac{1}{\sqrt{2}}$$

$$\tan\frac{11}{4}\pi=\tan\frac{3}{4}\pi=\frac{1}{-1}=-1$$

(3) 右の図で，原点 O を中心とする，半径 2 の円と $-\dfrac{2}{3}\pi$ の動径の交点 P の座標は $(-1,\ -\sqrt{3})$ であるから

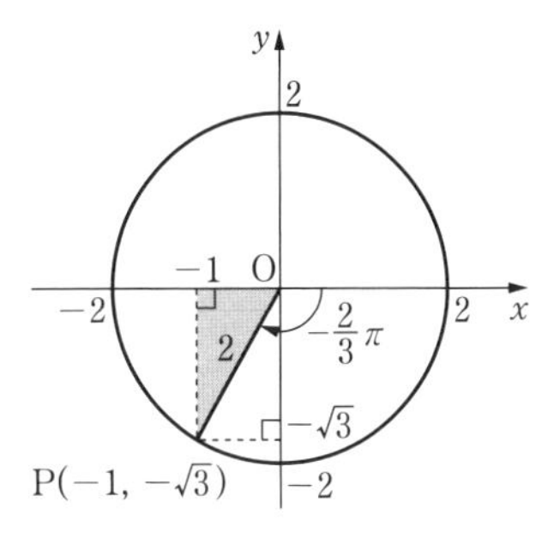

$$\sin\left(-\frac{2}{3}\pi\right)=\frac{-\sqrt{3}}{2}=-\frac{\sqrt{3}}{2}$$

3章 三角関数

$$\cos\left(-\frac{2}{3}\pi\right)=\frac{-1}{2}=-\frac{1}{2}$$

$$\tan\left(-\frac{2}{3}\pi\right)=\frac{-\sqrt{3}}{-1}=\sqrt{3}$$

(4) 右の図で，原点 O を中心とする，半径 1 の円と 5π の動径の交点 P の座標は $(-1,\ 0)$ であるから

$$\sin 5\pi=\sin\pi=0$$

$$\cos 5\pi=\cos\pi=-1$$

$$\tan 5\pi=\tan\pi=\frac{0}{-1}=0$$

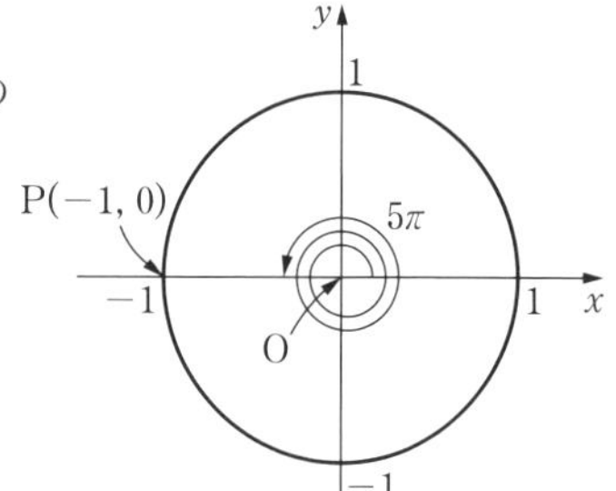

2 θ が第 3 象限の角で $\tan\theta=\dfrac{1}{3}$ のとき，$\sin\theta$，$\cos\theta$ の値を求めよ。

考え方 公式 $1+\tan^2\theta=\dfrac{1}{\cos^2\theta}$ を用いて，まず，$\cos\theta$ の値を求める。

解　答 $\dfrac{1}{\cos^2\theta}=1+\tan^2\theta=1+\left(\dfrac{1}{3}\right)^2=\dfrac{10}{9}$ より

$$\cos^2\theta=\frac{9}{10}$$

θ が第 3 象限の角であるから，$\cos\theta<0$ である。

したがって

$$\cos\theta=-\sqrt{\frac{9}{10}}=-\frac{3\sqrt{10}}{10}$$

また，$\tan\theta=\dfrac{\sin\theta}{\cos\theta}$ より

$$\sin\theta=\tan\theta\cos\theta=\frac{1}{3}\cdot\left(-\frac{3\sqrt{10}}{10}\right)=-\frac{\sqrt{10}}{10}$$

3 θ は第 1 象限の角で，$\sin\theta-\cos\theta=\dfrac{\sqrt{2}}{3}$ のとき，次の値を求めよ。

(1) $\sin\theta\cos\theta$　　(2) $\sin\theta+\cos\theta$　　(3) $\sin^3\theta-\cos^3\theta$

考え方 (1) 与えられた等式の両辺を 2 乗して，$\sin^2\theta+\cos^2\theta=1$ を用いる。

(2) まず，$(\sin\theta+\cos\theta)^2$ を計算し，(1) の結果を用いる。

(3) $a^3-b^3=(a-b)(a^2+ab+b^2)$ を利用して因数分解する。

解 答 (1) 与えられた等式の両辺を 2 乗すると

$$\sin^2\theta - 2\sin\theta\cos\theta + \cos^2\theta = \frac{2}{9}$$

$\sin^2\theta + \cos^2\theta = 1$ であるから　$-2\sin\theta\cos\theta + 1 = \frac{2}{9}$

よって　$-2\sin\theta\cos\theta = \frac{2}{9} - 1 = -\frac{7}{9}$

したがって　$\sin\theta\cos\theta = -\frac{1}{2}\cdot\left(-\frac{7}{9}\right) = \frac{7}{18}$

(2)

$$\begin{aligned}(\sin\theta + \cos\theta)^2 &= \sin^2\theta + 2\sin\theta\cos\theta + \cos^2\theta \\ &= 1 + 2\sin\theta\cos\theta \\ &= 1 + 2\cdot\frac{7}{18} = 1 + \frac{7}{9} = \frac{16}{9}\end{aligned}$$

θ は第 1 象限の角で，$\sin\theta > 0$，$\cos\theta > 0$ であるから

$$\sin\theta + \cos\theta > 0$$

したがって　$\sin\theta + \cos\theta = \sqrt{\frac{16}{9}} = \frac{4}{3}$

(3)

$$\begin{aligned}&\sin^3\theta - \cos^3\theta \\ &= (\sin\theta - \cos\theta)(\sin^2\theta + \sin\theta\cos\theta + \cos^2\theta) \\ &= (\sin\theta - \cos\theta)(1 + \sin\theta\cos\theta) \\ &= \frac{\sqrt{2}}{3}\left(1 + \frac{7}{18}\right) \\ &= \frac{25\sqrt{2}}{54}\end{aligned}$$

4　等式 $\frac{\cos\theta}{1+\sin\theta} + \frac{\cos\theta}{1-\sin\theta} = \frac{2}{\cos\theta}$ を証明せよ。

考え方　左辺を通分し，$\sin^2\theta + \cos^2\theta = 1$ を用いて右辺を導く。

証 明

$$\begin{aligned}\frac{\cos\theta}{1+\sin\theta} + \frac{\cos\theta}{1-\sin\theta} &= \frac{\cos\theta(1-\sin\theta) + \cos\theta(1+\sin\theta)}{(1+\sin\theta)(1-\sin\theta)} \\ &= \frac{\cos\theta - \sin\theta\cos\theta + \cos\theta + \sin\theta\cos\theta}{1-\sin^2\theta} \\ &= \frac{2\cos\theta}{1-\sin^2\theta} \\ &= \frac{2\cos\theta}{\cos^2\theta} \\ &= \frac{2}{\cos\theta}\end{aligned}$$

← $\sin^2\theta + \cos^2\theta = 1$ より $1 - \sin^2\theta = \cos^2\theta$

したがって　$\frac{\cos\theta}{1+\sin\theta} + \frac{\cos\theta}{1-\sin\theta} = \frac{2}{\cos\theta}$

5 $\sin\frac{5}{8}\pi=a$, $\cos\frac{5}{8}\pi=b$ とおくとき，次の値を a, b を用いて表せ。

(1) $\sin\frac{9}{8}\pi$　　(2) $\cos\left(-\frac{3}{8}\pi\right)$　　(3) $\tan\frac{17}{8}\pi$

考え方 それぞれの式が $\sin\frac{5}{8}\pi$ や $\cos\frac{5}{8}\pi$ を用いて表されるよう，三角関数の公式を利用して変形する。

解答 (1) $\sin\frac{9}{8}\pi=\sin\left(\frac{5}{8}\pi+\frac{\pi}{2}\right)=\cos\frac{5}{8}\pi=\boldsymbol{b}$

(2) $\cos\left(-\frac{3}{8}\pi\right)=\cos\frac{3}{8}\pi=\cos\left(\pi-\frac{5}{8}\pi\right)=-\cos\frac{5}{8}\pi=\boldsymbol{-b}$

(3) $\tan\frac{17}{8}\pi=\tan\left(\frac{9}{8}\pi+\pi\right)=\tan\frac{9}{8}\pi=\tan\left(\frac{5}{8}\pi+\frac{\pi}{2}\right)$

$$=-\frac{1}{\tan\frac{5}{8}\pi}=-\frac{\cos\frac{5}{8}\pi}{\sin\frac{5}{8}\pi}=\boldsymbol{-\frac{b}{a}}$$

6 次の関数のグラフをかけ。また，その周期を求めよ。

(1) $y=-\tan\theta$　　(2) $y=2\sin\left(\theta-\frac{\pi}{6}\right)$　　(3) $y=\frac{1}{2}\cos3\theta$

考え方 (1) $y=-\tan\theta$ のグラフは，$y=\tan\theta$ のグラフを θ 軸に関して対称移動したものである。

周期は $y=\tan\theta$ と等しい。

(2) $y=2\sin\left(\theta-\frac{\pi}{6}\right)$ のグラフは，$y=\sin\theta$ のグラフを θ 軸方向に $\frac{\pi}{6}$ だけ平行移動して得られる $y=\sin\left(\theta-\frac{\pi}{6}\right)$ のグラフを，θ 軸を基準にして，さらに y 軸方向に 2 倍に拡大したものである。

周期は $y=\sin\theta$ と等しい。

(3) $y=\frac{1}{2}\cos3\theta$ のグラフは，y 軸を基準にして，$y=\cos\theta$ のグラフを θ 軸方向に $\frac{1}{3}$ 倍に縮小して得られる $y=\cos3\theta$ のグラフを，θ 軸を基準にして，さらに y 軸方向に $\frac{1}{2}$ 倍に縮小したものである。

周期は $y=\cos\theta$ の周期 2π の $\frac{1}{3}$ 倍である。

解答 (1)

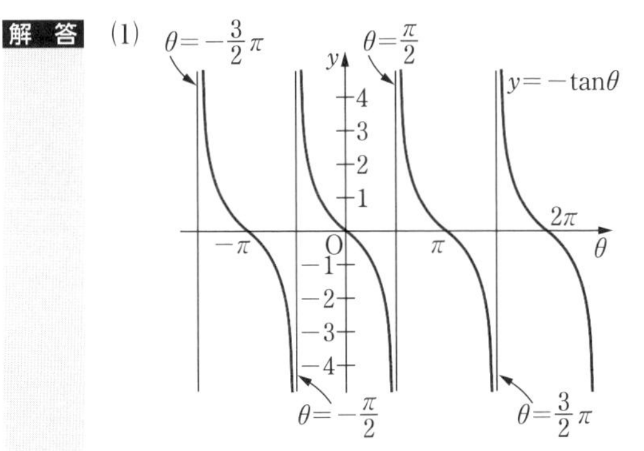

周期は π

(2)

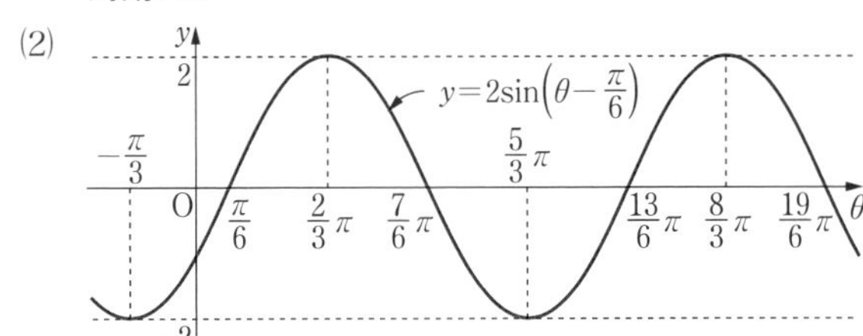

周期は 2π

(3)

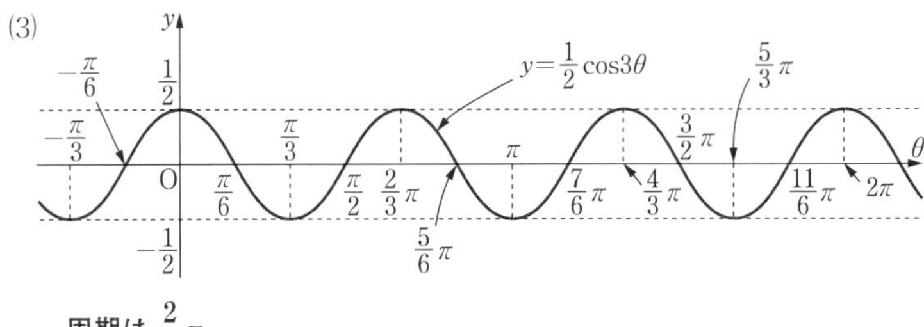

周期は $\dfrac{2}{3}\pi$

---

7 $0 \leqq \theta < 2\pi$ のとき，次の方程式を満たす θ の値を求めよ。

(1) $\sin\theta = -\dfrac{1}{2}$　　(2) $\cos\theta = -\dfrac{\sqrt{3}}{2}$　　(3) $\tan\theta = \dfrac{1}{\sqrt{3}}$

考え方 (1) 単位円の周上で，y 座標が $-\dfrac{1}{2}$ となる点を考える。

(2) 単位円の周上で，x 座標が $-\dfrac{\sqrt{3}}{2}$ となる点を考える。

(3) 点 $\left(1,\ \dfrac{1}{\sqrt{3}}\right)$ と原点を通る直線と単位円の交点を考える。

解答 (1) 右の図のように，単位円の周上で，y 座標が $-\dfrac{1}{2}$ となる点を P，P′ とすると，動径 OP，OP′ の表す角が求める角である。

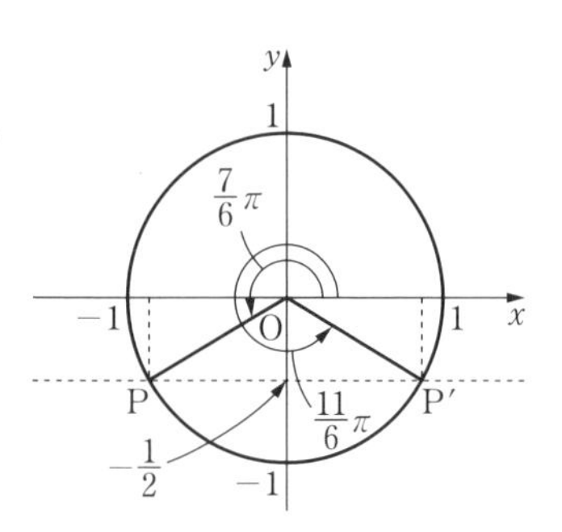

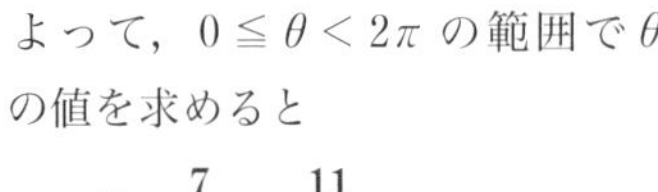

よって，$0 \leqq \theta < 2\pi$ の範囲で θ の値を求めると

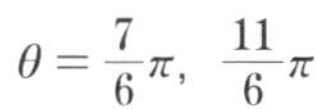

$$\theta = \frac{7}{6}\pi,\ \ \frac{11}{6}\pi$$

(2) 右の図のように，単位円の周上で，x 座標が $-\dfrac{\sqrt{3}}{2}$ となる点を P，P′ とすると，動径 OP，OP′ の表す角が求める角である。

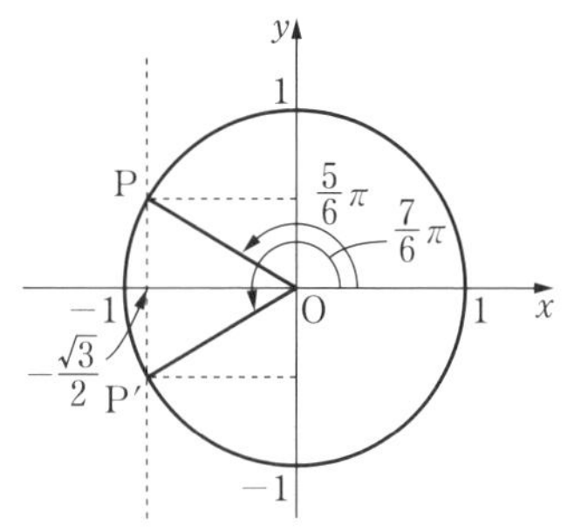

よって，$0 \leqq \theta < 2\pi$ の範囲で θ の値を求めると

$$\theta = \frac{5}{6}\pi,\ \ \frac{7}{6}\pi$$

(3) 右の図のように，点 $\mathrm{T}\left(1,\ \dfrac{1}{\sqrt{3}}\right)$ と原点を通る直線と単位円の交点を P，P′ とすると，動径 OP，OP′ の表す角が求める角である。

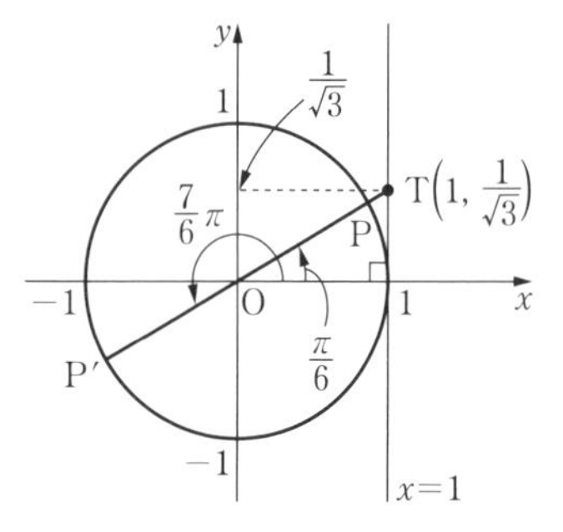

よって，$0 \leqq \theta < 2\pi$ の範囲で θ の値を求めると

$$\theta = \frac{\pi}{6},\ \ \frac{7}{6}\pi$$

---

8 $0 \leqq \theta < 2\pi$ のとき，次の方程式を満たす θ の値を求めよ。

(1) $\sin\left(\theta + \dfrac{\pi}{4}\right) = \dfrac{\sqrt{3}}{2}$　　(2) $\tan\left(\theta - \dfrac{\pi}{6}\right) = \sqrt{3}$

考え方 (1) $\theta + \dfrac{\pi}{4}$ の値の範囲に注意して，まず，$\theta + \dfrac{\pi}{4}$ の値を求める。

(2) $\theta - \dfrac{\pi}{6}$ の値の範囲に注意して，まず，$\theta - \dfrac{\pi}{6}$ の値を求める。

解答 (1) $0 \leqq \theta < 2\pi$ のとき

$$\frac{\pi}{4} \leqq \theta + \frac{\pi}{4} < \frac{9}{4}\pi \quad \cdots\cdots ①$$

単位円の周上で，y 座標が $\frac{\sqrt{3}}{2}$ となる

$\theta + \frac{\pi}{4}$ の値は，① の範囲で

$$\theta + \frac{\pi}{4} = \frac{\pi}{3},\ \frac{2}{3}\pi$$

したがって　　$\theta = \frac{\pi}{12},\ \frac{5}{12}\pi$

(2) $0 \leqq \theta < 2\pi$ のとき

$$-\frac{\pi}{6} \leqq \theta - \frac{\pi}{6} < \frac{11}{6}\pi \quad \cdots\cdots ①$$

右の図のように，点 T$(1,\ \sqrt{3})$ と原点を通る直線と単位円の交点を P，P′ とすると，動径 OP，OP′ の表す角は，① の範囲で

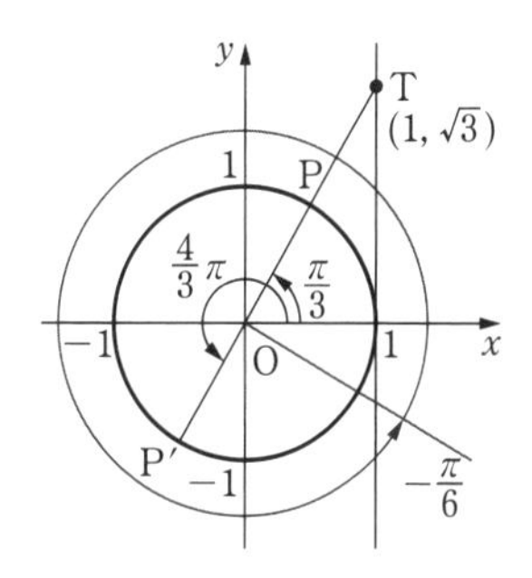

$$\theta - \frac{\pi}{6} = \frac{\pi}{3},\ \frac{4}{3}\pi$$

したがって　　$\theta = \frac{\pi}{2},\ \frac{3}{2}\pi$

---

9 $0 \leqq \theta < 2\pi$ のとき，次の不等式を満たす θ の値の範囲を求めよ。

(1) $2\sin\theta \geqq \sqrt{3}$　　(2) $\sqrt{2}\cos\theta > 1$　　(3) $\sqrt{3}\tan\theta \geqq -1$

考え方 まず，$0 \leqq \theta < 2\pi$ の範囲で，不等式の不等号を等号に置き換えた方程式を解き，θ の値を求める。

解答 (1) $2\sin\theta \geqq \sqrt{3}$ より　　$\sin\theta \geqq \frac{\sqrt{3}}{2}$

$0 \leqq \theta < 2\pi$ の範囲で，$\sin\theta = \frac{\sqrt{3}}{2}$ となる θ の値は

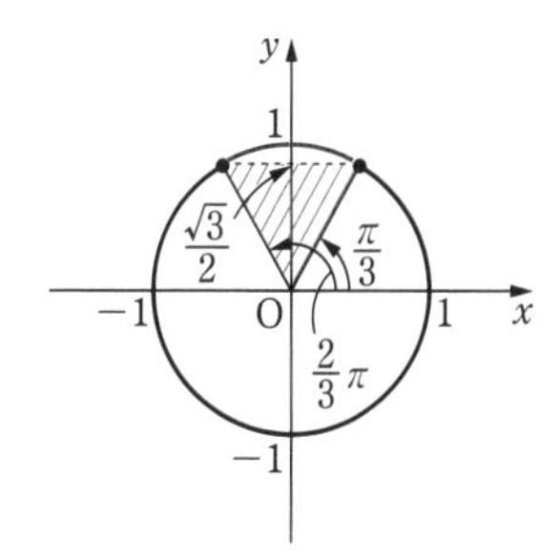

$$\theta = \frac{\pi}{3},\ \frac{2}{3}\pi$$

であるから，求める角 θ の動径は，右の図の斜線部分にある。

したがって　　$\frac{\pi}{3} \leqq \theta \leqq \frac{2}{3}\pi$

(2) $\sqrt{2}\cos\theta > 1$ より　　$\cos\theta > \dfrac{1}{\sqrt{2}}$

$0 \leqq \theta < 2\pi$ の範囲で，$\cos\theta = \dfrac{1}{\sqrt{2}}$ となる θ の値は

$$\theta = \frac{\pi}{4},\ \frac{7}{4}\pi$$

であるから，求める角 θ の動径は，上の図の斜線部分にある。

したがって　　$\boldsymbol{0 \leqq \theta < \dfrac{\pi}{4},\ \dfrac{7}{4}\pi < \theta < 2\pi}$

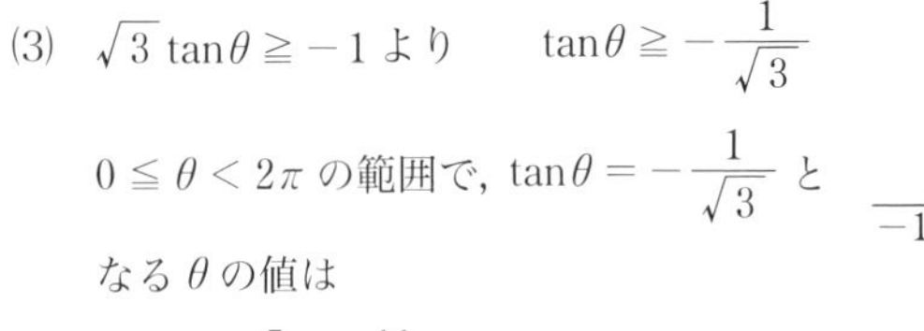

(3) $\sqrt{3}\tan\theta \geqq -1$ より　　$\tan\theta \geqq -\dfrac{1}{\sqrt{3}}$

$0 \leqq \theta < 2\pi$ の範囲で，$\tan\theta = -\dfrac{1}{\sqrt{3}}$ と なる θ の値は

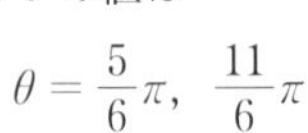

$$\theta = \frac{5}{6}\pi,\ \frac{11}{6}\pi$$

であるから，上の図から，不等式を満たす θ の値の範囲は

$$\boldsymbol{0 \leqq \theta < \frac{\pi}{2},\ \frac{5}{6}\pi \leqq \theta < \frac{3}{2}\pi,\ \frac{11}{6}\pi \leqq \theta < 2\pi}$$

注意　(3) $\tan\theta$ は $\theta = \dfrac{\pi}{2},\ \dfrac{3}{2}\pi$ では定義されないから，範囲から除く。

10 $y = \sin\theta$ のグラフを θ 軸方向に $\dfrac{\pi}{6}$ だけ平行移動したものは $y = \sin\left(\theta - \dfrac{\pi}{6}\right)$ であるが，$y = \sin\theta$ のグラフを y 軸方向に 2 だけ平行移動した場合はどのような関数の式になるか。また，$y = \cos 2\theta$ のグラフを θ 軸方向に $\dfrac{\pi}{4}$ だけ平行移動した場合の関数の式を求めよ。

解答　$y = \sin\theta$ のグラフを y 軸方向に 2 だけ平行移動

$$\boldsymbol{y = \sin\theta + 2}$$

$y = \cos 2\theta$ のグラフを θ 軸方向に $\dfrac{\pi}{4}$ だけ平行移動

$$\boldsymbol{y = \cos 2\left(\theta - \frac{\pi}{4}\right)}$$

2節 加法定理

1 加法定理とその応用

サイン・コサインの加法定理 解き方のポイント

[1] $\sin(\alpha+\beta)=\sin\alpha\cos\beta+\cos\alpha\sin\beta$

$\sin(\alpha-\beta)=\sin\alpha\cos\beta-\cos\alpha\sin\beta$

[2] $\cos(\alpha+\beta)=\cos\alpha\cos\beta-\sin\alpha\sin\beta$

$\cos(\alpha-\beta)=\cos\alpha\cos\beta+\sin\alpha\sin\beta$

これらの定理を，サイン，コサインの **加法定理** という。

教 p.147

問1 $\sin 15^\circ$，$\cos 15^\circ$の値を求めよ。

考え方 $15^\circ=45^\circ-30^\circ$ として，サイン・コサインの加法定理を利用する。

解答 $\sin 15^\circ=\sin(45^\circ-30^\circ)=\sin 45^\circ\cos 30^\circ-\cos 45^\circ\sin 30^\circ$

$$=\frac{\sqrt{2}}{2}\cdot\frac{\sqrt{3}}{2}-\frac{\sqrt{2}}{2}\cdot\frac{1}{2}=\frac{\sqrt{6}-\sqrt{2}}{4}$$

$\cos 15^\circ=\cos(45^\circ-30^\circ)=\cos 45^\circ\cos 30^\circ+\sin 45^\circ\sin 30^\circ$

$$=\frac{\sqrt{2}}{2}\cdot\frac{\sqrt{3}}{2}+\frac{\sqrt{2}}{2}\cdot\frac{1}{2}=\frac{\sqrt{6}+\sqrt{2}}{4}$$

教 p.147

問2 $105^\circ=60^\circ+45^\circ$ を用いて，$\sin 105^\circ$，$\cos 105^\circ$ の値を求めよ。

考え方 $105^\circ=60^\circ+45^\circ$ として，サイン・コサインの加法定理を利用する。

解答 $\sin 105^\circ=\sin(60^\circ+45^\circ)=\sin 60^\circ\cos 45^\circ+\cos 60^\circ\sin 45^\circ$

$$=\frac{\sqrt{3}}{2}\cdot\frac{\sqrt{2}}{2}+\frac{1}{2}\cdot\frac{\sqrt{2}}{2}=\frac{\sqrt{6}+\sqrt{2}}{4}$$

$\cos 105^\circ=\cos(60^\circ+45^\circ)=\cos 60^\circ\cos 45^\circ-\sin 60^\circ\sin 45^\circ$

$$=\frac{1}{2}\cdot\frac{\sqrt{2}}{2}-\frac{\sqrt{3}}{2}\cdot\frac{\sqrt{2}}{2}=\frac{\sqrt{2}-\sqrt{6}}{4}$$

教 p.147

問3 例題1の角 α，β について，次の値を求めよ。

(1) $\sin(\alpha-\beta)$　(2) $\cos(\alpha+\beta)$　(3) $\cos(\alpha-\beta)$

解答 (1) $\sin(\alpha-\beta)=\sin\alpha\cos\beta-\cos\alpha\sin\beta$

$$=\frac{4}{5}\cdot\left(-\frac{5}{13}\right)-\frac{3}{5}\cdot\frac{12}{13}=-\frac{20}{65}-\frac{36}{65}=-\frac{56}{65}$$

(2) $\cos(\alpha+\beta)=\cos\alpha\cos\beta-\sin\alpha\sin\beta$

$$=\frac{3}{5}\cdot\left(-\frac{5}{13}\right)-\frac{4}{5}\cdot\frac{12}{13}=-\frac{15}{65}-\frac{48}{65}=-\frac{63}{65}$$

(3) $\cos(\alpha-\beta)=\cos\alpha\cos\beta+\sin\alpha\sin\beta$

$$=\frac{3}{5}\cdot\left(-\frac{5}{13}\right)+\frac{4}{5}\cdot\frac{12}{13}=-\frac{15}{65}+\frac{48}{65}=\frac{33}{65}$$

● タンジェントの加法定理　解き方のポイント

[3] $\tan(\alpha+\beta)=\dfrac{\tan\alpha+\tan\beta}{1-\tan\alpha\tan\beta}$

$\tan(\alpha-\beta)=\dfrac{\tan\alpha-\tan\beta}{1+\tan\alpha\tan\beta}$

教 p.148

問4　$\tan 75^\circ$，$\tan 15^\circ$ の値を求めよ。

考え方　$75^\circ=45^\circ+30^\circ$，$15^\circ=45^\circ-30^\circ$ として，加法定理を利用する。

解答　$\tan 75^\circ=\tan(45^\circ+30^\circ)=\dfrac{\tan 45^\circ+\tan 30^\circ}{1-\tan 45^\circ\tan 30^\circ}$

$$=\frac{1+\frac{1}{\sqrt{3}}}{1-1\cdot\frac{1}{\sqrt{3}}}=\frac{\sqrt{3}+1}{\sqrt{3}-1}$$ ←— 分母・分子に $\sqrt{3}$ を掛ける

$$=\frac{(\sqrt{3}+1)^2}{(\sqrt{3}-1)(\sqrt{3}+1)}=\frac{4+2\sqrt{3}}{2}$$

$$=2+\sqrt{3}$$

$\tan 15^\circ=\tan(45^\circ-30^\circ)=\dfrac{\tan 45^\circ-\tan 30^\circ}{1+\tan 45^\circ\tan 30^\circ}$

$$=\frac{1-\frac{1}{\sqrt{3}}}{1+1\cdot\frac{1}{\sqrt{3}}}=\frac{\sqrt{3}-1}{\sqrt{3}+1}$$ ←— 分母・分子に $\sqrt{3}$ を掛ける

$$=\frac{(\sqrt{3}-1)^2}{(\sqrt{3}+1)(\sqrt{3}-1)}=\frac{4-2\sqrt{3}}{2}$$

$$=2-\sqrt{3}$$

教 p.149

問5　2直線 $y=2x$，$y=\dfrac{1}{3}x$ のなす角 θ を求めよ。

考え方 2直線 $y=2x$, $y=\frac{1}{3}x$ が x 軸の正の向きとなす角をそれぞれ α, β とすると，なす角 θ は $\alpha-\beta$ であることから，$\tan\theta=\tan(\alpha-\beta)$ となる。

解答 2直線 $y=2x$, $y=\frac{1}{3}x$ のなす角 θ は，右の図のように角 α, β をとると

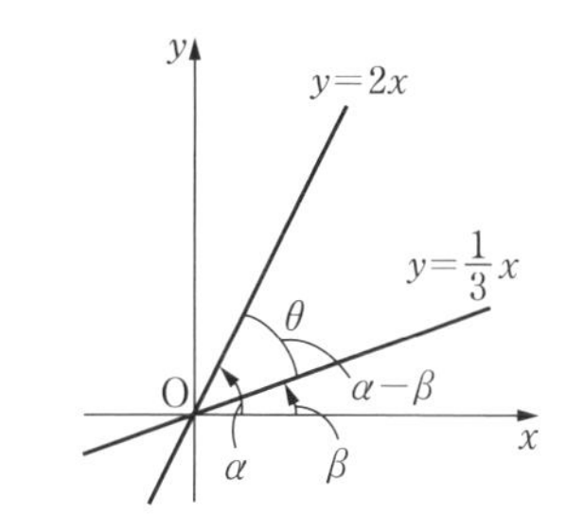

$$\theta=\alpha-\beta$$

$\tan\alpha=2$, $\tan\beta=\frac{1}{3}$ であるから

$$\tan\theta=\tan(\alpha-\beta)=\frac{\tan\alpha-\tan\beta}{1+\tan\alpha\tan\beta}$$

$$=\frac{2-\frac{1}{3}}{1+2\cdot\frac{1}{3}}=\frac{6-1}{3+2}=1$$

$\tan\theta=1$ であるから　$\theta=\frac{\pi}{4}$

● 2倍角の公式　　解き方のポイント

[1] $\sin2\alpha=2\sin\alpha\cos\alpha$

[2] $\cos2\alpha=\cos^2\alpha-\sin^2\alpha=1-2\sin^2\alpha=2\cos^2\alpha-1$

コサインの2倍角の公式は，次の形で用いられることもある。

$$\sin^2\alpha=\frac{1-\cos2\alpha}{2},\quad \cos^2\alpha=\frac{1+\cos2\alpha}{2}$$

[3] $\tan2\alpha=\frac{2\tan\alpha}{1-\tan^2\alpha}$

教 p.149

問6　α は第3象限の角で，$\cos\alpha=-\frac{4}{5}$ のとき，$\sin2\alpha$, $\cos2\alpha$ の値を求めよ。

考え方 $\sin\alpha$ の値を $\sin^2\alpha+\cos^2\alpha=1$ から求め，2倍角の公式を利用する。
α は第3象限の角であるから，$\sin\alpha<0$ となることに注意する。

解答 α は第3象限の角であるから，$\sin\alpha<0$ となる。
よって

$$\sin\alpha=-\sqrt{1-\cos^2\alpha}=-\sqrt{1-\left(-\frac{4}{5}\right)^2}=-\sqrt{\frac{9}{25}}=-\frac{3}{5}$$

したがって

$$\sin 2\alpha = 2\sin\alpha\cos\alpha = 2\cdot\left(-\frac{3}{5}\right)\cdot\left(-\frac{4}{5}\right) = \frac{24}{25}$$

$$\cos 2\alpha = 2\cos^2\alpha - 1 = 2\cdot\left(-\frac{4}{5}\right)^2 - 1 = \frac{32}{25} - 1 = \frac{7}{25}$$

教 p.150

問7　$0 \leqq \theta < 2\pi$ のとき，次の方程式を満たす θ の値を求めよ。

$$\cos 2\theta = \cos\theta - 1$$

考え方　コサインの2倍角の公式を利用する。

解　答　$\cos 2\theta = 2\cos^2\theta - 1$ を与えられた式に代入して変形すると

$$2\cos^2\theta - \cos\theta = 0$$

$$\cos\theta(2\cos\theta - 1) = 0$$

ゆえに　$\cos\theta = 0$　または　$\cos\theta = \frac{1}{2}$

$0 \leqq \theta < 2\pi$ より　$\cos\theta = 0$ のとき　$\theta = \frac{\pi}{2},\ \frac{3}{2}\pi$

$\cos\theta = \frac{1}{2}$ のとき　$\theta = \frac{\pi}{3},\ \frac{5}{3}\pi$

したがって　$\theta = \frac{\pi}{3},\ \frac{\pi}{2},\ \frac{3}{2}\pi,\ \frac{5}{3}\pi$

● 半角の公式　　解き方のポイント

$$\sin^2\frac{\alpha}{2} = \frac{1-\cos\alpha}{2},\qquad \cos^2\frac{\alpha}{2} = \frac{1+\cos\alpha}{2}$$

教 p.150

問8　$\cos\frac{\pi}{8}$，$\sin\frac{3}{8}\pi$ の値を求めよ。

解　答

$$\cos^2\frac{\pi}{8} = \frac{1+\cos\frac{\pi}{4}}{2} = \frac{1}{2}\left(1+\frac{\sqrt{2}}{2}\right) = \frac{2+\sqrt{2}}{4}$$

$\cos\frac{\pi}{8} > 0$ であるから　$\cos\frac{\pi}{8} = \frac{\sqrt{2+\sqrt{2}}}{2}$

$$\sin^2\frac{3}{8}\pi = \frac{1-\cos\frac{3}{4}\pi}{2} = \frac{1}{2}\left\{1-\left(-\frac{\sqrt{2}}{2}\right)\right\} = \frac{2+\sqrt{2}}{4}$$

$\sin\frac{3}{8}\pi > 0$ であるから　$\sin\frac{3}{8}\pi = \frac{\sqrt{2+\sqrt{2}}}{2}$

2 三角関数の合成

● 三角関数の合成 …… **解き方のポイント**

$$a\sin\theta + b\cos\theta = \sqrt{a^2+b^2}\sin(\theta+\alpha)$$

ただし，α は次の式を満たす角である。

$$\cos\alpha = \frac{a}{\sqrt{a^2+b^2}}$$

$$\sin\alpha = \frac{b}{\sqrt{a^2+b^2}}$$

このような変形を **三角関数の合成** という。

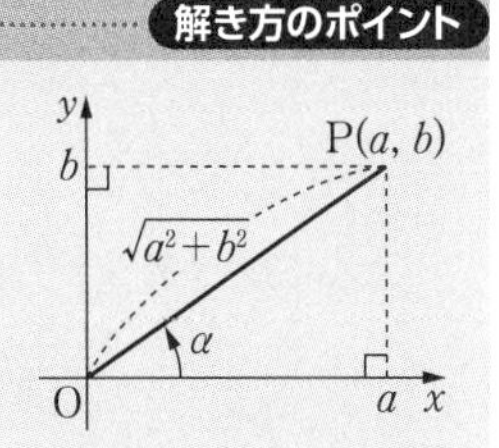

教 p.153

問9 次の式を $r\sin(\theta+\alpha)$ の形に変形せよ。ただし，$r>0$，$-\pi<\alpha\leqq\pi$ とする。

(1) $\sqrt{3}\sin\theta + 3\cos\theta$　　(2) $-\sin\theta - \cos\theta$

考え方 $a\sin\theta + b\cos\theta$ において，点$(a,\ b)$をとり，r，α を求める。

$r=\sqrt{a^2+b^2}$ であり，角 α は

$$\cos\alpha = \frac{a}{\sqrt{a^2+b^2}},\quad \sin\alpha = \frac{b}{\sqrt{a^2+b^2}}$$

を満たす角である。

解 答 (1)　$\sqrt{3}\sin\theta + 3\cos\theta = \sqrt{3}\cdot\sin\theta + 3\cdot\cos\theta$

であるから

$$\sqrt{(\sqrt{3})^2+3^2} = 2\sqrt{3}$$

また　$\cos\alpha = \dfrac{\sqrt{3}}{2\sqrt{3}} = \dfrac{1}{2}$

$\sin\alpha = \dfrac{3}{2\sqrt{3}} = \dfrac{\sqrt{3}}{2}$

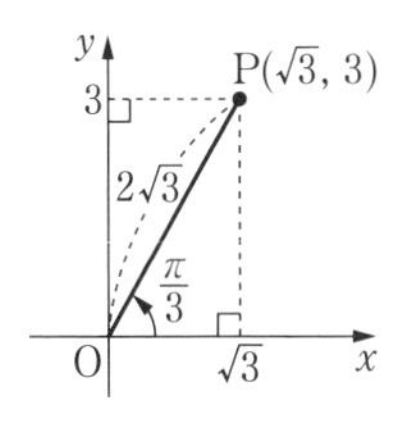

を満たす角 α は $\dfrac{\pi}{3}$ であるから，三角関数の合成の公式により

$$\sqrt{3}\sin\theta + 3\cos\theta = 2\sqrt{3}\sin\left(\theta+\frac{\pi}{3}\right)$$

(2) $$-\sin\theta-\cos\theta=(-1)\cdot\sin\theta+(-1)\cdot\cos\theta$$

であるから

$$\sqrt{(-1)^2+(-1)^2}=\sqrt{2}$$

また　$\cos\alpha=-\dfrac{1}{\sqrt{2}}$,　$\sin\alpha=-\dfrac{1}{\sqrt{2}}$

を満たす角 α は $-\dfrac{3}{4}\pi$ であるから，三角関数の合成の公式により

$$-\sin\theta-\cos\theta=\sqrt{2}\,\mathbf{\sin}\left(\theta-\frac{3}{4}\pi\right)$$

教 p.153

問 10　次の関数の最大値と最小値を求めよ。

(1)　$y=\sqrt{3}\sin\theta-\cos\theta$　　(2)　$y=12\sin\theta+5\cos\theta$

考え方　右辺を $r\sin(\theta+\alpha)$ の形に変形し，$-1\leqq\sin(\theta+\alpha)\leqq1$ を用いる。

解 答　(1)
$$y=\sqrt{3}\sin\theta-\cos\theta$$
$$=\sqrt{(\sqrt{3})^2+(-1)^2}\sin(\theta+\alpha)$$
$$=2\sin(\theta+\alpha)$$

α は $\cos\alpha=\dfrac{\sqrt{3}}{2}$,　$\sin\alpha=-\dfrac{1}{2}$ を満たす角であるから

$$\alpha=-\frac{\pi}{6}$$

したがって

$$y=2\sin\left(\theta-\frac{\pi}{6}\right)$$

ここで，$-1\leqq\sin\left(\theta-\dfrac{\pi}{6}\right)\leqq1$ より

この関数の **最大値は 2，最小値は −2**

(2)
$$y=12\sin\theta+5\cos\theta$$
$$=\sqrt{12^2+5^2}\sin(\theta+\alpha)$$
$$=13\sin(\theta+\alpha)$$

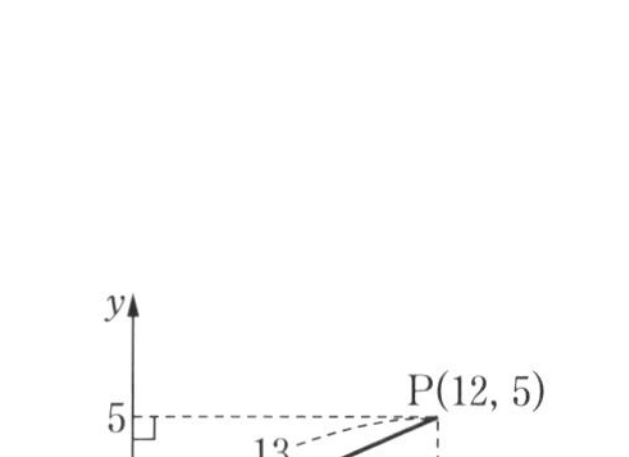

ただし，α は次の式を満たす角である。

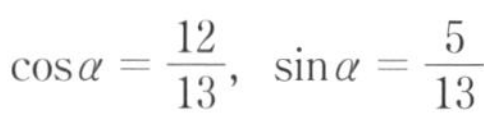

$$\cos\alpha=\frac{12}{13},\quad \sin\alpha=\frac{5}{13}$$

ここで，$-1\leqq\sin(\theta+\alpha)\leqq1$ より

この関数の　**最大値は 13，最小値は −13**

Challenge（チャレンジ）例題　三角関数の合成と方程式　教 p.154

問 1　$0 \leqq \theta < 2\pi$ のとき，次の方程式を満たす θ の値を求めよ。

(1)　$\sin\theta - \cos\theta = -\dfrac{1}{\sqrt{2}}$　　　(2)　$\sqrt{3}\sin\theta + \cos\theta + 1 = 0$

解答　(1)　$\sqrt{1^2+(-1)^2} = \sqrt{2}$ であるから，左辺は次のように合成される。

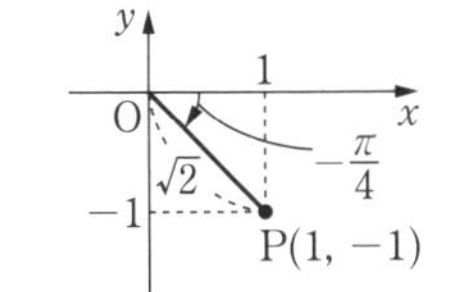

$$\sin\theta - \cos\theta = \sqrt{2}\sin\left(\theta - \frac{\pi}{4}\right)$$

よって，与えられた方程式は

$$\sqrt{2}\sin\left(\theta - \frac{\pi}{4}\right) = -\frac{1}{\sqrt{2}}$$

すなわち　$\sin\left(\theta - \dfrac{\pi}{4}\right) = -\dfrac{1}{2}$　…… ①

$0 \leqq \theta < 2\pi$ より

$$-\frac{\pi}{4} \leqq \theta - \frac{\pi}{4} < \frac{7}{4}\pi \quad \cdots\cdots ②$$

② の範囲で，① を満たす $\theta - \dfrac{\pi}{4}$ の値は　$\theta - \dfrac{\pi}{4} = -\dfrac{\pi}{6},\ \dfrac{7}{6}\pi$

したがって　$\boldsymbol{\theta = \dfrac{\pi}{12},\ \dfrac{17}{12}\pi}$

(2)　$\sqrt{(\sqrt{3})^2 + 1^2} = 2$ であるから，
$\sqrt{3}\sin\theta + \cos\theta$ は次のように合成される。

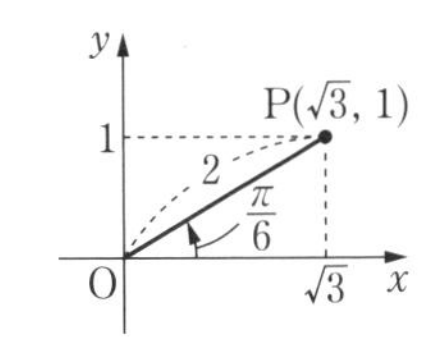

$$\sqrt{3}\sin\theta + \cos\theta = 2\sin\left(\theta + \frac{\pi}{6}\right)$$

よって，与えられた方程式は

$$2\sin\left(\theta + \frac{\pi}{6}\right) + 1 = 0$$

すなわち　$\sin\left(\theta + \dfrac{\pi}{6}\right) = -\dfrac{1}{2}$　…… ①

$0 \leqq \theta < 2\pi$ より

$$\frac{\pi}{6} \leqq \theta + \frac{\pi}{6} < \frac{13}{6}\pi \quad \cdots\cdots ②$$

② の範囲で，① を満たす $\theta + \dfrac{\pi}{6}$ の値は　$\theta + \dfrac{\pi}{6} = \dfrac{7}{6}\pi,\ \dfrac{11}{6}\pi$

したがって　$\boldsymbol{\theta = \pi,\ \dfrac{5}{3}\pi}$

Training トレーニング 教 p.155

11 α は第1象限の角，β は第3象限の角で，$\sin\alpha=\dfrac{5}{13}$，$\cos\beta=-\dfrac{3}{5}$ である。

このとき，次の値を求めよ。

(1) $\sin(\alpha+\beta)$　　(2) $\cos(\alpha+\beta)$

考え方 $\cos\alpha$ の値は $\sin^2\alpha+\cos^2\alpha=1$ より求める。このとき，α は第1象限の角であることに注意する。

また，$\sin\beta$ の値は $\sin^2\beta+\cos^2\beta=1$ より求める。このとき，β は第3象限の角であることに注意する。

解答 α は第1象限の角であるから，$\cos\alpha>0$ より

$$\cos\alpha=\sqrt{1-\sin^2\alpha}=\sqrt{1-\left(\frac{5}{13}\right)^2}=\sqrt{1-\frac{25}{169}}=\sqrt{\frac{144}{169}}=\frac{12}{13}$$

β は第3象限の角であるから，$\sin\beta<0$ より

$$\sin\beta=-\sqrt{1-\cos^2\beta}=-\sqrt{1-\left(-\frac{3}{5}\right)^2}=-\sqrt{1-\frac{9}{25}}=-\sqrt{\frac{16}{25}}=-\frac{4}{5}$$

(1) $\sin(\alpha+\beta)=\sin\alpha\cos\beta+\cos\alpha\sin\beta$

$$=\frac{5}{13}\cdot\left(-\frac{3}{5}\right)+\frac{12}{13}\cdot\left(-\frac{4}{5}\right)=-\frac{15}{65}-\frac{48}{65}=\boldsymbol{-\frac{63}{65}}$$

(2) $\cos(\alpha+\beta)=\cos\alpha\cos\beta-\sin\alpha\sin\beta$

$$=\frac{12}{13}\cdot\left(-\frac{3}{5}\right)-\frac{5}{13}\cdot\left(-\frac{4}{5}\right)=-\frac{36}{65}+\frac{20}{65}=\boldsymbol{-\frac{16}{65}}$$

12 次の式を簡単にせよ。

(1) $\sin\left(\dfrac{\pi}{3}+\theta\right)+\sin\left(\dfrac{\pi}{3}-\theta\right)$　　(2) $\cos\left(\dfrac{\pi}{6}+\theta\right)+\cos\left(\dfrac{\pi}{6}-\theta\right)$

(3) $\cos\left(\dfrac{5}{6}\pi+\theta\right)-\cos\left(\dfrac{5}{6}\pi-\theta\right)$　　(4) $\tan\left(\dfrac{\pi}{4}+\theta\right)\tan\left(\dfrac{\pi}{4}-\theta\right)$

考え方 サイン，コサイン，タンジェントの加法定理を用いて式を変形する。

解答 (1)

$$\sin\left(\frac{\pi}{3}+\theta\right)=\sin\frac{\pi}{3}\cos\theta+\cos\frac{\pi}{3}\sin\theta=\frac{\sqrt{3}}{2}\cos\theta+\frac{1}{2}\sin\theta$$

$$\sin\left(\frac{\pi}{3}-\theta\right)=\sin\frac{\pi}{3}\cos\theta-\cos\frac{\pi}{3}\sin\theta=\frac{\sqrt{3}}{2}\cos\theta-\frac{1}{2}\sin\theta$$

したがって　$\sin\left(\dfrac{\pi}{3}+\theta\right)+\sin\left(\dfrac{\pi}{3}-\theta\right)=\boldsymbol{\sqrt{3}\cos\theta}$

(2)
$$\cos\left(\frac{\pi}{6}+\theta\right)=\cos\frac{\pi}{6}\cos\theta-\sin\frac{\pi}{6}\sin\theta=\frac{\sqrt{3}}{2}\cos\theta-\frac{1}{2}\sin\theta$$
$$\cos\left(\frac{\pi}{6}-\theta\right)=\cos\frac{\pi}{6}\cos\theta+\sin\frac{\pi}{6}\sin\theta=\frac{\sqrt{3}}{2}\cos\theta+\frac{1}{2}\sin\theta$$

したがって　$\cos\left(\frac{\pi}{6}+\theta\right)+\cos\left(\frac{\pi}{6}-\theta\right)=\boldsymbol{\sqrt{3}\cos\theta}$

(3)
$$\cos\left(\frac{5}{6}\pi+\theta\right)=\cos\frac{5}{6}\pi\cos\theta-\sin\frac{5}{6}\pi\sin\theta=-\frac{\sqrt{3}}{2}\cos\theta-\frac{1}{2}\sin\theta$$
$$\cos\left(\frac{5}{6}\pi-\theta\right)=\cos\frac{5}{6}\pi\cos\theta+\sin\frac{5}{6}\pi\sin\theta=-\frac{\sqrt{3}}{2}\cos\theta+\frac{1}{2}\sin\theta$$

したがって　$\cos\left(\frac{5}{6}\pi+\theta\right)-\cos\left(\frac{5}{6}\pi-\theta\right)=\boldsymbol{-\sin\theta}$

(4)
$$\tan\left(\frac{\pi}{4}+\theta\right)=\frac{\tan\frac{\pi}{4}+\tan\theta}{1-\tan\frac{\pi}{4}\tan\theta}=\frac{1+\tan\theta}{1-\tan\theta}$$
$$\tan\left(\frac{\pi}{4}-\theta\right)=\frac{\tan\frac{\pi}{4}-\tan\theta}{1+\tan\frac{\pi}{4}\tan\theta}=\frac{1-\tan\theta}{1+\tan\theta}$$

したがって　$\tan\left(\frac{\pi}{4}+\theta\right)\tan\left(\frac{\pi}{4}-\theta\right)=\frac{1+\tan\theta}{1-\tan\theta}\cdot\frac{1-\tan\theta}{1+\tan\theta}=\mathbf{1}$

13 次の問に答えよ。

(1) 2直線 $y=-\frac{1}{2}x$, $y=x$ のなす角を θ とするとき, $\tan\theta$ の値を求めよ。

(2) 2直線 $y=x+5$, $y=3x-2$ のなす角を θ とするとき, $\tan\theta$ の値を求めよ。

考え方 2直線が x 軸の正の向きとなす角をそれぞれ α, β とすると, なす角 θ は $\alpha-\beta$ であることから, $\tan\theta=\tan(\alpha-\beta)$ となる。
タンジェントの加法定理を用いて, θ の値を求める。

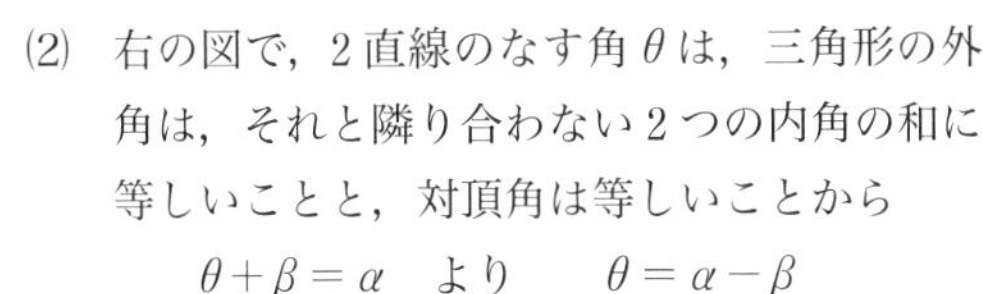
(2) 右の図で, 2直線のなす角 θ は, 三角形の外角は, それと隣り合わない2つの内角の和に等しいことと, 対頂角は等しいことから

$\theta+\beta=\alpha$　より　$\theta=\alpha-\beta$

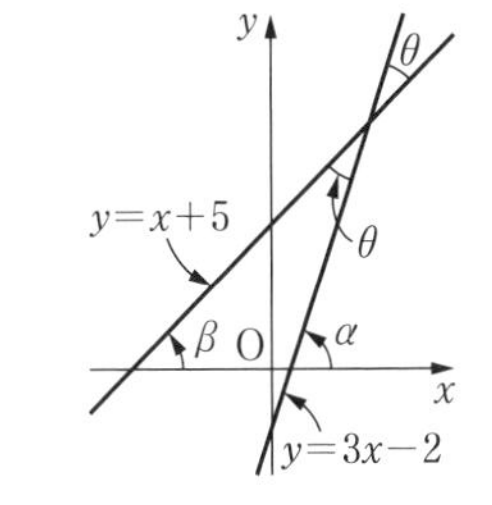

解答 (1) 右の図のように，角 α, β をとる。

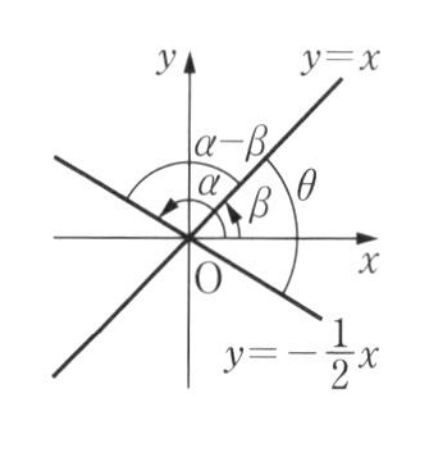

$\tan\alpha = -\frac{1}{2}$, $\tan\beta = 1$ であるから

$$\tan(\alpha-\beta) = \frac{\tan\alpha - \tan\beta}{1+\tan\alpha\tan\beta}$$

$$= \frac{-\frac{1}{2}-1}{1+\left(-\frac{1}{2}\right)\cdot 1} = \frac{-1-2}{2-1} = -3$$

このとき，$\tan(\alpha-\beta) < 0$ であるから，$\alpha-\beta > \frac{\pi}{2}$ である。

2 直線のなす角 θ を $0 \leqq \theta \leqq \frac{\pi}{2}$ の範囲で考えると

$$\theta = \pi - (\alpha-\beta)$$

である。よって

$$\tan\theta = \tan\{\pi-(\alpha-\beta)\} = -\tan(\alpha-\beta) = 3$$

(2) 右の図のように角 α, β をとる。
三角形の外角は，それと隣り合わない 2 つの内角の和に等しいことから

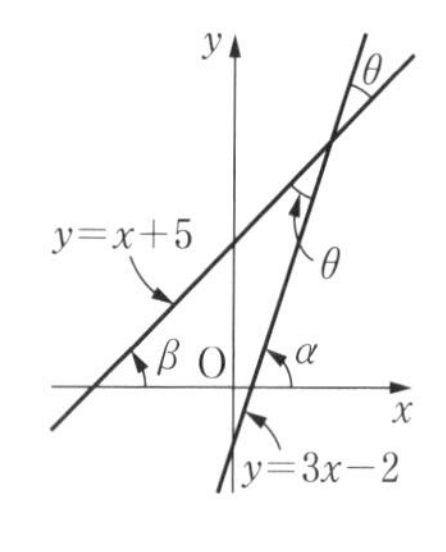

$\theta+\beta = \alpha$ より $\theta = \alpha-\beta$

$\tan\alpha = 3$, $\tan\beta = 1$ であるから

$$\tan(\alpha-\beta) = \frac{\tan\alpha-\tan\beta}{1+\tan\alpha\tan\beta}$$

$$= \frac{3-1}{1+3\cdot 1} = \frac{1}{2}$$

したがって

$$\tan\theta = \tan(\alpha-\beta) = \frac{1}{2}$$

別解 (2) 2 直線 $y=3x-2$, $y=x+5$ のなす角 θ は，原点を通り 2 直線に平行な直線 $y=3x$, $y=x$ のなす角に等しい。$y=3x$, $y=x$ が x 軸の正の向きとなす角をそれぞれ α, β とすると

$\tan\alpha = 3$, $\tan\beta = 1$

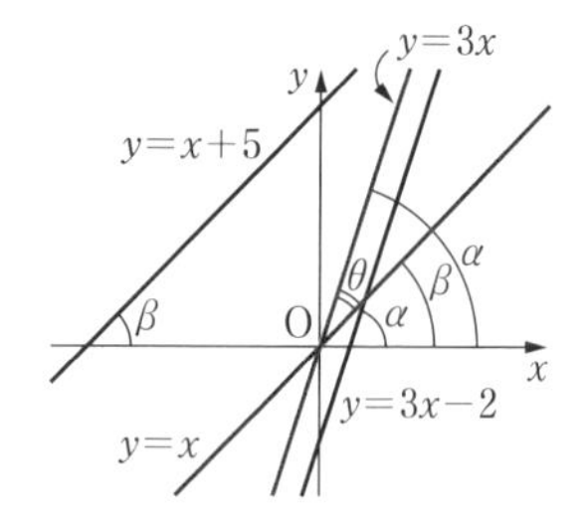

$$\tan(\alpha-\beta) = \frac{\tan\alpha-\tan\beta}{1+\tan\alpha\tan\beta}$$

$$= \frac{3-1}{1+3\cdot 1} = \frac{1}{2}$$

よって　$\tan\theta = \tan(\alpha-\beta) = \frac{1}{2}$

14 α は第2象限の角で，$\sin\alpha=\dfrac{1}{3}$ のとき，次の値を求めよ。

(1) $\sin2\alpha$　　(2) $\cos2\alpha$　　(3) $\tan2\alpha$

考え方 符号に注意して $\cos\alpha$ の値を求め，2倍角の公式を用いる。

解答 α は第2象限の角であるから，$\cos\alpha<0$ となる。

よって　$\cos\alpha=-\sqrt{1-\sin^2\alpha}=-\sqrt{1-\left(\dfrac{1}{3}\right)^2}=-\sqrt{\dfrac{8}{9}}=-\dfrac{2\sqrt{2}}{3}$

(1) $\sin2\alpha=2\sin\alpha\cos\alpha=2\cdot\dfrac{1}{3}\cdot\left(-\dfrac{2\sqrt{2}}{3}\right)=-\dfrac{4\sqrt{2}}{9}$

(2) $\cos2\alpha=1-2\sin^2\alpha=1-2\cdot\left(\dfrac{1}{3}\right)^2=1-\dfrac{2}{9}=\dfrac{7}{9}$

(3) $\tan2\alpha=\dfrac{\sin2\alpha}{\cos2\alpha}=\left(-\dfrac{4\sqrt{2}}{9}\right)\div\dfrac{7}{9}=-\dfrac{4\sqrt{2}}{7}$

15 $0\leqq\theta<2\pi$ のとき，次の方程式を満たす θ の値を求めよ。

(1) $\sin2\theta=\cos\theta$　　(2) $\sin2\theta=\sin\theta$

解答 (1) $\sin2\theta=2\sin\theta\cos\theta$ を与えられた式に代入して変形すると

$$2\sin\theta\cos\theta-\cos\theta=0$$
$$\cos\theta(2\sin\theta-1)=0$$

ゆえに　$\cos\theta=0$　または　$\sin\theta=\dfrac{1}{2}$

$0\leqq\theta<2\pi$ より　$\cos\theta=0$ のとき　$\theta=\dfrac{\pi}{2},\ \dfrac{3}{2}\pi$

$\sin\theta=\dfrac{1}{2}$ のとき　$\theta=\dfrac{\pi}{6},\ \dfrac{5}{6}\pi$

したがって　$\theta=\dfrac{\pi}{6},\ \dfrac{\pi}{2},\ \dfrac{5}{6}\pi,\ \dfrac{3}{2}\pi$

(2) $\sin2\theta=2\sin\theta\cos\theta$ を与えられた式に代入して変形すると

$$2\sin\theta\cos\theta-\sin\theta=0$$
$$\sin\theta(2\cos\theta-1)=0$$

ゆえに　$\sin\theta=0$　または　$\cos\theta=\dfrac{1}{2}$

$0\leqq\theta<2\pi$ より　$\sin\theta=0$ のとき　$\theta=0,\ \pi$

$\cos\theta=\dfrac{1}{2}$ のとき　$\theta=\dfrac{\pi}{3},\ \dfrac{5}{3}\pi$

したがって　$\theta=0,\ \dfrac{\pi}{3},\ \pi,\ \dfrac{5}{3}\pi$

16 次の式を $r\sin(\theta+\alpha)$ の形に変形せよ。ただし，$r>0$，$-\pi<\alpha\leqq\pi$ とする。

(1) $-\sin\theta+\cos\theta$

(2) $3\sin\theta-\sqrt{3}\cos\theta$

考え方 $a\sin\theta+b\cos\theta$ において，点 $(a,\ b)$ をとり，r，α を求める。

$r=\sqrt{a^2+b^2}$ であり，角 α は $\cos\alpha=\dfrac{a}{\sqrt{a^2+b^2}}$，$\sin\alpha=\dfrac{b}{\sqrt{a^2+b^2}}$ を満たす角である。

解 答 (1) $-\sin\theta+\cos\theta=(-1)\cdot\sin\theta+1\cdot\cos\theta$

であるから

$\sqrt{(-1)^2+1^2}=\sqrt{2}$

また　$\cos\alpha=-\dfrac{1}{\sqrt{2}}$，$\sin\alpha=\dfrac{1}{\sqrt{2}}$

を満たす角 α は $\dfrac{3}{4}\pi$ であるから，三角関数の合成の公式により

$$-\sin\theta+\cos\theta=\boldsymbol{\sqrt{2}\sin\left(\theta+\frac{3}{4}\pi\right)}$$

(2) $3\sin\theta-\sqrt{3}\cos\theta=3\cdot\sin\theta+(-\sqrt{3})\cdot\cos\theta$

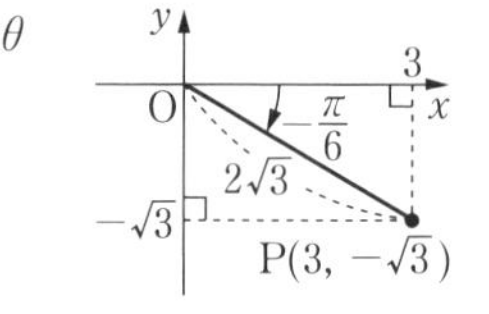

であるから

$\sqrt{3^2+(-\sqrt{3})^2}=2\sqrt{3}$

また　$\cos\alpha=\dfrac{3}{2\sqrt{3}}=\dfrac{\sqrt{3}}{2}$

$\sin\alpha=\dfrac{-\sqrt{3}}{2\sqrt{3}}=-\dfrac{1}{2}$

を満たす角 α は $-\dfrac{\pi}{6}$ であるから，三角関数の合成の公式により

$$3\sin\theta-\sqrt{3}\cos\theta=\boldsymbol{2\sqrt{3}\sin\left(\theta-\frac{\pi}{6}\right)}$$

17 関数 $y=3\sin\theta+4\cos\theta$ の最大値と最小値を求めよ。

考え方 右辺を $r\sin(\theta+\alpha)$ の形に変形し，$-1\leqq\sin(\theta+\alpha)\leqq1$ を用いる。

解 答 $y=3\sin\theta+4\cos\theta$

$=\sqrt{3^2+4^2}\sin(\theta+\alpha)$

$=5\sin(\theta+\alpha)$

ただし，α は次の式を満たす角である。

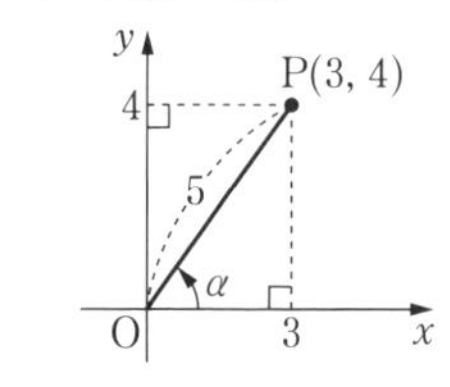

$$\cos\alpha = \frac{3}{5},\ \sin\alpha = \frac{4}{5}$$

ここで，$-1 \leqq \sin(\theta+\alpha) \leqq 1$ より

この関数の　**最大値は 5，最小値は −5**

18 $0 \leqq \theta < 2\pi$ のとき，$3\sin\theta + 4\cos\theta = 5\sin(\theta+\alpha)$ の α は，$\cos\alpha = \frac{3}{5}$，かつ $\sin\alpha - \frac{4}{5}$ を満たす角である。角 α を含む範囲として適当なものを，次の ①～③ から選べ。

① $0 < \alpha < \frac{\pi}{6}$　　② $\frac{\pi}{6} < \alpha < \frac{\pi}{3}$　　③ $\frac{\pi}{3} < \alpha < \frac{\pi}{2}$

考え方　$\cos\alpha = \frac{3}{5}$ より，α は $\cos\alpha > \frac{1}{2}$ を満たす。

$\sin\alpha = \frac{4}{5}$ より，α は $\sin\alpha > \frac{1}{2}$ を満たす。

解　答　$\sin\alpha > 0$，$\cos\alpha > 0$ より

$$0 < \alpha < \frac{\pi}{2} \quad \cdots\cdots\text{(i)}$$

である。

$\cos\alpha = \frac{3}{5}$ より，α は $\cos\alpha > \frac{1}{2}$ を満たす角であるから，(i) より

$$0 < \alpha < \frac{\pi}{3} \quad \cdots\cdots\text{(ii)}$$

$\sin\alpha = \frac{4}{5}$ より，α は $\sin\alpha > \frac{1}{2}$ を満たす角でもあるから，(i) より

$$\frac{\pi}{6} < \alpha < \frac{\pi}{2} \quad \cdots\cdots\text{(iii)}$$

(ii)，(iii) より，共通な範囲を求めて，角 α を含む範囲は

$$\frac{\pi}{6} < \alpha < \frac{\pi}{3}$$

したがって，適当なものは　②

別解　①　$0 < \alpha < \frac{\pi}{6}$ のとき，$\sin\alpha < \frac{1}{2}$ となり，不適

③　$\frac{\pi}{3} < \alpha < \frac{\pi}{2}$ のとき，$\cos\alpha < \frac{1}{2}$ となり，不適

② のときは，$\sin\alpha$，$\cos\alpha$ の値のいずれも満たす。

教 p.156-157

1 θ は第 3 象限の角で，$\sin\theta\cos\theta=\dfrac{1}{4}$ であるとき，次の値を求めよ。

(1) $\sin\theta+\cos\theta$　　(2) $\sin^3\theta+\cos^3\theta$

考え方 (1) $\sin\theta+\cos\theta$ を 2 乗し，$\sin\theta\cos\theta=\dfrac{1}{4}$ と $\sin^2\theta+\cos^2\theta=1$ を利用して値を求める。このとき，$\sin\theta+\cos\theta$ の符号に注意する。

(2) $\sin^3\theta+\cos^3\theta$ を因数分解して，(1) の結果を利用する。

解　答 (1)

$$(\sin\theta+\cos\theta)^2=\sin^2\theta+2\sin\theta\cos\theta+\cos^2\theta$$
$$=1+2\sin\theta\cos\theta=1+2\cdot\frac{1}{4}=\frac{3}{2}$$

θ は第 3 象限の角で，$\sin\theta<0$，$\cos\theta<0$ となるから

$\sin\theta+\cos\theta<0$

したがって　$\sin\theta+\cos\theta=-\sqrt{\dfrac{3}{2}}=-\dfrac{\sqrt{6}}{2}$

(2) (1) より

$$\sin^3\theta+\cos^3\theta=(\sin\theta+\cos\theta)(\sin^2\theta-\sin\theta\cos\theta+\cos^2\theta)$$
$$=-\frac{\sqrt{6}}{2}\left(1-\frac{1}{4}\right)=-\frac{\sqrt{6}}{2}\cdot\frac{3}{4}=-\frac{3\sqrt{6}}{8}$$

2 次の式を簡単にせよ。

(1) $\tan(\pi+\theta)\sin\left(\dfrac{\pi}{2}+\theta\right)+\cos(\pi-\theta)\tan(\pi-\theta)$

(2) $\cos\theta+\sin\left(\dfrac{\pi}{2}+\theta\right)+\cos(\pi+\theta)+\sin\left(\dfrac{3}{2}\pi+\theta\right)$

考え方 $\theta+\pi$，$\pi-\theta$，$\theta+\dfrac{\pi}{2}$ の三角関数の公式を用いて式を変形する。

(1) 式の変形の途中で，$\tan\theta=\dfrac{\sin\theta}{\cos\theta}$ を用いる。

(2) $\dfrac{3}{2}\pi+\theta$ は，$\pi+\left(\dfrac{\pi}{2}+\theta\right)$ と見て，公式を 2 回用いる。

解　答 (1)

$$\tan(\pi+\theta)\sin\left(\frac{\pi}{2}+\theta\right)+\cos(\pi-\theta)\tan(\pi-\theta)$$
$$=\tan\theta\cos\theta+(-\cos\theta)\cdot(-\tan\theta)$$
$$=2\tan\theta\cos\theta$$
$$=2\cdot\frac{\sin\theta}{\cos\theta}\cdot\cos\theta$$
$$=2\sin\theta$$

(2) $\sin\left(\frac{3}{2}\pi+\theta\right)=\sin\left\{\pi+\left(\frac{\pi}{2}+\theta\right)\right\}=-\sin\left(\frac{\pi}{2}+\theta\right)=-\cos\theta$

であるから

$$\cos\theta+\sin\left(\frac{\pi}{2}+\theta\right)+\cos(\pi+\theta)+\sin\left(\frac{3}{2}\pi+\theta\right)$$
$$=\cos\theta+\cos\theta-\cos\theta-\cos\theta$$
$$=0$$

3 次の関数のグラフをかけ。また，その周期を求めよ。

(1) $y=\sin\left(2\theta+\frac{\pi}{3}\right)$ (2) $y=\sin\left(2\theta-\frac{2}{3}\pi\right)$ (3) $y=\cos\left(\frac{\theta}{2}+\frac{\pi}{4}\right)$

考え方 $y=\sin\theta$，$y=\cos\theta$ のグラフをもとにして，θ 軸方向にどれだけ平行移動したものか，また，θ 軸方向に何倍に拡大したものかを考える。

解答 (1) $y=\sin\left(2\theta+\frac{\pi}{3}\right)$

$=\sin2\left(\theta+\frac{\pi}{6}\right)$

したがって

$y=\sin\left(2\theta+\frac{\pi}{3}\right)$

のグラフは $y=\sin2\theta$

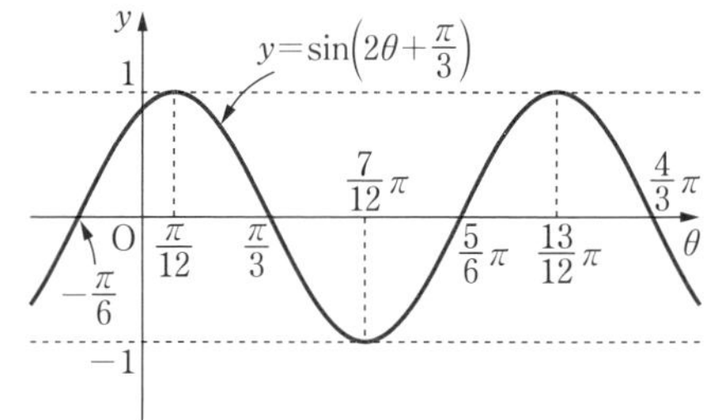

のグラフを θ 軸方向に $-\frac{\pi}{6}$ だけ平行移動したものである。

また，その **周期は** $y=\sin2\theta$ の周期に同じく，$\frac{2\pi}{2}=\boldsymbol{\pi}$ である。

(2) $y=\sin\left(2\theta-\frac{2}{3}\pi\right)$

$=\sin2\left(\theta-\frac{\pi}{3}\right)$

したがって

$y=\sin\left(2\theta-\frac{2}{3}\pi\right)$

のグラフは $y=\sin2\theta$

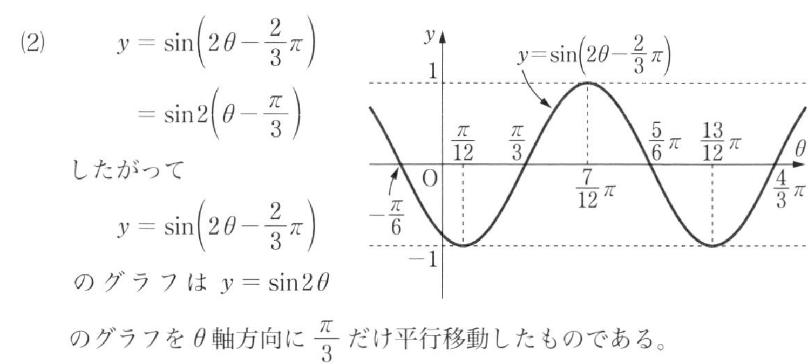

のグラフを θ 軸方向に $\frac{\pi}{3}$ だけ平行移動したものである。

また，その **周期は** $y=\sin2\theta$ の周期に同じく，$\frac{2\pi}{2}=\boldsymbol{\pi}$ である。

(3) $y=\cos\left(\dfrac{\theta}{2}+\dfrac{\pi}{4}\right)$

$=\cos\dfrac{1}{2}\left(\theta+\dfrac{\pi}{2}\right)$

したがって

$y=\cos\left(\dfrac{\theta}{2}+\dfrac{\pi}{4}\right)$

のグラフは $y=\cos\dfrac{\theta}{2}$

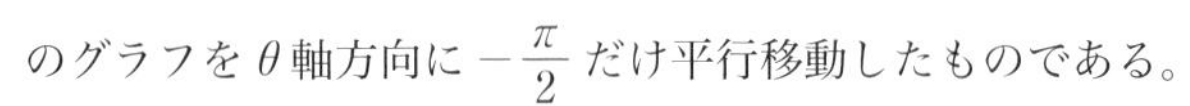

のグラフを θ 軸方向に $-\dfrac{\pi}{2}$ だけ平行移動したものである。

また，その **周期は** $y=\cos\dfrac{\theta}{2}$ の周期に同じく，$2\pi\div\dfrac{1}{2}=\mathbf{4\pi}$ である。

4 右の図は関数 $y=r\sin(a\theta-b)$ のグラフの一部である。定数 r，a，b の値を求めよ。ただし，何通りもある場合は，その正の最小値を答えよ。

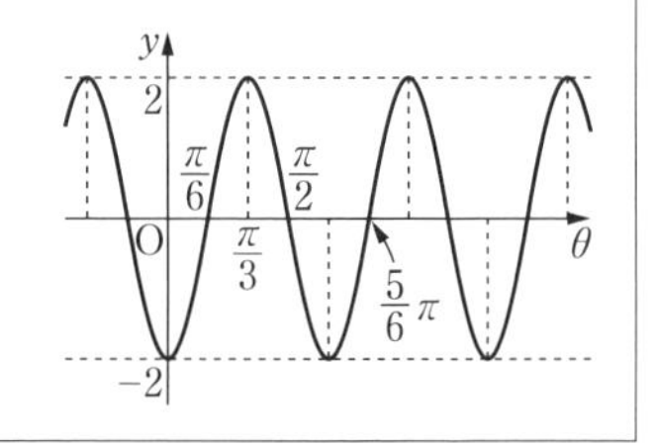

考え方 グラフの最大値，最小値から r，周期から a をそれぞれ読み取る。
$y=r\sin a\theta$ のグラフは原点を通ることから，$y=r\sin a\theta$ のグラフをどのように平行移動したかものを考える。

解　答 グラフから，最大値が2，最小値が -2 であるから　$r=2$

周期が $\dfrac{5}{6}\pi-\dfrac{\pi}{6}=\dfrac{2}{3}\pi$ であるから　$\dfrac{2\pi}{a}=\dfrac{2}{3}\pi$ より　$a=3$

そして，グラフが点 $\left(\dfrac{\pi}{6},\ 0\right)$ を通ることから，このグラフは $y=2\sin 3\theta$

のグラフを θ 軸方向に $\dfrac{\pi}{6}$ だけ平行移動したものであることが分かる。

すなわち　$y=2\sin 3\left(\theta-\dfrac{\pi}{6}\right)=2\sin\left(3\theta-\dfrac{\pi}{2}\right)$

したがって　$r=2,\ a=3,\ b=\dfrac{\pi}{2}$

5 $0\leqq\theta<2\pi$ のとき，次の方程式，不等式を解け。

(1) $\sin\left(2\theta-\dfrac{\pi}{3}\right)=\dfrac{\sqrt{3}}{2}$　　(2) $\cos\left(\theta+\dfrac{\pi}{6}\right)\geqq-\dfrac{1}{2}$

考え方 (1) $2\theta-\dfrac{\pi}{3}$ の値の範囲に注意して，まず，$2\theta-\dfrac{\pi}{3}$ の値を求める。

(2) $\theta+\dfrac{\pi}{6}$ の値の範囲に注意して，まず，等号が成り立つときの $\theta+\dfrac{\pi}{6}$ の値を求める。

解　答 (1) $0 \leqq \theta < 2\pi$ のとき

$$-\frac{\pi}{3} \leqq 2\theta-\frac{\pi}{3} < \frac{11}{3}\pi \quad \cdots\cdots ①$$

単位円の周上で，y 座標が $\dfrac{\sqrt{3}}{2}$ となる $2\theta-\dfrac{\pi}{3}$ の値は，① の範囲で

$$2\theta-\frac{\pi}{3}=\frac{\pi}{3},\ \frac{2}{3}\pi,\ \frac{7}{3}\pi,\ \frac{8}{3}\pi$$

よって

$$2\theta=\frac{2}{3}\pi,\ \pi,\ \frac{8}{3}\pi,\ 3\pi$$

したがって

$$\theta=\frac{\pi}{3},\ \frac{\pi}{2},\ \frac{4}{3}\pi,\ \frac{3}{2}\pi$$

(2) $0 \leqq \theta < 2\pi$ のとき

$$\frac{\pi}{6} \leqq \theta+\frac{\pi}{6} < \frac{13}{6}\pi \quad \cdots\cdots ①$$

① の範囲で

$$\cos\left(\theta+\frac{\pi}{6}\right)=-\frac{1}{2}$$

となる $\theta+\dfrac{\pi}{6}$ の値は

$$\theta+\frac{\pi}{6}=\frac{2}{3}\pi,\ \frac{4}{3}\pi$$

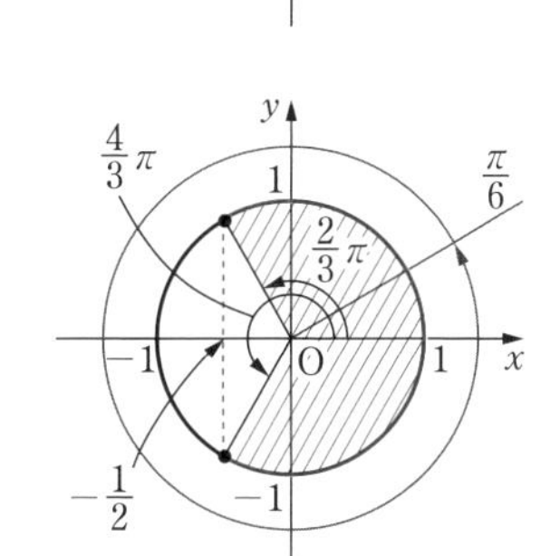

であるから，求める角 $\theta+\dfrac{\pi}{6}$ の動径は，上の図の斜線部分にある。

したがって　$\dfrac{\pi}{6} \leqq \theta+\dfrac{\pi}{6} \leqq \dfrac{2}{3}\pi,\ \dfrac{4}{3}\pi \leqq \theta+\dfrac{\pi}{6} < \dfrac{13}{6}\pi$

すなわち　$0 \leqq \theta \leqq \dfrac{\pi}{2},\ \dfrac{7}{6}\pi \leqq \theta < 2\pi$

6　$0 \leqq \theta < 2\pi$ のとき，次の不等式を満たす θ の値の範囲を求めよ。

(1) $-\dfrac{1}{\sqrt{2}} < \cos\theta < 0$　　(2) $\sin^2\theta \leqq \dfrac{1}{4}$

考え方 (1) まず，$0 \leqq \theta < 2\pi$ の範囲で，$\cos\theta = -\dfrac{1}{\sqrt{2}}$，$\cos\theta = 0$ となる θ の値を求める。

(2) $\dfrac{1}{4}$ を左辺に移項し，因数分解して $\sin\theta$ のとり得る値の範囲を求める。

解　答 (1) $0 \leqq \theta < 2\pi$ の範囲で

$\cos\theta = -\dfrac{1}{\sqrt{2}}$ となる θ の値は

$$\theta = \frac{3}{4}\pi,\ \frac{5}{4}\pi$$

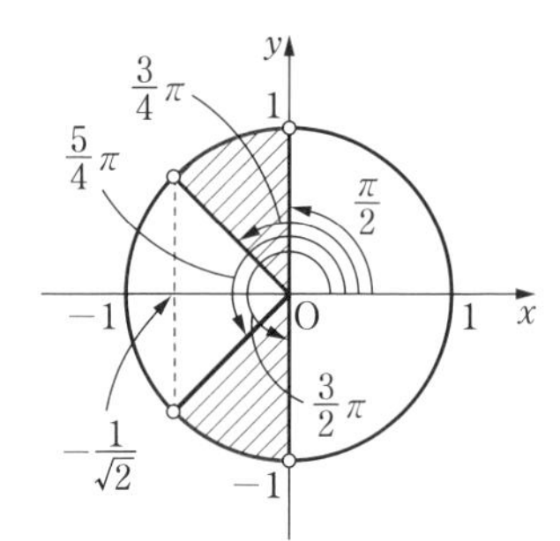

また，$\cos\theta = 0$ となる θ の値は

$$\theta = \frac{\pi}{2},\ \frac{3}{2}\pi$$

であるから，不等式を満たす角 θ の動径は，上の図の斜線部分にある。

したがって　$\dfrac{\pi}{2} < \theta < \dfrac{3}{4}\pi$，$\dfrac{5}{4}\pi < \theta < \dfrac{3}{2}\pi$

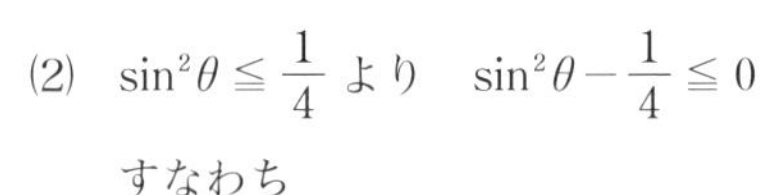

(2) $\sin^2\theta \leqq \dfrac{1}{4}$ より　$\sin^2\theta - \dfrac{1}{4} \leqq 0$

すなわち

$$\left(\sin\theta + \frac{1}{2}\right)\left(\sin\theta - \frac{1}{2}\right) \leqq 0$$

よって　　$-\dfrac{1}{2} \leqq \sin\theta \leqq \dfrac{1}{2}$

$0 \leqq \theta < 2\pi$ の範囲で

$\sin\theta = \dfrac{1}{2}$ となる θ の値は

$$\theta = \frac{\pi}{6},\ \frac{5}{6}\pi$$

また，$\sin\theta = -\dfrac{1}{2}$ となる θ の値は

$$\theta = \frac{7}{6}\pi,\ \frac{11}{6}\pi$$

であるから，不等式を満たす角 θ の動径は，上の図の斜線部分にある。

したがって

$$0 \leqq \theta \leqq \frac{\pi}{6},\ \frac{5}{6}\pi \leqq \theta \leqq \frac{7}{6}\pi,\ \frac{11}{6}\pi \leqq \theta < 2\pi$$

7 右の図のように，直線 $y=mx$ が x 軸の正の向きとなす角を，直線 $y=\frac{1}{2}x$ が2等分するとき，m の値を求めよ。

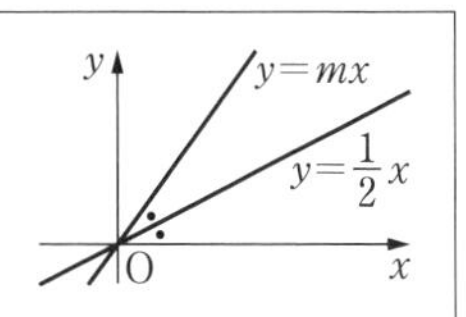

考え方 直線 $y=\frac{1}{2}x$ が x 軸の正の向きとなす角と，2直線がなす角が等しい。

解答 2直線 $y=mx$，$y=\frac{1}{2}x$ が x 軸の正の向きとなす角をそれぞれ θ，α とすると

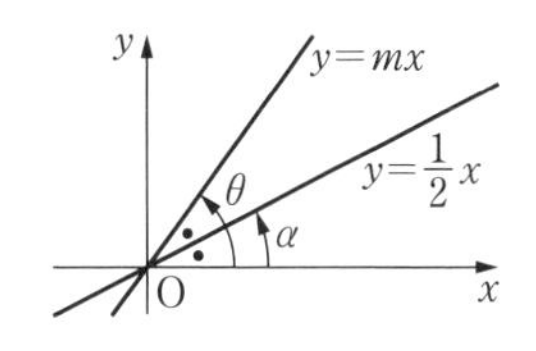

$$\tan\theta=m,\ \tan\alpha=\frac{1}{2}$$

また，これら2直線のなす角 $\theta-\alpha$ も α である。したがって

$$\tan\alpha=\tan(\theta-\alpha)=\frac{\tan\theta-\tan\alpha}{1+\tan\theta\tan\alpha}$$

よって $\displaystyle\frac{1}{2}=\frac{m-\frac{1}{2}}{1+m\cdot\frac{1}{2}}$ より

$$m=\frac{4}{3}$$

別解 直線 $y=\frac{1}{2}x$ が x 軸の正の向きとなす角を α とすると，$\tan\alpha=\frac{1}{2}$ である。

したがって $\displaystyle m=\tan2\alpha=\frac{2\tan\alpha}{1-\tan^2\alpha}=\frac{2\cdot\frac{1}{2}}{1-\left(\frac{1}{2}\right)^2}=\frac{1}{\frac{3}{4}}=\frac{4}{3}$

8 $3\alpha=\alpha+2\alpha$ であることを用いて，次の等式を証明せよ。

(1) $\sin3\alpha=3\sin\alpha-4\sin^3\alpha$　　(2) $\cos3\alpha=4\cos^3\alpha-3\cos\alpha$

考え方 加法定理と2倍角の公式を用いて左辺を変形する。

証明 (1) $\sin3\alpha=\sin(\alpha+2\alpha)$

$=\sin\alpha\cos2\alpha+\cos\alpha\sin2\alpha$ ⟵ サインの加法定理

$=\sin\alpha(1-2\sin^2\alpha)+\cos\alpha\cdot2\sin\alpha\cos\alpha$ ⟵ 2倍角の公式

$=\sin\alpha(1-2\sin^2\alpha)+2\sin\alpha\cos^2\alpha$

$=\sin\alpha(1-2\sin^2\alpha)+2\sin\alpha(1-\sin^2\alpha)$ ⟵ $\cos^2\alpha=1-\sin^2\alpha$

$=\sin\alpha-2\sin^3\alpha+2\sin\alpha-2\sin^3\alpha$

$=3\sin\alpha-4\sin^3\alpha$

したがって　$\sin3\alpha=3\sin\alpha-4\sin^3\alpha$

(2) $\cos 3\alpha = \cos(\alpha + 2\alpha)$

$= \cos\alpha\cos 2\alpha - \sin\alpha\sin 2\alpha$ ←― コサインの加法定理

$= \cos\alpha(2\cos^2\alpha - 1) - \sin\alpha \cdot 2\sin\alpha\cos\alpha$ ←― 2倍角の公式

$= \cos\alpha(2\cos^2\alpha - 1) - 2\sin^2\alpha\cos\alpha$

$= \cos\alpha(2\cos^2\alpha - 1) - 2(1 - \cos^2\alpha)\cos\alpha$ ←― $\sin^2\alpha = 1 - \cos^2\alpha$

$= 2\cos^3\alpha - \cos\alpha - 2\cos\alpha + 2\cos^3\alpha$

$= 4\cos^3\alpha - 3\cos\alpha$

したがって　$\cos 3\alpha = 4\cos^3\alpha - 3\cos\alpha$

この等式を，サイン・コサインの3倍角の公式という。

9　$0 \leqq \theta < 2\pi$ のとき，次の方程式を満たす θ の値を求めよ。

(1) $1 + \cos\theta + \cos 2\theta = 0$　　(2) $\cos 2\theta + 7\sin\theta - 4 = 0$

考え方　(1) $\cos 2\theta = 2\cos^2\theta - 1$ を用いて，左辺を $\cos\theta$ の式で表し因数分解する。

(2) $\cos 2\theta = 1 - 2\sin^2\theta$ を用いて，(1)と同じように考える。

解答　(1) $\cos 2\theta = 2\cos^2\theta - 1$ を与えられた式に代入して変形すると

$$1 + \cos\theta + (2\cos^2\theta - 1) = 0$$

$$2\cos^2\theta + \cos\theta = 0$$

$$\cos\theta(2\cos\theta + 1) = 0$$

ゆえに　$\cos\theta = 0$　または　$\cos\theta = -\frac{1}{2}$

$0 \leqq \theta < 2\pi$ より

$\cos\theta = 0$ のとき　$\theta = \frac{\pi}{2}, \ \frac{3}{2}\pi$

$\cos\theta = -\frac{1}{2}$ のとき　$\theta = \frac{2}{3}\pi, \ \frac{4}{3}\pi$

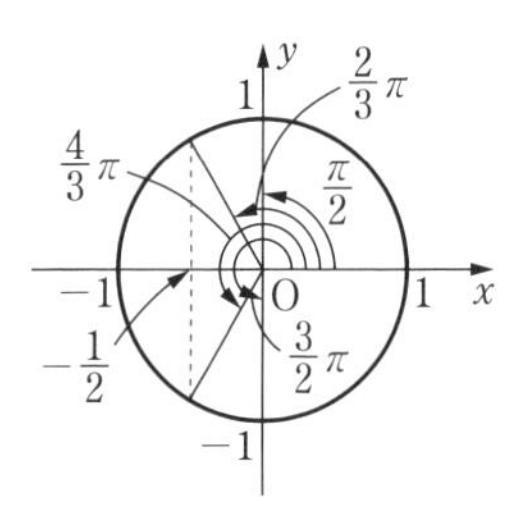

したがって　$\theta = \frac{\pi}{2}, \ \frac{2}{3}\pi, \ \frac{4}{3}\pi, \ \frac{3}{2}\pi$

(2) $\cos 2\theta = 1 - 2\sin^2\theta$ を与えられた式に代入して変形すると

$$(1 - 2\sin^2\theta) + 7\sin\theta - 4 = 0$$

$$2\sin^2\theta - 7\sin\theta + 3 = 0$$

$$(2\sin\theta - 1)(\sin\theta - 3) = 0$$

$-1 \leqq \sin\theta \leqq 1$ より　$\sin\theta - 3 \neq 0$

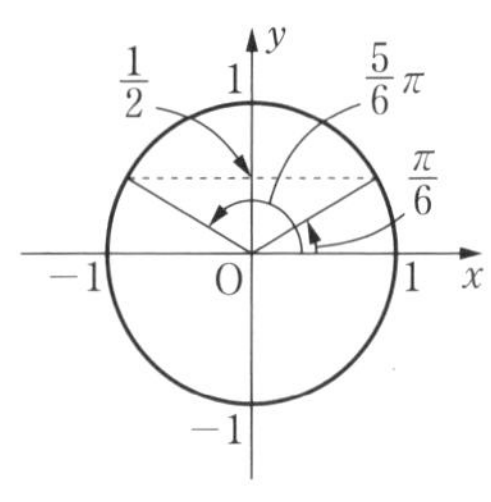

したがって　$\sin\theta = \frac{1}{2}$

$0 \leqq \theta < 2\pi$ より　$\theta = \frac{\pi}{6}, \ \frac{5}{6}\pi$

10 次の問に答えよ。

(1) $\sin\theta\cos\theta$ を $\sin2\theta$ で表し，$y=\sin\theta\cos\theta$ のグラフをかけ。

(2) $\sin^2\theta$ を$\cos2\theta$ で表し，$y=\sin^2\theta$ のグラフをかけ。

考え方 2倍角の公式を用いて変形する。

解　答 (1) $\sin2\theta=2\sin\theta\cos\theta$ であるから

$$\sin\theta\cos\theta=\frac{1}{2}\sin2\theta$$

したがって，$y=\sin\theta\cos\theta$ のグラフは，y 軸を基準にして，$y=\sin\theta$ のグラフを θ 軸方向に $\frac{1}{2}$ 倍に縮小して得られる $y=\sin2\theta$ のグラフを，θ 軸を基準にして，さらに y 軸方向に $\frac{1}{2}$ 倍に縮小したものである。

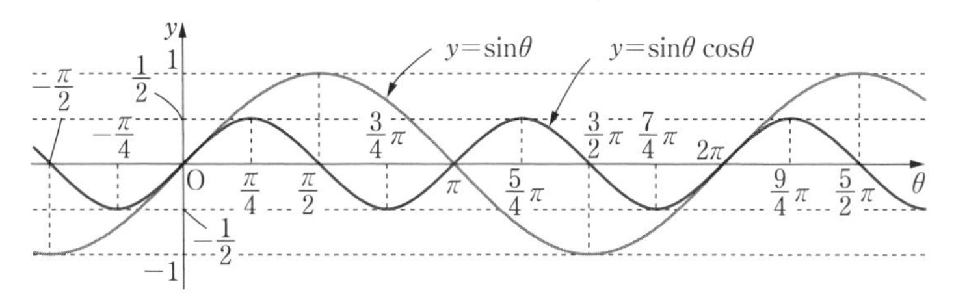

(2) $\cos2\theta=1-2\sin^2\theta$ であるから

$$\sin^2\theta=\frac{1}{2}(1-\cos2\theta)=-\frac{1}{2}\cos2\theta+\frac{1}{2}$$

したがって，$y=\sin^2\theta$ のグラフは，y 軸を基準にして，$y=-\cos\theta$ のグラフを θ 軸方向に $\frac{1}{2}$ 倍に縮小し，さらに，θ 軸を基準にして，y 軸方向に $\frac{1}{2}$ 倍に縮小して得られる $y=-\frac{1}{2}\cos2\theta$ のグラフを，y 軸方向に $\frac{1}{2}$ だけ平行移動したものである。

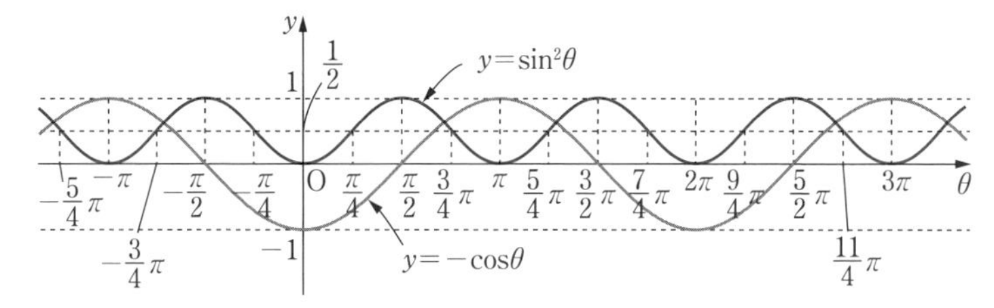

注 意 (2) $y=-\cos\theta$ のグラフは，$y=\cos\theta$ のグラフを，θ 軸に関して対称移動したものである。

11 $0 \leqq \theta \leqq \pi$ のとき，関数 $y = 3\sin\theta + \sqrt{3}\cos\theta$ の最大値と最小値を求めよ。また，そのときの θ の値を求めよ。

考え方 関数 $y = 3\sin\theta + \sqrt{3}\cos\theta$ を $y = r\sin(\theta + \alpha)$ の形に合成する。

解答 $3\sin\theta + \sqrt{3}\cos\theta = 3\cdot\sin\theta + \sqrt{3}\cdot\cos\theta$ であるから

$$\sqrt{3^2 + (\sqrt{3})^2} = 2\sqrt{3}$$

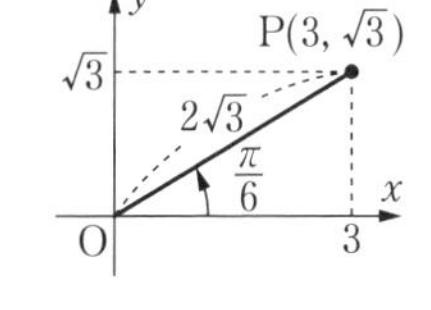

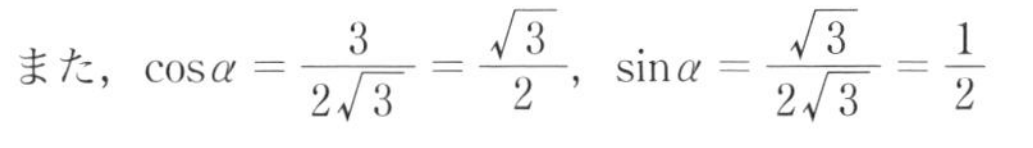

また，$\cos\alpha = \dfrac{3}{2\sqrt{3}} = \dfrac{\sqrt{3}}{2}$，$\sin\alpha = \dfrac{\sqrt{3}}{2\sqrt{3}} = \dfrac{1}{2}$

を満たす角 α は $\dfrac{\pi}{6}$ であるから，三角関数の合成の公式により

$$y = 3\sin\theta + \sqrt{3}\cos\theta = 2\sqrt{3}\sin\left(\theta + \frac{\pi}{6}\right)$$

$0 \leqq \theta \leqq \pi$ より

$$\frac{\pi}{6} \leqq \theta + \frac{\pi}{6} \leqq \frac{7}{6}\pi \quad \cdots\cdots ①$$

① の範囲で，$\sin\left(\theta + \dfrac{\pi}{6}\right)$ は

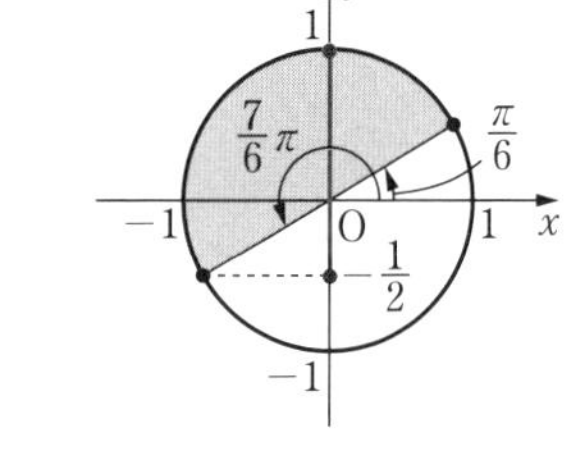

$\theta + \dfrac{\pi}{6} = \dfrac{\pi}{2}$ のとき　　最大値 1

$\theta + \dfrac{\pi}{6} = \dfrac{7}{6}\pi$ のとき　　最小値 $-\dfrac{1}{2}$

をとる。

したがって，この関数は

$\theta = \dfrac{\pi}{3}$ **のとき　最大値** $2\sqrt{3}$

$\theta = \pi$ **のとき　　最小値** $-\sqrt{3}$

をとる。

12 関数 $y = \sin\theta + \cos\theta + \sin\theta\cos\theta$ について，次の問に答えよ。

(1)　$\sin\theta + \cos\theta = t$ とおいて，y を t で表せ。

(2)　$0 \leqq \theta < 2\pi$ のとき，この関数のとり得る値の範囲を求めよ。

考え方 (1)　$\sin\theta + \cos\theta = t$ の両辺を 2 乗して，$\sin\theta\cos\theta$ を t の式で表す。

(2)　三角関数の合成を利用して，t のとり得る値の範囲を求め，その範囲で (1) で求めた t の関数の最大値，最小値を考える。

解答 (1) $\sin\theta+\cos\theta=t$ の両辺を2乗すると

$$\sin^2\theta+2\sin\theta\cos\theta+\cos^2\theta=t^2$$
$$1+2\sin\theta\cos\theta=t^2$$
$$\sin\theta\cos\theta=\frac{1}{2}(t^2-1)$$

したがって

$$y=\sin\theta+\cos\theta+\sin\theta\cos\theta=t+\frac{1}{2}(t^2-1)$$

すなわち　$\boldsymbol{y=\frac{1}{2}t^2+t-\frac{1}{2}}$　…… ①

(2) $\sin\theta+\cos\theta=1\cdot\sin\theta+1\cdot\cos\theta$ であるから

$$\sqrt{1^2+1^2}=\sqrt{2}$$

また，$\cos\alpha=\frac{1}{\sqrt{2}}$，$\sin\alpha=\frac{1}{\sqrt{2}}$

を満たす角 α は $\frac{\pi}{4}$ であるから，三角関数の合成の公式により

$$t=\sin\theta+\cos\theta=\sqrt{2}\sin\left(\theta+\frac{\pi}{4}\right)$$

$0\leqq\theta<2\pi$ より　$\frac{\pi}{4}\leqq\theta+\frac{\pi}{4}<\frac{9}{4}\pi$

このとき　$-1\leqq\sin\left(\theta+\frac{\pi}{4}\right)\leqq 1$

であるから　$-\sqrt{2}\leqq t\leqq\sqrt{2}$　…… ②

① より，$y=\frac{1}{2}(t+1)^2-1$ であるから，

② の範囲における ① のグラフは右の図の放物線の実線部分である。

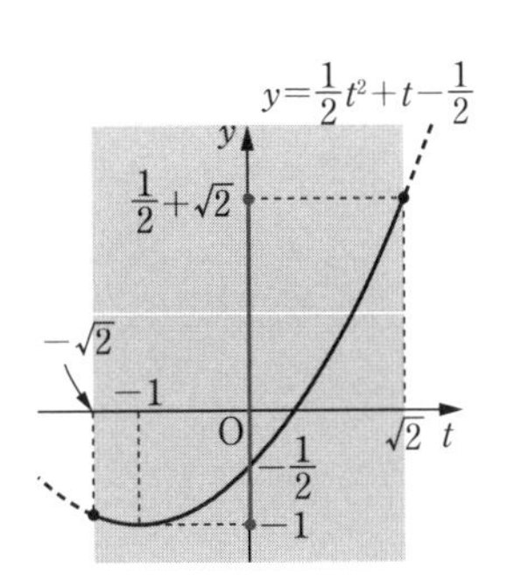

よって

$t=-1$ のとき　最小値　-1

$t=\sqrt{2}$ のとき　最大値　$\frac{1}{2}+\sqrt{2}$

をとる。

したがって，y のとり得る値の範囲は

$$-1\leqq y\leqq\frac{1}{2}+\sqrt{2}$$

13 次の問に答えよ。ただし，$0 \leqq \theta < \pi$ とする。

(1) $\sin 2\theta - \cos 2\theta$ を $r\sin(2\theta + \alpha)$ の形で表せ。ただし，$r > 0$，$-\pi < \alpha \leqq \pi$ とする。

(2) 方程式 $\sin 2\theta - \cos 2\theta = 1$ を満たす θ の値を求めよ。

考え方 (1) 三角関数の合成の公式を利用する。

(2) (1) で求めた式を解く。$0 \leqq \theta < \pi$ から，$2\theta + \alpha$ のとり得る値の範囲を求める。

解 答 (1) $\sin 2\theta - \cos 2\theta = 1 \cdot \sin 2\theta + (-1) \cdot \cos 2\theta$ であるから

$$\sqrt{1^2 + (-1)^2} = \sqrt{2}$$

また，$\cos\alpha = \dfrac{1}{\sqrt{2}}$，$\sin\alpha = \dfrac{-1}{\sqrt{2}} = -\dfrac{1}{\sqrt{2}}$

を満たす角 α は $-\dfrac{\pi}{4}$ であるから，三角関数の合成の公式により

$$\sin 2\theta - \cos 2\theta = \sqrt{2}\sin\left(2\theta - \frac{\pi}{4}\right)$$

(2) (1) より

$$\sqrt{2}\sin\left(2\theta - \frac{\pi}{4}\right) = 1$$

$$\sin\left(2\theta - \frac{\pi}{4}\right) = \frac{1}{\sqrt{2}} \quad \cdots\cdots ①$$

$0 \leqq \theta < \pi$ のとき

$$-\frac{\pi}{4} \leqq 2\theta - \frac{\pi}{4} < \frac{7}{4}\pi \quad \cdots\cdots ②$$

② の範囲で，① を満たす $2\theta - \dfrac{\pi}{4}$ の値は

$$2\theta - \frac{\pi}{4} = \frac{\pi}{4},\ \frac{3}{4}\pi$$

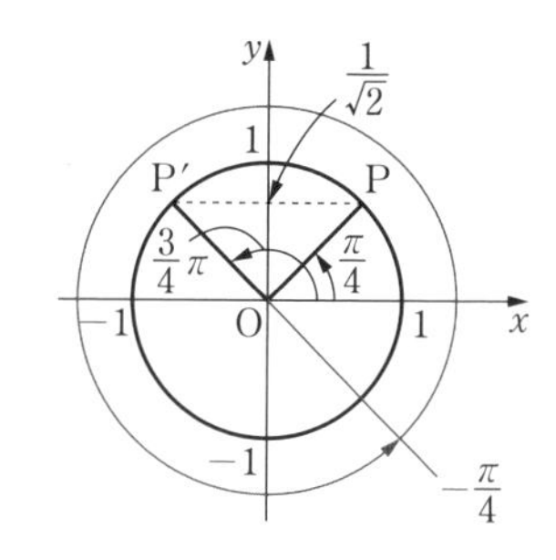

であるから

$$2\theta = \frac{\pi}{2},\ \pi$$

したがって　　$\theta = \dfrac{\pi}{4},\ \dfrac{\pi}{2}$

14 $0 \leqq \theta < 2\pi$ のとき，関数 $y = 2\sin^2\theta - 2\sin\theta\cos\theta + 4\cos^2\theta$ について，次の問に答えよ。

(1) y を $\sin 2\theta$，$\cos 2\theta$ の式で表せ。

(2) y の最大値と最小値を求めよ。また，そのときの θ の値を求めよ。

考え方 (2) (1) で求めた式を $r\sin(2\theta+\alpha)$ の形に合成し，最大値，最小値を考える。

解答 (1) $\sin^2\theta = \dfrac{1-\cos 2\theta}{2}$，$\cos^2\theta = \dfrac{1+\cos 2\theta}{2}$，$2\sin\theta\cos\theta = \sin 2\theta$

であるから，これらを与えられた式に代入して変形すると

$$y = 2\cdot\frac{1-\cos 2\theta}{2} - \sin 2\theta + 4\cdot\frac{1+\cos 2\theta}{2}$$
$$= 1 - \cos 2\theta - \sin 2\theta + 2(1+\cos 2\theta)$$
$$= -\sin 2\theta + \cos 2\theta + 3$$

(2) $-\sin 2\theta + \cos 2\theta = (-1)\cdot\sin 2\theta + 1\cdot\cos 2\theta$

であるから

$$\sqrt{(-1)^2+1^2} = \sqrt{2}$$

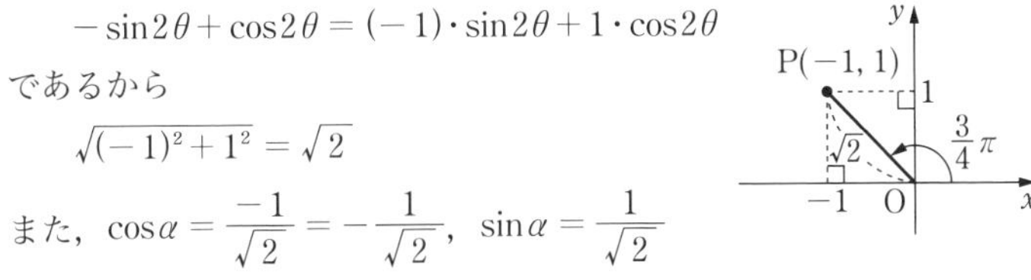

また，$\cos\alpha = \dfrac{-1}{\sqrt{2}} = -\dfrac{1}{\sqrt{2}}$，$\sin\alpha = \dfrac{1}{\sqrt{2}}$

を満たす角 α は $\dfrac{3}{4}\pi$ であるから，三角関数の合成の公式により

$$-\sin 2\theta + \cos 2\theta = \sqrt{2}\sin\left(2\theta + \frac{3}{4}\pi\right)$$

したがって，(1) より　$y = \sqrt{2}\sin\left(2\theta + \dfrac{3}{4}\pi\right) + 3$

$0 \leqq \theta < 2\pi$ のとき

$$\frac{3}{4}\pi \leqq 2\theta + \frac{3}{4}\pi < \frac{19}{4}\pi$$

このとき，$\sin\left(2\theta + \dfrac{3}{4}\pi\right)$ は

$2\theta + \dfrac{3}{4}\pi = \dfrac{5}{2}\pi$，$\dfrac{9}{2}\pi$ のとき　最大値 1

$2\theta + \dfrac{3}{4}\pi = \dfrac{3}{2}\pi$，$\dfrac{7}{2}\pi$ のとき　最小値 -1

をとる。したがって，この関数は

$\theta = \dfrac{7}{8}\pi$，$\dfrac{15}{8}\pi$ **のとき　最大値** $\sqrt{2}+3$

$\theta = \dfrac{3}{8}\pi$，$\dfrac{11}{8}\pi$ **のとき　最小値** $-\sqrt{2}+3$

をとる。

Investigation

教 p.158-159

□ $y = \sin mx + \sin nx$ のグラフは？ □

Q グラフ作成ツールを用いて，$y = \sin mx + \sin nx$ の m と n を変化させ，いろいろな性質を見つけてみよう。

1 まずは，$m = 1$ として，n をいろいろな値に変化させてみよう。
そのとき，$y = \sin x + \sin nx$ の周期は，n の値によってどのように変化するだろうか。また，その周期になる理由を説明してみよう。

2 m もいろいろな値に変化させて，$y = \sin mx + \sin nx$ の周期に関する性質を見つけてみよう。

3 **1** **2** で見つけた性質は，$y = \cos mx + \cos nx$ や $y = \sin mx + \cos nx$ でも成り立つだろうか。グラフ作成ツールを用いて調べてみよう。

解答 (グラフは省略)

1 $y = \sin x$ の周期は 2π であるから，グラフは 2π ごとに同じ形が1回繰り返される。

$y = \sin nx$ の周期は $\dfrac{2\pi}{|n|}$ であるから，グラフは 2π ごとに $|n|$ 回同じ形が繰り返される。

したがって，$y = \sin x + \sin nx$ は $\sin x$ と $\sin nx$ の和の関数であるから，グラフは 2π ごとに同じ形が繰り返される。
すなわち，$y = \sin x + \sin nx$ の周期は 2π である。

2 $\sin mx$ の周期は $\dfrac{2\pi}{|m|}$ であるから，グラフは 2π ごとに $|m|$ 回同じ形が繰り返される。また，$\sin nx$ の周期は $\dfrac{2\pi}{|n|}$ であるから，グラフは 2π ごとに $|n|$ 回同じ形が繰り返される。

したがって，$y = \sin mx + \sin nx$ の周期について，次の性質がある。

$|m|$，$|n|$ の最大公約数を g とすると，$y = \sin mx + \sin nx$ の周期は $\dfrac{2\pi}{g}$ となる。

3 $y = \cos mx + \cos nx$

2 と同様に，$y = \cos mx + \cos nx$ のグラフは 2π ごとに，$|m|$ と $|n|$ の最大公約数 g の回数だけ同じ形が繰り返される。すなわち，周期は $\dfrac{2\pi}{g}$ である。

$y = \sin mx + \cos nx$ についても同様に考えることができる。

4章　指数関数・対数関数

1節　指数関数

2節　対数関数

関連する既習内容

指数法則

- m, n が正の整数のとき

$a^m a^n = a^{m+n}$, $(a^m)^n = a^{mn}$, $(ab)^n = a^n b^n$

Introduction

教 p.160-161

弦の長さと音の高さの関係

Q 前ページの図1の②，③の「ド」の弦の長さと，①の「ド」の弦の長さには，どのような関係があるだろうか。

1 ①の音から2オクターブ低い②の「ド」の弦の長さは，①の「ド」の弦の長さの何倍にすればよいだろうか。

2 ①の音から1オクターブ高い③の「ド」の弦の長さは，①の「ド」の弦の長さの何倍にすればよいだろうか。

3 ①の音から2オクターブ高い「ド」の弦の長さは，①の「ド」の弦の長さの何倍にすればよいだろうか。

考え方 教科書 p.160 の図1から，弦の長さがそれぞれ何目盛り分あるかを調べる。

解答 **1** 図1において

①の弦の長さは2目盛り分

②の弦の長さは8目盛り分

であるから，②の「ド」の音を出すには，①の弦の長さの**4倍**にすればよい。

2 図1において

①の弦の長さは2目盛り分

③の弦の長さは1目盛り分

であるから，③の「ド」の音を出すには，①の弦の長さの $\frac{1}{2}$ **倍**にすればよい。

3 図1において，「ド」の音が1オクターブ高くなるごとに，弦の長さが $\frac{1}{2}$ 倍になっている。

したがって，2オクターブ高い「ド」の音を出すためには

$$\frac{1}{2}\times\frac{1}{2}=\frac{1}{4}$$

すなわち，①の弦の長さの $\frac{1}{4}$ **倍**にすればよい。

1節　指数関数

1 指数の拡張

用語のまとめ

a の 3 乗根

- ある実数 a に対して，3 乗して a になる数，すなわち
  $x^3 = a$
  を満たす x の値を，a の 3 乗根 または **立方根** という。
- 実数の範囲で考えれば，実数 a の 3 乗根はただ 1 つしかない。これを $\sqrt[3]{a}$ と表す。

a の n 乗根

- 正の整数 n に対して，n 乗して実数 a になる数，すなわち
  $x^n = a$
  を満たす x の値を，a の **n 乗根** という。
- 平方根 (2 乗根)，3 乗根，4 乗根，…をまとめて **累乗根** という。

● a^0，a^{-n} の定義　　解き方のポイント

$a \neq 0$ で，n が正の整数のとき

$$a^0 = 1, \quad a^{-n} = \frac{1}{a^n}$$

教 p.163

問 1　次の値を求めよ。

(1) 3^{-4}　　(2) 5^0　　(3) 6^{-2}　　(4) $(-4)^{-3}$

解答

(1) $3^{-4} = \frac{1}{3^4} = \frac{1}{81}$

(2) $5^0 = 1$

(3) $6^{-2} = \frac{1}{6^2} = \frac{1}{36}$

(4) $(-4)^{-3} = \frac{1}{(-4)^3} = -\frac{1}{64}$

● 指数法則 1　　解き方のポイント

$a \neq 0$，$b \neq 0$ で，m，n が整数のとき

[1] $a^m a^n = a^{m+n}$　　[1′] $a^m \div a^n = a^{m-n}$

[2] $(a^m)^n = a^{mn}$

[3] $(ab)^n = a^n b^n$　　[3′] $\left(\frac{a}{b}\right)^n = \frac{a^n}{b^n}$

教 p.164

問2　$a \neq 0$，$b \neq 0$ で，$m=7$，$n=-4$ のとき，指数法則 [1′]，[3′] が成り立つことを確かめよ。

考え方　[1′] $a^7 \div a^{-4}$ を乗法の式に直し，指数法則 [1] を利用する。

[3′] $\dfrac{a}{b}=a\cdot\dfrac{1}{b}=ab^{-1}$ として，指数法則 [3] を利用する。

解答　$m=7$，$n=-4$ のとき

[1′] $a^7 \div a^{-4}=a^7 \div \dfrac{1}{a^4}=a^7 \times a^4=a^{7+4}=a^{7-(-4)}$

[3′] $\left(\dfrac{a}{b}\right)^{-4}=\left(a\cdot\dfrac{1}{b}\right)^{-4}=(ab^{-1})^{-4}=a^{-4}\cdot(b^{-1})^{-4}=a^{-4}\cdot\left(\dfrac{1}{b}\right)^{-4}=\dfrac{a^{-4}}{b^{-4}}$

教 p.164

問3　次の式を簡単にし，その結果を負の指数を用いずに表せ。

(1)　$a^{-3} \times a^{-5}$　　(2)　$a^{-3} \div a^{-5}$　　(3)　$(a^2b^{-3})^{-2}$

(4)　$a^3 \times a^{-5} \div a^{-4}$　　(5)　$(2a)^3 \div a^{-4} \times a^{-6}$

考え方　指数法則を用いる。m，n は負の整数でもよい。

(1)　$a^m a^n=a^{m+n}$ を用いる。

(2)　$a^m \div a^n=a^{m-n}$ を用いる。

(3)　$(ab)^n=a^nb^n$，$(a^m)^n=a^{mn}$ を用いる。

(4)　まず，$a^3 \times a^{-5}$ を計算する。

(5)　$(2a)^3=8a^3$ であるから，まず，$8a^3 \div a^{-4}$ を計算する。

解答　(1)　$a^{-3} \times a^{-5}=a^{(-3)+(-5)}=a^{-8}=\boldsymbol{\dfrac{1}{a^8}}$

(2)　$a^{-3} \div a^{-5}=a^{(-3)-(-5)}=\boldsymbol{a^2}$

(3)　$(a^2b^{-3})^{-2}=(a^2)^{-2} \times (b^{-3})^{-2}=a^{-4}b^6=\boldsymbol{\dfrac{b^6}{a^4}}$

(4)　$a^3 \times a^{-5} \div a^{-4}=a^{3+(-5)} \div a^{-4}=a^{-2} \div a^{-4}$
$=a^{-2-(-4)}=\boldsymbol{a^2}$

(5)　$(2a)^3 \div a^{-4} \times a^{-6}=8a^3 \div a^{-4} \times a^{-6}=8a^{3-(-4)} \times a^{-6}$
$=8a^7 \times a^{-6}=8a^{7+(-6)}=\boldsymbol{8a}$

指数だけをまとめて，次のように計算するとよい。

(4)　$a^3 \times a^{-5} \div a^{-4}=a^{3+(-5)-(-4)}=a^2$

(5)　$(2a)^3 \div a^{-4} \times a^{-6}=2^3a^3 \div a^{-4} \times a^{-6}=8a^{3-(-4)+(-6)}=8a$

教 p.165

問 4　次の値を求めよ。

(1) $\sqrt[3]{27}$　(2) $\sqrt[3]{-27}$　(3) $\sqrt[3]{64}$　(4) $\sqrt[3]{-64}$

考え方　それぞれ次の数を求める。

(1) 3 乗して 27 になる数　(2) 3 乗して -27 になる数

(3) 3 乗して 64 になる数　(4) 3 乗して -64 になる数

解　答　(1) $3^3 = 27$ であるから　$\sqrt[3]{27} = 3$

(2) $(-3)^3 = -27$ であるから　$\sqrt[3]{-27} = -3$

(3) $4^3 = 64$ であるから　$\sqrt[3]{64} = 4$

(4) $(-4)^3 = -64$ であるから　$\sqrt[3]{-64} = -4$

教 p.165

問 5　次の値を求めよ。

(1) 81 の平方根　(2) 216 の 3 乗根　(3) 625 の 4 乗根

考え方　それぞれ次の数を求める。

(1) 2 乗して 81 になる数。平方根は 2 乗根のことである。

(2) 3 乗して 216 になる数。216 を素因数分解して考える。

(3) 4 乗して 625 になる数。625 を素因数分解して考える。

n が偶数のときの n 乗根は，正と負の 2 つあることに注意する。

解　答　(1) $(-9)^2 = 81$，$9^2 = 81$ であるから

81 の平方根は　± 9

(2) $216 = 2^3 \cdot 3^3 = 6^3$ であるから

216 の 3 乗根は　6

(3) $5^4 = 625$，$(-5)^4 = 625$ であるから

625 の 4 乗根は　± 5

● 実数 a の n 乗根　……　**解き方のポイント**

(1) **n が奇数のとき**

a の n 乗根は a の正負に関係なく，ただ 1 つ存在する。それを $\sqrt[n]{a}$ と表す。

(2) **n が偶数のとき**

(i) $a > 0$ ならば，a の n 乗根は正と負の 2 つ存在する。

正の方を $\sqrt[n]{a}$，負の方を $-\sqrt[n]{a}$ と表す。

(ii) $a = 0$ ならば，a の n 乗根はただ 1 つであるから　$\sqrt[n]{0} = 0$

(iii) $a < 0$ ならば，a の n 乗根は存在しない。

教 p.166

問6 次の値を求めよ。

(1) $\sqrt[4]{256}$ (2) $\sqrt[5]{-243}$ (3) $\sqrt[6]{64}$

考え方 (1), (3) 4, 6 は偶数であるから，4 乗根と 6 乗根は正と負の 2 つ存在する。そのうちの正の方だけを答える。

解 答 (1) $4^4=256$, $(-4)^4=256$ であるから，256 の 4 乗根は ± 4 である。
$\sqrt[4]{256}$ は，256 の 4 乗根 ± 4 のうち，正の方であるから $\sqrt[4]{256}=4$

(2) $(-3)^5=-243$ であるから $\sqrt[5]{-243}=-3$

(3) $2^6=64$, $(-2)^6=64$ であるから，64 の 6 乗根は ± 2 である。
$\sqrt[6]{64}$ は，64 の 6 乗根 ± 2 のうち，正の方であるから $\sqrt[6]{64}=2$

● 累乗根の性質 解き方のポイント

$a>0$ で，n が正の整数のとき

$$(\sqrt[n]{a})^n=a$$

$a>0$, $b>0$ で，m, n が正の整数のとき

[1] $\sqrt[n]{a}\sqrt[n]{b}=\sqrt[n]{ab}$ [2] $\dfrac{\sqrt[n]{a}}{\sqrt[n]{b}}=\sqrt[n]{\dfrac{a}{b}}$

[3] $(\sqrt[n]{a})^m=\sqrt[n]{a^m}$ [4] $\sqrt[m]{\sqrt[n]{a}}=\sqrt[mn]{a}$

教 p.167

問7 上の [3] の証明にならって，$\sqrt[m]{\sqrt[n]{a}}=x$ とおいて，累乗根の性質 [4] を証明せよ。

考え方 $\sqrt[m]{\sqrt[n]{a}}=x$ とおいて，x^{mn} を考える。

証 明 $\sqrt[m]{\sqrt[n]{a}}=x$ とおくと

$$x^{mn}=\left(\sqrt[m]{\sqrt[n]{a}}\right)^{mn}=\left\{\left(\sqrt[m]{\sqrt[n]{a}}\right)^m\right\}^n=(\sqrt[n]{a})^n=a$$

$a>0$ より $\sqrt[n]{a}>0$

であるから $\sqrt[m]{\sqrt[n]{a}}>0$

よって，$x>0$ であるから，x は a の正の mn 乗根である。

ゆえに $x=\sqrt[mn]{a}$

したがって $\sqrt[m]{\sqrt[n]{a}}=\sqrt[mn]{a}$

教 p.167

問 8 次の計算をせよ。

(1) $\sqrt[3]{5}\times\sqrt[3]{7}$　(2) $\sqrt[4]{18}\div\sqrt[4]{6}$　(3) $(\sqrt[4]{25})^2$

(4) $\sqrt[3]{27^2}$　(5) $\sqrt[5]{\sqrt[3]{32}}$

考え方 (3), (4) $(\sqrt[n]{a})^m=\sqrt[n]{a^m}$ を用いて変形し，$\sqrt[n]{a^n}=a$ を用いて根号を外す。

(5) $\sqrt[m]{\sqrt[n]{a}}=\sqrt[mn]{a}$ を用いて変形し，$\sqrt[n]{a^n}=a$ を用いて簡単な形にする。

解 答 (1) $\sqrt[3]{5}\times\sqrt[3]{7}=\sqrt[3]{5\times7}=\sqrt[3]{35}$

(2) $\sqrt[4]{18}\div\sqrt[4]{6}=\dfrac{\sqrt[4]{18}}{\sqrt[4]{6}}=\sqrt[4]{\dfrac{18}{6}}=\sqrt[4]{3}$

(3) $(\sqrt[4]{25})^2=(\sqrt[4]{5^2})^2=\sqrt[4]{(5^2)^2}=\sqrt[4]{5^4}=5$

(4) $\sqrt[3]{27^2}=(\sqrt[3]{27})^2=(\sqrt[3]{3^3})^2=3^2=9$

(5) $\sqrt[5]{\sqrt[3]{32}}=\sqrt[15]{32}=\sqrt[15]{2^5}=\sqrt[3]{\sqrt[5]{2^5}}=\sqrt[3]{2}$

別解 (4) $\sqrt[3]{27^2}=\sqrt[3]{(3^3)^2}=\sqrt[3]{(3^2)^3}=3^2=9$

● 有理数を指数とする累乗 …… **解き方のポイント**

$a>0$ で，m が整数，n が正の整数のとき

$$a^{\frac{m}{n}}=\sqrt[n]{a^m}$$

特に　$a^{\frac{1}{n}}=\sqrt[n]{a}$，　$a^{\frac{1}{2}}=\sqrt{a}$

教 p.168

問 9 次の値を求めよ。

(1) $25^{\frac{1}{2}}$　(2) $16^{\frac{3}{4}}$　(3) $9^{-\frac{1}{2}}$　(4) $27^{-\frac{2}{3}}$

解 答 (1) $25^{\frac{1}{2}}=\sqrt{25}=5$

(2) $16^{\frac{3}{4}}=\sqrt[4]{16^3}=\sqrt[4]{(2^4)^3}=\sqrt[4]{(2^3)^4}=2^3=8$

(3) $9^{-\frac{1}{2}}=\sqrt{9^{-1}}=\sqrt{\dfrac{1}{9}}=\dfrac{1}{\sqrt{9}}=\dfrac{1}{3}$

(4) $27^{-\frac{2}{3}}=\sqrt[3]{27^{-2}}=\sqrt[3]{\dfrac{1}{27^2}}=\dfrac{1}{\sqrt[3]{27^2}}=\dfrac{1}{\sqrt[3]{(3^3)^2}}=\dfrac{1}{\sqrt[3]{(3^2)^3}}=\dfrac{1}{3^2}=\dfrac{1}{9}$

$a^{-\frac{m}{n}}=a^{\frac{-m}{n}}=\sqrt[n]{a^{-m}}$

教 p.168

問 10 次の式を $a^{\frac{m}{n}}$ の形で表せ。

(1) $\sqrt[3]{a}$　(2) $\sqrt{a^3}$　(3) $(\sqrt[4]{a})^5$　(4) $(\sqrt[4]{a})^{-3}$

考え方 $(\sqrt[n]{a})^m=\sqrt[n]{a^m}=a^{\frac{m}{n}}$ を用いる。

解 答 (1) $\sqrt[3]{a}=\boldsymbol{a^{\frac{1}{3}}}$

(2) $\sqrt{a^3}=\boldsymbol{a^{\frac{3}{2}}}$ ⟵ $\sqrt{a^3}=\sqrt[2]{a^3}$

(3) $(\sqrt[4]{a})^5=\sqrt[4]{a^5}=\boldsymbol{a^{\frac{5}{4}}}$

(4) $(\sqrt[4]{a})^{-3}=\sqrt[4]{a^{-3}}=\boldsymbol{a^{-\frac{3}{4}}}$

● 指数法則 2　解き方のポイント

$a>0$, $b>0$ で，p, q が有理数のとき

[1] $a^pa^q=a^{p+q}$　[1′] $a^p\div a^q=a^{p-q}$

[2] $(a^p)^q=a^{pq}$

[3] $(ab)^p=a^pb^p$　[3′] $\left(\dfrac{a}{b}\right)^p=\dfrac{a^p}{b^p}$

教 p.169

問 11 次の計算をせよ。

(1) $3^{\frac{5}{3}}\times3^{\frac{1}{3}}$　(2) $6^{\frac{1}{2}}\div6^{\frac{3}{2}}$　(3) $\left(4^{\frac{4}{3}}\right)^{\frac{3}{2}}$

考え方 指数法則にしたがって，指数の計算をする。

解 答 (1) $3^{\frac{5}{3}}\times3^{\frac{1}{3}}=3^{\frac{5}{3}+\frac{1}{3}}=3^2=\boldsymbol{9}$ ⟵ 指数どうしの和

(2) $6^{\frac{1}{2}}\div6^{\frac{3}{2}}=6^{\frac{1}{2}-\frac{3}{2}}=6^{-1}=\boldsymbol{\dfrac{1}{6}}$ ⟵ 指数どうしの差

(3) $\left(4^{\frac{4}{3}}\right)^{\frac{3}{2}}=4^{\frac{4}{3}\times\frac{3}{2}}=4^2=\boldsymbol{16}$ ⟵ 指数どうしの積

教 p.169

問 12 次の計算をせよ。

(1) $(\sqrt[5]{2})^2\times\sqrt[5]{2^3}$　(2) $\sqrt[3]{9}\div\sqrt[6]{81^4}$

考え方 $\sqrt[n]{a^m}=a^{\frac{m}{n}}$ を用いて，分数の指数で表し，指数法則を用いる。

解 答 (1) $(\sqrt[5]{2})^2\times\sqrt[5]{2^3}=\sqrt[5]{2^2}\times\sqrt[5]{2^3}=2^{\frac{2}{5}}\times2^{\frac{3}{5}}=2^{\frac{2}{5}+\frac{3}{5}}=2^{\frac{5}{5}}=2^1=\boldsymbol{2}$

(2) $\sqrt[3]{9}\div\sqrt[6]{81^4}=9^{\frac{1}{3}}\div81^{\frac{4}{6}}=(3^2)^{\frac{1}{3}}\div(3^4)^{\frac{4}{6}}=3^{\frac{2}{3}}\div3^{\frac{8}{3}}=3^{\frac{2}{3}-\frac{8}{3}}=3^{-\frac{6}{3}}$

$=3^{-2}=\boldsymbol{\dfrac{1}{9}}$

2 指数関数とそのグラフ

用語のまとめ

a を底とする指数関数

- $a>0$, $a \neq 1$ のとき

$$y=a^x$$

で表される関数を，a を **底** とする **指数関数** という。

● 指数関数 $y=a^x$ のグラフ 　解き方のポイント

$a>1$ 　　 $0<a<1$

右上がりの曲線 　　 右下がりの曲線

教 p.172

問 13 関数 $y=3^x$ と関数 $y=\left(\frac{1}{3}\right)^x$ のグラフをかけ。

考え方 関数 $y=3^x$ と $y=\left(\frac{1}{3}\right)^x$ において，x の値に対応する y の値を求めると，下の表のようになる。$(x,\ y)$ を座標とする点を座標平面上にとって，なめらかな曲線で結ぶ。

x	…	-2	-1.5	-1	-0.5	0	0.5	1	1.5	2	…
$y=3^x$	…	0.11	0.19	0.33	0.58	1	1.73	3	5.20	9	…
$y=\left(\frac{1}{3}\right)^x$	…	9	5.20	3	1.73	1	0.58	0.33	0.19	0.11	…

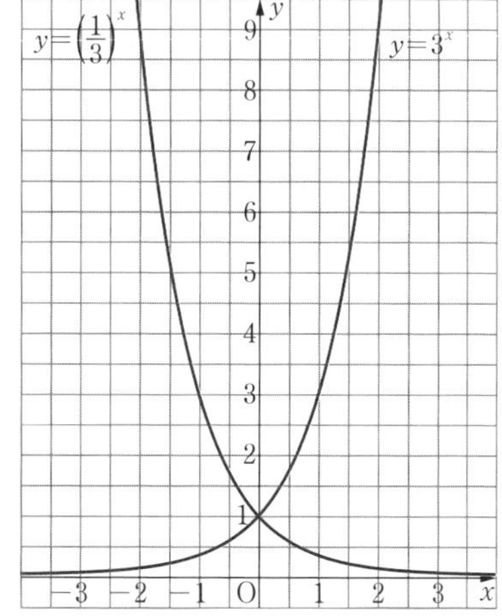

また，$y=\left(\frac{1}{3}\right)^x$ のグラフと $y=3^x$ のグラフは，y 軸に関して対称であることを利用してもよい。

解答 (グラフは右図)

● 指数関数の性質　解き方のポイント

[1] **定義域は実数全体，値域は正の実数全体** である。

[2] **グラフは点$(0,\ 1)$と点$(1,\ a)$を通り，x軸** が **漸近線** になる。

[3] **$a>1$のとき，xの値が増加するとyの値も** **増加** する。

すなわち　$p<q \iff a^p<a^q$

$0<a<1$のとき，xの値が増加するとyの値は **減少** する。

すなわち　$p<q \iff a^p>a^q$

[3]**のことから，$a>0$，$a \neq 1$のとき，次のことが成り立つ。**

$a^p=a^q \iff p=q$

教 p.173

問 14　次の2つの数の大小を比較せよ。

(1) $\sqrt[3]{9}$，$\sqrt[4]{27}$　　(2) $\sqrt[3]{\dfrac{1}{9}}$，$\sqrt[4]{\dfrac{1}{27}}$

考え方　底をそろえて，指数を比べる。そのとき，底aが$a>1$であるか，$0<a<1$であるかに注意する。

(1) 2つの数を3^xの形で表す。

底aが$a>1$であるから　$p<q \iff a^p<a^q$

(2) 2つの数を$\left(\dfrac{1}{3}\right)^x$の形で表す。

底aが$0<a<1$であるから　$p<q \iff a^p>a^q$

解答　(1)　$\sqrt[3]{9}=\sqrt[3]{3^2}=3^{\frac{2}{3}}$，$\sqrt[4]{27}=\sqrt[4]{3^3}=3^{\frac{3}{4}}$

である。ここで，$\dfrac{2}{3}<\dfrac{3}{4}$であり，$y=3^x$の底3は1より大きいから

$3^{\frac{2}{3}}<3^{\frac{3}{4}}$

すなわち　$\sqrt[3]{9}<\sqrt[4]{27}$

(2)　$\sqrt[3]{\dfrac{1}{9}}=\sqrt[3]{\left(\dfrac{1}{3}\right)^2}=\left(\dfrac{1}{3}\right)^{\frac{2}{3}}$，$\sqrt[4]{\dfrac{1}{27}}=\sqrt[4]{\left(\dfrac{1}{3}\right)^3}=\left(\dfrac{1}{3}\right)^{\frac{3}{4}}$

である。

ここで，$\dfrac{2}{3}<\dfrac{3}{4}$であり，$y=\left(\dfrac{1}{3}\right)^x$の底$\dfrac{1}{3}$は0より大きく1より小さいから

$\left(\dfrac{1}{3}\right)^{\frac{2}{3}}>\left(\dfrac{1}{3}\right)^{\frac{3}{4}}$

すなわち　$\sqrt[3]{\dfrac{1}{9}}>\sqrt[4]{\dfrac{1}{27}}$

教 p.174

問 15　次の方程式を解け。

(1)　$9^x = \dfrac{1}{3}$　　(2)　$\left(\dfrac{1}{4}\right)^x = \left(\dfrac{1}{2}\right)^{x-1}$

考え方　両辺の底をそろえて，指数どうしが等しいことから方程式をつくる。

解答　(1)　$9^x = (3^2)^x = 3^{2x}$，$\dfrac{1}{3} = 3^{-1}$ であるから　　$3^{2x} = 3^{-1}$

ゆえに　　$2x = -1$

したがって　　$\boldsymbol{x = -\dfrac{1}{2}}$

(2)　$\left(\dfrac{1}{4}\right)^x = \left\{\left(\dfrac{1}{2}\right)^2\right\}^x = \left(\dfrac{1}{2}\right)^{2x}$ であるから　　$\left(\dfrac{1}{2}\right)^{2x} = \left(\dfrac{1}{2}\right)^{x-1}$

ゆえに　　$2x = x - 1$

したがって　　$\boldsymbol{x = -1}$

● 指数関数を含む不等式　　解き方のポイント

$a > 1$ のとき　　$a^p < a^q \iff p < q$

$0 < a < 1$ のとき　　$a^p < a^q \iff p > q$

教 p.174

問 16　次の不等式を解け。

(1)　$4^x > 32$　　(2)　$\left(\dfrac{1}{9}\right)^x \leqq \dfrac{1}{27}$

考え方　両辺の底をそろえて，底 a が $a > 1$ であるか，$0 < a < 1$ であるかに注意して，指数についての不等式をつくる。

解答　(1)　$4^x = (2^2)^x = 2^{2x}$，$32 = 2^5$ であるから　　$2^{2x} > 2^5$

底 2 は 1 より大きいから　　$2x > 5$

したがって　　$\boldsymbol{x > \dfrac{5}{2}}$

(2)　$\left(\dfrac{1}{9}\right)^x = \left\{\left(\dfrac{1}{3}\right)^2\right\}^x = \left(\dfrac{1}{3}\right)^{2x}$，$\dfrac{1}{27} = \left(\dfrac{1}{3}\right)^3$ であるから　　$\left(\dfrac{1}{3}\right)^{2x} \leqq \left(\dfrac{1}{3}\right)^3$

底 $\dfrac{1}{3}$ は 0 より大きく 1 より小さいから　　$2x \geqq 3$

したがって　　$\boldsymbol{x \geqq \dfrac{3}{2}}$

Challenge例題 指数関数を含む方程式・不等式 教 p.175

問1 次の方程式，不等式を解け。

(1) $\left(\frac{1}{9}\right)^x+2\times\left(\frac{1}{3}\right)^x-3=0$ (2) $4^x-2^{x+1}-8\geqq 0$

考え方 $a^x=t$ とおいて，式に $(a^x)^2$ の形を見つけ，t の2次方程式，2次不等式として解く。

解答 (1) $$\left(\frac{1}{9}\right)^x=\left\{\left(\frac{1}{3}\right)^2\right\}^x=\left(\frac{1}{3}\right)^{2x}=\left\{\left(\frac{1}{3}\right)^x\right\}^2$$

であるから，与えられた方程式は

$$\left\{\left(\frac{1}{3}\right)^x\right\}^2+2\times\left(\frac{1}{3}\right)^x-3=0$$

と変形できる。

ここで，$\left(\frac{1}{3}\right)^x=t$ とおくと，$t>0$ であり

$$t^2+2t-3=0$$

$$(t+3)(t-1)=0$$

$t>0$ より $t=1$

すなわち $\left(\frac{1}{3}\right)^x=1$

したがって $\boldsymbol{x=0}$ ⟵ $a^0=1$

(2) $$4^x=(2^2)^x=2^{2x}=(2^x)^2,\quad 2^{x+1}=2\times 2^x$$

であるから，与えられた不等式は

$$(2^x)^2-2\times 2^x-8\geqq 0$$

と変形できる。

ここで，$2^x=t$ とおくと，$t>0$ であり

$$t^2-2t-8\geqq 0$$

$$(t+2)(t-4)\geqq 0$$

$$t\leqq -2,\ 4\leqq t$$

$t>0$ であるから $4\leqq t$

すなわち $2^2\leqq 2^x$

底2は1より大きいから

$$\boldsymbol{2\leqq x}$$

Training トレーニング 教 p.176

1 次の式を簡単にし，その結果を負の指数を用いずに表せ。

(1) $a^2 \times a^{-4}$　(2) $a^{-5} \div a^{-3} \times \left(\dfrac{1}{a}\right)^2$　(3) $(a^2b^{-1})^{-3} \times a^4 \times b^{-2}$

考え方 $a^m a^n = a^{m+n}$，$a^m \div a^n = a^{m-n}$，$(a^m)^n = a^{mn}$，$(ab)^n = a^n b^n$ を用いて計算し，最後に，$a^{-n} = \dfrac{1}{a^n}$ を用いて式を変形する。

解答 (1) $a^2 \times a^{-4} = a^{2+(-4)} = a^{-2} = \boldsymbol{\dfrac{1}{a^2}}$

(2) $a^{-5} \div a^{-3} \times \left(\dfrac{1}{a}\right)^2 = a^{-5} \div a^{-3} \times a^{-2} = a^{-5-(-3)+(-2)} = a^{-4} = \boldsymbol{\dfrac{1}{a^4}}$

(3) $(a^2b^{-1})^{-3} \times a^4 \times b^{-2} = a^{-6}b^3 \times a^4 \times b^{-2} = a^{-6+4} \times b^{3+(-2)} = a^{-2}b = \boldsymbol{\dfrac{b}{a^2}}$

2 次の値を求めよ。

(1) $\sqrt[3]{-216}$　(2) $\sqrt[6]{729}$　(3) $-\sqrt[4]{625}$

考え方 (1) -216 の 3 乗根 (3 乗して -216 になる数) を求める。

(2) 729 の 6 乗根 (6 乗して 729 になる数) のうち，正の方を答える。

(3) 625 の 4 乗根 (4 乗して 625 になる数) のうち，負の方を答える。

解答 (1) $(-6)^3 = -216$ であるから

$\sqrt[3]{-216} = \sqrt[3]{(-6)^3} = \boldsymbol{-6}$

(2) $3^6 = 729$，$(-3)^6 = 729$ であるから，729 の 6 乗根は ± 3 である。

$\sqrt[6]{729}$ は，729 の 6 乗根 ± 3 のうち，正の方であるから

$\sqrt[6]{729} = \boldsymbol{3}$

(3) $5^4 = 625$，$(-5)^4 = 625$ であるから，625 の 4 乗根は ± 5 である。

$-\sqrt[4]{625}$ は，625 の 4 乗根 ± 5 のうち，負の方であるから

$-\sqrt[4]{625} = \boldsymbol{-5}$

3 次の計算をせよ。

(1) $\sqrt[4]{125} \times \sqrt[4]{5}$　(2) $\sqrt[3]{100^4} \div \sqrt[3]{10^2}$　(3) $(\sqrt[4]{49})^2$

(4) $\sqrt[3]{125^2}$　(5) $\sqrt[3]{\sqrt[4]{64}}$

考え方 累乗根の性質を利用して計算する。

解答 (1) $\sqrt[4]{125} \times \sqrt[4]{5} = \sqrt[4]{125 \times 5}$　←― $\sqrt[n]{a}\sqrt[n]{b} = \sqrt[n]{ab}$

$= \sqrt[4]{5^3 \times 5} = \sqrt[4]{5^4} = \boldsymbol{5}$

(2) $\sqrt[3]{100^4} \div \sqrt[3]{10^2} = \dfrac{\sqrt[3]{100^4}}{\sqrt[3]{10^2}} = \sqrt[3]{\dfrac{100^4}{10^2}}$ ⟵ $\dfrac{\sqrt[n]{a}}{\sqrt[n]{b}} = \sqrt[n]{\dfrac{a}{b}}$

$= \sqrt[3]{\dfrac{100^4}{100}} = \sqrt[3]{100^3} = \mathbf{100}$

(3) $(\sqrt[4]{49})^2 = \sqrt[4]{49^2}$ ⟵ $(\sqrt[n]{a})^m = \sqrt[n]{a^m}$

$= \sqrt[4]{(7^2)^2} = \sqrt[4]{7^4} = \mathbf{7}$

(4) $\sqrt[3]{125^2} = (\sqrt[3]{125})^2$ ⟵ $\sqrt[n]{a^m} = (\sqrt[n]{a})^m$

$= (\sqrt[3]{5^3})^2 = 5^2 = \mathbf{25}$

(5) $\sqrt[3]{\sqrt[4]{64}} = \sqrt[12]{64}$ ⟵ $\sqrt[m]{\sqrt[n]{a}} = \sqrt[mn]{a}$

$= \sqrt[12]{2^6} = \sqrt{\sqrt[6]{2^6}} = \sqrt{\mathbf{2}}$ ⟵ $\sqrt[12]{\quad} = \sqrt[2]{\sqrt[6]{\quad}}$

4 次の計算をせよ。

(1) $\sqrt[6]{16} \times \sqrt[3]{32^{-1}}$　　(2) $9^{\frac{1}{3}} \div \sqrt[3]{3^5} \times 3^{-\frac{1}{2}}$

考え方 (1) $\sqrt[6]{16}$，$\sqrt[3]{32^{-1}}$ を 2 の累乗の形で表し，指数法則を利用する。

(2) $9^{\frac{1}{3}}$，$\sqrt[3]{3^5}$ を 3 の累乗の形で表し，指数法則を利用する。

解　答 (1) $\sqrt[6]{16} \times \sqrt[3]{32^{-1}} = 16^{\frac{1}{6}} \times 32^{-\frac{1}{3}} = (2^4)^{\frac{1}{6}} \times (2^5)^{-\frac{1}{3}} = 2^{\frac{2}{3}} \times 2^{-\frac{5}{3}}$

$= 2^{\frac{2}{3}+\left(-\frac{5}{3}\right)} = 2^{-1} = \mathbf{\dfrac{1}{2}}$

(2) $9^{\frac{1}{3}} \div \sqrt[3]{3^5} \times 3^{-\frac{1}{2}} = (3^2)^{\frac{1}{3}} \div 3^{\frac{5}{3}} \times 3^{-\frac{1}{2}} = 3^{\frac{2}{3}} \div 3^{\frac{5}{3}} \times 3^{-\frac{1}{2}}$

$= 3^{\frac{2}{3}-\frac{5}{3}+\left(-\frac{1}{2}\right)} = 3^{-\frac{3}{2}} = \sqrt{3^{-3}} = \sqrt{\dfrac{1}{3^3}}$

$= \dfrac{1}{\sqrt{3^3}} = \dfrac{1}{3\sqrt{3}} = \mathbf{\dfrac{\sqrt{3}}{9}}$

5 関数 $y = 3^x$ のグラフと次の関数のグラフは，どのような位置関係にあるか答えよ。

(1) $y = -3^x$　　(2) $y = \dfrac{1}{3^x}$　　(3) $y = 3^x + 1$　　(4) $y = 3^{x-1}$

解　答 (1) $y = -3^x$ のグラフは，$y = 3^x$ のグラフと **x 軸に関して対称** である。

(2) $\dfrac{1}{3^x} = 3^{-x}$ であるから，$y = \dfrac{1}{3^x}$ のグラフは $y = 3^x$ のグラフと **y 軸に関して対称** である。

(3) $y = 3^x + 1$ のグラフは，$y = 3^x$ のグラフを **y 軸方向に 1 だけ平行移動** したものである。

(4) $y = 3^{x-1}$ のグラフは，$y = 3^x$ のグラフを **x 軸方向に 1 だけ平行移動** したものである。

指数関数 $y=a^x$ $(a>0,\ a \neq 1)$ のグラフに対して

[1] x 軸方向に p，y 軸方向に q だけ平行移動したグラフの式は

$$y=a^{x-p}+q$$

[2] x 軸に関して対称なグラフの式は

$$y=-a^x$$

y 軸に関して対称なグラフの式は

$$y=a^{-x} \quad すなわち \quad y=\left(\frac{1}{a}\right)^x$$

---

6 次の各組の数を小さい方から順に並べよ。

(1) $\sqrt{3}$，$\sqrt[5]{9}$，$\sqrt[7]{27}$　　(2) $\sqrt{\frac{1}{2}}$，$\sqrt[3]{\frac{1}{4}}$，$\sqrt[8]{\frac{1}{8}}$

考え方 (1) すべての数を 3^x の形で表し，指数関数の性質を利用する。

(2) すべての数を $\left(\frac{1}{2}\right)^x$ の形で表し，指数関数の性質を利用する。

解答 (1) $\sqrt{3}=3^{\frac{1}{2}}$，$\sqrt[5]{9}=\sqrt[5]{3^2}=3^{\frac{2}{5}}$，$\sqrt[7]{27}=\sqrt[7]{3^3}=3^{\frac{3}{7}}$

ここで，$\frac{2}{5}<\frac{3}{7}<\frac{1}{2}$ であり，$y=3^x$ の底 3 は 1 より大きいから

$$3^{\frac{2}{5}}<3^{\frac{3}{7}}<3^{\frac{1}{2}}$$

すなわち　$\sqrt[5]{9}<\sqrt[7]{27}<\sqrt{3}$

(2) $\sqrt{\frac{1}{2}}=\left(\frac{1}{2}\right)^{\frac{1}{2}}$，$\sqrt[3]{\frac{1}{4}}=\sqrt[3]{\left(\frac{1}{2}\right)^2}=\left(\frac{1}{2}\right)^{\frac{2}{3}}$，$\sqrt[8]{\frac{1}{8}}=\sqrt[8]{\left(\frac{1}{2}\right)^3}=\left(\frac{1}{2}\right)^{\frac{3}{8}}$

ここで，$\frac{3}{8}<\frac{1}{2}<\frac{2}{3}$ であり，$y=\left(\frac{1}{2}\right)^x$ の底 $\frac{1}{2}$ は 0 より大きく 1 より小さいから

$$\left(\frac{1}{2}\right)^{\frac{3}{8}}>\left(\frac{1}{2}\right)^{\frac{1}{2}}>\left(\frac{1}{2}\right)^{\frac{2}{3}}$$

すなわち　$\sqrt[3]{\frac{1}{4}}<\sqrt{\frac{1}{2}}<\sqrt[8]{\frac{1}{8}}$

---

7 次の方程式を解け。

(1) $4^x=\frac{1}{8}$　　(2) $\left(\frac{1}{25}\right)^x=\left(\frac{1}{125}\right)^{x-2}$

考え方 両辺の底をそろえて，「$a^p=a^q \iff p=q$」を利用する。

解答 (1) $4^x=(2^2)^x=2^{2x}$，$\frac{1}{8}=\frac{1}{2^3}=2^{-3}$ であるから　$2^{2x}=2^{-3}$

ゆえに　$2x=-3$

したがって　$\boldsymbol{x=-\frac{3}{2}}$

(2) $\left(\dfrac{1}{25}\right)^x=\left\{\left(\dfrac{1}{5}\right)^2\right\}^x=\left(\dfrac{1}{5}\right)^{2x}$

$\left(\dfrac{1}{125}\right)^{x-2}=\left\{\left(\dfrac{1}{5}\right)^3\right\}^{x-2}=\left(\dfrac{1}{5}\right)^{3x-6}$

であるから

$\left(\dfrac{1}{5}\right)^{2x}=\left(\dfrac{1}{5}\right)^{3x-6}$

ゆえに　$2x=3x-6$

したがって　$\boldsymbol{x=6}$

---

8 次の不等式を解け。

(1) $3^{x-1}>27$　　(2) $\left(\dfrac{1}{2}\right)^{x-1}\leqq\left(\dfrac{1}{2\sqrt{2}}\right)^x$

考え方 (1) 両辺を 3^x の形で表し，「$a>1$ のとき　$a^p<a^q \iff p<q$」を利用する。

(2) 両辺を $\left(\dfrac{1}{2}\right)^x$ の形で表し，「$0<a<1$ のとき　$a^p\leqq a^q \iff p\geqq q$」を利用する。

解　答 (1) $27=3^3$ であるから　$3^{x-1}>3^3$

底 3 は 1 より大きいから

$x-1>3$

したがって　$\boldsymbol{x>4}$

(2) $\left(\dfrac{1}{2\sqrt{2}}\right)^x=\left(\dfrac{1}{\sqrt{2^3}}\right)^x=\left(\dfrac{1}{2^{\frac{3}{2}}}\right)^x=\left\{\left(\dfrac{1}{2}\right)^{\frac{3}{2}}\right\}^x=\left(\dfrac{1}{2}\right)^{\frac{3}{2}x}$

であるから

$\left(\dfrac{1}{2}\right)^{x-1}\leqq\left(\dfrac{1}{2}\right)^{\frac{3}{2}x}$

底 $\dfrac{1}{2}$ は 0 より大きく 1 より小さいから

$x-1\geqq\dfrac{3}{2}x$

したがって　$\boldsymbol{x\leqq-2}$

---

9 16 の 4 乗根と $\sqrt[4]{16}$ の違いを答えよ。

考え方 $\sqrt[4]{16}$ は 16 の 4 乗根のうち，正の方である。

解　答 16 の 4 乗根は 2 と -2 の 2 つある。

一方，$\sqrt[4]{16}$ は 16 の 4 乗根のうちの正の方であるから，2 のみである。

2節　対数関数

1 対数とその性質

用語のまとめ

対数

- $a>0$，$a \neq 1$ のとき，正の実数 M に対して
  $a^p = M$
  となる実数 p がただ1つ定まる。この p を
  $\log_a M$
  と表し，a を **底** とする M の **対数** という。
- M を $\log_a M$ の **真数** という。

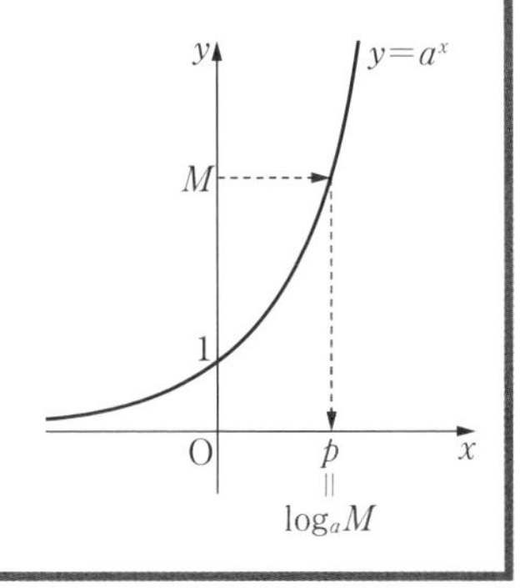

● 対数と指数　　**解き方のポイント**

$a>0$，$a \neq 1$，$M>0$ のとき

$$\log_a M = p \iff a^p = M$$

教 p.178

問1　次の等式を $\log_a M = p$ の形で表せ。

(1)　$10^2 = 100$　　(2)　$3^{-2} = \dfrac{1}{9}$　　(3)　$5^{\frac{1}{2}} = \sqrt{5}$

考え方　□$^{△}$ = ○　⟺　log$_{□}$○ = △

解　答　(1)　$\log_{10} 100 = 2$

(2)　$\log_3 \dfrac{1}{9} = -2$

(3)　$\log_5 \sqrt{5} = \dfrac{1}{2}$

● $\log_a a^p$ の値　　**解き方のポイント**

$M = a^p$ のとき $\log_a M = p$ であるから，次の等式が成り立つ。

$$\log_a a^p = p$$

教 p.179

問 2 次の値を求めよ。

(1) $\log_{10}1000$ (2) $\log_3\dfrac{1}{81}$ (3) $\log_5\sqrt[3]{125}$

考え方 $\log_a M$ において，真数 M を底 a の累乗の形で表す。

解 答 (1) $1000=10^3$ であるから $\log_{10}1000=\log_{10}10^3=3$

(2) $\dfrac{1}{81}=\dfrac{1}{3^4}=3^{-4}$ であるから $\log_3\dfrac{1}{81}=\log_3 3^{-4}=\mathbf{-4}$

(3) $\sqrt[3]{125}=125^{\frac{1}{3}}=(5^3)^{\frac{1}{3}}=5^1$ であるから $\log_5\sqrt[3]{125}=\log_5 5^1=\mathbf{1}$

教 p.179

問 3 次の値を求めよ。

(1) $\log_9 3$ (2) $\log_4\sqrt{2}$ (3) $\log_{\frac{1}{2}}8$

考え方 $\log_a M=x$ とおくと，$a^x=M$ である。

解 答 (1) $\log_9 3=x$ とおくと $9^x=3$

$9^x=(3^2)^x=3^{2x}$ であるから $3^{2x}=3^1$ ⟵ $3=3^1$

よって $2x=1$

ゆえに $x=\dfrac{1}{2}$

したがって $\log_9 3=\mathbf{\dfrac{1}{2}}$

(2) $\log_4\sqrt{2}=x$ とおくと $4^x=\sqrt{2}$

$4^x=(2^2)^x=2^{2x}$，$\sqrt{2}=2^{\frac{1}{2}}$ であるから $2^{2x}=2^{\frac{1}{2}}$

よって $2x=\dfrac{1}{2}$

ゆえに $x=\dfrac{1}{4}$

したがって $\log_4\sqrt{2}=\mathbf{\dfrac{1}{4}}$

(3) $\log_{\frac{1}{2}}8=x$ とおくと $\left(\dfrac{1}{2}\right)^x=8$

$\left(\dfrac{1}{2}\right)^x=(2^{-1})^x=2^{-x}$，$8=2^3$ であるから $2^{-x}=2^3$

よって $-x=3$

ゆえに $x=-3$

したがって $\log_{\frac{1}{2}}8=\mathbf{-3}$

● 対数の性質 ……………… **解き方のポイント**

$a^0=1$, $a^1=a$ より

$\log_a 1=0$, $\log_a a=1$

$a>0$, $a \neq 1$, $M>0$, $N>0$ のとき

[1] $\log_a MN=\log_a M+\log_a N$ 　　積の対数

[2] $\log_a \dfrac{M}{N}=\log_a M-\log_a N$ 　　商の対数

[3] $\log_a M^r=r\log_a M$ （r は実数） 　　累乗の対数

教 p.180

問4 上の［1］の証明にならって，対数の性質［2］を証明せよ。

考え方 $\log_a M=p$, $\log_a N=q$ とおき，$\dfrac{M}{N}$ を a の累乗の形で表す。

証明 $\log_a M=p$, $\log_a N=q$ とおくと　$M=a^p$, $N=a^q$

$N \neq 0$ であるから　$\dfrac{M}{N}=\dfrac{a^p}{a^q}=a^{p-q}$

したがって　$\log_a \dfrac{M}{N}=p-q=\log_a M-\log_a N$

教 p.180

問5 $M=a^p$ の両辺を r 乗することにより，対数の性質［3］を証明せよ。

考え方 $M=a^p$ の両辺を r 乗し，対数の定義を利用する。

解答 $\log_a M=p$ とおくと　$M=a^p$

両辺を r 乗すると　$M^r=(a^p)^r=a^{pr}$

よって　$\log_a M^r=\log_a a^{pr}=pr$

$p=\log_a M$ であるから

$\log_a M^r=r\log_a M$

教 p.180

問6 次の □ にあてはまる数を答えよ。

(1) $\log_2 5+\log_2 3=\log_2$ □ 　　(2) $\log_5 10=1+\log_5$ □

(3) $\log_{10} 18-\log_{10} 3=\log_{10}$ □ 　　(4) $\log_6 3=1-\log_6$ □

(5) $\log_4 9=$ □ $\log_4 3$ 　　(6) $\log_6 \sqrt{5}=$ □ $\log_6 5$

考え方 (1), (2)　$\log_a M + \log_a N = \log_a MN$ を用いる。

(3), (4)　$\log_a M - \log_a N = \log_a \dfrac{M}{N}$ を用いる。

(5), (6)　$\log_a M^r = r\log_a M$ を用いる。

解　答 (1)　$\log_2 5 + \log_2 3 = \log_2 (5 \times 3) = \log_2 \mathbf{15}$

(2)　$\log_5 10 = \log_5 (5 \times 2) = \log_5 5 + \log_5 2 = \mathbf{1 + \log_5 2}$

(3)　$\log_{10} 18 - \log_{10} 3 = \log_{10} \dfrac{18}{3} = \log_{10} \mathbf{6}$

(4)　$\log_6 3 = \log_6 \dfrac{6}{2} = \log_6 6 - \log_6 2 = \mathbf{1 - \log_6 2}$

(5)　$\log_4 9 = \log_4 3^2 = \mathbf{2\log_4 3}$

(6)　$\log_6 \sqrt{5} = \log_6 5^{\frac{1}{2}} = \mathbf{\dfrac{1}{2}\log_6 5}$

教 p.181

問7　次の計算をせよ。

(1)　$\log_6 12 + \log_6 18$　　(2)　$2\log_3 6 - \log_3 12$

(3)　$\log_4 \dfrac{4}{9} + 2\log_4 6$　　(4)　$\dfrac{1}{2}\log_5 10 - \log_5 \sqrt{2}$

考え方 (1)　$\log_a M + \log_a N = \log_a MN$, $\log_a M^r = r\log_a M$ を用いる。

(2), (4)　$r\log_a M = \log_a M^r$, $\log_a M - \log_a N = \log_a \dfrac{M}{N}$ を用いる。

(3)　$r\log_a M = \log_a M^r$, $\log_a M + \log_a N = \log_a MN$ を用いる。

解　答 (1)　$\log_6 12 + \log_6 18 = \log_6 (12 \times 18) = \log_6 (6 \times 2 \times 6 \times 3) = \log_6 6^3$
$= 3\log_6 6 = \mathbf{3}$

(2)　$2\log_3 6 - \log_3 12 = \log_3 6^2 - \log_3 12 = \log_3 36 - \log_3 12$
$= \log_3 \dfrac{36}{12} = \log_3 3 = \mathbf{1}$

(3)　$\log_4 \dfrac{4}{9} + 2\log_4 6 = \log_4 \dfrac{4}{9} + \log_4 6^2 = \log_4 \dfrac{4}{9} + \log_4 36$
$= \log_4 \left(\dfrac{4}{9} \times 36\right) = \log_4 (4 \times 4) = \log_4 4^2$
$= 2\log_4 4 = \mathbf{2}$

(4)　$\dfrac{1}{2}\log_5 10 - \log_5 \sqrt{2} = \log_5 10^{\frac{1}{2}} - \log_5 \sqrt{2} = \log_5 \sqrt{10} - \log_5 \sqrt{2}$
$= \log_5 \dfrac{\sqrt{10}}{\sqrt{2}} = \log_5 \sqrt{5} = \log_5 5^{\frac{1}{2}} = \dfrac{1}{2}\log_5 5 = \mathbf{\dfrac{1}{2}}$

● 底の変換公式　　解き方のポイント

a, b, c が正の数で，$a \neq 1$, $c \neq 1$ のとき

$$\log_a b = \frac{\log_c b}{\log_c a}$$

教 p.181

問8　次の値を求めよ。

(1)　$\log_8 4$　　(2)　$\log_9 \sqrt{3}$　　(3)　$\log_{25} \frac{1}{125}$

解答　(1)　$\log_8 4 = \frac{\log_2 4}{\log_2 8} = \frac{\log_2 2^2}{\log_2 2^3} = \frac{2\log_2 2}{3\log_2 2} = \frac{2}{3}$

(2)　$\log_9 \sqrt{3} = \frac{\log_3 \sqrt{3}}{\log_3 9} = \frac{\log_3 3^{\frac{1}{2}}}{\log_3 3^2} = \frac{\frac{1}{2}\log_3 3}{2\log_3 3} = \frac{\frac{1}{2}}{2} = \frac{1}{2} \div 2 = \frac{1}{4}$

(3)　$\log_{25} \frac{1}{125} = \log_{25} 125^{-1} = -\log_{25} 125 = -\frac{\log_5 125}{\log_5 25} = -\frac{\log_5 5^3}{\log_5 5^2}$

$= -\frac{3\log_5 5}{2\log_5 5} = -\frac{3}{2}$

教 p.182

問9　次の計算をせよ。

(1)　$\log_3 18 - \log_9 4$　　(2)　$\log_2 3 \cdot \log_3 2$　　(3)　$\frac{\log_9 64}{\log_3 2}$

考え方　対数の底をそろえてから計算する。

解答　(1)　$\log_3 18 \quad \log_9 4 = \log_3 18 - \frac{\log_3 4}{\log_3 9} - \log_3 18 - \frac{\log_3 2^2}{\log_3 3^2}$

$= \log_3 18 - \frac{2\log_3 2}{2} = \log_3 18 - \log_3 2 = \log_3 \frac{18}{2} = \log_3 9 = \log_3 3^2 = 2$

(2)　$\log_2 3 \cdot \log_3 2 = \log_2 3 \cdot \frac{\log_2 2}{\log_2 3} = \log_2 2 = 1$

(3)　$\frac{\log_9 64}{\log_3 2} = \log_9 64 \cdot \frac{1}{\log_3 2} = \frac{\log_3 64}{\log_3 9} \cdot \frac{1}{\log_3 2} = \frac{\log_3 2^6}{\log_3 3^2} \cdot \frac{1}{\log_3 2}$

$= \frac{6\log_3 2}{2} \cdot \frac{1}{\log_3 2} = \frac{6}{2} = 3$

別解　(2)　底を3にそろえると　$\log_2 3 \cdot \log_3 2 = \frac{\log_3 3}{\log_3 2} \cdot \log_3 2 = \log_3 3 = 1$

2 対数関数とそのグラフ

用語のまとめ

a を底とする対数関数

- $a>0$, $a \neq 1$ のとき

$$y=\log_a x$$

で表される関数を，a を **底** とする **対数関数** という。

● 対数関数のグラフ …… **解き方のポイント**

対数関数 $y=\log_a x$ のグラフと指数関数 $y=a^x$ のグラフは，直線 $y=x$ に関して対称である。

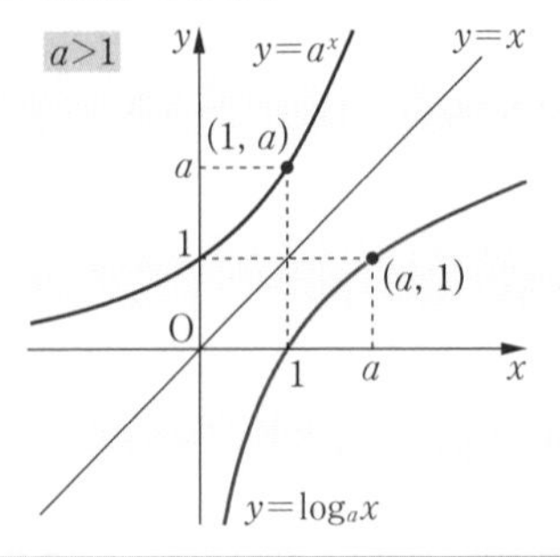

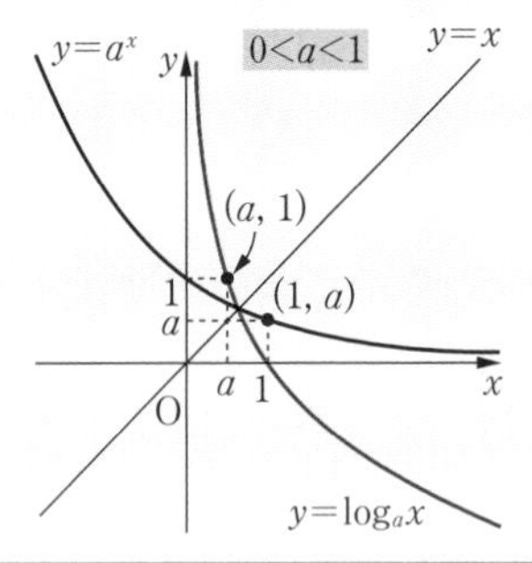

教 p.185

問 10　$y=\left(\dfrac{1}{2}\right)^x$ のグラフをもとにして，$y=\log_{\frac{1}{2}} x$ のグラフをかけ。

考え方　$y=\log_{\frac{1}{2}} x$ のグラフと，$y=\left(\dfrac{1}{2}\right)^x$ のグラフは，直線 $y=x$ に関して対称であることを利用する。

$y=\left(\dfrac{1}{2}\right)^x$ 上の点 $(-2,\ 4)$，$(-1,\ 2)$，$(0,\ 1)$，$\left(1,\ \dfrac{1}{2}\right)$，$\left(2,\ \dfrac{1}{4}\right)$ と直線 $y=x$ に関して対称な点 $(4,\ -2)$，$(2,\ -1)$，$(1,\ 0)$，$\left(\dfrac{1}{2},\ 1\right)$，$\left(\dfrac{1}{4},\ 2\right)$ をとってグラフをかく。

解答

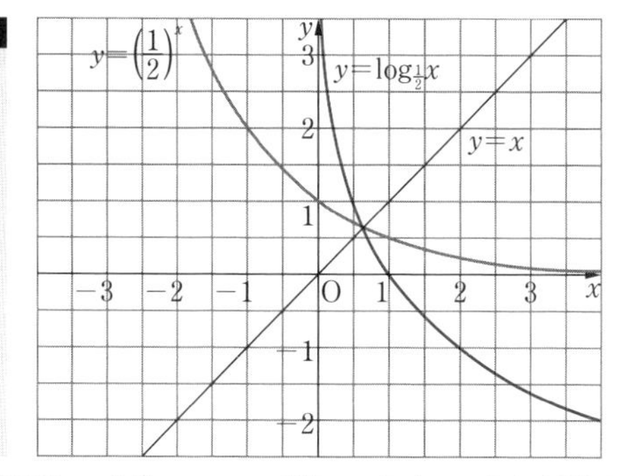

プラス＋ 直線 $y=x$ に関して点 $(a,\ b)$ と対称な点は $(b,\ a)$ となる。

● 対数関数の性質　解き方のポイント

[1] **定義域は正の実数全体，値域は実数全体** である。

[2] グラフは点 $(1,\ 0)$ と点 $(a,\ 1)$ を通り，**y 軸** が **漸近線** になる。

[3] $a>1$ のとき，x の値が増加すると y の値も **増加** する。

すなわち　$0<p<q \iff \log_a p<\log_a q$

$0<a<1$ のとき，x の値が増加すると y の値は **減少** する。

すなわち　$0<p<q \iff \log_a p>\log_a q$

また，$a>0$，$a\neq1$，$p>0$，$q>0$ のとき

$$p=q \iff \log_a p=\log_a q$$

教 p.185

問 11　次の各組の数を小さい方から順に並べよ。

(1)　$\log_4 7$，$\log_4 3$，$\log_4 8$　　(2)　$\log_{\frac{1}{3}}5$，$\log_{\frac{1}{3}}0.1$，$\log_{\frac{1}{3}}10$

考え方　底 a が $a>1$ であるか，$0<a<1$ であるかに注意して大小を比べる。

解答　(1)　$y=\log_4 x$ の底 4 は 1 より大きい。

$3<7<8$ であるから

$\log_4 3<\log_4 7<\log_4 8$

(2)　$y=\log_{\frac{1}{3}}x$ の底 $\frac{1}{3}$ は 0 より大きく 1 より小さい。

$0.1<5<10$ であるから　$\log_{\frac{1}{3}}0.1>\log_{\frac{1}{3}}5>\log_{\frac{1}{3}}10$

小さい順に並べると

$\log_{\frac{1}{3}}10<\log_{\frac{1}{3}}5<\log_{\frac{1}{3}}0.1$

● 対数関数を含む方程式 …… 解き方のポイント

1 真数が正となる x の値の範囲を求める。
2 対数の定義より，$\log_a x = p$ のとき $x = a^p$ …①
3 方程式 ① の解が 1 で求めた範囲にあるかどうか調べる。

教 p.186

問12 次の方程式を解け。

(1) $\log_4(x-2)=3$　　(2) $\log_3(x+5)=-2$

解 答 (1) 真数は正であるから　$x-2>0$ より

$x>2$ ……①

対数の定義より　$x-2=4^3$

したがって　$x=66$

これは ① を満たす。ゆえに，$x=66$ である。

(2) 真数は正であるから　$x+5>0$ より

$x>-5$ ……①

対数の定義より　$x+5=3^{-2}$

したがって　$x=-\dfrac{44}{9}$

これは ① を満たす。ゆえに，$x=-\dfrac{44}{9}$ である。

教 p.186

問13 次の方程式を解け。

(1) $\log_3 x+\log_3(x-6)=3$　　(2) $\log_2(x-2)+\log_2(x+4)=4$

考え方 $\log_a M+\log_a N=\log_a MN$ を用いて，左辺を 1 つの対数にまとめる。

解 答 (1) 真数は正であるから　$x>0$ かつ $x-6>0$ より

$x>6$ ……①

与えられた方程式は　$\log_3 x(x-6)=3$

したがって　$x(x-6)=3^3$

$x^2-6x-27=0$

$(x-9)(x+3)=0$

これを解くと　$x=9,\ -3$

① より　$x=9$

(2) 真数は正であるから　$x-2>0$ かつ $x+4>0$ より

$x>2$ ……①

与えられた方程式は　$\log_2(x-2)(x+4)=4$

したがって　$(x-2)(x+4)=2^4$

$x^2+2x-24=0$

$(x+6)(x-4)=0$

これを解くと　$x=-6,\ 4$

① より　$x=4$

● 対数関数を含む不等式　解き方のポイント

1 真数が正となる x の値の範囲を求める。

2 底 a が

$a>1$ のとき　$\log_a p<\log_a q \iff 0<p<q$

$0<a<1$ のとき　$\log_a p<\log_a q \iff p>q>0$

であることから，不等式をつくり，それを解く。

3 1, 2 で求めた x の値の範囲の共通部分が解である。

教 p.187

問 14 次の不等式を解け。

(1) $\log_3(x-4)<2$　(2) $\log_{\frac{1}{5}}(2x+6)>-1$

解 答 (1) 真数は正であるから　$x-4>0$ より

$x>4$ ……①

$2=\log_3 3^2=\log_3 9$ であるから，与えられた不等式は

$\log_3(x-4)<\log_3 9$

底 3 は 1 より大きいから　$x-4<9$

したがって　$x<13$ ……②

①, ② より　$4<x<13$

(2) 真数は正であるから　$2x+6>0$ より

$x>-3$ ……①

$-1=\log_{\frac{1}{5}}\left(\frac{1}{5}\right)^{-1}=\log_{\frac{1}{5}}5$　であるから，与えられた不等式は

$\log_{\frac{1}{5}}(2x+6)>\log_{\frac{1}{5}}5$

底 $\frac{1}{5}$ は 0 より大きく 1 より小さいから　$2x+6<5$

したがって　$x<-\frac{1}{2}$ ……②

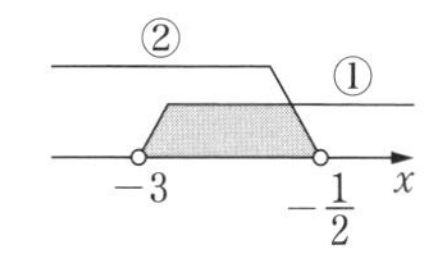

①, ② より　$-3<x<-\frac{1}{2}$

教 p.187

問 15 次の不等式を解け。

(1) $\log_5 x + \log_5 (x-4) < 1$ (2) $\log_{\frac{1}{3}} (x+2) + \log_{\frac{1}{3}} (x-6) \leqq -2$

解 答 (1) 真数は正であるから $x > 0$ かつ $x-4 > 0$ より

$x > 4$ ……①

$1 = \log_5 5$ であるから，与えられた不等式は

$\log_5 x(x-4) < \log_5 5$

底 5 は 1 より大きいから

$x(x-4) < 5$

$x^2 - 4x - 5 < 0$

$(x-5)(x+1) < 0$

これを解いて

$-1 < x < 5$ ……②

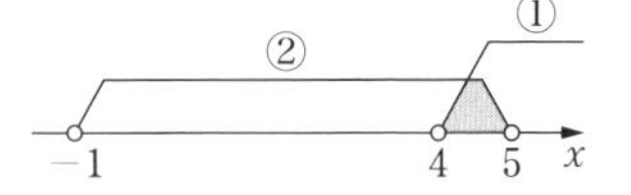

①，② より $4 < x < 5$

(2) 真数は正であるから $x+2 > 0$ かつ $x-6 > 0$ より

$x > 6$ ……①

$-2 = \log_{\frac{1}{3}} \left(\frac{1}{3}\right)^{-2} = \log_{\frac{1}{3}} 3^2 = \log_{\frac{1}{3}} 9$ であるから，与えられた不等式は

$\log_{\frac{1}{3}} (x+2)(x-6) \leqq \log_{\frac{1}{3}} 9$

底 $\frac{1}{3}$ は 0 より大きく 1 より小さいから

$(x+2)(x-6) \geqq 9$

$x^2 - 4x - 12 - 9 \geqq 0$

$x^2 - 4x - 21 \geqq 0$

$(x-7)(x+3) \geqq 0$

これを解いて

$x \leqq -3,\ 7 \leqq x$ ……②

①，② より $7 \leqq x$

Challenge 例題　対数を含む関数の最大・最小　教 p.188

問 1　次の関数の最大値と最小値を求めよ。また，そのときの x の値を求めよ。

$$y=(\log_2 x)^2-2\log_2 x-3 \qquad (1 \leqq x \leqq 8)$$

考え方　$(\log_a x)^2$ を含む関数の最大・最小は，$\log_a x=t$ とおいて，2次関数を利用して，次のような手順で考える。

1 与えられた x の値の範囲から t のとり得る値の範囲を求める。

2 与えられた関数を t の式で表す。

3 2 で求めた関数を t の2次関数と考えて，最大値，最小値を求める。

解答　$\log_2 x=t$ とおく。

$1 \leqq x \leqq 8$ であり，底2は1より大きいから

$$\log_2 1 \leqq \log_2 x \leqq \log_2 8$$

よって　　$0 \leqq t \leqq 3$　……①

また，与えられた関数は

$$y=t^2-2t-3$$
$$=(t-1)^2-4$$

と表すことができる。

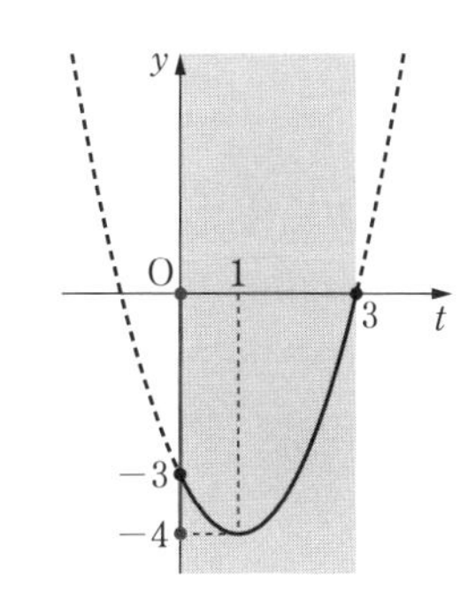

よって，右の図より

① の範囲において，y は

$t=3$ のとき　最大値 0

$t=1$ のとき　最小値 -4

をとる。ここで

$t=3$ となるのは

$\log_2 x=3$　すなわち　$x=8$ のとき　⟵ $2^3=8$

$t=1$ となるのは

$\log_2 x=1$　すなわち　$x=2$ のとき　⟵ $2^1=2$

である。したがって，この関数は

$x=8$ のとき　最大値 0

$x=2$ のとき　最小値 -4

3 常用対数

用語のまとめ

常用対数

- 10 を底とする対数を **常用対数** という。

教 p.190

問 16 教科書 270 ページの常用対数表を用いて，方程式 $3^x = 100$ の x の値を求めよ。

考え方 方程式の両辺の常用対数をとると

$$\log_{10} 3^x = \log_{10} 100$$

となる。

解 答 方程式 $3^x = 100$ の両辺の常用対数をとると

$$\log_{10} 3^x = \log_{10} 100$$

$$x \log_{10} 3 = \log_{10} 10^2$$

$$x = \frac{2\log_{10} 10}{\log_{10} 3} = \frac{2}{0.4771} = 4.192\cdots$$

別解 $3^x = 100$ より　$x = \log_3 100 = \dfrac{\log_{10} 10^2}{\log_{10} 3} = \dfrac{2\log_{10} 10}{\log_{10} 3} = 4.192\cdots$

教 p.190

問 17 教科書 270，271 ページの常用対数表を用いて，次の値を求めよ。

(1) $\log_{10} 4.56$　(2) $\log_{10} 708$　(3) $\log_{10} 0.955$

考え方 (1) 常用対数表で，4.5 の行と 6 の列の交わったところの値を読む。

(2) $708 = 7.08 \times 10^2$ と変形して，表から求める。

(3) $0.955 = 9.55 \times 10^{-1}$ と変形して，表から求める。

解 答 (1) $\log_{10} 4.56 = \mathbf{0.6590}$

(2) $\log_{10} 708 = \log_{10}(7.08 \times 10^2) = \log_{10} 7.08 + \log_{10} 10^2$
$= 0.8500 + 2 = \mathbf{2.8500}$

(3) $\log_{10} 0.955 = \log_{10}(9.55 \times 10^{-1}) = \log_{10} 9.55 + \log_{10} 10^{-1}$
$= 0.9800 + (-1) = \mathbf{-0.0200}$

● 正の整数の桁数 　解き方のポイント

正の整数 M が，$n-1 \leqq \log_{10} M < n$（$n$ は整数）を満たすとき

$$10^{n-1} \leqq M < 10^n$$

であるから，M は n 桁の整数である。

教 p.191

問 18 　$\log_{10} 3 = 0.4771$ を用いて，3^{30} の桁数を求めよ。

解答 　3^{30} の常用対数をとると

$$\log_{10} 3^{30} = 30\log_{10} 3 = 30 \times 0.4771 = 14.313$$

よって　$14 < \log_{10} 3^{30} < 15$

ゆえに　$10^{14} < 3^{30} < 10^{15}$

したがって，3^{30} の桁数は **15** である。

● 初めて 0 でない数字が現れる小数の位 　解き方のポイント

正の数 N が，$-n \leqq \log_{10} N < -n+1$（$n$ は整数）を満たすとき

$$10^{-n} \leqq N < 10^{-n+1}$$

であるから，N を小数で表すと，小数第 n 位に初めて 0 でない数字が現れる。

教 p.191

問 19 　$\left(\frac{1}{3}\right)^{40}$ を小数で表したとき，小数第何位に初めて 0 でない数字が現れるか。ただし，$\log_{10} 3 = 0.4771$ とする。

解答 　$\left(\frac{1}{3}\right)^{40}$ の常用対数をとると

$$\log_{10}\left(\frac{1}{3}\right)^{40} = \log_{10} 3^{-40} = -40\log_{10} 3$$

$$= -40 \times 0.4771 = -19.084$$

よって　$-20 < \log_{10}\left(\frac{1}{3}\right)^{40} < -19$

ゆえに　$10^{-20} < \left(\frac{1}{3}\right)^{40} < 10^{-19}$

したがって，**小数第 20 位** に初めて 0 でない数字が現れる。

Training トレーニング 教 p.192

10 次の等式を満たす M の値を求めよ。

(1) $\log_5 M = 2$　　(2) $\log_{\frac{1}{2}} M = -4$　　(3) $\log_{\frac{1}{81}} M = -\frac{1}{4}$

考え方 「$\log_a M = p \iff M = a^p$」を利用する。

解答 (1) $M = 5^2 = 25$

(2) $M = \left(\frac{1}{2}\right)^{-4} = (2^{-1})^{-4} = 2^4 = 16$

(3) $M = \left(\frac{1}{81}\right)^{-\frac{1}{4}} = (81^{-1})^{-\frac{1}{4}} = 81^{\frac{1}{4}} = (3^4)^{\frac{1}{4}} = 3^1 = 3$

11 次の計算をせよ。

(1) $\log_5 20 + \log_5 100 - 2\log_5 4$　　(2) $\log_2 \sqrt{2} + \log_2 \sqrt{10} - \log_2 \sqrt{5}$

考え方 対数の性質を利用する。

解答 (1)
$$\begin{aligned}\log_5 20 + \log_5 100 - 2\log_5 4 &= \log_5 20 + \log_5 100 - \log_5 4^2\\ &= \log_5 20 + \log_5 100 - \log_5 16\\ &= \log_5 \frac{20 \times 100}{16} = \log_5 125\\ &= \log_5 5^3 = 3\log_5 5\\ &= 3\end{aligned}$$

(2)
$$\begin{aligned}\log_2 \sqrt{2} + \log_2 \sqrt{10} - \log_2 \sqrt{5} &= \log_2 \frac{\sqrt{2} \times \sqrt{10}}{\sqrt{5}}\\ &= \log_2 \sqrt{4}\\ &= \log_2 2\\ &= 1\end{aligned}$$

12 次の計算をせよ。

(1) $\log_2 3 \cdot \log_{81} 8$　　(2) $\log_4 18 - \log_8 54$

考え方 対数の底をそろえてから計算する。

解答 (1)
$$\begin{aligned}\log_2 3 \cdot \log_{81} 8 &= \log_2 3 \cdot \frac{\log_2 8}{\log_2 81} = \log_2 3 \cdot \frac{\log_2 2^3}{\log_2 3^4}\\ &= \log_2 3 \cdot \frac{3\log_2 2}{4\log_2 3} = \log_2 3 \cdot \frac{3}{4\log_2 3}\\ &= \frac{3}{4}\end{aligned}$$

(2) $\log_4 18 - \log_8 54 = \dfrac{\log_2 18}{\log_2 4} - \dfrac{\log_2 54}{\log_2 8}$

$= \dfrac{\log_2 18}{\log_2 2^2} - \dfrac{\log_2 54}{\log_2 2^3} = \dfrac{\log_2 18}{2} - \dfrac{\log_2 54}{3}$

$= \dfrac{1}{2}\log_2 18 - \dfrac{1}{3}\log_2 54 = \log_2 18^{\frac{1}{2}} - \log_2 54^{\frac{1}{3}}$

$= \log_2 \dfrac{(2\cdot 3^2)^{\frac{1}{2}}}{(2\cdot 3^3)^{\frac{1}{3}}} = \log_2 \dfrac{2^{\frac{1}{2}}\cdot 3}{2^{\frac{1}{3}}\cdot 3} = \log_2 \dfrac{2^{\frac{1}{2}}}{2^{\frac{1}{3}}}$

$= \log_2 2^{\frac{1}{2}-\frac{1}{3}} = \log_2 2^{\frac{1}{6}} = \dfrac{1}{6}$

13 関数 $y = \log_2 x$ のグラフと次の関数のグラフは，それぞれどのような位置関係にあるか答えよ。

(1) $y = \log_2 \dfrac{1}{x}$　(2) $y = \log_2 2x$　(3) $y = \log_2 (x+1)$

解答 (1) $y = \log_2 \dfrac{1}{x} = \log_2 x^{-1} = -\log_2 x$

よって，$y = \log_2 \dfrac{1}{x}$ のグラフは，$y = \log_2 x$ のグラフと **x 軸に関して対称** である。

(2) $y = \log_2 2x = \log_2 2 + \log_2 x = \log_2 x + 1$

よって，$y = \log_2 2x$ のグラフは，$y = \log_2 x$ のグラフを **y 軸方向に1だけ平行移動** したものである。

(3) $y = \log_2 (x+1) = \log_2 \{x-(-1)\}$

よって，$y = \log_2 (x+1)$ のグラフは，$y = \log_2 x$ のグラフを **x 軸方向に -1 だけ平行移動** したものである。

対数関数 $y = \log_a x$ ($a > 0$, $a \neq 1$) のグラフに対して

[1] x 軸方向に p，y 軸方向に q だけ平行移動したグラフの式は

$y = \log_a (x-p) + q$

[2] x 軸に関して対称なグラフの式は

$y = -\log_a x$　すなわち　$y = \log_a \dfrac{1}{x}$

y 軸に関して対称なグラフの式は

$y = \log_a (-x)$

14 次の各組の数を小さい方から順に並べよ。

(1) $\log_3 8$，$\log_3 12$，2　(2) $\log_{\frac{1}{2}} \dfrac{1}{6}$，$\log_{\frac{1}{2}} \dfrac{1}{3}$，$2$

考え方 (1) 「$a>1$ のとき，$0<p<q \iff \log_a p<\log_a q$」を利用する。

(2) 「$0<a<1$ のとき，$0<p<q \iff \log_a p>\log_a q$」を利用する。

解 答 (1) $2=2\log_3 3=\log_3 3^2=\log_3 9$

$y=\log_3 x$ の底 3 は 1 より大きい。

$8<9<12$ であるから　$\log_3 8<\log_3 9<\log_3 12$

よって　$\boldsymbol{\log_3 8<2<\log_3 12}$

(2) $2=2\log_{\frac{1}{2}}\dfrac{1}{2}=\log_{\frac{1}{2}}\left(\dfrac{1}{2}\right)^2=\log_{\frac{1}{2}}\dfrac{1}{4}$

$y=\log_{\frac{1}{2}}x$ の底 $\dfrac{1}{2}$ は 0 より大きく 1 より小さい。

$\dfrac{1}{6}<\dfrac{1}{4}<\dfrac{1}{3}$ であるから　$\log_{\frac{1}{2}}\dfrac{1}{6}>\log_{\frac{1}{2}}\dfrac{1}{4}>\log_{\frac{1}{2}}\dfrac{1}{3}$

小さい順に並べると　$\log_{\frac{1}{2}}\dfrac{1}{3}<\log_{\frac{1}{2}}\dfrac{1}{4}<\log_{\frac{1}{2}}\dfrac{1}{6}$

よって　$\boldsymbol{\log_{\frac{1}{2}}\dfrac{1}{3}<2<\log_{\frac{1}{2}}\dfrac{1}{6}}$

15 次の方程式を解け。

(1) $\log_3 9(x+1)=3$　　(2) $\log_{10}x+\log_{10}(2x+1)=1$

考え方 真数は正であることから，まず，x の値の範囲を求める。

(1) $\log_a M=p$ ならば，$M=a^p$ である。

(2) $\log_a M+\log_a N=\log_a MN$ を用いて，左辺を 1 つの対数にまとめる。

解 答 (1) 真数は正であるから　$9(x+1)>0$ より

$x>-1$ ……①

対数の定義より　$9(x+1)=3^3$

$x+1=3$

したがって　$x=2$

これは ① を満たす。ゆえに，$\boldsymbol{x=2}$ である。

(2) 真数は正であるから　$x>0$ かつ $2x+1>0$ より

$x>0$ ……①

与えられた方程式は　$\log_{10}x(2x+1)=1$

したがって　$x(2x+1)=10$

$2x^2+x-10=0$

$(x-2)(2x+5)=0$

これを解くと　$x=2,\ -\dfrac{5}{2}$

① より　$\boldsymbol{x=2}$

16 次の不等式を解け。

(1) $\log_5(x+1) < 1$　　(2) $\log_{\frac{1}{2}}(5x-2) \leqq -3$

(3) $\log_2(x-2) + \log_2(x-9) > 3$

考え方 真数は正であることから，まず，x の値の範囲を求める。

解答 (1) 真数は正であるから　$x+1>0$ より

$x > \ \ 1$　……①

$1 = \log_5 5$ であるから，与えられた不等式は

$\log_5(x+1) < \log_5 5$

底 5 は 1 より大きいから　$x+1<5$

したがって　$x<4$　……②

①，② より　$\boldsymbol{-1 < x < 4}$

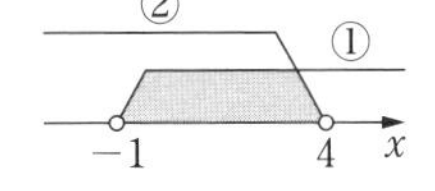

(2) 真数は正であるから　$5x-2>0$ より

$x > \dfrac{2}{5}$　……①

$-3 = \log_{\frac{1}{2}}\left(\dfrac{1}{2}\right)^{-3} = \log_{\frac{1}{2}} 8$ であるから，与えられた不等式は

$\log_{\frac{1}{2}}(5x-2) \leqq \log_{\frac{1}{2}} 8$

底 $\dfrac{1}{2}$ は 0 より大きく 1 より小さいから

$5x-2 \geqq 8$

したがって　$x \geqq 2$　……②

①，② より　$\boldsymbol{x \geqq 2}$

(3) 真数は正であるから　$x-2>0$ かつ $x-9>0$ より

$x>9$　……①

$3 = \log_2 2^3 = \log_2 8$ であるから，与えられた不等式は

$\log_2(x-2)(x-9) > \log_2 8$

底 2 は 1 より大きいから

$(x-2)(x-9) > 8$

$x^2 - 11x + 18 - 8 > 0$

$x^2 - 11x + 10 > 0$

$(x-10)(x-1) > 0$

これを解いて　$x<1,\ 10<x$　……②

①，② より　$\boldsymbol{10 < x}$

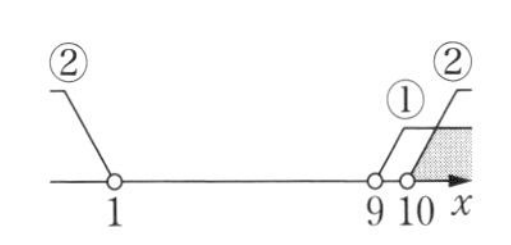

17 $\log_{10} 2 = 0.3010$ を用いて，5^{60} の桁数を求めよ。

4章 指数関数・対数関数

考え方 $n-1 \leqq \log_{10}5^{60} < n$ を満たす n の値を求める。このとき，5^{60} は n 桁の整数となる。

解答 5^{60} の常用対数をとると

$$\log_{10}5^{60} = 60\log_{10}5 = 60\log_{10}\frac{10}{2} = 60(\log_{10}10 - \log_{10}2)$$
$$= 60(1-0.3010) = 60 \times 0.6990 = 41.94$$

よって　$41 < \log_{10}5^{60} < 42$

ゆえに　$10^{41} < 5^{60} < 10^{42}$

したがって，5^{60} の桁数は 42 である。

18 $\left(\frac{1}{6}\right)^{10}$ を小数で表したとき，小数第何位に初めて 0 でない数字が現れるか。ただし，$\log_{10}2 = 0.3010$，$\log_{10}3 = 0.4771$ とする。

考え方 $-n \leqq \log_{10}\left(\frac{1}{6}\right)^{10} < -n+1$ を満たす n の値を求める。このとき，小数第 n 位に初めて 0 でない数字が現れる。

解答 $\left(\frac{1}{6}\right)^{10}$ の常用対数をとると

$$\log_{10}\left(\frac{1}{6}\right)^{10} = \log_{10}6^{-10} = -10\log_{10}6$$
$$= -10\log_{10}(2\times3) = -10(\log_{10}2 + \log_{10}3)$$
$$= -10\times(0.3010+0.4771) = -10\times0.7781$$
$$= -7.781$$

よって　$-8 < \log_{10}\left(\frac{1}{6}\right)^{10} < -7$

ゆえに　$10^{-8} < \left(\frac{1}{6}\right)^{10} < 10^{-7}$

したがって，$\left(\frac{1}{6}\right)^{10}$ は **小数第 8 位** に初めて 0 でない数字が現れる。

19 教科書 186 ページ例題 5 の方程式 $\log_2 x + \log_2(x-2) = 3$ と方程式 $\log_2 x(x-2) = 3$ との違いについて，真数の条件に着目して説明せよ。

解答 教科書 186 ページ例題 5 の方程式 $\log_2 x + \log_2(x-2) = 3$ において，$\log_2 x$ と $\log_2(x-2)$ の真数がいずれも正であるから

$x > 0$ かつ $x-2 > 0$ より　$x > 2$　……①

また，方程式 $\log_2 x(x-2) = 3$ では，$\log_2 x(x-2)$ の真数が正であるから

$x(x-2)>0$ より　　$x<0,\ 2<x$　……②

したがって，例題5の方程式と方程式 $\log_2 x(x-2)=3$ では，真数が正であるという条件から得られる x の値の範囲が異なる。

与えられた方程式は，どちらも $\log_2 x(x-2)=3$ となり，これを解くと

$x(x-2)=2^3$

$x^2-2x-8=0$

$(x-4)(x+2)=0$

したがって　　$x=4,\ -2$

となるが

①の範囲においては　　$x=4$

②の範囲においては　　$x=4,\ -2$

となる。

したがって

方程式 $\log_2 x(x-2)=3$ の解は　　$x=4,\ -2$

方程式 $\log_2 x+\log_2 (x-2)=3$ の解は　　$x=4$

となり，異なる。

教 p.194-195

1 地球と太陽の距離は，約 1.5×10^{11} m であり，光の速さは約 3.0×10^{8} m/s である。太陽からの光が地球に届くまでの時間はおよそ何分何秒か。

考え方 (時間) = (距離) ÷ (速さ) である。

解答

$$(1.5\times10^{11})\div(3.0\times10^{8})=\frac{1.5\times10^{11}}{3.0\times10^{8}}$$
$$=\frac{1.5}{3.0}\times\frac{10^{11}}{10^{8}}$$
$$=0.5\times10^{3}=500$$

よって，求める時間は，およそ500秒。

すなわち，**およそ8分20秒**である。　⟵ $500=60\times8+20$

2 次の式を簡単にせよ。

(1) $\left(a^{\frac{1}{2}}+a^{-\frac{1}{2}}\right)^2$　　(2) $\left(a^{\frac{1}{2}}-b^{\frac{1}{2}}\right)\left(a^{\frac{1}{2}}+b^{\frac{1}{2}}\right)(a+b)$

(3) $\left(a^{\frac{1}{3}}-a^{-\frac{1}{3}}\right)\left(a^{\frac{2}{3}}+1+a^{-\frac{2}{3}}\right)$

考え方 乗法公式を利用して式を展開する。

(1) $a^{\frac{1}{2}}=x$，$a^{-\frac{1}{2}}=y$ として，$(x+y)^2=x^2+2xy+y^2$ を用いる。

(2) 公式 $(x-y)(x+y)=x^2-y^2$ を 2 回用いる。

(3) 公式 $(x-y)(x^2+xy+y^2)=x^3-y^3$ を用いる。

解答 (1)
$$\begin{aligned}\left(a^{\frac{1}{2}}+a^{-\frac{1}{2}}\right)^2&=\left(a^{\frac{1}{2}}\right)^2+2\cdot a^{\frac{1}{2}}\cdot a^{-\frac{1}{2}}+\left(a^{-\frac{1}{2}}\right)^2\\&=a^{\frac{1}{2}\times 2}+2a^{\frac{1}{2}-\frac{1}{2}}+a^{-\frac{1}{2}\times 2}\\&=a+2a^0+a^{-1}\\&=\boldsymbol{a+\frac{1}{a}+2}\end{aligned}$$

(2)
$$\begin{aligned}\underline{\left(a^{\frac{1}{2}}-b^{\frac{1}{2}}\right)\left(a^{\frac{1}{2}}+b^{\frac{1}{2}}\right)}(a+b)&=\underline{\left\{\left(a^{\frac{1}{2}}\right)^2-\left(b^{\frac{1}{2}}\right)^2\right\}}(a+b)\\&=(a-b)(a+b)\\&=\boldsymbol{a^2-b^2}\end{aligned}$$

(3)
$$\begin{aligned}\left(a^{\frac{1}{3}}-a^{-\frac{1}{3}}\right)\left(a^{\frac{2}{3}}+1+a^{-\frac{2}{3}}\right)&=\left(a^{\frac{1}{3}}-a^{-\frac{1}{3}}\right)\left\{\left(a^{\frac{1}{3}}\right)^2+a^{\frac{1}{3}}\cdot a^{-\frac{1}{3}}+\left(a^{-\frac{1}{3}}\right)^2\right\}\\&=\left(a^{\frac{1}{3}}\right)^3-\left(a^{-\frac{1}{3}}\right)^3\\&=a-a^{-1}\\&=\boldsymbol{a-\frac{1}{a}}\end{aligned}$$

---

3 $x^{\frac{1}{2}}+x^{-\frac{1}{2}}=4$ のとき，次の式の値を求めよ。

(1) $x+x^{-1}$　　　(2) x^2+x^{-2}

考え方 (1) まず，$x^{\frac{1}{2}}+x^{-\frac{1}{2}}=4$ の両辺を 2 乗する。

(2) (1) で得た等式の両辺を 2 乗する。

解答 (1) $x^{\frac{1}{2}}+x^{-\frac{1}{2}}=4$

両辺を 2 乗すると

$$\begin{aligned}\left(x^{\frac{1}{2}}+x^{-\frac{1}{2}}\right)^2&=4^2\\\left(x^{\frac{1}{2}}\right)^2+2\cdot x^{\frac{1}{2}}\cdot x^{-\frac{1}{2}}+\left(x^{-\frac{1}{2}}\right)^2&=16\\x^1+2x^0+x^{-1}&=16\\x+2+x^{-1}&=16\end{aligned}$$

したがって　$\boldsymbol{x+x^{-1}=14}$

(2) (1) より　$x+x^{-1}=14$

両辺を 2 乗すると

$$\begin{aligned}(x+x^{-1})^2&=14^2\\x^2+2\cdot x\cdot x^{-1}+(x^{-1})^2&=196\\x^2+2+x^{-2}&=196\end{aligned}$$

したがって　$\boldsymbol{x^2+x^{-2}=194}$

4 次の３つの数を小さい方から順に並べよ。

(1) $\sqrt[3]{2}$，$\sqrt[4]{3}$，$\sqrt[6]{5}$　　(2) $\sqrt[3]{\frac{1}{3}}$，$\sqrt[4]{\frac{1}{4}}$，$\sqrt[6]{\frac{1}{7}}$

考え方 3，4，6 の最小公倍数は 12 であるから，３つの数を $\sqrt[12]{a}$ の形に表す。
$\sqrt[n]{a}$ では，a の値が大きいほど $\sqrt[n]{a}$ の値は大きい。

解答 (1)
$$\sqrt[3]{2}=2^{\frac{1}{3}}=2^{\frac{4}{12}}=(2^4)^{\frac{1}{12}}=16^{\frac{1}{12}}=\sqrt[12]{16}$$
$$\sqrt[4]{3}=3^{\frac{1}{4}}=3^{\frac{3}{12}}=(3^3)^{\frac{1}{12}}=27^{\frac{1}{12}}=\sqrt[12]{27}$$
$$\sqrt[6]{5}=5^{\frac{1}{6}}=5^{\frac{2}{12}}=(5^2)^{\frac{1}{12}}=25^{\frac{1}{12}}=\sqrt[12]{25}$$
$16<25<27$ であるから
$$\sqrt[12]{16}<\sqrt[12]{25}<\sqrt[12]{27}$$
すなわち　$\sqrt[3]{2}<\sqrt[6]{5}<\sqrt[4]{3}$

(2)
$$\sqrt[3]{\frac{1}{3}}=\left(\frac{1}{3}\right)^{\frac{1}{3}}=\left(\frac{1}{3}\right)^{\frac{4}{12}}=\left\{\left(\frac{1}{3}\right)^4\right\}^{\frac{1}{12}}=\left(\frac{1}{81}\right)^{\frac{1}{12}}=\sqrt[12]{\frac{1}{81}}$$
$$\sqrt[4]{\frac{1}{4}}=\left(\frac{1}{4}\right)^{\frac{1}{4}}=\left(\frac{1}{4}\right)^{\frac{3}{12}}=\left\{\left(\frac{1}{4}\right)^3\right\}^{\frac{1}{12}}=\left(\frac{1}{64}\right)^{\frac{1}{12}}=\sqrt[12]{\frac{1}{64}}$$
$$\sqrt[6]{\frac{1}{7}}=\left(\frac{1}{7}\right)^{\frac{1}{6}}=\left(\frac{1}{7}\right)^{\frac{2}{12}}=\left\{\left(\frac{1}{7}\right)^2\right\}^{\frac{1}{12}}=\left(\frac{1}{49}\right)^{\frac{1}{12}}=\sqrt[12]{\frac{1}{49}}$$
$\frac{1}{81}<\frac{1}{64}<\frac{1}{49}$ であるから
$$\sqrt[12]{\frac{1}{81}}<\sqrt[12]{\frac{1}{64}}<\sqrt[12]{\frac{1}{49}}$$
すなわち　$\sqrt[3]{\frac{1}{3}}<\sqrt[4]{\frac{1}{4}}<\sqrt[6]{\frac{1}{7}}$

5 $-1\leqq x\leqq 2$ のとき，関数 $y=9^x-2\times 3^{x+1}$ の最大値と最小値，およびそのときの x の値を求めよ。

考え方 底を 3 にそろえ，$3^x=t$ とおいて t についての２次関数をつくり，その関数の最大・最小を考える。このとき，置き換えた t の値の範囲に注意する。

解答
$$y=(3^2)^x-2\times 3\times 3^x=(3^x)^2-6\times 3^x$$
$3^x=t$ とおく。$-1\leqq x\leqq 2$ であり，底 3 は 1 より大きいから
$$3^{-1}\leqq 3^x\leqq 3^2$$
したがって　$\frac{1}{3}\leqq t\leqq 9$　……①

与えられた関数を t で表すと
$$y=t^2-6t=(t-3)^2-9$$

4章 指数関数・対数関数

① の範囲において，y は

$t=9$ のとき　最大値 27

$t=3$ のとき　最小値 -9

をとる。ここで

$t=9$ となるのは

$3^x=9$　すなわち　$x=2$ のとき

$t=3$ となるのは

$3^x=3$　すなわち　$x=1$ のとき

である。したがって，この関数は

$x=2$ のとき　最大値 27

$x=1$ のとき　最小値 -9

をとる。

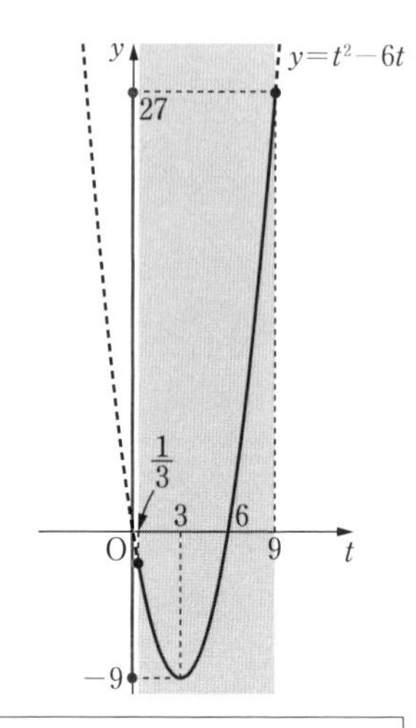

6 関数 $f(x)=4^x+4^{-x}-(2^x+2^{-x})-3$ について，次の問に答えよ。

(1)　$2^x+2^{-x}=t$ とおいて，$f(x)$ を t の式で表せ。

(2)　$f(x)$ の最小値と，そのときの x の値を求めよ。

考え方　(2)　$t=2^x+2^{-x}$ のとり得る値の範囲は，相加平均と相乗平均の関係を利用して考える。

解　答　(1)

$$\begin{aligned} t^2 &= (2^x+2^{-x})^2 \\ &= (2^x)^2+2\cdot 2^x\cdot 2^{-x}+(2^{-x})^2 \\ &= 2^{2x}+2\cdot 2^0+2^{-2x} \\ &= (2^2)^x+2+(2^2)^{-x} \\ &= 4^x+2+4^{-x} \end{aligned}$$

よって　　$4^x+4^{-x}=t^2-2$

したがって

$$\boldsymbol{f(x)=(t^2-2)-t-3=t^2-t-5}$$

(2)　$2^x>0$，$2^{-x}>0$ であるから，相加平均と相乗平均の関係より

$$2^x+2^{-x}\geqq 2\sqrt{2^x\cdot 2^{-x}}=2$$

よって　　$t\geqq 2$

等号が成り立つのは　　$2^x=2^{-x}$

すなわち $x=0$ のときである。

したがって，$t=2$ となるのは $x=0$ のときである。　　……①

(1) より

$$f(x)=t^2-t-5=\left(t-\frac{1}{2}\right)^2-\frac{21}{4}$$

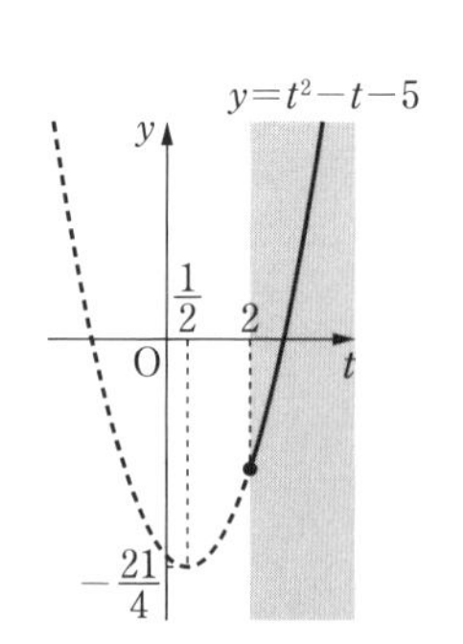

であるから，$t \geqq 2$ において，$f(x)$ の最小値は

$t=2$ のとき　$2^2-2-5=-3$

したがって，① より，$f(x)$ は $x=0$ のとき，**最小値 -3** をとる。

7　$\log_{10}2=p$，$\log_{10}3=q$ とするとき，次の値を p，q で表せ。

(1)　$\log_{10}12$　　(2)　$\log_{10}5$　　(3)　$\log_3 20$

考え方　(1)　12 を素因数分解し，2 の累乗と 3 の累乗の積で表す。

(2)　真数 5 を $\dfrac{10}{2}$ と見る。

(3)　底を 10 に変換し，真数 20 を 4×5 と見る。(2) の結果を利用する。

解答　(1)　$\log_{10}12=\log_{10}(2^2\times3)=\log_{10}2^2+\log_{10}3=2\log_{10}2+\log_{10}3$

$=\boldsymbol{2p+q}$

(2)　$\log_{10}5=\log_{10}\dfrac{10}{2}=\log_{10}10-\log_{10}2=\boldsymbol{1-p}$

(3)　$\log_3 20=\dfrac{\log_{10}20}{\log_{10}3}=\dfrac{\log_{10}(2^2\times5)}{\log_{10}3}$

$=\dfrac{\log_{10}2^2+\log_{10}5}{\log_{10}3}=\dfrac{2\log_{10}2+\log_{10}5}{\log_{10}3}$

$=\dfrac{2p+(1-p)}{q}=\boldsymbol{\dfrac{p+1}{q}}$

別解　(3)　$\log_3 20=\dfrac{\log_{10}20}{\log_{10}3}=\dfrac{\log_{10}(2\times10)}{\log_{10}3}=\dfrac{\log_{10}2+\log_{10}10}{\log_{10}3}=\dfrac{p+1}{q}$

8　$a^{\log_a M}=M$ となることを利用して，次の値を求めよ。

(1)　$2^{3\log_2 3}$　　(2)　$\left(\dfrac{1}{100}\right)^{\log_{10}4}$　　(3)　$4^{-\log_2 3}$

考え方　各数を $a^{\log_a M}$ の形に変形する。

解答　(1)　$2^{3\log_2 3}=2^{\log_2 3^3}=2^{\log_2 27}=\boldsymbol{27}$

(2)　$\left(\dfrac{1}{100}\right)^{\log_{10}4}=\left(\dfrac{1}{10^2}\right)^{\log_{10}4}=(10^{-2})^{\log_{10}4}=10^{-2\log_{10}4}$

$=10^{\log_{10}4^{-2}}=10^{\log_{10}\frac{1}{16}}=\boldsymbol{\dfrac{1}{16}}$

(3)　$4^{-\log_2 3}=(2^2)^{-\log_2 3}=2^{-2\log_2 3}=2^{\log_2 3^{-2}}=2^{\log_2\frac{1}{9}}=\boldsymbol{\dfrac{1}{9}}$

プラス＋　$a^{\log_a M}=M$ となることは，次のようにして証明できる。

$a^x=M$ とすると，対数の定義より

$x=\log_a M$

したがって　$a^{\log_a M}=M$

4章　指数関数・対数関数

9 a, b, c は正の数で，$a \neq 1$, $b \neq 1$, $c \neq 1$ のとき，次の等式を証明せよ。

(1) $\log_a b = \log_{a^2} b^2$　　(2) $\log_a b \cdot \log_b c \cdot \log_c a = 1$

考え方 底の変換公式を用いて，底をそろえる。

証明 (1) $$\log_{a^2} b^2 = \frac{\log_a b^2}{\log_a a^2} = \frac{2\log_a b}{2\log_a a} = \frac{2\log_a b}{2} = \log_a b$$

したがって　$\log_a b = \log_{a^2} b^2$

(2) $$\log_a b \cdot \log_b c \cdot \log_c a = \log_a b \cdot \frac{\log_a c}{\log_a b} \cdot \frac{\log_a a}{\log_a c} = \log_a a = 1$$

したがって　$\log_a b \cdot \log_b c \cdot \log_c a = 1$

別解 (2) 左辺の対数の底を，b または c にそろえて証明することもできる。

10 次の方程式，不等式を解け。

(1) $\log_3(x-4) = \log_9(x-2)$　　(2) $\log_2(x-2)+1 \leqq \log_4(3x+4)$

考え方 対数関数を含む方程式，不等式は，次の手順で解く。

1. 真数は正であることから，x の値の範囲を求める。
2. 底をそろえて真数を比較し，方程式，不等式を解く。
3. 1 で求めた範囲を満たす値や値の範囲を解とする。

解答 (1) 真数は正であるから　$x-4>0$ かつ $x-2>0$ より

$x>4$ ……①

$\log_9(x-2) = \dfrac{\log_3(x-2)}{\log_3 9} = \dfrac{\log_3(x-2)}{2}$ であるから

与えられた方程式は

$$\log_3(x-4) = \frac{\log_3(x-2)}{2}$$

$$2\log_3(x-4) = \log_3(x-2)$$

$$\log_3(x-4)^2 = \log_3(x-2)$$

したがって

$(x-4)^2 = x-2$

これを解くと　$x=3,\ 6$ ※

① より　$\boldsymbol{x=6}$

※
$$(x-4)^2 = x-2$$
$$x^2-8x+16 = x-2$$
$$x^2-9x+18 = 0$$
$$(x-3)(x-6) = 0$$

(2) 真数は正であるから　$x-2>0$ かつ $3x+4>0$ より

$x>2$ ……①

$1=\log_2 2$ であるから，与えられた不等式は

$$\log_2(x-2)+\log_2 2 \leqq \frac{\log_2(3x+4)}{\log_2 4}$$

$$\log_2 2(x-2) \leqq \frac{\log_2(3x+4)}{2}$$

$$2\log_2 2(x-2) \leqq \log_2(3x+4)$$

$$\log_2\{2(x-2)\}^2 \leqq \log_2(3x+4)$$

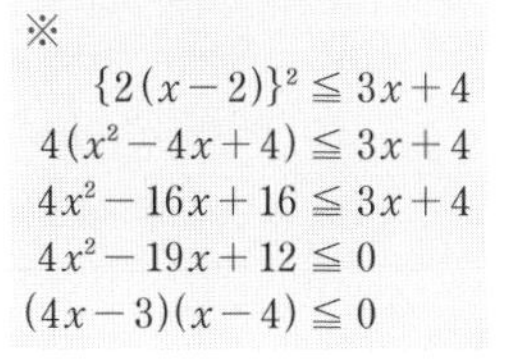

※

$$\{2(x-2)\}^2 \leqq 3x+4$$

$$4(x^2-4x+4) \leqq 3x+4$$

$$4x^2-16x+16 \leqq 3x+4$$

$$4x^2-19x+12 \leqq 0$$

$$(4x-3)(x-4) \leqq 0$$

底 2 は 1 より大きいから

$$\{2(x-2)\}^2 \leqq 3x+4$$

これを解くと　$\dfrac{3}{4} \leqq x \leqq 4$　……②　※

①，② より　$\boldsymbol{2 < x \leqq 4}$

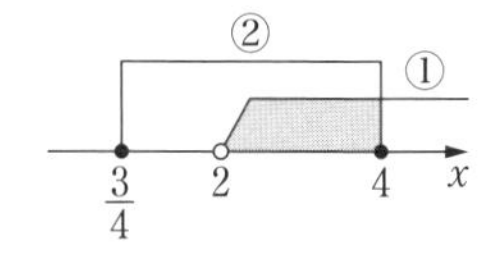

11 $x+y=4$ のとき，$\log_2 x+\log_2 y$ の最大値と，そのときの x，y の値を求めよ。

考え方　次の手順で考える。

1. $x+y=4$ と真数は正であることから，x のとり得る値の範囲を求める。
2. $\log_2 x+\log_2 y$ を 1 つの対数の形にまとめてから，y を消去して真数を x の 2 次式にする。
3. 1 で求めた範囲で，2 でつくった式の真数の最大値を求め，そのときの x，y の値を求める。

解答　真数は正であるから　$x>0$ かつ $y>0$

ここで，$x+y=4$ であるから　$y=-x+4$

$y>0$ より　$-x+4>0$

よって　$0<x<4$　……①

また

$$\log_2 x+\log_2 y = \log_2 xy$$

$$= \log_2 x(-x+4)$$

$$= \log_2(-x^2+4x)$$

底 2 は 1 より大きいから，$-x^2+4x$ の値が最大のとき，$\log_2(-x^2+4x)$ の値も最大となる。

$$-x^2+4x = -(x-2)^2+4$$

より，① の範囲において，$-x^2+4x$ は $x=2$ のとき最大値 4 をとる。

このとき

$$\log_2 x+\log_2 y = \log_2(-x^2+4x) = \log_2 4 = \log_2 2^2 = 2$$

$$y=-2+4=2$$

である。

したがって，$\log_2 x+\log_2 y$ は **$x=y=2$ のとき，最大値 2** をとる。

12 $\log_{10}2=0.3010$，$\log_{10}3=0.4771$ とするとき，次の問に答えよ。

(1) 6^n が 20 桁の整数となるような自然数 n を求めよ。

(2) (1) で求めた n に対して，6^n の最高位の数字を求めよ。

考え方 (1) 6^n が 20 桁の整数であるから，$10^{19} \leqq 6^n < 10^{20}$ が成り立つ。この不等式について常用対数をとって考える。

解答 (1) 6^n が 20 桁の整数であるとき　$10^{19} \leqq 6^n < 10^{20}$

この不等式の各辺の常用対数をとると

$$\log_{10}10^{19} \leqq \log_{10}6^n < \log_{10}10^{20}$$

$$19 \leqq n\log_{10}6 < 20$$

$$19 \leqq n(\log_{10}2+\log_{10}3) < 20$$

$$19 \leqq n(0.3010+0.4771) < 20$$

$$19 \leqq 0.7781n < 20$$

よって

$$\frac{19}{0.7781} \leqq n < \frac{20}{0.7781}$$

$$19 \div 0.7781 = 24.4\cdots,\ 20 \div 0.7781 = 25.7\cdots$$

であるから　$24.4\cdots \leqq n < 25.7\cdots$

n は自然数であるから　$n=25$

(2) 6^{25} の常用対数をとると

$$\begin{aligned}\log_{10}6^{25} &= 25\log_{10}6\\ &= 25(\log_{10}2+\log_{10}3)\\ &= 25\times(0.3010+0.4771)\\ &= 25\times0.7781=19.4525\end{aligned}$$

よって　$6^{25}=10^{19.4525}=10^{19}\times10^{0.4525}$

$\log_{10}2=0.3010$，$\log_{10}3=0.4771$ であるから

$$10^{0.3010}=2,\ 10^{0.4771}=3$$

底 10 は 1 より大きいから

$$10^{0.3010} < 10^{0.4525} < 10^{0.4771}$$

$$2 < 10^{0.4525} < 3$$

したがって，6^n の最高位の数字は 2 である。

13 $xyz \neq 0$ で，$2^x=5^y=10^z$ のとき，次の等式を証明せよ。

$$\frac{1}{x}+\frac{1}{y}=\frac{1}{z}$$

考え方 $2^x=5^y=10^z=t$ とおき，x，y，z を t を真数とした対数で表す。

証明　$2^x=5^y=10^z=t$ とおく。このとき，$t>0$ である。

$2^x=t$ より　　$x=\log_2 t=\dfrac{\log_{10}t}{\log_{10}2}$

$5^y=t$ より　　$y=\log_5 t=\dfrac{\log_{10}t}{\log_{10}5}$

$10^z=t$ より　　$z=\log_{10}t$

よって

$$\frac{1}{x}+\frac{1}{y}=\frac{\log_{10}2}{\log_{10}t}+\frac{\log_{10}5}{\log_{10}t}=\frac{\log_{10}2+\log_{10}5}{\log_{10}t}=\frac{\log_{10}(2\times5)}{\log_{10}t}$$

$$=\frac{\log_{10}10}{\log_{10}t}=\frac{1}{\log_{10}t}=\frac{1}{z}$$

したがって　　$\dfrac{1}{x}+\dfrac{1}{y}=\dfrac{1}{z}$

別解　$2^x=5^y=10^z$ の各辺の常用対数をとると

$x\log_{10}2=y\log_{10}5=z$　　よって　$x=\dfrac{z}{\log_{10}2}$，$y=\dfrac{z}{\log_{10}5}$

したがって

$$\frac{1}{x}+\frac{1}{y}=\frac{\log_{10}2}{z}+\frac{\log_{10}5}{z}=\frac{\log_{10}2+\log_{10}5}{z}=\frac{\log_{10}10}{z}=\frac{1}{z}$$

14 光があるガラス板を1枚通り抜けるごとに，その光の強さが $\dfrac{9}{10}$ になるという。光の強さがはじめの $\dfrac{1}{3}$ 以下になるのは，ガラス板を何枚以上重ねたときか。ただし，$\log_{10}3=0.4771$ とする。

考え方　重ねたガラス板の枚数を n 枚とすると，通り抜ける光の強さは，はじめの $\left(\dfrac{9}{10}\right)^n$ となる。

解答　重ねたガラス板の枚数を n 枚とすると

$$\left(\frac{9}{10}\right)^n\leqq\frac{1}{3}$$

となる。不等式の両辺の常用対数をとると

$$\log_{10}\left(\frac{9}{10}\right)^n\leqq\log_{10}\frac{1}{3}$$

$$n\log_{10}\frac{9}{10}\leqq\log_{10}3^{-1}$$

$$n(2\log_{10}3-1)\leqq-\log_{10}3$$

$$n(2\times0.4771-1)\leqq-0.4771$$

$$-0.0458n\leqq-0.4771$$

$$n\geqq\frac{0.4771}{0.0458}=10.417\cdots$$

したがって，ガラス板を **11 枚** 以上重ねたときである。

Investigation

教 p.196-197

□ いつの時代のもの？ □

Q 生物の化石に含まれている炭素 14 の濃度から，その化石は，およそ何年前に生息していた生物のものかを求めてみよう。

1 ある牡蠣の化石に含まれる炭素 14 の濃度が，いま生きている牡蠣に含まれる炭素 14 の濃度の $\dfrac{1}{16}$ であるとき，この化石は何年前に生息していた牡蠣のものだろうか。

2 いま生きている生物 A に含まれる炭素 14 の濃度は 1.20×10^{-12} であり，また，生物 A の化石に含まれる炭素 14 の濃度が 5.40×10^{-38} であるとき，この化石はいまから何年前に生息していた生物のものだろうか。必要ならば，270，271 ページの常用対数表を用いてよい。

解答 **1** 炭素 14 の濃度が約 5,730 年ごとに $\dfrac{1}{2}$ の割合で減るから

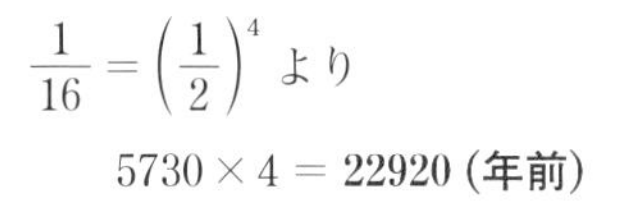

$$\frac{1}{16}=\left(\frac{1}{2}\right)^4 \text{ より}$$

$$5730\times4=\mathbf{22920}\ \textbf{(年前)}$$

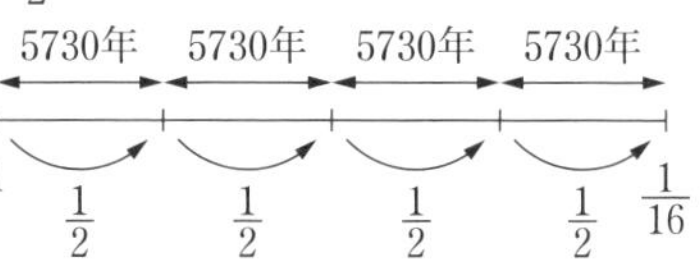

2 生物 A が約 x 年前に生息していたとすると

$$5.40\times10^{-38}=1.20\times10^{-12}\times\left(\frac{1}{2}\right)^{\frac{x}{5730}}$$

$$\left(\frac{1}{2}\right)^{\frac{x}{5730}}=4.5\times10^{-26}$$

両辺の常用対数をとると

$$\log_{10}\left(\frac{1}{2}\right)^{\frac{x}{5730}}=\log_{10}(4.5\times10^{-26})$$

$$\log_{10}2^{-\frac{x}{5730}}=\log_{10}\frac{9}{2}+\log_{10}10^{-26}$$

$$-\frac{x}{5730}\log_{10}2=\log_{10}3^2-\log_{10}2-26$$

であるから

$$x=\frac{5730}{\log_{10}2}\times(26-2\log_{10}3+\log_{10}2)$$

$$=\frac{5730}{0.3010}\times(26-2\times0.4771+0.3010)$$

$$\fallingdotseq \mathbf{482515}\ \textbf{(年前)}$$

5章　微分と積分

1節　微分の考え
2節　積分の考え

Introduction

教 p.198-199

速さの変化は？

Q 右のグラフから，ボールが転がる速さが徐々に大きくなることを説明してみよう。

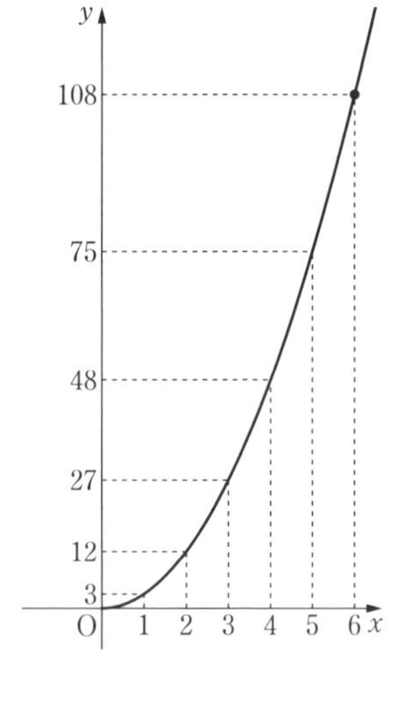

1 $x=6$ のとき，$y=108$ である。このとき，「$108\div6$」という計算は，どのような速さを求めているのだろうか。

2 転がり始めて 1 〜 3 秒，5 〜 6 秒の間では，どちらが速いだろうか。

3 ボールが転がる速さが徐々に大きくなることを説明してみよう。

考え方 **1** 108 m 転がるのにかかる時間が 6 秒であるから，$108\div6$ は

(転がる距離) ÷ (かかる時間)

を計算している。

解 答 **1** **0 秒から 6 秒までの平均の速さ** を求めている。

2 1 〜 3 秒の平均の速さは

$$\frac{27-3}{3-1}=12$$

5 〜 6 秒の平均の速さは

$$\frac{108-75}{6-5}=33$$

平均の速さを比べて，**5 〜 6 秒の間** のほうが速い。

3 グラフから，1 秒ごとに転がる距離と，そのときの秒速を求めると

0 〜 1 秒：$3-0=3$ より，3 m 転がるから，秒速は　3 m
1 〜 2 秒：$12-3=9$ より，9 m 転がるから，秒速は　9 m
2 〜 3 秒：$27-12=15$ より，15 m 転がるから，秒速は　15 m
3 〜 4 秒：$48-27=21$ より，21 m 転がるから，秒速は　21 m
4 〜 5 秒：$75-48=27$ より，27 m 転がるから，秒速は　27 m
5 〜 6 秒：$108-75=33$ より，33 m 転がるから，秒速は　33 m

となっている。

したがって，速さは徐々に大きくなる。

プラス＋ グラフ上の 2 点を通る直線の傾きが速さを表している。したがって，直線の傾きが急なほど，速さが速いといえる。

1節　微分の考え

1 導関数

用語のまとめ

平均変化率

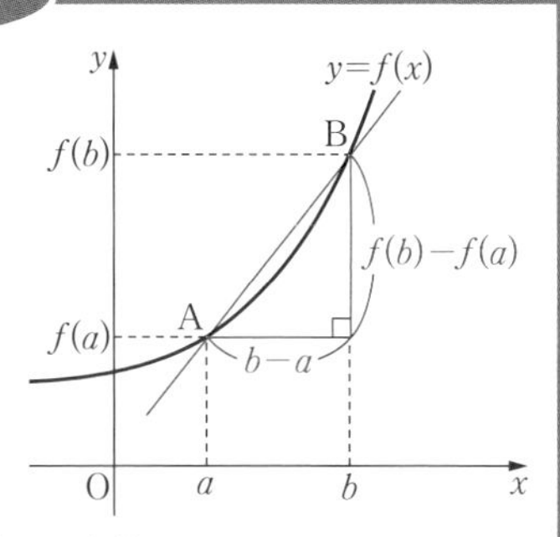

- 関数 $y=f(x)$ において，x が a から b まで変わるとき，x の変化量に対する y の変化量の割合

$$\frac{f(b)-f(a)}{b-a} \quad \cdots\cdots ①$$

を，x が a から b まで変わるときの関数 $f(x)$ の **平均変化率** という。

- 平均変化率 ① は，点 $\mathrm{A}(a,\ f(a))$ と点 $\mathrm{B}(b,\ f(b))$ を結ぶ直線の傾きを表している。
- x が a から $a+h$ まで変わるときの関数 $f(x)$ の平均変化率は

$$\frac{f(a+h)-f(a)}{h}$$

微分係数

- 関数 $f(x)$ の x が a から $a+h$ まで変わるときの平均変化率において，h を限りなく 0 に近付けるときの **極限値**

$$\lim_{h\to 0}\frac{f(a+h)-f(a)}{h}$$

が定まるならば，この値を関数 $f(x)$ の $x=a$ における **微分係数** といい，$f'(a)$ で表す。

微分係数の図形的な意味

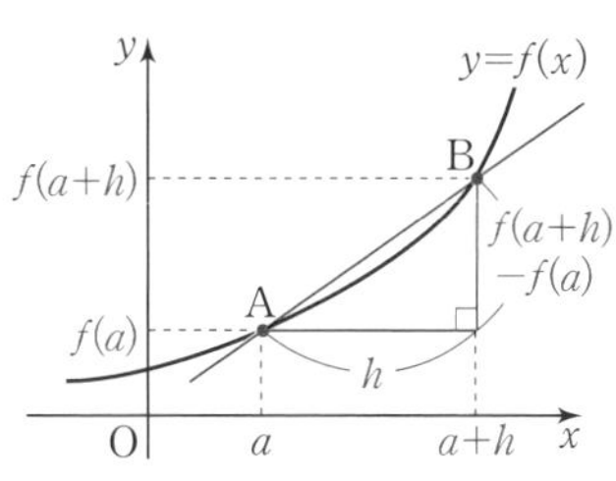

- 関数 $y=f(x)$ のグラフ上に，x 座標がそれぞれ a，$a+h$ である 2 点 A，B をとると

$$\frac{f(a+h)-f(a)}{h}$$

は直線 AB の傾きを表している。今，h を限りなく 0 に近付けると，点 B はグラフ上を動いて限りなく点 A に近付く。

$$\lim_{h\to 0}\frac{f(a+h)-f(a)}{h}=f'(a)$$

であるから，直線 AB は，点 A を通り傾き $f'(a)$ の直線 AT に限りなく近付く。この直線 AT を点 A における曲線 $y=f(x)$ の **接線** といい，点 A を **接点** という。

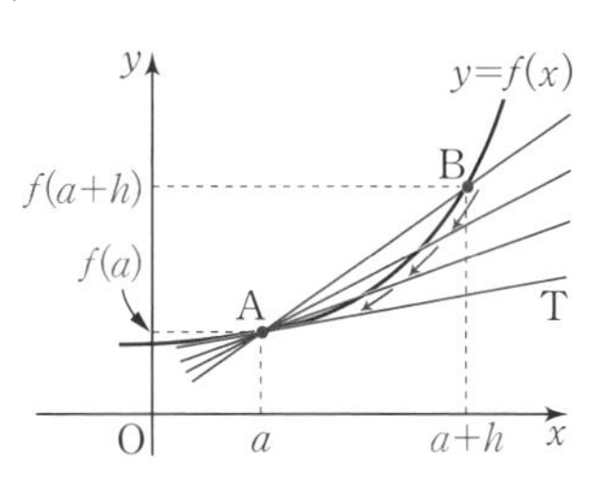

導関数

- 関数 $y=f(x)$ について，x のおのおのの値 a に微分係数 $f'(a)$ を対応させれば，1つの新しい関数 $f'(x)$ が得られる。この関数 $f'(x)$ を，$f(x)$ の **導関数** という。

微分

- x の関数 $f(x)$ から，その導関数 $f'(x)$ を求めることを，$f(x)$ を **x で微分する**，または単に **微分する** という。

教 p.202

問1 関数 $f(x)=x^2-4x$ について，次のときの平均変化率を求めよ。

(1) x が1から $1+h$ まで変わるとき

(2) x が a から $a+h$ まで変わるとき

考え方 関数 $f(x)$ について，x が a から $a+h$ まで変わるときの平均変化率は

$$\frac{f(a+h)-f(a)}{h} \quad \cdots\cdots ①$$

である。

$f(x)=x^2-4x$ の x に

(1) $x=1$，$x=1+h$　　(2) $x=a$，$x=a+h$

をそれぞれ代入して，① の値を求める。

解答 (1)

$$\frac{f(1+h)-f(1)}{h}=\frac{\{(1+h)^2-4(1+h)\}-(1^2-4\cdot1)}{h}$$

$$=\frac{(1+2h+h^2-4-4h)-(1-4)}{h}=\frac{(-3-2h+h^2)-(-3)}{h}$$

$$=\frac{-2h+h^2}{h}=\frac{h(-2+h)}{h}$$

$$=\boldsymbol{-2+h}$$

(2)

$$\frac{f(a+h)-f(a)}{h}=\frac{\{(a+h)^2-4(a+h)\}-(a^2-4a)}{h}$$

$$=\frac{(a^2+2ah+h^2-4a-4h)-(a^2-4a)}{h}$$

$$=\frac{2ah-4h+h^2}{h}=\frac{h(2a-4+h)}{h}$$

$$=\boldsymbol{2a-4+h}$$

● 微分係数の定義 …… **解き方のポイント**

$$f'(a)=\lim_{h\to 0}\frac{f(a+h)-f(a)}{h}$$

教 p.203

問2 関数 $f(x)=3x^2$ について，微分係数 $f'(1)$，$f'(-2)$ を求めよ。

考え方 微分係数の定義の式の a に，1，-2 をそれぞれ代入する。

解答

$$\begin{aligned}f'(1)&=\lim_{h\to 0}\frac{f(1+h)-f(1)}{h}=\lim_{h\to 0}\frac{3(1+h)^2-3\cdot 1^2}{h}\\&=\lim_{h\to 0}\frac{3(1+2h+h^2)-3}{h}=\lim_{h\to 0}\frac{6h+3h^2}{h}\\&=\lim_{h\to 0}(6+3h)\\&=6\end{aligned}$$

$$\begin{aligned}f'(-2)&=\lim_{h\to 0}\frac{f(-2+h)-f(-2)}{h}=\lim_{h\to 0}\frac{3(-2+h)^2-3\cdot(-2)^2}{h}\\&=\lim_{h\to 0}\frac{3(4-4h+h^2)-12}{h}=\lim_{h\to 0}\frac{-12h+3h^2}{h}\\&=\lim_{h\to 0}(-12+3h)\\&=-12\end{aligned}$$

● 微分係数と接線の傾き …… **解き方のポイント**

微分係数 $f'(a)$ は，曲線 $y=f(x)$ 上の点 $(a,\ f(a))$ における **接線の傾き** に等しい。

教 p.204

問3 放物線 $y=2x^2$ 上の点 $(-1,\ 2)$ における接線の傾きを求めよ。

解答 放物線 $y=2x^2$ 上の点 $(-1,\ 2)$ における接線の傾きは，$f(x)=2x^2$ とおくと，$f'(-1)$ に等しいから

$$\begin{aligned}f'(-1)&=\lim_{h\to 0}\frac{f(-1+h)-f(-1)}{h}=\lim_{h\to 0}\frac{2(-1+h)^2-2\cdot(-1)^2}{h}\\&=\lim_{h\to 0}\frac{2(1-2h+h^2)-2}{h}=\lim_{h\to 0}\frac{-4h+2h^2}{h}\\&=\lim_{h\to 0}(-4+2h)\\&=-4\end{aligned}$$

● 導関数の定義 …… **解き方のポイント**

関数 $f(x)$ の導関数 $f'(x)$ は次の式で定義される。

$$f'(x)=\lim_{h\to 0}\frac{f(x+h)-f(x)}{h}$$

教 p.206

問 4　右の図は，ある関数 $y=f(x)$ のグラフである。このとき，$-1\leqq x\leqq 3$ における導関数 $y=f'(x)$ の変化の様子について説明せよ。

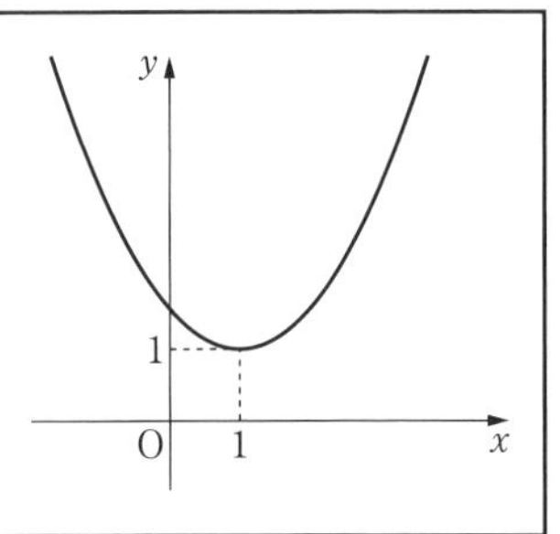

考え方　関数 $f(x)$ の導関数 $f'(x)$ は，曲線 $y=f(x)$ 上の各点 $(x,\ y)$ における接線の傾きを表す関数であるから，導関数 $f'(x)$ の値の変化は，接線の傾きの変化を調べれば分かる。

解　答　接線の傾きは，$-1\leqq x<1$ では負，$x=1$ では x 軸に平行，$1<x\leqq 3$ では正である。したがって，$-1\leqq x\leqq 3$ における導関数 $y=f'(x)$ の値は

(i)　$-1\leqq x<1$ において負であり，x の値が増加するにしたがって増加する。

(ii)　$x=1$ のとき，接線は x 軸に平行であり，0 である。

(iii)　$1<x\leqq 3$ において正であり，x の値が増加するにしたがって増加する。

注 意　関数 $y=f(x)$ の導関数を表すには，$f'(x)$ のほかに

$$y',\qquad \frac{dy}{dx},\qquad \frac{d}{dx}f(x)$$

などの記号も用いられる。

教 p.207

問 5　導関数の定義にしたがって，関数 $f(x)=2x^2$ を微分せよ。

解　答

$$\begin{aligned}f'(x)&=\lim_{h\to 0}\frac{f(x+h)-f(x)}{h}=\lim_{h\to 0}\frac{2(x+h)^2-2x^2}{h}\\&=\lim_{h\to 0}\frac{2(x^2+2xh+h^2)-2x^2}{h}=\lim_{h\to 0}\frac{4xh+2h^2}{h}\\&=\lim_{h\to 0}\frac{h(4x+2h)}{h}=\lim_{h\to 0}(4x+2h)=\boldsymbol{4x}\end{aligned}$$

2 導関数の計算

用語のまとめ

定数関数

- 値が一定の関数を **定数関数** という。

● x^n の導関数 …… 解き方のポイント

n が正の整数のとき　$(x^n)' = nx^{n-1}$

● 定数関数の導関数 …… 解き方のポイント

c が定数のとき　$(c)' = 0$

● 定数倍，和，差の導関数 …… 解き方のポイント

[1] k が定数のとき　$\{kf(x)\}' = kf'(x)$

[2] $\{f(x)+g(x)\}' = f'(x)+g'(x)$

[3] $\{f(x)-g(x)\}' = f'(x)-g'(x)$

教 p.209

問6　次の関数を微分せよ。

(1) $y = 2x+3$　　(2) $y = x^2+4x+6$

(3) $y = -2x^3-5x^2+7x-8$　　(4) $y = \frac{1}{3}x^3-\frac{1}{2}x^2-3x+1$

解答　(1) $y' = (2x+3)' = (2x)'+(3)' = 2(x)'+(3)'$

$= 2\cdot 1+0 = 2$

(2) $y' = (x^2+4x+6)' = (x^2)'+(4x)'+(6)' = (x^2)'+4(x)'+(6)'$

$= 2x+4\cdot 1+0 = \boldsymbol{2x+4}$

(3) $y' = (-2x^3-5x^2+7x-8)' = (-2x^3)'-(5x^2)'+(7x)'-(8)'$

$= -2(x^3)'-5(x^2)'+7(x)'-(8)' = -2\cdot 3x^2-5\cdot 2x+7\cdot 1-0$

$= \boldsymbol{-6x^2-10x+7}$

(4) $y' = \left(\frac{1}{3}x^3-\frac{1}{2}x^2-3x+1\right)' = \left(\frac{1}{3}x^3\right)'-\left(\frac{1}{2}x^2\right)'-(3x)'+(1)'$

$= \frac{1}{3}(x^3)'-\frac{1}{2}(x^2)'-3(x)'+(1)' = \frac{1}{3}\cdot 3x^2-\frac{1}{2}\cdot 2x-3\cdot 1+0$

$= \boldsymbol{x^2-x-3}$

教 p.210

問 7　次の関数を微分せよ。

(1)　$y = x(3-4x)$　　(2)　$y = (x-2)(2x+3)$

(3)　$y = (2x+1)(2x-1)$　　(4)　$y = x(x+1)^2$

考え方　まず，右辺を展開してから，導関数の性質を用いて微分する。

解　答　(1)　$y = -4x^2+3x$ であるから

$$\begin{aligned} \boldsymbol{y'} &= (-4x^2+3x)' \\ &= -4(x^2)'+3(x)' \\ &= -4\cdot 2x+3\cdot 1 \\ &= \boldsymbol{-8x+3} \end{aligned}$$

(2)　$y = 2x^2-x-6$ であるから

$$\begin{aligned} \boldsymbol{y'} &= (2x^2-x-6)' \\ &= 2(x^2)'-(x)'-(6)' \\ &= 2\cdot 2x-1-0 \\ &= \boldsymbol{4x-1} \end{aligned}$$

(3)　$y = 4x^2-1$ であるから

$$\begin{aligned} \boldsymbol{y'} &= (4x^2-1)' \\ &= 4(x^2)'-(1)' \\ &= 4\cdot 2x-0 \\ &= \boldsymbol{8x} \end{aligned}$$

(4)　$y = x(x^2+2x+1) = x^3+2x^2+x$ であるから

$$\begin{aligned} \boldsymbol{y'} &= (x^3+2x^2+x)' \\ &= (x^3)'+2(x^2)'+(x)' \\ &= 3x^2+2\cdot 2x+1 \\ &= \boldsymbol{3x^2+4x+1} \end{aligned}$$

教 p.210

問 8　次の関数を〔　〕内の文字を変数として微分せよ。

(1)　$h = 10t-5t^2$　〔t〕　　(2)　$V = \dfrac{4}{3}\pi r^3$　〔r〕

考え方　関数 $h = 10t-5t^2$ を t で微分して得られる導関数は　$\dfrac{dh}{dt}$

関数 $V = \dfrac{4}{3}\pi r^3$ を r で微分して得られる導関数は　$\dfrac{dV}{dr}$

で表す。求め方は x の関数のときと同様である。

解 答 (1) $\dfrac{dh}{dt}=(10t-5t^2)'$

$=10(t)'-5(t^2)'$

$=10\cdot1-5\cdot2t$

$=10-10t$

(2) $\dfrac{dV}{dr}=\left(\dfrac{4}{3}\pi r^3\right)'$

$=\dfrac{4}{3}\pi(r^3)'$

$=\dfrac{4}{3}\pi\cdot3r^2$

$=4\pi r^2$

教 p.210

問 9 関数 $f(x)=2x^2-3x+1$ について，$x=1$，$x=2$，$x=-3$ における微分係数をそれぞれ求めよ。

考え方 導関数の性質を用いて $f'(x)$ を求め，その式に x の値を代入する。

解 答 $f(x)=2x^2-3x+1$ を微分すると

$f'(x)=2\cdot2x-3\cdot1+0=4x-3$

したがって

$f'(1)=4\cdot1-3=4-3=1$

$f'(2)=4\cdot2-3=8-3=5$

$f'(-3)=4\cdot(-3)-3=-12-3=-15$

教 p.211

問 10 関数 $f(x)=ax^3-x^2+2ax+3$ が，$f'(2)=3$ を満たすとき，定数 a の値を求めよ。

考え方 まず，$f(x)=ax^3-x^2+2ax+3$ を x で微分する。
この式に $x=2$ を代入して a についての方程式をつくり，それを解く。

解 答 $f(x)$ を x で微分すると

$f'(x)=a\cdot3x^2-2x+2a\cdot1+0=3ax^2-2x+2a$

であるから

$f'(2)=3a\cdot2^2-2\cdot2+2a=12a-4+2a=14a-4$

$f'(2)=3$ より　$14a-4=3$

すなわち　$14a=7$

したがって　$a=\dfrac{1}{2}$

● 接線の方程式 …… **解き方のポイント**

関数 $y=f(x)$ のグラフ上の点 $(a,\ f(a))$ における接線の方程式は

$y-f(a)=f'(a)(x-a)$

教 p.212

問 11　関数 $y=-x^2+3x$ のグラフ上の点 $(-1,\ -4)$ における接線の方程式を求めよ。

考え方　まず，$f(x)=-x^2+3x$ とおく。点 $(-1,\ -4)$ における接線の方程式であるから，$f'(-1)$ を求める。その値を，接線の方程式の公式にあてはめる。

解　答　$f(x)=-x^2+3x$ とおくと

$$f'(x)=-2x+3$$

点 $(-1,\ -4)$ における接線の傾きは

$$f'(-1)=-2\cdot(-1)+3=5$$

したがって，求める接線は点 $(-1,\ -4)$ を通り，傾き 5 の直線である。

よって，その方程式は

$$y-(-4)=5\{x-(-1)\}$$

すなわち　　$\boldsymbol{y=5x+1}$

教 p.213

問 12　点 A$(-1,\ -2)$ から 曲線 $y=x^2+1$ へ引いた接線の方程式を求めよ。

考え方　接点は曲線 $y=x^2+1$ 上の点であるから，接点の座標を $(a,\ a^2+1)$ とおくことができる。接線が点 A$(-1,\ -2)$ を通ることから，$x=-1$，$y=-2$ を接線の方程式に代入して，a の値を求める。

解　答　接点を P$(a,\ a^2+1)$ とおく。

$y'=2x$ であるから，接線の傾きは $2a$ である。

よって，接線 AP の方程式は

$$y-(a^2+1)=2a(x-a)$$

すなわち　　$y=2ax-a^2+1$　……①

これが点 A$(-1,\ -2)$ を通るから

$$-2=-2a-a^2+1$$

整理すると

$$a^2+2a-3=0$$

$$(a+3)(a-1)=0$$

よって　　$a=-3,\ 1$

これらを①に代入して

$a=-3$ のとき　　$y=-6x-8$

$a=1$ のとき　　$y=2x$

したがって，求める接線の方程式は

$\boldsymbol{y=-6x-8,\ y=2x}$

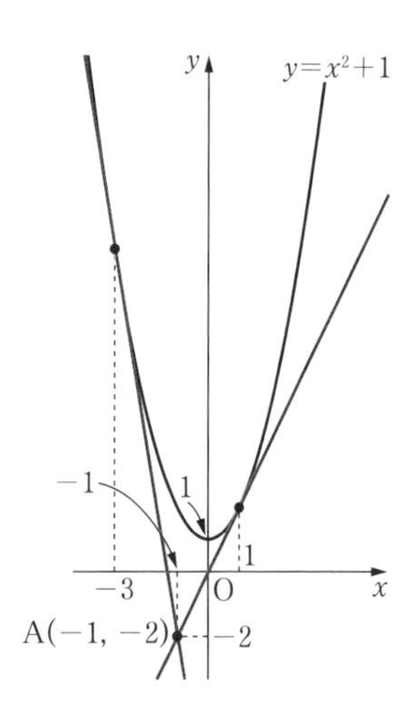

3 関数のグラフと増減

用語のまとめ

区間

- 2つの実数 a, b に対して，不等式

$$a < x < b,\ a \leqq x \leqq b,\ a < x,\ x \leqq b$$

などを満たす実数 x の値の範囲を **区間** という。

増減表

- 関数の増加・減少を示した表を **増減表** という。

極大・極小

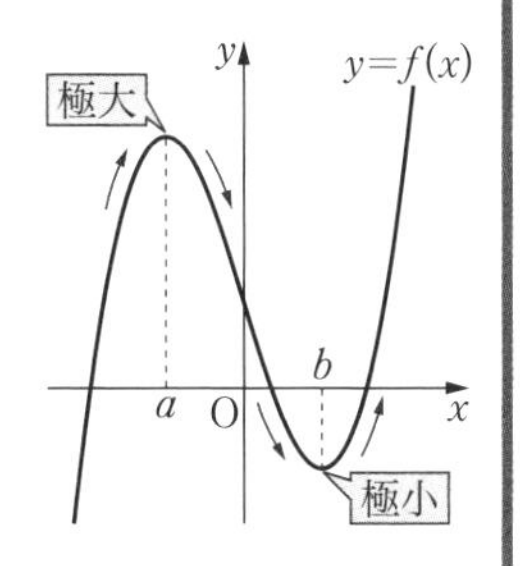

- 関数 $f(x)$ の値が $x=a$ を境にして，増加から減少に変わるとき，$f(x)$ は $x=a$ において **極大** になるといい，そのときの値 $f(a)$ を **極大値** という。
- 関数 $f(x)$ の値が $x=b$ を境にして，減少から増加に変わるとき，$f(x)$ は $x=b$ において **極小** になるといい，そのときの値 $f(b)$ を **極小値** という。
- 極大値と極小値を合わせて **極値** という。

● 導関数の符号と関数の増減 ……… 解き方のポイント

ある区間で

常に $f'(x) > 0$ ならば，$f(x)$ は **その区間で増加** する。

常に $f'(x) < 0$ ならば，$f(x)$ は **その区間で減少** する。

注意　ある区間で常に $f'(x) = 0$ ならば，$f(x)$ はその区間で一定の値をとる。

● 関数の極大・極小 ……… 解き方のポイント

$$f'(a) = 0$$

となる $x = a$ を境にして

(1) $f'(x)$ が正から負 に変われば
　　$f(a)$ は極大値

(2) $f'(x)$ が負から正 に変われば
　　$f(a)$ は極小値

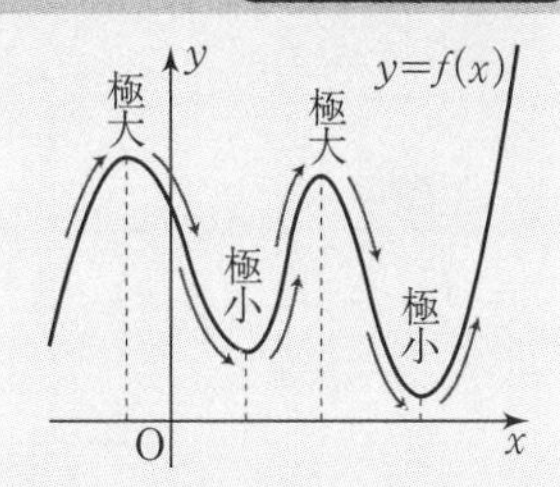

教 p.217

問 13 次の関数の極値を求め，グラフをかけ。

(1) $y=2x^3-6x+1$　　(2) $y=-x^3-3x^2+9x+5$

考え方 y' を求め，増減表をつくり，極大値と極小値を求める。
グラフは，極値をとる点だけでなく，軸との交点にも注意してかく。

解 答 (1) $y'=6x^2-6=6(x^2-1)=6(x+1)(x-1)$

$y'=0$ を解くと　$x=-1,\ 1$

よって，y の増減表は次のようになる。

x	……	-1	……	1	……
y'	$+$	0	$-$	0	$+$
y	↗	極大 5	↘	極小 -3	↗

増減表から，この関数は

$x=-1$ のとき　**極大値 5**

$x=1$ のとき　**極小値 -3**

をとる。

また，この関数のグラフは右の図のようになる。

(2) $y'=-3x^2-6x+9=-3(x^2+2x-3)=-3(x+3)(x-1)$

$y'=0$ を解くと　$x=-3,\ 1$

よって，y の増減表は次のようになる。

x	……	-3	……	1	……
y'	$-$	0	$+$	0	$-$
y	↘	極小 -22	↗	極大 10	↘

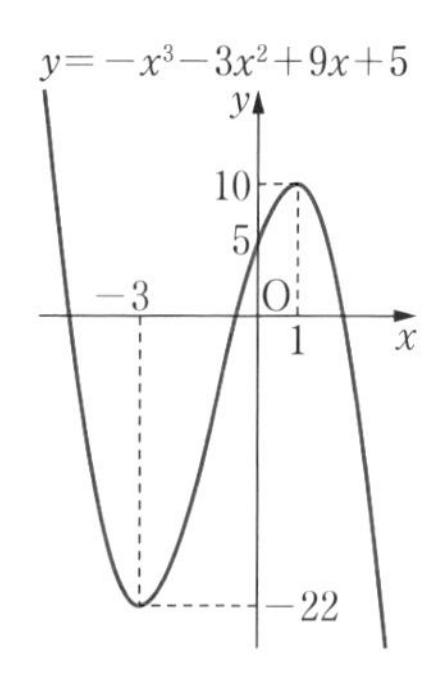

増減表から，この関数は

$x=1$ のとき　**極大値 10**

$x=-3$ のとき　**極小値 -22**

をとる。

また，この関数のグラフは右の図のようになる。

教 p.218

問 14 条件「$f'(a)=0$」と「$f(x)$ が $x=a$ で極値をとる」の関係について，必要条件，十分条件の用語を用いて説明せよ。

考え方 2 つの条件 $p,\ q$ について，命題「$p \Longrightarrow q$」が真であるとき

p は q であるための「十分条件」である。

q は p であるための「必要条件」である。

2つの条件 p, q について，「$p \Longleftrightarrow q$」であるとき

p は q であるための「必要十分条件」である。

$p \Longrightarrow q$
十分条件　必要条件

解答 2つの条件

p：$f'(a)=0$

q：$f(x)$ が $x=a$ で極値をとる

について，「$q \Longrightarrow p$」は真であるが，「$p \Longrightarrow q$」は教科書 p.217 の例 11 のような反例があるから偽である。

したがって，「$f'(a)=0$」は「$f(x)$ が $x=a$ で極値をとる」ための **必要条件であるが，十分条件ではない。**

教 p.218

問 15 次の関数が極値をもつかどうか調べよ。

(1) $f(x)=x^3-3x^2+3x$　　(2) $f(x)=x^3+x$

考え方 $f'(a)=0$ であっても，$x=a$ の前後で $f'(x)$ の符号が変わらないときは，極値をもたない。また，すべての x について，$f'(x)>0$ ならば，$f(x)$ は常に増加し，極値をもたない。$f'(x)<0$ ならば，$f(x)$ は常に減少し，極値をもたない。

解答 (1)

$$f'(x)=3x^2-6x+3$$
$$=3(x^2-2x+1)$$
$$=3(x-1)^2$$

$f'(x)=0$ を解くと　$x=1$

よって，$f(x)$ の増減表は右のようになる。
増減表から分かるように，この関数は常に増加し，**極値をもたない。**

x	……	1	……
$f'(x)$	+	0	+
$f(x)$	↗	1	↗

(2)

$$f'(x)=3x^2+1$$

となり，すべての x に対して $f'(x)>0$ である。

よって，この関数は常に増加し，**極値をもたない。**

教 p.218

問 16 関数 $f(x)=4x^3+3ax^2+b$ が $x=2$ において極小値 -7 をとるような定数 a, b の値を求めよ。

5章 微分と積分

考え方 まず，$f'(x)$ を求める。$f(x)$ は $x=2$ において極小値 -7 をとることから，$f'(2)=0$ であり，かつ $f(2)=-7$ が成り立つ。この2式から，a，b についての連立方程式をつくり，それを解く。

また，求めた a，b について，$x=2$ で極小値をとることを確かめる。

解答 関数 $f(x)=4x^3+3ax^2+b$ を微分すると

$$f'(x)=12x^2+6ax$$

$f(x)$ が $x=2$ において極小になり，極小値が -7 より

$$f'(2)=0 \quad \cdots\cdots ①$$ ⟵ $x=2$ において極小

$$f(2)=-7 \quad \cdots\cdots ②$$ ⟵ $x=2$ において極小値 -7

① より　$12\cdot 2^2+6a\cdot 2=0$

$48+12a=0$

すなわち　$a=-4$ ……③

② より　$4\cdot 2^3+3a\cdot 2^2+b=-7$

すなわち　$32+12a+b=-7$ ……④

③ を ④ に代入すると

$$32+12\cdot(-4)+b=-7$$

$$b=9$$

したがって

$$a=-4,\ b=9$$

このとき

$$f(x)=4x^3-12x^2+9$$

$$f'(x)=12x^2-24x$$

$$=12x(x-2)$$

よって，$f(x)$ の増減表は次のようになる。

x	……	0	……	2	……
$f'(x)$	$+$	0	$-$	0	$+$
$f(x)$	↗	極大 9	↘	極小 -7	↗

増減表から，$f(x)$ は確かに $x=2$ において極小値 -7 をとる。(※)

したがって　$\boldsymbol{a=-4,\ b=9}$

注意 ※　$f'(a)=0$ であっても $f(a)$ が極値となるとは限らない。したがって，求めた $f(x)$ が問題の条件を満たしていることを確認する必要がある。

Challenge(チャレンジ)例題　4 次関数のグラフ　教 p.219

問 1　次の関数のグラフをかけ。

(1)　$y = x^4 - 4x^3 - 3$　　(2)　$y = x^4 - 4x - 5$

(3)　$y = x^3(x + 4)$　　(4)　$y = -3x^4 - 4x^3 + 12x^2 - 15$

考え方　まず y' を求めて増減表をつくる。次に，関数の増減や極値，x 軸，y 軸との交点などに注意してグラフをかく。

解　答　(1)　$y' = 4x^3 - 12x^2$

$= 4x^2(x - 3)$

$y' = 0$ を解くと　$x = 0,\ 3$

よって，y の増減表は次のようになる。

x	……	0	……	3	……
y'	$-$	0	$-$	0	$+$
y	↘	-3	↘	極小 -30	↗

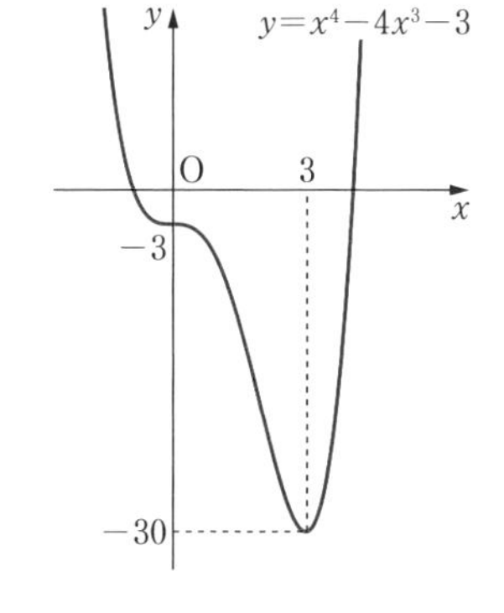

増減表から，この関数は

$x = 3$ のとき　極小値 -30

をとる。

よって，この関数のグラフは右の図のようになる。

(2)　$y' = 4x^3 - 4$

$= 4(x^3 - 1)$

$= 4(x - 1)(x^2 + x + 1)$

$y' = 0$ を解くと　$x = 1$

よって，y の増減表は次のようになる。

x	……	1	……
y'	$-$	0	$+$
y	↘	極小 -8	↗

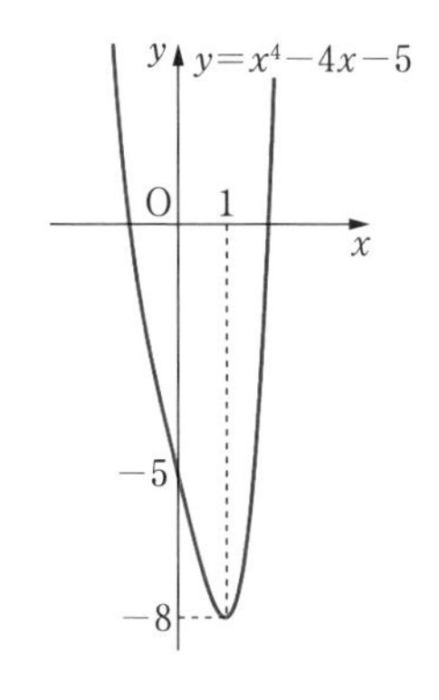

増減表から，この関数は

$x = 1$ のとき　極小値 -8

をとる。

よって，この関数のグラフは右の図のようになる。

(3)　$y = x^4 + 4x^3$ より

$$y' = 4x^3 + 12x^2$$
$$= 4x^2(x+3)$$

$y' = 0$ を解くと　　$x = -3,\ 0$

よって，y の増減表は次のようになる。

x	……	-3	……	0	……
y'	$-$	0	$+$	0	$+$
y	↘	極小 -27	↗	0	↗

増減表から，この関数は

$x = -3$ のとき　　極小値 -27

をとる。

また，グラフと x 軸の共有点の x 座標は

$x^4 + 4x^3 = 0$ より　　$x^3(x+4) = 0$

よって　　$x = 0,\ x = -4$

したがって，この関数のグラフは右の図のようになる。

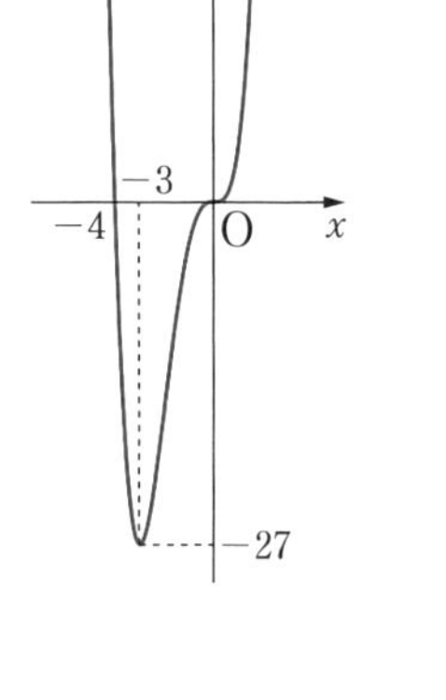

(4)　　$y' = -12x^3 - 12x^2 + 24x$

$$= -12x(x^2 + x - 2)$$
$$= -12x(x+2)(x-1)$$

$y' = 0$ を解くと　　$x = -2,\ 0,\ 1$

よって，y の増減表は次のようになる。

x	……	-2	……	0	……	1	……
y'	$+$	0	$-$	0	$+$	0	$-$
y	↗	極大 17	↘	極小 -15	↗	極大 -10	↘

増減表から，この関数は

$x = -2$ のとき　　極大値 17

$x = 0$ のとき　　極小値 -15

$x = 1$ のとき　　極大値 -10

をとる。

よって，この関数のグラフは右の図のようになる。

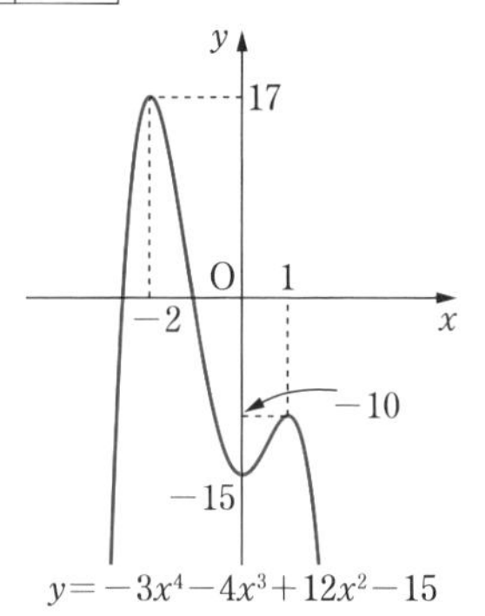

方程式の実数解の個数 ……… 解き方のポイント

方程式 $f(x)=0$ の実数解は，関数 $y=f(x)$ のグラフと x 軸との共有点の x 座標である。
したがって，$f(x)=0$ の異なる実数解の個数は，$y=f(x)$ のグラフと x 軸との共有点の個数と一致する。

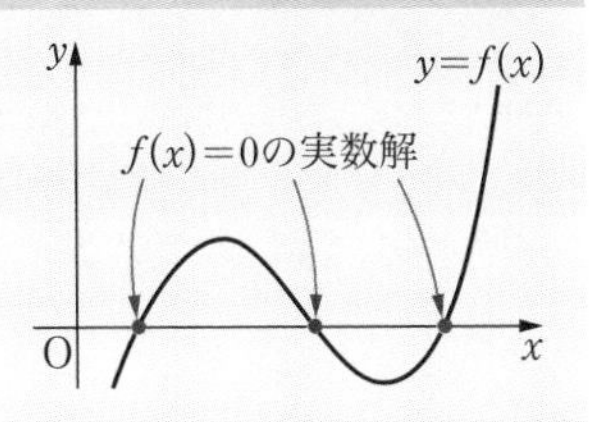

教 p.220

問 17 次の方程式の異なる実数解の個数を調べよ。

(1) $x^3+6x^2-5=0$

(2) $x^3-12x-16=0$

(3) $-2x^3+3x^2+12x+10=0$

考え方 それぞれの方程式の左辺を $f(x)$ とおき，関数 $y=f(x)$ のグラフと x 軸との共有点の個数を調べる。

解 答 (1) $f(x)=x^3+6x^2-5$ とおくと

$$f'(x)=3x^2+12x=3x(x+4)$$

$f'(x)=0$を解くと　$x=-4,\ 0$

であるから，$f(x)$ の増減表は次のようになる。

x	……	-4	……	0	……
$f'(x)$	$+$	0	$-$	0	$+$
$f(x)$	↗	極大 27	↘	極小 -5	↗

よって，$y=f(x)$ のグラフは右の図のようになる。

このグラフは x 軸と異なる 3 点で交わる。

したがって，この方程式の異なる実数解の個数は 3 個 である。

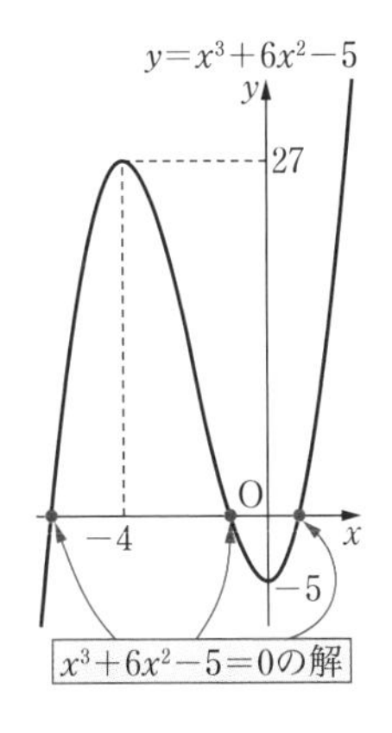

(2) $f(x)=x^3-12x-16$ とおくと

$$f'(x)=3x^2-12$$
$$=3(x^2-4)$$
$$=3(x+2)(x-2)$$

$f'(x)=0$ を解くと　$x=-2,\ 2$

であるから，$f(x)$ の増減表は次のようになる。

x	……	-2	……	2	……
$f'(x)$	$+$	0	$-$	0	$+$
$f(x)$	↗	極大 0	↘	極小 -32	↗

よって，$y=f(x)$ のグラフは右の図のようになる。

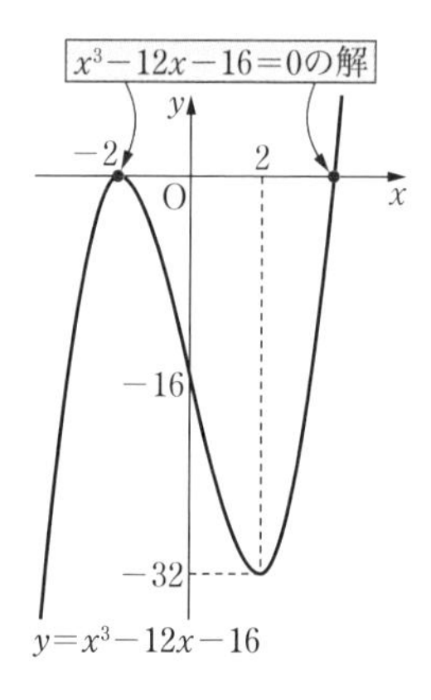

このグラフは x 軸と $x=-2$ で接し，もう 1 点で交わる。

したがって，この方程式の異なる実数解の個数は **2 個** である。

(3) $f(x)=-2x^3+3x^2+12x+10$ とおくと

$$f'(x)=-6x^2+6x+12$$
$$=-6(x^2-x-2)$$
$$=-6(x+1)(x-2)$$

$f'(x)=0$ を解くと　$x=-1,\ 2$

であるから，$f(x)$ の増減表は次のようになる。

x	……	-1	……	2	……
$f'(x)$	$-$	0	$+$	0	$-$
$f(x)$	↘	極小 3	↗	極大 30	↘

よって，$y=f(x)$ のグラフは右の図のようになる。

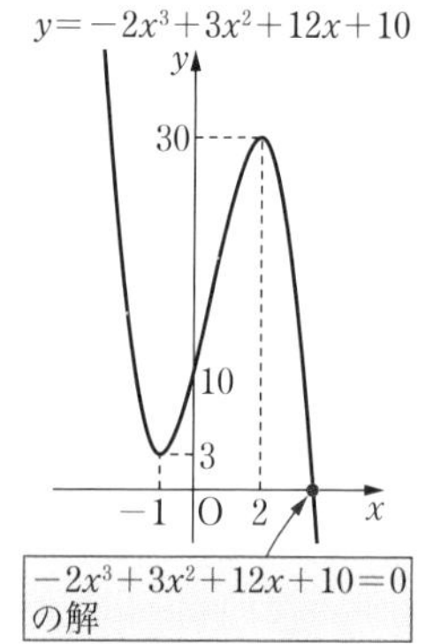

このグラフは x 軸と 1 点で交わる。

したがって，この方程式の異なる実数解の個数は **1 個** である。

Challenge チャレンジ例題　定数 a を含む方程式の実数解の個数　教 p.221

● 方程式の異なる実数解の個数　解き方のポイント

a を定数とするとき，方程式 $f(x)=a$ の異なる実数解の個数は，関数 $y=f(x)$ のグラフと直線 $y=a$ との共有点の個数に一致する。
右の図のように，3 次関数 $y=f(x)$ の極大値を m，極小値を n とするとき，3 次方程式 $f(x)=a$ の実数解の個数は

$a<n$，$m<a$ のとき　1 個
$a=n$，m のとき　2 個
$n<a<m$ のとき　3 個

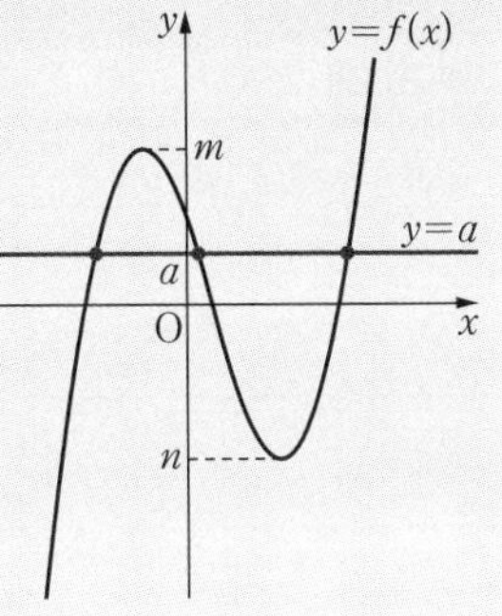

問 1　3 次方程式 $2x^3-3x^2-a=0$ の異なる実数解の個数は，定数 a の値によってどのように変わるか調べよ。

考え方　$2x^3-3x^2=a$ と変形し，次の手順で考える。
[1]　$f(x)=2x^3-3x^2$ とおき，関数 $y=f(x)$ のグラフをかく。
[2]　直線 $y=a$ と，[1] でかいた $y=f(x)$ のグラフとの共有点の個数が，a の値によってどのように変わるかを調べる。

解答　3 次方程式 $2x^3-3x^2-a=0$ ……①
を変形して　$2x^3-3x^2=a$
ここで，$f(x)=2x^3-3x^2$ とおくと，$y=f(x)$ のグラフと直線 $y=a$ の共有点の個数は，3 次方程式 ① の異なる実数解の個数と一致する。
また　$f'(x)=6x^2-6x$
$=6x(x-1)$
よって，$f(x)$ の増減表は右のようになる。

x	……	0	……	1	……
$f'(x)$	+	0	−	0	+
$f(x)$	↗	極大 0	↘	極小 −1	↗

よって，$y=f(x)$ のグラフは右の図のようになる。
したがって，3 次方程式 ① の異なる実数解の個数は，次のようになる。

$a<-1$，$0<a$ のとき　1 個
$a=-1$，0 のとき　2 個
$-1<a<0$ のとき　3 個

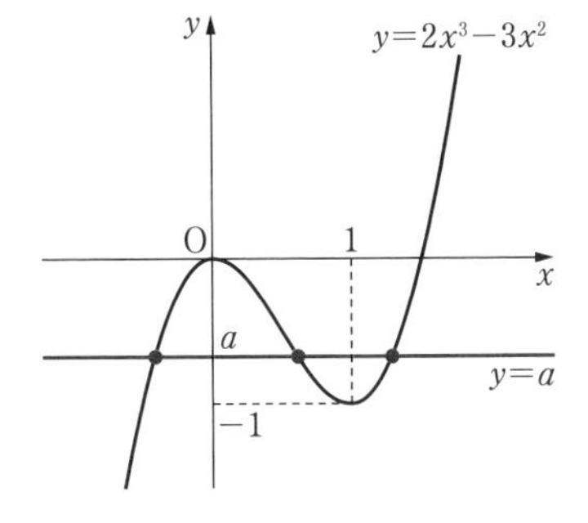

● 最大値・最小値 ……………… 解き方のポイント

区間 $a \leqq x \leqq b$ における $f(x)$ の最大値，最小値を調べるには，極値と区間の両端での値 $f(a)$，$f(b)$ を比較する。

教 p.222

問 18　次の関数の（　）内の区間における最大値と最小値を求めよ。

(1)　$f(x)=2x^3+x^2-4x \quad (-2 \leqq x \leqq 2)$

(2)　$f(x)=-4x^3+9x^2+12x-1 \quad (-2 \leqq x \leqq 3)$

解 答　(1)
$$f'(x)=6x^2+2x-4$$
$$=2(x+1)(3x-2)$$

$f'(x)=0$ を解くと　　$x=-1,\ \dfrac{2}{3}$

区間 $-2 \leqq x \leqq 2$ における $f(x)$ の増減表は次のようになる。

x	-2	……	-1	……	$\frac{2}{3}$	……	2
$f'(x)$		$+$	0	$-$	0	$+$	
$f(x)$	-4	↗	極大 3	↘	極小 $-\frac{44}{27}$	↗	12

よって，区間 $-2 \leqq x \leqq 2$ における $y=f(x)$ のグラフは，右の図の実線部分となる。

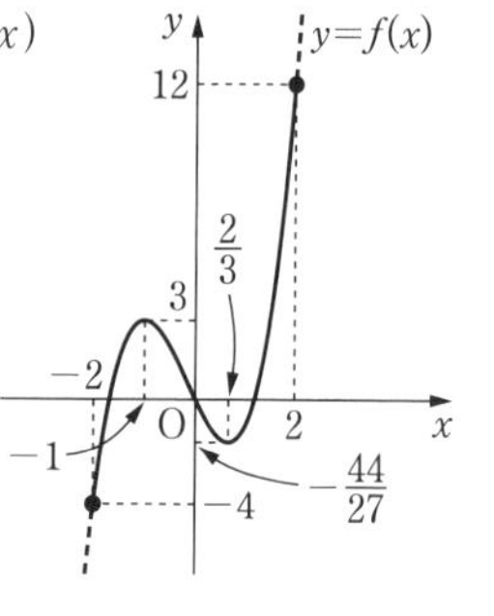

したがって

$x=2$ のとき　　最大値 12

$x=-2$ のとき　最小値 -4

(2)
$$f'(x)=-12x^2+18x+12$$
$$=-6(2x+1)(x-2)$$

$f'(x)=0$ を解くと　　$x=-\dfrac{1}{2},\ 2$

区間 $-2 \leqq x \leqq 3$ における $f(x)$ の増減表は次のようになる。

x	-2	……	$-\frac{1}{2}$	……	2	……	3
$f'(x)$		$-$	0	$+$	0	$-$	
$f(x)$	43	↘	極小 $-\frac{17}{4}$	↗	極大 27	↘	8

よって，区間 $-2 \leqq x \leqq 3$ における $y=f(x)$ のグラフは，右の図の実線部分となる。

したがって

$x=-2$ のとき　最大値 43

$x=-\frac{1}{2}$ のとき　最小値 $-\frac{17}{4}$

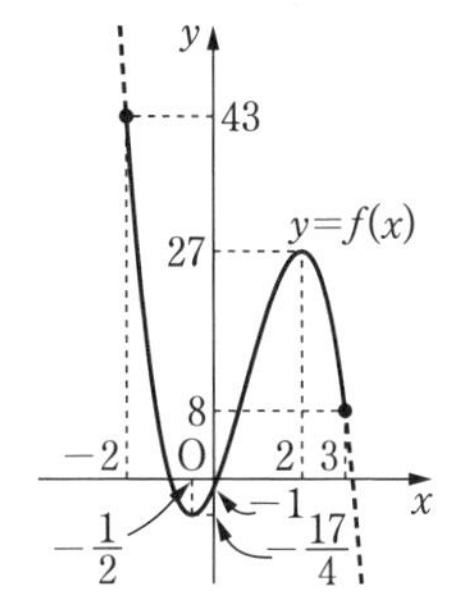

教 p.223

問 19　右の図のような，母線の長さが 9 cm，高さが x cm の円錐の体積を最大にするには，x をいくらにすればよいか。

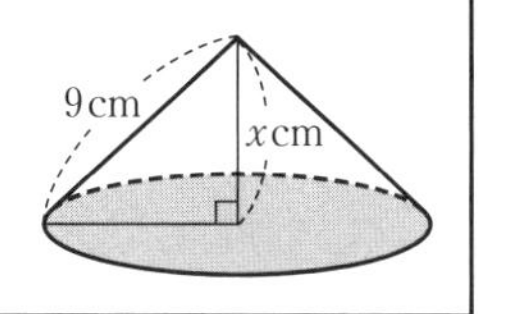

考え方　円錐の体積を y cm^3 として，y を x の関数で表し，x のとり得る値の範囲内で y の値が最大になる x の値を求める。

円錐の体積は

(円錐の体積) $= \frac{1}{3} \times$ (底面積) $\times$ (高さ)

解答　円錐の高さ x のとり得る値の範囲は，$x>0$ かつ $x<9$ より

$0<x<9$　……①

底面の半径を r cm とすると，三平方の定理により　$r^2+x^2=9^2$ であるから

$r^2=81-x^2$　……②

円錐の体積を y cm^3 とすると，$y=\frac{1}{3}\pi r^2 x$ であるから，② より

$$y=\frac{1}{3}\pi r^2 x=\frac{1}{3}\pi(81-x^2)x=27\pi x-\frac{1}{3}\pi x^3$$

$$y'=27\pi-\pi x^2=\pi(27-x^2)=-\pi(x+3\sqrt{3})(x-3\sqrt{3})$$

① の区間における y の増減表は，次のようになる。

x	0	……	$3\sqrt{3}$	……	9
y'		+	0	−	
y		↗	極大 $54\sqrt{3}\pi$	↘	

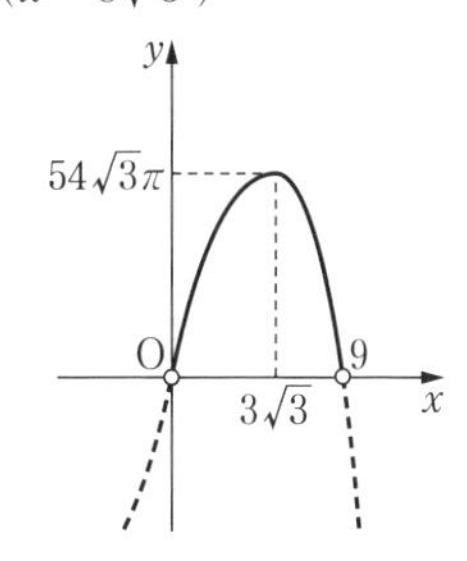

よって，$x=3\sqrt{3}$ のとき y の値は最大となる。

すなわち，**x を $3\sqrt{3}$ にすればよい。**

● 不等式の証明 …… **解き方のポイント**

ある区間において，不等式 $g(x) \geqq h(x)$ が成り立つことを証明するには，$f(x)=g(x)-h(x)$ とおき，この区間における $f(x)$ の最小値が 0 以上であることを示せばよい。

教 p.224

問 20　$x \geqq 0$ のとき，次の不等式が成り立つことを証明せよ。また，等号が成り立つのはどのようなときか。

$$x^3+16 \geqq 12x$$

考え方　$f(x)=(x^3+16)-12x$ とおき，$x \geqq 0$ における増減を調べ，$f(x)$ の最小値が 0 以上であることを示す。等号が成り立つのは，$f(x)=0$ のときである。

証明　$f(x)=(x^3+16)-12x=x^3-12x+16$ とおくと

$$f'(x)=3x^2-12=3(x^2-4)=3(x+2)(x-2)$$

である。

よって，$x \geqq 0$ における $f(x)$ の増減表は次のようになる。

x	0	……	2	……
$f'(x)$		$-$	0	$+$
$f(x)$	16	↘	極小 0	↗

$y=x^3-12x+16$

ゆえに，$x \geqq 0$ のときの $f(x)$ の最小値が

$f(2)=0$ であるから

$x \geqq 0$ のとき　　$f(x) \geqq 0$

したがって，$x \geqq 0$ のとき

$$x^3+16 \geqq 12x$$

また，**等号が成り立つのは，$x=2$ のとき** である。

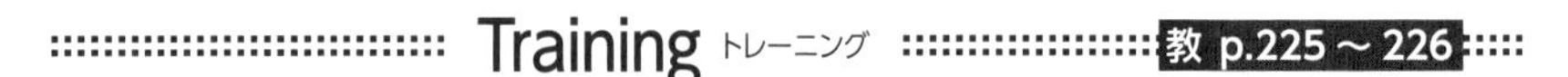

Training トレーニング

教 p.225 ～ 226

1　関数 $f(x)=-3x^2+4x$ について，次の問に答えよ。

(1)　x が -1 から $-1+h$ まで変わるときの平均変化率を求めよ。

(2)　(1) の結果を利用して，微分係数 $f'(-1)$ を求めよ。

考え方　(1)　関数 $f(x)$ について，x が -1 から $-1+h$ まで変わるときの平均変化率は，$\dfrac{f(-1+h)-f(-1)}{h}$ である。

(2)　(1) で求めた平均変化率で，$h \to 0$ とし，$f'(-1)$ を求める。

解答 (1) $\dfrac{f(-1+h)-f(-1)}{h}$

$=\dfrac{\{-3(-1+h)^2+4(-1+h)\}-\{-3\cdot(-1)^2+4\cdot(-1)\}}{h}$

$=\dfrac{-3(1-2h+h^2)+4(-1+h)-(-3-4)}{h}$

$=\dfrac{(-7+10h-3h^2)-(-7)}{h}$

$=\dfrac{10h-3h^2}{h}=\dfrac{h(10-3h)}{h}$

$=\mathbf{10-3}\boldsymbol{h}$

(2) $f'(-1)=\lim_{h\to 0}\dfrac{f(-1+h)-f(-1)}{h}=\lim_{h\to 0}(10-3h)=\mathbf{10}$

2 導関数の定義にしたがって，関数 $f(x)=3x^2+2x$ を微分せよ。

考え方 導関数の定義　$f'(x)=\lim_{h\to 0}\dfrac{f(x+h)-f(x)}{h}$ にしたがって微分する。

解答 $f'(x)=\lim_{h\to 0}\dfrac{f(x+h)-f(x)}{h}$

$=\lim_{h\to 0}\dfrac{\{3(x+h)^2+2(x+h)\}-(3x^2+2x)}{h}$

$=\lim_{h\to 0}\dfrac{(3x^2+6xh+3h^2+2x+2h)-(3x^2+2x)}{h}$

$=\lim_{h\to 0}\dfrac{h(6x+3h+2)}{h}$

$=\lim_{h\to 0}(6x+3h+2)$

$=\boldsymbol{6x+2}$

3 次の関数を微分せよ。

(1) $y=4x-5$　　(2) $y=-2x^2+3x+1$

(3) $y=x^3+3x^2-1$　　(4) $y=-\dfrac{2}{3}x^3+\dfrac{3}{2}x^2-2x+5$

(5) $y=(4x-3)(x^2+2x+6)$　　(6) $y=(2x+3)^3$

考え方 (5), (6)　右辺を展開してから，導関数の性質を用いる。

解答 (1) $y'=(4x-5)'$

$=(4x)'-(5)'$

$=4(x)'-(5)'$

$=4\cdot 1-0$

$=\mathbf{4}$

(2) $y'=(-2x^2+3x+1)'$

$=(-2x^2)'+(3x)'+(1)'$

$=-2(x^2)'+3(x)'+(1)'$

$=-2\cdot 2x+3\cdot 1+0$

$=\boldsymbol{-4x+3}$

(3) $y' = (x^3 + 3x^2 - 1)'$
$= (x^3)' + (3x^2)' - (1)'$
$= (x^3)' + 3(x^2)' - (1)'$
$= 3x^2 + 3 \cdot 2x - 0$
$= 3x^2 + 6x$

(4) $y' = \left(-\frac{2}{3}x^3 + \frac{3}{2}x^2 - 2x + 5\right)'$
$= \left(-\frac{2}{3}x^3\right)' + \left(\frac{3}{2}x^2\right)' - (2x)' + (5)'$
$= -\frac{2}{3}(x^3)' + \frac{3}{2}(x^2)' - 2(x)' + (5)'$
$= -\frac{2}{3} \cdot 3x^2 + \frac{3}{2} \cdot 2x - 2 \cdot 1 + 0$
$= -2x^2 + 3x - 2$

(5) $y = 4x^3 + 8x^2 + 24x - 3x^2 - 6x - 18 = 4x^3 + 5x^2 + 18x - 18$

であるから

$y' = (4x^3 + 5x^2 + 18x - 18)'$
$= 4(x^3)' + 5(x^2)' + 18(x)' - (18)'$
$= 4 \cdot 3x^2 + 5 \cdot 2x + 18 \cdot 1 - 0$
$= 12x^2 + 10x + 18$

(6) $y = (2x)^3 + 3 \cdot (2x)^2 \cdot 3 + 3 \cdot 2x \cdot 3^2 + 3^3 = 8x^3 + 36x^2 + 54x + 27$

であるから

$y' = (8x^3 + 36x^2 + 54x + 27)'$
$= 8(x^3)' + 36(x^2)' + 54(x)' + (27)'$
$= 8 \cdot 3x^2 + 36 \cdot 2x + 54 \cdot 1 + 0$
$= 24x^2 + 72x + 54$

4 次の関数の導関数を求め，〔　〕内に示した x の値における微分係数を求めよ。

(1) $f(x) = x^2 + 2x + 2$　〔$x = -2$〕

(2) $f(x) = -x^3 + 3x - 4$　$\left[x = \frac{1}{2}\right]$

考え方 それぞれの導関数 $f'(x)$ を求め，その式に x の値を代入する。

解答 (1) $f(x) = x^2 + 2x + 2$ を微分すると

$f'(x) = 2x + 2 \cdot 1 + 0 = 2x + 2$

したがって

$f'(-2) = 2 \cdot (-2) + 2 = -2$

(2) $f(x) = -x^3 + 3x - 4$ を微分すると

$f'(x) = -3x^2 + 3 \cdot 1 - 0 = -3x^2 + 3$

したがって

$f'\left(\frac{1}{2}\right) = -3 \cdot \left(\frac{1}{2}\right)^2 + 3 = \frac{9}{4}$

5 関数 $f(x)=ax^2-7x+b$ が，$f(1)=1$，$f'(1)=-1$ を満たすとき，定数 a，b の値を求めよ。

考え方 $f(x)$ を x で微分し，$f'(x)$ を求める。$f(1)=1$，$f'(1)=-1$ より，a，b についての連立方程式をつくり，それを解いて a，b の値を求める。

解 答 $f(x)=ax^2-7x+b$ を x で微分すると

$$f'(x)=a\cdot 2x-7\cdot 1+0=2ax-7$$

$f(1)=1$ より

$$f(1)=a\cdot 1^2-7\cdot 1+b=a-7+b=1$$

すなわち　$a+b=8$　……①

$f'(1)=-1$ より

$$f'(1)=2a\cdot 1-7=2a-7=-1$$

すなわち　$a=3$　……②

② を ① に代入すると

$3+b=8$ より　$b=5$

したがって　$a=3$，$b=5$

6 次のことを証明せよ。ただし，a，b は定数とする。

(1) $y=(ax+b)^2$　ならば　$y'=2a(ax+b)$

(2) $y=(ax+b)^3$　ならば　$y'=3a(ax+b)^2$

考え方 まず，y の式の右辺を展開し微分する。次に，その結果を因数分解して y' の式の右辺に等しくなることを示す。

証 明 (1) $y=a^2x^2+2abx+b^2$ であるから，y を x で微分すると

$$\begin{aligned} y'&=a^2(x^2)'+2ab(x)'+(b^2)' \\ &=2a^2x+2ab \\ &=2a(ax+b)=(\text{右辺}) \end{aligned}$$

したがって　$y=(ax+b)^2$　ならば　$y'=2a(ax+b)$

(2) $y=a^3x^3+3a^2bx^2+3ab^2x+b^3$ であるから，y を x で微分すると

$$\begin{aligned} y'&=a^3(x^3)'+3a^2b(x^2)'+3ab^2(x)'+(b^3)' \\ &=3a^3x^2+6a^2bx+3ab^2 \\ &=3a(a^2x^2+2abx+b^2) \\ &=3a(ax+b)^2=(\text{右辺}) \end{aligned}$$

したがって　$y=(ax+b)^3$　ならば　$y'=3a(ax+b)^2$

(2) を利用して問題 3 (6) を求めると

$$y'=3\cdot 2(2x+3)^2=6(4x^2+12x+9)=24x^2+72x+54$$

7 関数 $y=-3x^2+8x$ のグラフ上の点 $(1,\ 5)$ における接線の方程式を求めよ。

考え方 関数 $y=f(x)$ のグラフ上の点 $(a,\ f(a))$ における接線の方程式は

$$y-f(a)=f'(a)(x-a)$$

解 答 $f(x)=-3x^2+8x$ とおくと

$$f'(x)=-6x+8$$

点 $(1,\ 5)$ における接線の傾きは

$$f'(1)=-6\cdot1+8=2$$

したがって，求める接線は点 $(1,\ 5)$ を通り，傾き 2 の直線である。

よって，その方程式は

$$y-5=2(x-1)$$

すなわち　　$\boldsymbol{y=2x+3}$

8 点 A$(3,\ -4)$ から曲線 $y=x^2-3x$ へ引いた接線の方程式を求めよ。

考え方 接点は曲線 $y=x^2-3x$ 上の点であるから，接点の座標を $(a,\ a^2-3a)$ とおくことができる。

接線が点 A$(3,\ -4)$ を通ることから，$x=3$，$y=-4$ を接線の方程式に代入して，a の値を求める。

解 答 接点を P$(a,\ a^2-3a)$ とおく。

$y'=2x-3$ であるから，接線の傾きは $2a-3$ である。

よって，接線 AP の方程式は

$$y-(a^2-3a)=(2a-3)(x-a)$$

すなわち　$y=(2a-3)x-a^2$　…… ①

これが点 A$(3,\ -4)$ を通るから

$$-4=(2a-3)\cdot3-a^2$$

$$-4=6a-9-a^2$$

整理すると

$$a^2-6a+5=0$$

$$(a-1)(a-5)=0$$

よって　　$a=1,\ 5$

これらを ① に代入して

$a=1$ のとき　　$y=-x-1$

$a=5$ のとき　　$y=7x-25$

したがって，求める接線の方程式は

$\boldsymbol{y=-x-1,\ y=7x-25}$

9 次の関数の増減を調べよ。

(1) $f(x)=-x^3+12x$ (2) $f(x)=2x^3-3x^2-12x+4$

考え方 $f'(x)$ を求め，増減表をつくり，$f'(x)=0$ となる x の値を境にして，前後の $f'(x)$ の符号を調べる。

解答 (1) $f'(x)=-3x^2+12=-3(x+2)(x-2)$

$f'(x)=0$ の解は $x=-2,\ 2$

よって，$f(x)$ の増減表は右のようになる。したがって

x	……	-2	……	2	……
$f'(x)$	$-$	0	$+$	0	$-$
$f(x)$	↘	-16	↗	16	↘

区間 $-2\leqq x\leqq 2$ で増加

区間 $x\leqq -2$ および区間 $2\leqq x$ で減少

(2) $f'(x)=6x^2-6x-12=6(x+1)(x-2)$

$f'(x)=0$ の解は $x=-1,\ 2$

よって，$f(x)$ の増減表は右のようになる。したがって

x	……	-1	……	2	……
$f'(x)$	$+$	0	$-$	0	$+$
$f(x)$	↗	11	↘	-16	↗

区間 $x\leqq -1$ および区間 $2\leqq x$ で増加

区間 $-1\leqq x\leqq 2$ で減少

10 次の関数の極値を求め，グラフをかけ。

(1) $y=x^2(2x-3)$ (2) $y=-2x^3+x^2+1$

考え方 y' を求め，増減表をつくり，極大値と極小値を求める。
グラフは，極値をとる点だけでなく，軸との交点にも注意してかく。

解答 (1) $y=2x^3-3x^2$ であるから

$y'=6x^2-6x=6x(x-1)$

$y'=0$ を解くと $x=0,\ 1$

よって，y の増減表は，次のようになる。

x	……	0	……	1	……
y'	$+$	0	$-$	0	$+$
y	↗	極大 0	↘	極小 -1	↗

増減表から，この関数は

$x=0$ のとき 極大値 0

$x=1$ のとき 極小値 -1

をとる。また，この関数のグラフは右の図のようになる。

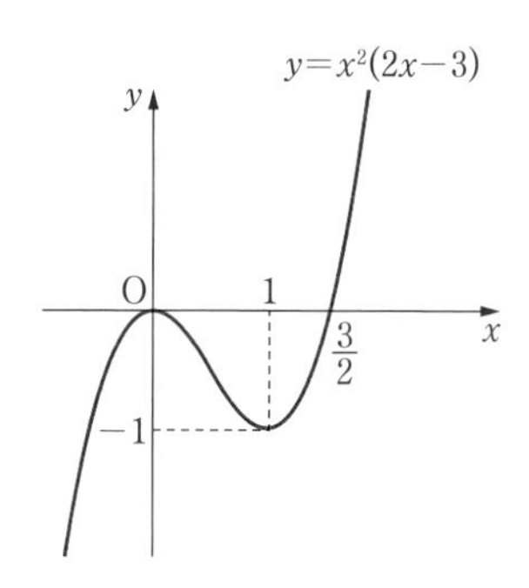

(2) $y' = -6x^2 + 2x = -2x(3x-1)$

$y' = 0$ を解くと　$x = 0,\ \dfrac{1}{3}$

よって，y の増減表は，次のようになる。

x	……	0	……	$\dfrac{1}{3}$	……
y'	$-$	0	$+$	0	$-$
y	↘	極小 1	↗	極大 $\dfrac{28}{27}$	↘

増減表から，この関数は

$x = \dfrac{1}{3}$ のとき　　極大値 $\dfrac{28}{27}$

$x = 0$ のとき　　極小値 1

をとる。

また，この関数のグラフは右の図のようになる。

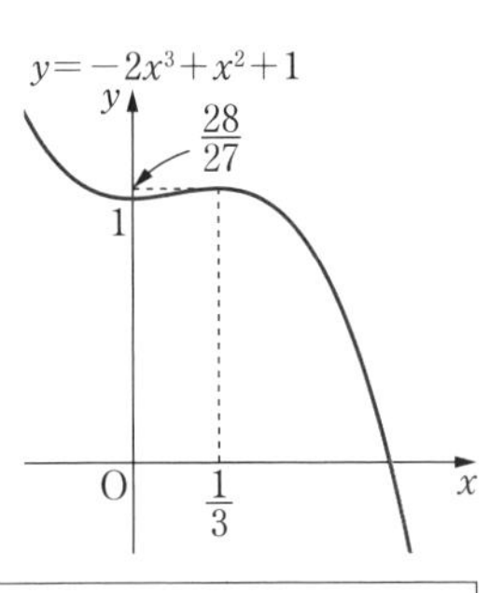

11 関数 $f(x) = x^3 + ax^2 + b$ が $x = -2$ において極大値2をとるような定数a，bの値を求めよ。また，そのときの $f(x)$ の極小値を求めよ。

考え方 まず，$f'(x)$ を求める。$f(x)$ は $x = -2$ において極大値 2 をとることから，$f'(-2) = 0$ であり，かつ $f(-2) = 2$ が成り立つ。この 2 式から，a，b についての連立方程式をつくり，それを解く。また，求めた a，b について，$x = -2$ で極大値をとることを確かめる。

解答 関数 $f(x)$ を微分すると

$f'(x) = 3x^2 + 2ax$

$f(x)$ が $x = -2$ において極大になり，極大値が 2 より

$f'(-2) = 0$　　……①　　⟵ $x = -2$ において極大

$f(-2) = 2$　　……②　　⟵ $x = -2$ において極大値 2

①より　$3\cdot(-2)^2 + 2a\cdot(-2) = 0$

$4a - 12 = 0$

$a - 3 = 0$

すなわち　$a = 3$　　……③

②より　$(-2)^3 + a\cdot(-2)^2 + b = 2$

$-8 + 4a + b = 2$

すなわち　$4a + b = 10$　　……④

③を④に代入して　$b = -2$

$a=3,\ b=-2$ のとき

$f(x)=x^3+3x^2-2$

$f'(x)=3x^2+6x=3x(x+2)$

よって，$f(x)$ の増減表は次のようになる。

x	……	-2	……	0	……
$f'(x)$	$+$	0	$-$	0	$+$
$f(x)$	↗	極大 2	↘	極小 -2	↗

増減表から，$f(x)$ は確かに $x=-2$ において極大値 2 をとる。

したがって　**$a=3,\ b=-2$**

また，この関数は **$x=0$ のとき，極小値 -2** をとる。

12 次の方程式の異なる実数解の個数を調べよ。

(1) $x^3+x^2-x-2=0$

(2) $x^3-6x^2=0$

(3) $-x^3+3x^2+9x-7=0$

考え方 それぞれの方程式の左辺を $f(x)$ とおき，関数 $y=f(x)$ のグラフと x 軸との共有点の個数を調べる。

解答 (1) $f(x)=x^3+x^2-x-2$ とおくと

$f'(x)=3x^2+2x-1$

$=(x+1)(3x-1)$

$f'(x)=0$ を解くと　$x=-1,\ \dfrac{1}{3}$

であるから，$f(x)$ の増減表は次のようになる。

x	……	-1	……	$\dfrac{1}{3}$	……
$f'(x)$	$+$	0	$-$	0	$+$
$f(x)$	↗	極大 -1	↘	極小 $-\dfrac{59}{27}$	↗

よって，$y=f(x)$ のグラフは右の図のようになる。このグラフは x 軸と 1 点で交わる。

したがって，この方程式の異なる実数解の個数は **1 個** である。

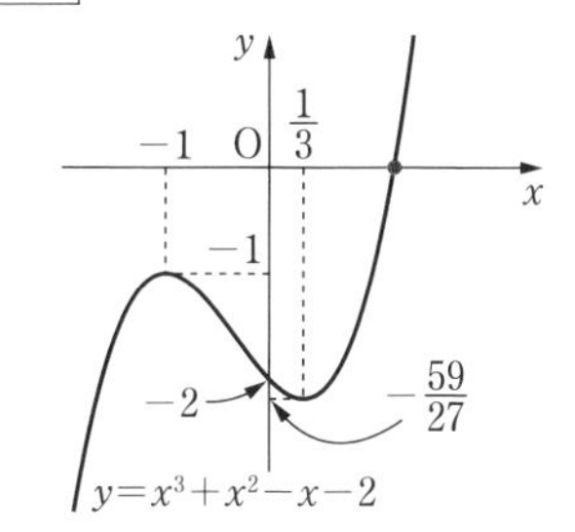

(2) $f(x)=x^3-6x^2$ とおくと

$$f'(x)=3x^2-12x=3x(x-4)$$

$f'(x)=0$ を解くと　$x=0,\ 4$

であるから，$f(x)$ の増減表は次のようになる。

x	……	0	……	4	……
$f'(x)$	$+$	0	$-$	0	$+$
$f(x)$	↗	極大 0	↘	極小 -32	↗

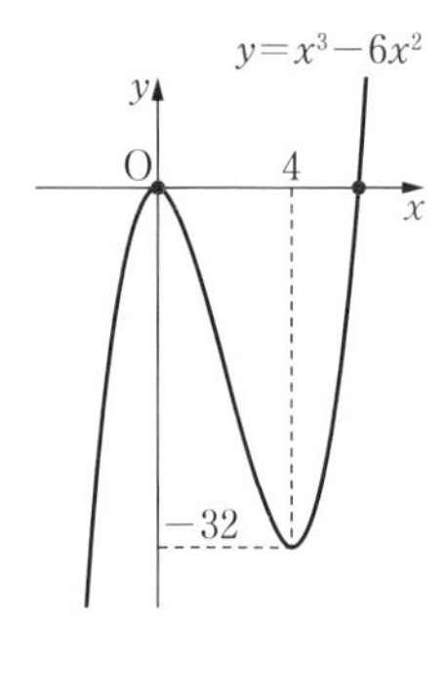

よって，$y=f(x)$ のグラフは右の図のようになる。このグラフは x 軸と $x=0$ で接し，もう 1 点で交わる。

したがって，この方程式の異なる実数解の個数は **2 個** である。

(3) $f(x)=-x^3+3x^2+9x-7$ とおくと

$$f'(x)=-3x^2+6x+9$$
$$=-3(x+1)(x-3)$$

$f'(x)=0$ を解くと　$x=-1,\ 3$

であるから，$f(x)$ の増減表は次のようになる。

x	……	-1	……	3	……
$f'(x)$	$-$	0	$+$	0	$-$
$f(x)$	↘	極小 -12	↗	極大 20	↘

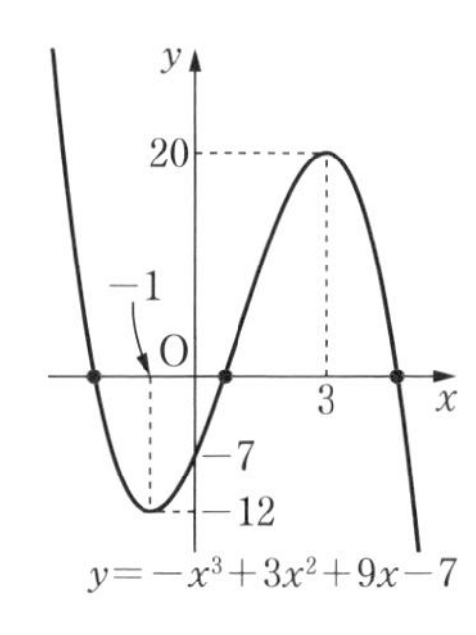

よって，$y=f(x)$ のグラフは右の図のようになる。このグラフは x 軸と異なる 3 点で交わる。

したがって，この方程式の異なる実数解の個数は **3 個** である。

13 次の関数の（　）内の区間における最大値と最小値を求めよ。

(1)　$f(x)=x^3-3x^2+20\quad(-1 \leqq x \leqq 4)$

(2)　$f(x)=-2x^3+9x^2-12x+1\quad(0 \leqq x \leqq 3)$

考え方　区間 $a \leqq x \leqq b$ における $f(x)$ の最大値，最小値を調べるには，極値と区間の両端での値 $f(a)$，$f(b)$ を比較する。

解　答　(1)　$f'(x)=3x^2-6x$

$=3x(x-2)$

$f'(x)=0$ を解くと　　$x=0,\ 2$

区間 $-1 \leqq x \leqq 4$ における $f(x)$ の増減表は次のようになる。

x	-1	……	0	……	2	……	4
$f'(x)$		$+$	0	$-$	0	$+$	
$f(x)$	16	↗	極大 20	↘	極小 16	↗	36

よって，区間 $-1 \leqq x \leqq 4$ における $y=f(x)$ のグラフは，右の図の実線部分となる。

したがって

$x=4$ のとき　　最大値 36

$x=-1,\ 2$ のとき　　最小値 16

(2)　$f'(x)=-6x^2+18x-12$

$=-6(x-1)(x-2)$

$f'(x)=0$ を解くと　　$x=1,\ 2$

区間 $0 \leqq x \leqq 3$ における $f(x)$ の増減表は次のようになる。

x	0	……	1	……	2	……	3
$f'(x)$		$-$	0	$+$	0	$-$	
$f(x)$	1	↘	極小 -4	↗	極大 -3	↘	-8

よって，区間 $0 \leqq x \leqq 3$ における $y=f(x)$ のグラフは，右の図の実線部分となる。

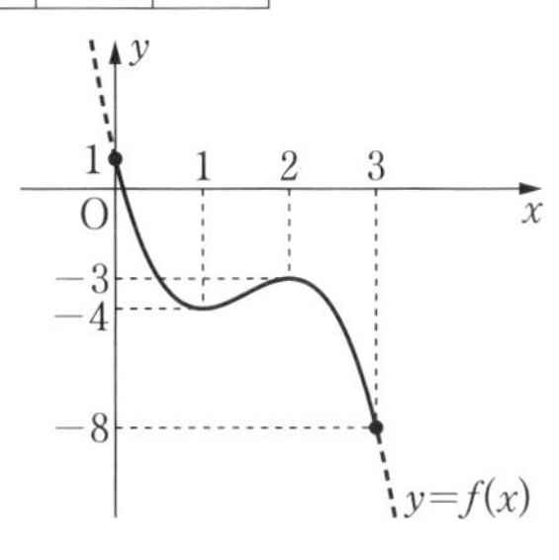

したがって

$x=0$ のとき　最大値 1

$x=3$ のとき　最小値 −8

14 右の図のような曲線

$y=-x^2+6x \quad (0 \leqq x \leqq 6)$

がある。この曲線上の点P$(x,\ y)$からx軸に垂線PHを下ろす。このとき，△POHの面積Sを最大にするxの値を求めよ。

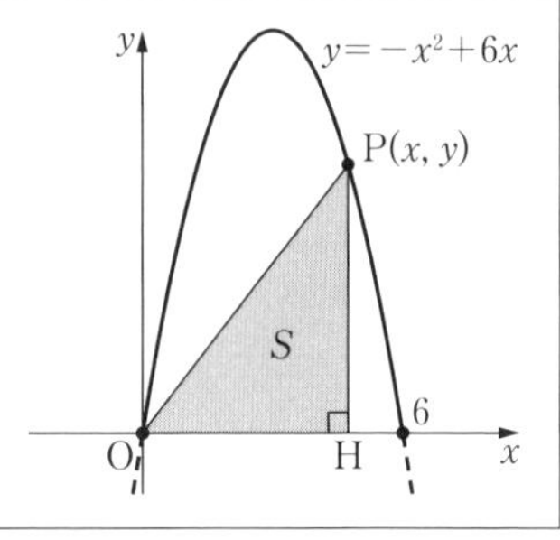

考え方 面積Sをxの関数で表し，xのとり得る値の範囲内でSが最大になるxの値を求める。

△POHは，底辺をOHと見ると高さはPHとなり，P$(x,\ y)$であるから

$\mathrm{OH}=x,\ \mathrm{PH}=y$

となる。

解答 曲線$y=-x^2+6x$ $(0 \leqq x \leqq 6)$上の点P$(x,\ y)$からx軸に垂線PHを下ろすと，Hの座標は$(x,\ 0)$となる。

△POHの面積Sは

$$S=\frac{1}{2}\mathrm{OH}\cdot\mathrm{PH}=\frac{1}{2}xy=\frac{1}{2}x(-x^2+6x)$$

$$=-\frac{1}{2}x^3+3x^2$$

$$S'=-\frac{3}{2}x^2+6x=-\frac{3}{2}x(x-4)$$

$0 \leqq x \leqq 6$の区間におけるSの増減表は次のようになる。

x	0	……	4	……	6
S'		$+$	0	$-$	
S	0	↗	極大 16	↘	0

よって，$x=4$のときSは最大となる。

すなわち，Sを最大にするxの値は　$x=4$

15 $x \geqq 0$のとき，不等式$2x^3+27 \geqq 9x^2$が成り立つことを証明せよ。また，等号が成り立つのはどのようなときか。

考え方 $f(x)=(2x^3+27)-9x^2$とおき，$x \geqq 0$における増減を調べ，$f(x)$の最小値が0以上であることを示す。

等号が成り立つのは，$f(x)=0$のときである。

証明 $f(x)=(2x^3+27)-9x^2=2x^3-9x^2+27$ とおくと

$$f'(x)=6x^2-18x=6x(x-3)$$

である。

よって，$x \geqq 0$ における $f(x)$ の増減表は次のようになる。

x	0	……	3	……
$f'(x)$		$-$	0	$+$
$f(x)$	27	↘	極小 0	↗

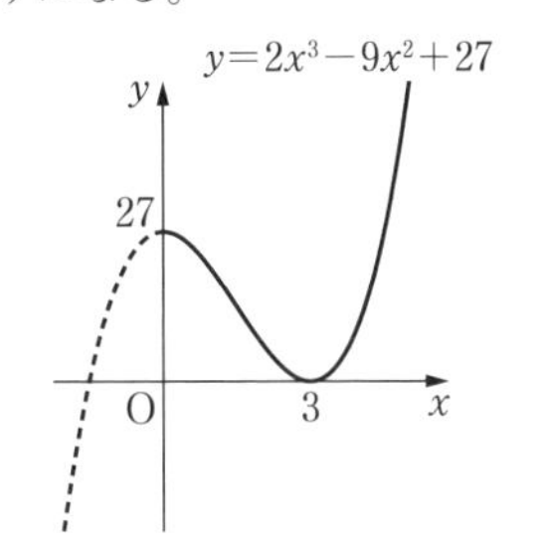

ゆえに，$x \geqq 0$ のときの $f(x)$ の最小値が $f(3)=0$ であるから

$x \geqq 0$ のとき　　$f(x) \geqq 0$

したがって，$x \geqq 0$のとき

$2x^3+27 \geqq 9x^2$

また，**等号が成り立つのは，$x=3$ のとき** である。

16 関数 $f(x)$ の区間 $a \leqq x \leqq b$ における $f(x)$ の最大値や最小値を求めるときに正しいのは，①～④ のうちどれか。

① 区間 $a \leqq x \leqq b$ における $f(x)$ の極大値と極小値を調べればよい。

② 区間 $a \leqq x \leqq b$ における $f(x)$ の極大値よりも $f(b)$ の値のほうが大きいときは，最小値は $f(a)$ を調べればよい。

③ 区間 $a \leqq x \leqq b$ における $f(x)$ の極大値が $f(b)$ の値より大きいときは，最小値は $f(x)$ の極小値を調べればよい。

④ 区間 $a \leqq x \leqq b$ の端点 a，b の値に関わらず，$f(a)$，$f(b)$ の値と $f(x)$ の極大値，極小値のいずれも調べる必要がある。

解答 ①，②，③ については，次のようになる場合があり，正しくない。

① 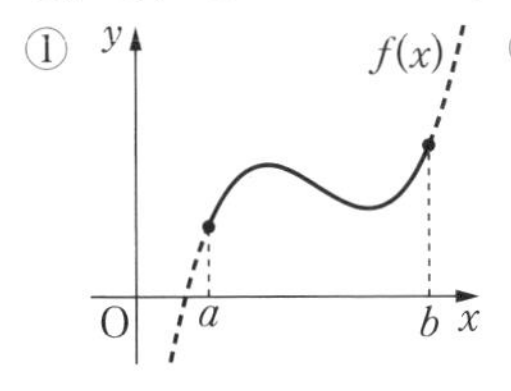

$f(x)$ の最小値，最大値は $f(a)$，$f(b)$ の値となる。

② 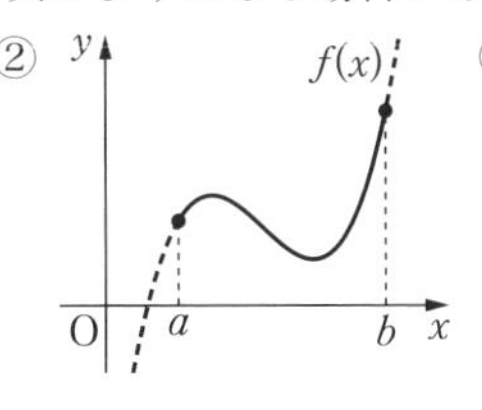

$f(x)$ の最小値は $f(x)$ の極小値となる。

③ 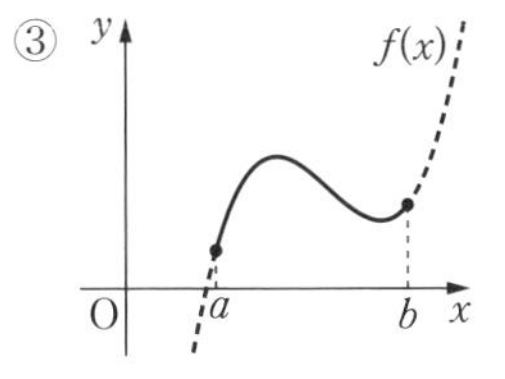

$f(x)$ の最小値は $f(a)$ の値となる。

端点 a，b の値に関わらず，端点での $f(a)$，$f(b)$ の値と $f(x)$ の極大値，極小値のいずれも調べる必要があるから，正しいのは ④ である。

2節　積分の考え

1 原始関数

用語のまとめ

原始関数

- 関数 $f(x)$ が与えられたとき，$F'(x)=f(x)$ を満たす関数 $F(x)$ を，関数 $f(x)$ の **原始関数** という。
- 関数 $f(x)$ の原始関数の1つを $F(x)$ とすると，$f(x)$ の任意の原始関数は次のように表される。

　　$F(x)+C$　（C は定数）

　これらをまとめて $\int f(x)dx$ と表し，$f(x)$ の **不定積分** といい，定数 C を **積分定数** という。

　すなわち　$\int f(x)dx=F(x)+C$　（C は積分定数）

- 関数 $f(x)$ の不定積分を求めることを，$f(x)$ を **積分する** という。

教 p.228

問1　$(x^3)'=3x^2$ であることを用いて，$\int 3x^2dx$ を求めよ。

解答

$$\int 3x^2dx=x^3+C$$

ただし，C は積分定数である。

微分する
$3x^2$ ⇄ x^3+C
積分する

● x^n の不定積分　　解き方のポイント

n が正の整数または0のとき

$$\int x^n dx=\frac{1}{n+1}x^{n+1}+C$$

● 定数倍，和，差の不定積分　　解き方のポイント

[1] $\int kf(x)dx=k\int f(x)dx$　　（k は定数）

[2] $\int\{f(x)+g(x)\}dx=\int f(x)dx+\int g(x)dx$

[3] $\int\{f(x)-g(x)\}dx=\int f(x)dx-\int g(x)dx$

教 p.229

問 2　次の不定積分を求めよ。

(1) $\int 3dx$　　(2) $\int (-6x^2)dx$

(3) $\int (2x+5)dx$　　(4) $\int (-x^2-4x-3)dx$

考え方　不定積分の性質を利用して積分する。積分定数 C を忘れないこと。

解答　(1) $\int 3dx = 3\int dx$

$= 3\cdot x + C$

$= \mathbf{3x + C}$

(2) $\int (-6x^2)dx = -6\int x^2 dx$

$= -6\cdot\frac{1}{3}x^3 + C$

$= \mathbf{-2x^3 + C}$

(3) $\int (2x+5)dx = \int 2x\,dx + \int 5dx$

$= 2\int x\,dx + 5\int dx$

$= 2\cdot\frac{1}{2}x^2 + 5\cdot x + C$

$= \mathbf{x^2 + 5x + C}$

(4) $\int (-x^2-4x-3)dx = -\int x^2 dx - \int 4x\,dx - \int 3dx$

$= -\int x^2 dx - 4\int x\,dx - 3\int dx$

$= -\frac{1}{3}x^3 - 4\cdot\frac{1}{2}x^2 - 3\cdot x + C$

$= \mathbf{-\frac{1}{3}x^3 - 2x^2 - 3x + C}$

教 p.230

問 3　次の不定積分を求めよ。

(1) $\int x(3x+4)dx$　　(2) $\int (4x+1)(3x-2)dx$

考え方　積分される関数の式を展開し，不定積分の性質を用いて積分する。

解答　(1) $\int x(3x+4)dx = \int (3x^2+4x)dx$

$= 3\int x^2 dx + 4\int x\,dx$

$= 3\cdot\frac{1}{3}x^3 + 4\cdot\frac{1}{2}x^2 + C$

$= \mathbf{x^3 + 2x^2 + C}$

(2) $\int(4x+1)(3x-2)dx=\int(12x^2-5x-2)dx$

$=12\int x^2dx-5\int xdx-2\int dx$

$=12\cdot\frac{1}{3}x^3-5\cdot\frac{1}{2}x^2-2\cdot x+C$

$=\mathbf{4x^3-\frac{5}{2}x^2-2x+C}$

教 p.230

問4 次の不定積分を求めよ。

(1) $\int(4t-3)(2t+3)dt$ (2) $\int(3t-2)^2dt$

考え方 変数が x 以外の関数の不定積分も同じように扱うことができる。

解答 (1) $\int(4t-3)(2t+3)dt=\int(8t^2+6t-9)dt$

$=\mathbf{\frac{8}{3}t^3+3t^2-9t+C}$

(2) $\int(3t-2)^2dt=\int(9t^2-12t+4)dt$

$=\mathbf{3t^3-6t^2+4t+C}$

教 p.230

問5 次の条件を満たす関数 $F(x)$ を求めよ。

$F'(x)=x^2-2x-3,\quad F(3)=-2$

考え方 $F'(x)$ を積分すると $F(x)$ となる。積分定数 C は，$F(3)=-2$ より求める。

解答 $F(x)$ は微分して x^2-2x-3 となる関数であるから

$F(x)=\int(x^2-2x-3)dx$ ←― $F'(x)$ を積分する

$=\frac{1}{3}x^3-x^2-3x+C$

ここで，$F(3)=-2$ であるから

$F(3)=\frac{1}{3}\cdot3^3-3^2-3\cdot3+C$ ←― $F(x)$ に $x=3$ を代入する

$=-9+C$

より $-9+C=-2$ ←― $F(3)=-2$ から C を求める

すなわち $C=7$

したがって $\mathbf{F(x)=\frac{1}{3}x^3-x^2-3x+7}$

2 定積分

用語のまとめ

定積分

- a, b を定数として，関数 $f(x)$ の原始関数の1つを $F(x)$ とするとき，$F(b)-F(a)$ の値を $f(x)$ の a から b までの **定積分** といい，記号 $\int_a^b f(x)dx$ で表す。このとき，a を **下端**，b を **上端** という。
- 定積分 $\int_a^b f(x)dx$ を求めることを，$f(x)$ を **a から b まで積分する** という。
- $F(b)-F(a)$ を簡単に $\Big[F(x)\Big]_a^b$ とも書く。

● **定積分** 解き方のポイント

$f(x)$ の原始関数の1つを $F(x)$ とすると

$$\int_a^b f(x)dx=\Big[F(x)\Big]_a^b=F(b)-F(a)$$

教 p.232

問6 次の定積分を求めよ。

(1) $\int_0^2 3x\,dx$　(2) $\int_1^2 (4x-6x^2)dx$　(3) $\int_{-1}^1 (2x^2+x)dx$

解答 (1) $\int_0^2 3x\,dx=\left[3\cdot\frac{1}{2}x^2\right]_0^2=\left[\frac{3}{2}x^2\right]_0^2$

$$=\frac{3}{2}\cdot 2^2-\frac{3}{2}\cdot 0^2=6-0=6$$

(2) $\int_1^2 (4x-6x^2)dx=\left[4\cdot\frac{1}{2}x^2-6\cdot\frac{1}{3}x^3\right]_1^2=\Big[2x^2-2x^3\Big]_1^2$

$$=(2\cdot 2^2-2\cdot 2^3)-(2\cdot 1^2-2\cdot 1^3)$$

$$=(8-16)-(2-2)=-8$$

(3) $\int_{-1}^1 (2x^2+x)dx=\left[2\cdot\frac{1}{3}x^3+\frac{1}{2}x^2\right]_{-1}^1=\left[\frac{2}{3}x^3+\frac{1}{2}x^2\right]_{-1}^1$

$$=\left(\frac{2}{3}\cdot 1^3+\frac{1}{2}\cdot 1^2\right)-\left\{\frac{2}{3}\cdot(-1)^3+\frac{1}{2}\cdot(-1)^2\right\}$$

$$=\left(\frac{2}{3}+\frac{1}{2}\right)-\left(-\frac{2}{3}+\frac{1}{2}\right)=\frac{4}{3}$$

教 p.232

問7 次の定積分を求めよ。

(1) $\displaystyle\int_1^3 (2t^2-5t)dt$　　(2) $\displaystyle\int_{-2}^0 (5-3t^2)dt$

考え方　変数が x 以外の関数の定積分も同じように扱うことができる。

解答　(1)
$$\int_1^3 (2t^2-5t)dt = \left[2\cdot\frac{1}{3}t^3-5\cdot\frac{1}{2}t^2\right]_1^3$$
$$=\left[\frac{2}{3}t^3-\frac{5}{2}t^2\right]_1^3$$
$$=\left(\frac{2}{3}\cdot3^3-\frac{5}{2}\cdot3^2\right)-\left(\frac{2}{3}\cdot1^3-\frac{5}{2}\cdot1^2\right)$$
$$=\left(18-\frac{45}{2}\right)-\left(\frac{2}{3}-\frac{5}{2}\right)=-\frac{8}{3}$$

(2)
$$\int_{-2}^0 (5-3t^2)dt = \left[5\cdot t-3\cdot\frac{1}{3}t^3\right]_{-2}^0$$
$$=\left[5t-t^3\right]_{-2}^0$$
$$=(5\cdot0-0^3)-\{5\cdot(-2)-(-2)^3\}$$
$$=(0-0)-(-10+8)=2$$

● **定数倍，和，差の定積分** ……………… 解き方のポイント

[1] $\displaystyle\int_a^b kf(x)dx = k\int_a^b f(x)dx$　　(k は定数)

[2] $\displaystyle\int_a^b \{f(x)+g(x)\}dx = \int_a^b f(x)dx+\int_a^b g(x)dx$

[3] $\displaystyle\int_a^b \{f(x)-g(x)\}dx = \int_a^b f(x)dx-\int_a^b g(x)dx$

教 p.233

問8 次の定積分を求めよ。

(1) $\displaystyle\int_{-1}^2 (3x^2+5x-2)dx$

(2) $\displaystyle\int_0^2 (-3x+1)dx+\int_0^2 (9x^2-3x)dx$

(3) $\displaystyle\int_1^3 (2x^2+x+3)dx-\int_1^3 (2x^2-x+3)dx$

考え方　(2), (3)　上端，下端が等しいから，1つの定積分にまとめることができる。

解答 (1) $\int_{-1}^{2}(3x^2+5x-2)dx$

$=3\int_{-1}^{2}x^2dx+5\int_{-1}^{2}x\,dx-2\int_{-1}^{2}dx$

$=3\left[\frac{1}{3}x^3\right]_{-1}^{2}+5\left[\frac{1}{2}x^2\right]_{-1}^{2}-2\left[x\right]_{-1}^{2}$

$=3\left\{\frac{2^3}{3}-\frac{1}{3}\cdot(-1)^3\right\}+5\left\{\frac{2^2}{2}-\frac{1}{2}\cdot(-1)^2\right\}-2\{2-(-1)\}$

$=3\left(\frac{8}{3}+\frac{1}{3}\right)+5\left(2-\frac{1}{2}\right)-2(2+1)$

$=3\cdot3+5\cdot\frac{3}{2}-2\cdot3=\boldsymbol{\frac{21}{2}}$

(2) $\int_{0}^{2}(-3x+1)dx+\int_{0}^{2}(9x^2-3x)dx$

$=\int_{0}^{2}\{(-3x+1)+(9x^2-3x)\}dx$

$=\int_{0}^{2}(9x^2-6x+1)dx$

$=9\int_{0}^{2}x^2dx-6\int_{0}^{2}x\,dx+\int_{0}^{2}dx$

$=9\left[\frac{1}{3}x^3\right]_{0}^{2}-6\left[\frac{1}{2}x^2\right]_{0}^{2}+\left[x\right]_{0}^{2}$

$=9\cdot\frac{8}{3}-6\cdot\frac{4}{2}+2=24-12+2=\mathbf{14}$

(3) $\int_{1}^{3}(2x^2+x+3)dx-\int_{1}^{3}(2x^2-x+3)dx$

$=\int_{1}^{3}\{(2x^2+x+3)-(2x^2-x+3)\}dx$

$=\int_{1}^{3}2x\,dx=\left[x^2\right]_{1}^{3}$

$=3^2-1^2=9-1=\mathbf{8}$

● 定積分の性質 ……… **解き方のポイント**

[4] $\int_{a}^{a}f(x)dx=0$

[5] $\int_{b}^{a}f(x)dx=-\int_{a}^{b}f(x)dx$

[6] $\int_{a}^{c}f(x)dx+\int_{c}^{b}f(x)dx=\int_{a}^{b}f(x)dx$

教 p.234

問 9　上の定積分の性質 [4]，[5] を証明せよ。

考え方　定積分の定義 $\int_a^b f(x)dx = \Big[F(x)\Big]_a^b = F(b) - F(a)$ を用いて考える。

証明　関数 $f(x)$ の原始関数の1つを $F(x)$ とする。

[4] の証明　$\int_a^a f(x)dx = \Big[F(x)\Big]_a^a = F(a) - F(a) = 0$

したがって　$\int_a^a f(x)dx = 0$

[5] の証明　$\int_b^a f(x)dx = \Big[F(x)\Big]_b^a = F(a) - F(b) = -\{F(b) - F(a)\}$

$$= -\Big[F(x)\Big]_a^b = -\int_a^b f(x)dx$$

したがって　$\int_b^a f(x)dx = -\int_a^b f(x)dx$

教 p.234

問 10　次の定積分を求めよ。

(1)　$\int_1^3 x^2 dx + \int_3^1 x^2 dx$　　(2)　$\int_{-2}^1 (2x+1)dx + \int_1^2 (2x+1)dx$

考え方　積分される関数が同じであるから，積分する区間をみて工夫する。

(1)　積分する区間の上端・下端が逆になっている。

(2)　積分する区間がつながっている。

解答　(1)　$\int_3^1 x^2 dx = -\int_1^3 x^2 dx$ であるから　←— 性質 [5]

$$\int_1^3 x^2 dx + \int_3^1 x^2 dx = \int_1^3 x^2 dx - \int_1^3 x^2 dx = 0$$

(2)　$\int_{-2}^1 (2x+1)dx + \int_1^2 (2x+1)dx$

$= \int_{-2}^2 (2x+1)dx$　←— 性質 [6]

$= \Big[x^2 + x\Big]_{-2}^2 = (2^2 + 2) - \{(-2)^2 + (-2)\} = 6 - 2 = 4$

別解　(1)　$\int_1^3 x^2 dx + \int_3^1 x^2 dx = \int_1^1 x^2 dx = 0$　←— 性質 [6]，[4]

教 p.235

問 11　等式 $f(x)=3x+2\int_0^2 f(t)dt$ を満たす関数 $f(x)$ を求めよ。

考え方　定積分 $\int_0^2 f(t)dt$ は定数であるから，$k=\int_0^2 f(t)dt$ とおいて，$f(x)$ を k を含む式で表し，それを積分して得られる k についての方程式を解く。

解 答　$\int_0^2 f(t)dt$ は定数であるから

$$k=\int_0^2 f(t)dt \quad \cdots\cdots ①$$

とおくと　$f(x)=3x+2k$　より

$$f(t)=3t+2k \quad \cdots\cdots ②$$

①，② より

$$k=\int_0^2 f(t)dt=\int_0^2 (3t+2k)dt$$

$$=\left[\frac{3}{2}t^2+2kt\right]_0^2=6+4k$$

よって，$k=6+4k$ であるから　$-3k=6$

すなわち　$k=-2$

したがって　$f(x)=3x-4$

● 定積分と微分 …… 解き方のポイント

$$\frac{d}{dx}\int_a^x f(t)dt=f(x) \qquad \text{ただし，} a \text{ は定数}$$

教 p.236

問 12　x の関数 $f(x)=\int_0^x (4t^2-t+2)dt$ について，次の問に答えよ。

(1)　関数 $f(x)$ と $4x^2-x+2$ の関係について，「導関数」または「原始関数」のいずれかの言葉を用いて説明せよ。

(2)　関数 $f(x)$ を x で微分せよ。

解 答　(1)　関数 $f(x)$ は $4x^2-x+2$ の原始関数の 1 つである。
(関数 $f(x)$ の導関数は $4x^2-x+2$ である。)

(2)　$f'(x)=\dfrac{d}{dx}\int_0^x (4t^2-t+2)dt$

$$=4x^2-x+2$$

教 p.236

問 13　次の等式を満たす関数 $f(x)$ と定数 a の値を求めよ。

$$\int_2^x f(t)dt = x^2 - 5x + 2a$$

考え方　等式の両辺を x で微分して $f(x)$ を求める。

定数 a の値は，与えられた等式に $x=2$ を代入し，$\int_2^2 f(t)dt = 0$ を利用して求める。

解　答　与えられた等式の両辺を x で微分すると

$$\frac{d}{dx}\int_2^x f(t)dt = \frac{d}{dx}(x^2 - 5x + 2a)$$

よって

$$f(x) = 2x - 5$$

また，与えられた等式に $x=2$ を代入すると

$$\int_2^2 f(t)dt = 0$$

であるから

$$0 = 2^2 - 5\cdot 2 + 2a$$

整理すると

$$0 = -6 + 2a$$

よって　　$a = 3$

したがって

$$\boldsymbol{f(x) = 2x - 5,\ \ a = 3}$$

3 面積

● 面積 ……………… 解き方のポイント

関数 $f(x)$ は面積 $S(x)$ の導関数であり，逆に，面積 $S(x)$ は関数 $f(x)$ の原始関数である。

● 定積分と面積 (1) ……………… 解き方のポイント

区間 $a \leqq x \leqq b$ において $f(x) \geqq 0$ のとき，曲線 $y=f(x)$ と x 軸および 2 直線 $x=a$，$x=b$ で囲まれた図形の面積 S は

$$S=\int_a^b f(x)dx$$

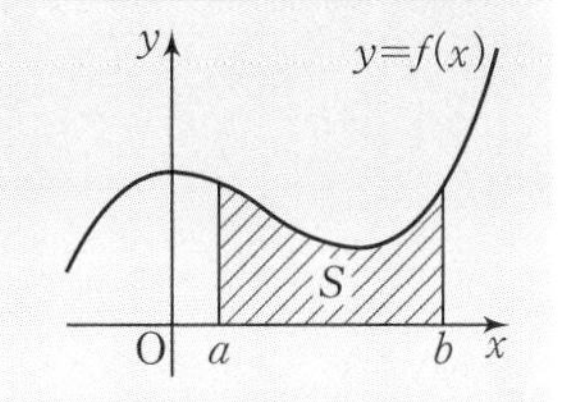

教 p.240

問 14　放物線 $y=2x^2+1$ と x 軸および 2 直線 $x=-1$，$x=3$ で囲まれた図形の面積 S を求めよ。

考え方　区間 $-1 \leqq x \leqq 3$ における放物線と x 軸の位置関係を調べる。

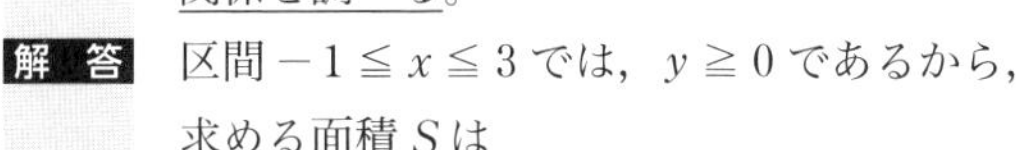

解　答　区間 $-1 \leqq x \leqq 3$ では，$y \geqq 0$ であるから，求める面積 S は

$$S=\int_{-1}^{3}(2x^2+1)dx=\left[\frac{2}{3}x^3+x\right]_{-1}^{3}$$

$$=(18+3)-\left(-\frac{2}{3}-1\right)=21+\frac{5}{3}$$

$$=\frac{68}{3}$$

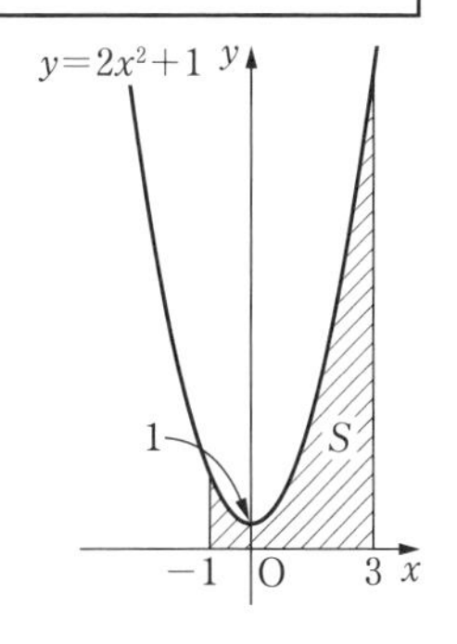

● 定積分と面積 (2) ……………… 解き方のポイント

区間 $a \leqq x \leqq b$ において $f(x) \leqq 0$ のとき，曲線 $y=f(x)$ と x 軸および 2 直線 $x=a$，$x=b$ で囲まれた図形の面積 S は

$$S=\int_a^b \{-f(x)\}dx=-\int_a^b f(x)dx$$

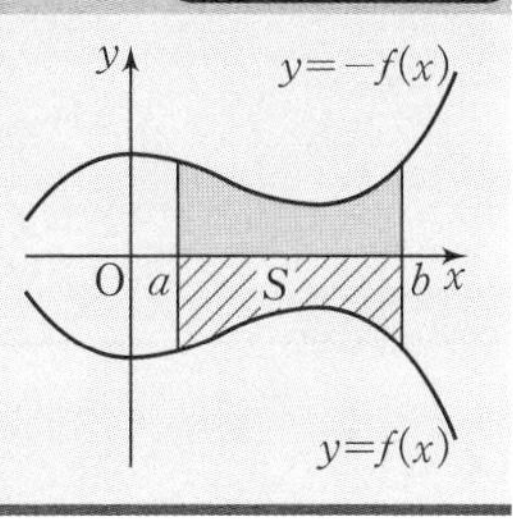

教 p.242

問 15 次の放物線と x 軸で囲まれた図形の面積 S を求めよ。

(1) $y=x^2+x$　　　　(2) $y=-x^2+x+2$

考え方 放物線と x 軸の交点の x 座標から積分する区間を求め，その区間における放物線と x 軸の位置関係を調べる。

解 答 (1) この放物線と x 軸の交点の x 座標は

$$x^2+x=0$$

を解いて

$x(x+1)=0$　より　　$x=-1,\ 0$

区間 $-1\leqq x\leqq 0$ では，$y\leqq 0$ であるから，求める面積 S は

$$S=-\int_{-1}^{0}(x^2+x)dx=-\left[\frac{1}{3}x^3+\frac{1}{2}x^2\right]_{-1}^{0}$$

$$=-\left\{0-\left(-\frac{1}{3}+\frac{1}{2}\right)\right\}=\frac{1}{6}$$

(2) この放物線と x 軸の交点の x 座標は

$$-x^2+x+2=0$$

を解いて

$-(x+1)(x-2)=0$　より　　$x=-1,\ 2$

区間 $-1\leqq x\leqq 2$ では，$y\geqq 0$ であるから，求める面積 S は

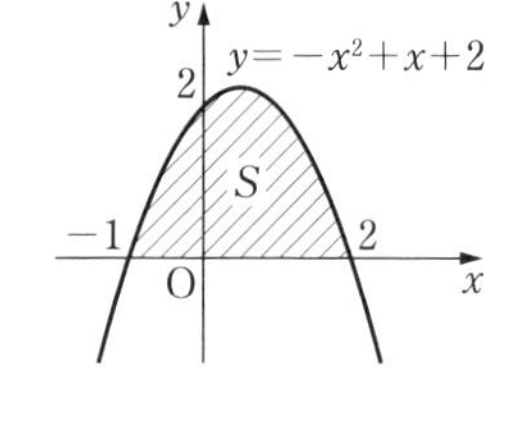

$$S=\int_{-1}^{2}(-x^2+x+2)dx=\left[-\frac{1}{3}x^3+\frac{1}{2}x^2+2x\right]_{-1}^{2}$$

$$=\left(-\frac{8}{3}+2+4\right)-\left(\frac{1}{3}+\frac{1}{2}-2\right)=\frac{9}{2}$$

● 2 曲線の間の面積 ……… 解き方のポイント

区間 $a\leqq x\leqq b$ において $f(x)\geqq g(x)$ であるとき，2 曲線 $y=f(x)$，$y=g(x)$ と 2 直線 $x=a$，$x=b$ で囲まれた図形の面積 S は

$$S=\int_a^b\{f(x)-g(x)\}dx$$

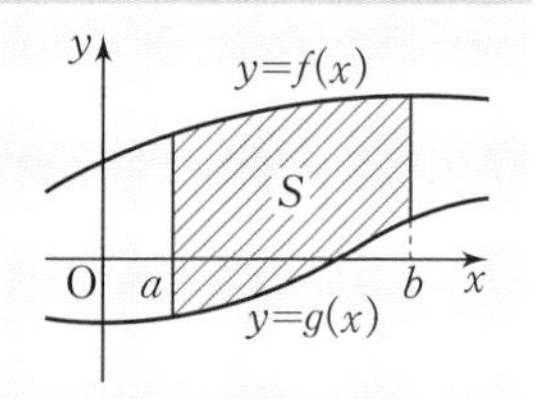

教 p.244

問 16 2 曲線 $y=x^2$，$y=2x^2+3$ と 2 直線 $x=-2$，$x=2$ で囲まれた図形の面積 S を求めよ。

考え方 区間 $-2 \leqq x \leqq 2$ における，2 曲線の位置関係を調べる。

解 答 区間 $-2 \leqq x \leqq 2$ では，$x^2 \leqq 2x^2+3$

であるから

$$S=\int_{-2}^{2}\{(2x^2+3)-x^2\}dx$$

$$=\int_{-2}^{2}(x^2+3)dx=\left[\frac{1}{3}x^3+3x\right]_{-2}^{2}$$

$$=\left(\frac{8}{3}+6\right)-\left(-\frac{8}{3}-6\right)=\frac{52}{3}$$

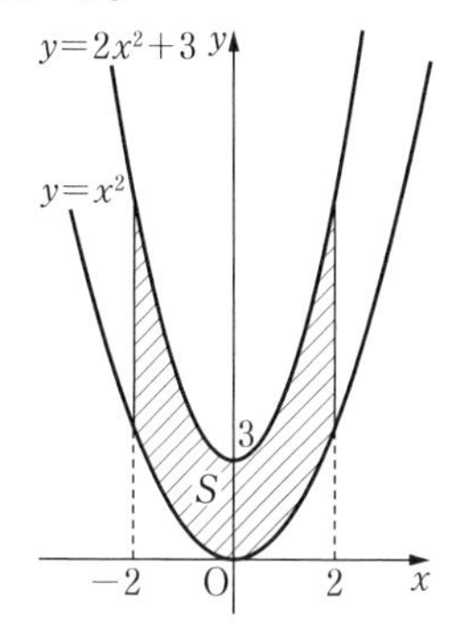

プラス＋ 2 つの曲線はいずれも y 軸に関して対称であるから

$$S=2\cdot\int_{0}^{2}\{(2x^2+3)-x^2\}dx$$

と求めることもできる。

教 p.244

問 17 放物線 $y=-x^2+3x+4$ と直線 $y=-x+7$ で囲まれた図形の面積 S を求めよ。

考え方 放物線と直線の交点の x 座標から積分する区間を求め，その区間における放物線と直線の位置関係を調べる。

解 答 放物線と直線の交点の x 座標は

$$-x^2+3x+4=-x+7$$

を解いて

$$x^2-4x+3=0$$

$$(x-1)(x-3)=0$$

よって　　$x=1,\ 3$

区間 $1 \leqq x \leqq 3$ では

$$-x^2+3x+4 \geqq -x+7$$

であるから

$$S=\int_{1}^{3}\{(-x^2+3x+4)-(-x+7)\}dx$$

$$=\int_{1}^{3}(-x^2+4x-3)dx$$

$$=\left[-\frac{1}{3}x^3+2x^2-3x\right]_{1}^{3}$$

$$=(-9+18-9)-\left(-\frac{1}{3}+2-3\right)$$

$$=\frac{4}{3}$$

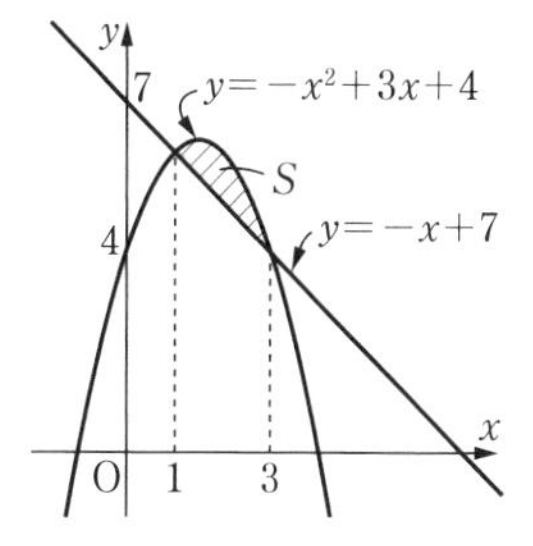

● 絶対値のついた関数の定積分　解き方のポイント

$f(x)$ の符号によって積分する区間を分けて，絶対値記号を外してから積分する。

教 p.245

問 18　定積分 $\int_0^3 |x^2-1|dx$ を求めよ。

考え方　積分する区間を $x^2-1 \geqq 0$，$x^2-1 \leqq 0$ となる区間に分けて絶対値記号を外し，それぞれの区間における定積分を求める。

解　答　関数 $y=|x^2-1|$ は

(i)　$x^2-1=(x+1)(x-1) \geqq 0$　　すなわち　$x \leqq -1$，$1 \leqq x$ のとき

$|x^2-1|=x^2-1$

(ii)　$x^2-1=(x+1)(x-1) \leqq 0$　　すなわち　$-1 \leqq x \leqq 1$ のとき

$|x^2-1|=-(x^2-1)=-x^2+1$

となる。

積分する区間は $0 \leqq x \leqq 3$ であるから

(i) より　$1 \leqq x \leqq 3$ のとき　$|x^2-1|=x^2-1$

(ii) より　$0 \leqq x \leqq 1$ のとき　$|x^2-1|=-x^2+1$

したがって，求める定積分は

$$\int_0^3 |x^2-1|dx$$
$$=\int_0^1 |x^2-1|dx+\int_1^3 |x^2-1|dx$$
$$=\int_0^1 (-x^2+1)dx+\int_1^3 (x^2-1)dx$$
$$=\left[-\frac{1}{3}x^3+x\right]_0^1+\left[\frac{1}{3}x^3-x\right]_1^3$$
$$=\left\{\left(-\frac{1}{3}+1\right)-0\right\}+\left\{(9-3)-\left(\frac{1}{3}-1\right)\right\}$$
$$=\frac{2}{3}+\frac{20}{3}$$
$$=\frac{22}{3}$$

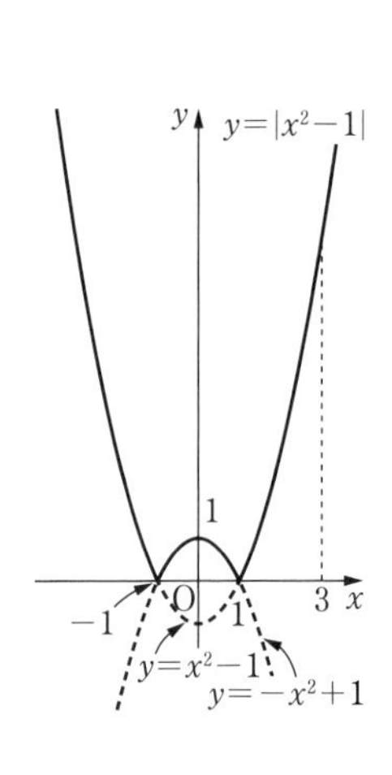

Challenge（チャレンジ）例題　3次関数と面積

教 p.246

問1　曲線 $y=-x^3+3x^2-2x$ と x 軸で囲まれた図形の面積 S を求めよ。

考え方　曲線と x 軸の交点の x 座標を求め，グラフと x 軸との位置関係を調べる。

解答
$$y=-x^3+3x^2-2x=-x(x^2-3x+2)=-x(x-1)(x-2)$$

であるから，この曲線と x 軸の交点の x 座標は

$$-x(x-1)(x-2)=0$$

を解いて　$x=0,\ 1,\ 2$

区間 $0 \leqq x \leqq 1$ では　$y \leqq 0$

区間 $1 \leqq x \leqq 2$ では　$y \geqq 0$

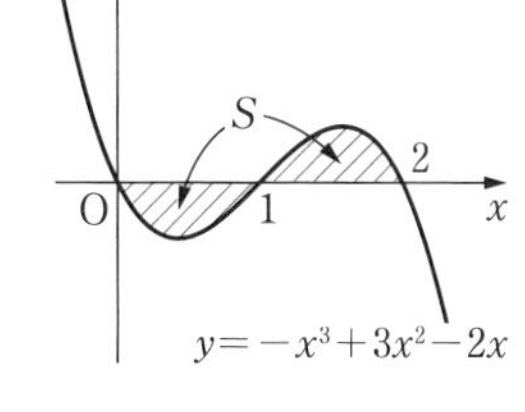

であるから，求める面積 S は

$$S=-\int_0^1(-x^3+3x^2-2x)dx+\int_1^2(-x^3+3x^2-2x)dx$$
$$=-\left[-\frac{1}{4}x^4+x^3-x^2\right]_0^1+\left[-\frac{1}{4}x^4+x^3-x^2\right]_1^2$$
$$=-\left(-\frac{1}{4}+1-1\right)+\left\{(-4+8-4)-\left(-\frac{1}{4}+1-1\right)\right\}$$
$$=\frac{1}{2}$$

曲線は点 (1, 0) に関して点対称であるから (教科書 p.251 参照)

$$S=2\cdot\left\{-\int_0^1(-x^3+3x^2-2x)dx\right\}$$

として求めることもできる。

Training トレーニング

教 p.247

17 次の不定積分を求めよ。

(1) $\int 5dx$　　(2) $\int(-9y^2)dy$

(3) $\int(4x-6)dx$　　(4) $\int(-2x^2+3x-4)dx$

解答

(1) $\int 5dx=5\int dx=5\cdot x+C=\boldsymbol{5x+C}$

(2) $\int(-9y^2)dy=-9\int y^2dy=-9\cdot\frac{1}{3}y^3+C=\boldsymbol{-3y^3+C}$

(3) $\int(4x-6)dx=\int 4xdx-\int 6dx=4\int xdx-6\int dx$

$$=4\cdot\frac{1}{2}x^2-6\cdot x+C=\boldsymbol{2x^2-6x+C}$$

5章　微分と積分

(4) $\displaystyle\int(-2x^2+3x-4)dx=-\int 2x^2dx+\int 3xdx-\int 4dx$

$\displaystyle=-2\int x^2dx+3\int xdx-4\int dx$

$\displaystyle=-2\cdot\frac{1}{3}x^3+3\cdot\frac{1}{2}x^2-4\cdot x+C$

$\displaystyle=-\frac{2}{3}x^3+\frac{3}{2}x^2-4x+C$

18 次の不定積分を求めよ。

(1) $\displaystyle\int(2x+1)^2dx$　　(2) $\displaystyle\int(x-1)(3x+2)dx$

考え方　まず，積分される関数の式を展開する。

解答　(1) $\displaystyle\int(2x+1)^2dx=\int(4x^2+4x+1)dx$

$\displaystyle=4\int x^2dx+4\int xdx+\int dx$

$\displaystyle=4\cdot\frac{1}{3}x^3+4\cdot\frac{1}{2}x^2+x+C$

$\displaystyle=\frac{4}{3}x^3+2x^2+x+C$

(2) $\displaystyle\int(x-1)(3x+2)dx=\int(3x^2-x-2)dx$

$\displaystyle=3\int x^2dx-\int xdx-2\int dx$

$\displaystyle=3\cdot\frac{1}{3}x^3-\frac{1}{2}x^2-2\cdot x+C$

$\displaystyle=x^3-\frac{1}{2}x^2-2x+C$

19 次の条件を満たす関数 $F(x)$ を求めよ。

$F'(x)=-6x^2+8x+3,\quad F(2)=1$

考え方　$F'(x)$ を積分すると $F(x)$ となる。積分定数 C は，$F(2)=1$ より求める。

解答　$F(x)$ は微分して $-6x^2+8x+3$ となる関数であるから

$\displaystyle F(x)=\int(-6x^2+8x+3)dx$

$\displaystyle=-6\cdot\frac{1}{3}x^3+8\cdot\frac{1}{2}x^2+3\cdot x+C$

$=-2x^3+4x^2+3x+C$

ここで，$F(2)=1$ であるから

$F(2)=-2\cdot 2^3+4\cdot 2^2+3\cdot 2+C=-16+16+6+C=6+C$

より　　$6+C=1$

すなわち　　$C=-5$

したがって　　$F(x)=-2x^3+4x^2+3x-5$

20 次の定積分を求めよ。

(1) $\displaystyle\int_1^3 (x^2-2x)dx$　　(2) $\displaystyle\int_{-1}^2 (2x^2-5x+1)dx$

(3) $\displaystyle\int_{-1}^1 (3x^2+14x)dx$　　(4) $\displaystyle\int_{-2}^2 (3t-4)^2 dt$

考え方 (4) 展開してから積分する。

解答 (1) $\displaystyle\int_1^3 (x^2-2x)dx=\left[\frac{1}{3}x^3-x^2\right]_1^3=\left(\frac{1}{3}\cdot 3^3-3^2\right)-\left(\frac{1}{3}\cdot 1^3-1^2\right)$

$$=(9-9)-\left(\frac{1}{3}-1\right)=\frac{2}{3}$$

(2) $\displaystyle\int_{-1}^2 (2x^2-5x+1)dx$

$$=\left[\frac{2}{3}x^3-\frac{5}{2}x^2+x\right]_{-1}^2$$

$$=\left(\frac{2}{3}\cdot 2^3-\frac{5}{2}\cdot 2^2+2\right)-\left\{\frac{2}{3}\cdot(-1)^3-\frac{5}{2}\cdot(-1)^2+(-1)\right\}$$

$$=\left(\frac{16}{3}-10+2\right)-\left(-\frac{2}{3}-\frac{5}{2}-1\right)$$

$$=\frac{3}{2}$$

(3) $\displaystyle\int_{-1}^1 (3x^2+14x)dx=\left[x^3+7x^2\right]_{-1}^1$

$$=(1^3+7\cdot 1^2)-\{(-1)^3+7\cdot(-1)^2\}$$

$$=(1+7)-(-1+7)$$

$$=2$$

(4) $\displaystyle\int_{-2}^2 (3t-4)^2 dt$

$$=\int_{-2}^2 (9t^2-24t+16)dt$$

$$=\left[3t^3-12t^2+16t\right]_{-2}^2$$

$$=(3\cdot 2^3-12\cdot 2^2+16\cdot 2)-\{3\cdot(-2)^3-12\cdot(-2)^2+16\cdot(-2)\}$$

$$=(24-48+32)-(-24-48-32)$$

$$=112$$

21 定積分 $\displaystyle\int_{-3}^{2}(4x+1)dx-\int_{3}^{2}(4x+1)dx$ を求めよ。

考え方 積分される関数が同じであるから，積分する区間の上端と下端の値に着目する。

解答

$$\int_{-3}^{2}(4x+1)dx-\int_{3}^{2}(4x+1)dx$$

$$=\int_{-3}^{2}(4x+1)dx+\int_{2}^{3}(4x+1)dx$$

$\displaystyle\int_{b}^{a}f(x)dx=-\int_{a}^{b}f(x)dx$

$\displaystyle\int_{a}^{c}f(x)dx+\int_{c}^{b}f(x)dx=\int_{a}^{b}f(x)dx$

$$=\int_{-3}^{3}(4x+1)dx$$

$$=\Big[2x^2+x\Big]_{-3}^{3}$$

$$=(2\cdot3^2+3)-\{2\cdot(-3)^2+(-3)\}$$

$$=6$$

22 等式 $\displaystyle f(x)=2x+5\int_{0}^{5}f(t)dt$ を満たす関数 $f(x)$ を求めよ。

考え方 定積分 $\displaystyle\int_{0}^{5}f(t)dt$ は定数であるから，$\displaystyle k=\int_{0}^{5}f(t)dt$ とおいて，$f(x)$ を k を含む式で表し，それを積分して得られる k についての方程式を解く。

解答 $\displaystyle\int_{0}^{5}f(t)dt$ は定数であるから　$\displaystyle k=\int_{0}^{5}f(t)dt$　……①

とおくと　$f(x)=2x+5k$　より　$f(t)=2t+5k$　……②

①，② より　$\displaystyle k=\int_{0}^{5}f(t)dt=\int_{0}^{5}(2t+5k)dt$

$$=\Big[t^2+5kt\Big]_{0}^{5}=25+25k$$

よって，$k=25+25k$ であるから　$-24k=25$

すなわち　$k=-\dfrac{25}{24}$

したがって　$f(x)=2x-\dfrac{125}{24}$

23 次の等式を満たす関数 $f(x)$ と定数 a の値を求めよ。

$$\int_{-1}^{x}f(t)dt=6x^2-3ax-a$$

考え方 等式の両辺を x で微分し，$\dfrac{d}{dx}\displaystyle\int_a^x f(t)dt=f(x)$ を利用して $f(x)$ を求める。定数 a の値は，与えられた等式に $x=-1$ を代入し，$\displaystyle\int_{-1}^{-1} f(t)dt=0$ を利用して求める。

解答 与えられた等式の両辺を x で微分すると

$$\frac{d}{dx}\int_{-1}^{x} f(t)dt=\frac{d}{dx}(6x^2-3ax-a)$$

よって　　$f(x)=12x-3a$

また，与えられた等式に $x=-1$ を代入すると

$$\int_{-1}^{-1} f(t)dt=0$$

であるから

$$0=6\cdot(-1)^2-3a\cdot(-1)-a$$

整理すると　　$0=6+2a$

よって　　$a=-3$

したがって

$$\boldsymbol{f(x)=12x+9,\ a=-3}$$

24 次の等式を満たす関数 $f(x)$ と定数 a の値を求めよ。

$$\int_a^x f(t)dt=3x^2+2x-5$$

考え方 問題23と同じように考える。

解答 与えられた等式の両辺を x で微分すると

$$\frac{d}{dx}\int_a^x f(t)dt=\frac{d}{dx}(3x^2+2x-5)$$

よって　　$f(x)=6x+2$

また，与えられた等式に $x=a$ を代入すると

$$\int_a^a f(t)dt=0$$

であるから

$$3a^2+2a-5=0$$

$$(3a+5)(a-1)=0$$

よって　　$a=-\dfrac{5}{3},\ 1$

したがって

$$\boldsymbol{f(x)=6x+2,\ a=-\frac{5}{3},\ 1}$$

25 放物線 $y=3x^2+1$ と x 軸および2直線 $x=-1$, $x=2$ で囲まれた図形の面積 S を求めよ。

考え方 区間 $-1 \leqq x \leqq 2$ における放物線と x 軸の位置関係を調べる。

解 答 区間 $-1 \leqq x \leqq 2$ では, $y \geqq 0$ であるから

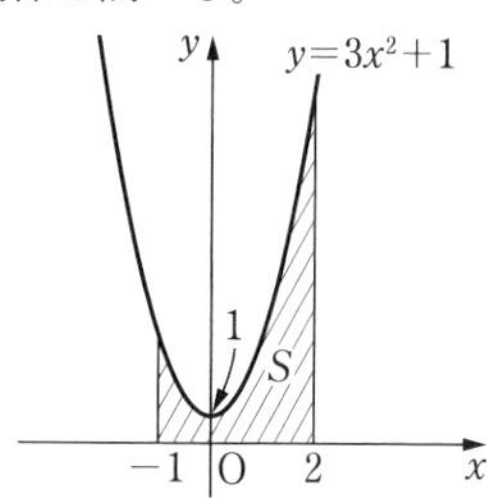

$$S=\int_{-1}^{2}(3x^2+1)dx$$
$$=\Big[x^3+x\Big]_{-1}^{2}$$
$$=(8+2)-(-1-1)$$
$$=12$$

26 放物線 $y=x^2-4x+3$ と x 軸で囲まれた図形の面積 S を求めよ。

考え方 放物線と x 軸の交点の x 座標から積分する区間を求め，その区間における放物線と x 軸の位置関係を調べる。

解 答 この放物線と x 軸の交点の x 座標は

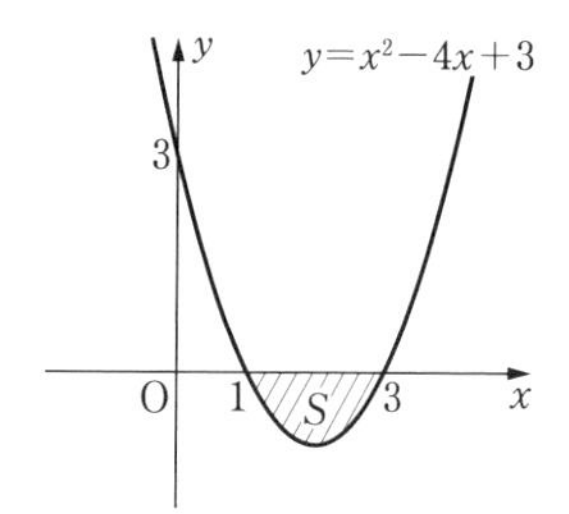

$$x^2-4x+3=0$$

を解いて

$$(x-1)(x-3)=0$$

よって　　$x=1,\ 3$

区間 $1 \leqq x \leqq 3$ では, $y \leqq 0$ であるから

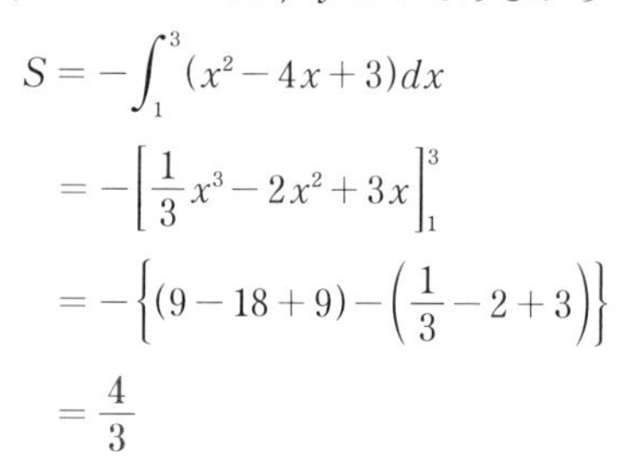

$$S=-\int_{1}^{3}(x^2-4x+3)dx$$
$$=-\left[\frac{1}{3}x^3-2x^2+3x\right]_{1}^{3}$$
$$=-\left\{(9-18+9)-\left(\frac{1}{3}-2+3\right)\right\}$$
$$=\frac{4}{3}$$

27 放物線 $y=-2x^2-x+5$ と直線 $y=x-7$ で囲まれた図形の面積 S を求めよ。

解 答 放物線と直線の交点の x 座標は

$$-2x^2-x+5=x-7$$

を解いて

$$x^2+x-6=0$$
$$(x+3)(x-2)=0$$

よって　　$x=-3,\ 2$

区間 $-3 \leqq x \leqq 2$ では，$-2x^2-x+5 \geqq x-7$ であるから

$$S=\int_{-3}^{2}\{(-2x^2-x+5)-(x-7)\}dx$$
$$=\int_{-3}^{2}(-2x^2-2x+12)dx$$
$$=\left[-\frac{2}{3}x^3-x^2+12x\right]_{-3}^{2}$$
$$=\left(-\frac{16}{3}-4+24\right)-(18-9-36)$$
$$=\frac{125}{3}$$

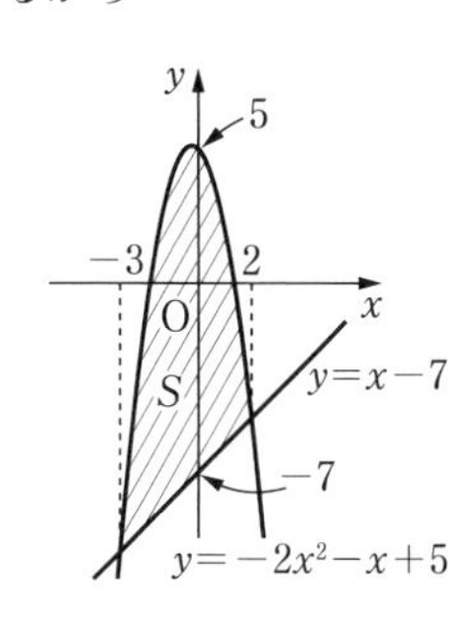

28 定積分 $\displaystyle\int_{0}^{2}|x^2-x|dx$ を求めよ。

考え方 積分する区間を $x^2-x \geqq 0$，$x^2-x \leqq 0$ となる区間に分けて絶対値記号を外し，それぞれの区間における定積分の和の形にして計算する。

解 答 関数 $y=|x^2-x|$ は

(i) $x^2-x=x(x-1) \geqq 0$ 　すなわち，$x \leqq 0$，$1 \leqq x$ のとき
$|x^2-x|=x^2-x$

(ii) $x^2-x=x(x-1) \leqq 0$ 　すなわち，$0 \leqq x \leqq 1$ のとき
$|x^2-x|=-(x^2-x)=-x^2+x$

となる。

積分する区間は $0 \leqq x \leqq 2$ であるから

(i) より　$1 \leqq x \leqq 2$ のとき　$|x^2-x|=x^2-x$

(ii) より　$0 \leqq x \leqq 1$ のとき　$|x^2-x|=-x^2+x$

したがって，求める定積分は

$$\int_{0}^{2}|x^2-x|dx$$
$$=\int_{0}^{1}|x^2-x|dx+\int_{1}^{2}|x^2-x|dx$$
$$=\int_{0}^{1}(-x^2+x)dx+\int_{1}^{2}(x^2-x)dx$$
$$=\left[-\frac{1}{3}x^3+\frac{1}{2}x^2\right]_{0}^{1}+\left[\frac{1}{3}x^3-\frac{1}{2}x^2\right]_{1}^{2}$$
$$=\left(-\frac{1}{3}+\frac{1}{2}\right)+\left(\frac{8}{3}-2\right)-\left(\frac{1}{3}-\frac{1}{2}\right)$$
$$=1$$

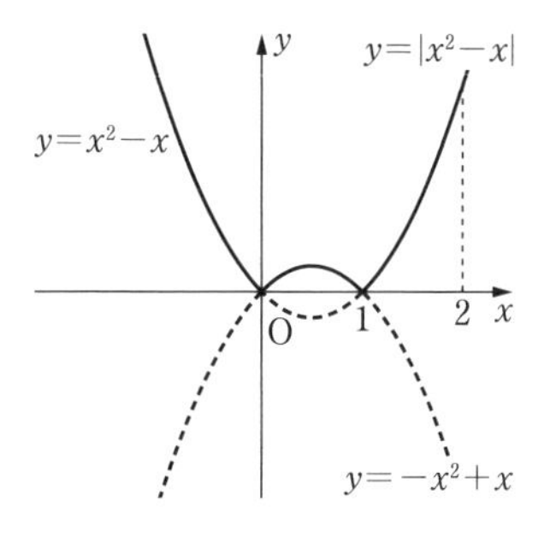

29 $\dfrac{d}{dx}\displaystyle\int_a^x f(t)dt=f(x)$ は成り立つが，$\displaystyle\int_a^x \dfrac{d}{dt}f(t)dt=f(x)$ は成り立つか，理由とともに答えよ。

考え方 成り立たないことを示すには，反例を1つ挙げればよい。

解答 **成り立たない。**

例えば，$f(x)=x$ のとき

$$(\text{左辺})=\int_a^x \frac{d}{dt}t\,dt=\int_a^x 1\,dt=\Big[t\Big]_a^x=x-a$$

となり，$a\neq 0$ のときは x となることはなく，右辺の $f(x)$ と一致しない。

教 p.248-249

1 関数 $f(x)=-2x^2+18$ について，-2 から a までの平均変化率が $x=1$ における微分係数 $f'(1)$ に等しいとき，定数 a の値を求めよ。

考え方 -2 から a までの平均変化率を a で表し，これが $f'(1)$ に等しいことから，a の値を求める。

解答 -2 から a までの平均変化率は

$$\begin{aligned}\frac{f(a)-f(-2)}{a-(-2)}&=\frac{(-2a^2+18)-(-8+18)}{a-(-2)}\\&=\frac{-2a^2+8}{a+2}\\&=\frac{-2(a+2)(a-2)}{a+2}\\&=-2(a-2)\end{aligned}$$

また，$x=1$ における微分係数 $f'(1)$ は

$$\begin{aligned}f'(1)&=\lim_{h\to 0}\frac{f(1+h)-f(1)}{h}\\&=\lim_{h\to 0}\frac{\{-2(1+h)^2+18\}-(-2+18)}{h}\\&=\lim_{h\to 0}\frac{-4h-2h^2}{h}\\&=\lim_{h\to 0}(-4-2h)\\&=-4\end{aligned}$$

よって　$-2(a-2)=-4$

ゆえに　$\boldsymbol{a=4}$

2 関数 $f(x)=x^2+ax+b$ が，$f'(0)=2$，$f(2)=6$ を満たすとき，定数 a，b の値を求めよ。

考え方 $f'(0)=2$，$f(2)=6$ であることから，a，b についての連立方程式をつくり，それを解く。

解答 $f'(x)=2x+a$ であるから

$f'(0)=2$ より　$a=2$　……①

$f(2)=6$ であるから

$4+2a+b=6$ より　$2a+b=2$　……②

② に ① を代入して

$2\cdot2+b=2$　より　$b=-2$

したがって　$\boldsymbol{a=2,\ b=-2}$

3 曲線 $y=x^3+3x^2-2$ について，次の接線の方程式を求めよ。

(1) 曲線上の点 $(-1,\ 0)$ における接線

(2) 傾きが 9 である接線

考え方 関数 $y=f(x)$ のグラフ上の点 $(a,\ f(a))$ における接線の方程式は

$y-f(a)=f'(a)(x-a)$

である。

(2) 接線の傾きが 9 であるから，$f'(a)=9$ である。

解答 (1) $f(x)=x^3+3x^2-2$ とおくと

$f'(x)=3x^2+6x$

点 $(-1,\ 0)$ における接線の傾きは

$f'(-1)=3\cdot(-1)^2+6\cdot(-1)=-3$

よって，求める接線は点 $(-1,\ 0)$ を通り，傾き -3 の直線である。

したがって，その方程式は

$y-0=-3\{x-(-1)\}$

すなわち　$\boldsymbol{y=-3x-3}$

(2) 接点を $\mathrm{P}(a,\ a^3+3a^2-2)$ とおく。

$f'(x)=3x^2+6x$ であるから，点 P における接線の傾きは

$f'(a)=3a^2+6a$

よって　$3a^2+6a=9$

これを解いて　$a=-3,\ 1$

求める接線は点 $(a,\ a^3+3a^2-2)$ を通り，傾き 9 の直線であるから

$y-(a^3+3a^2-2)=9(x-a)$

すなわち

$$y = 9x + a^3 + 3a^2 - 9a - 2$$

よって

$a = -3$ のとき　　$y = 9x + 25$

$a = 1$ のとき　　$y = 9x - 7$

したがって，求める接線の方程式は

$$y = 9x + 25,\ y = 9x - 7$$

4　$a > 0$ として，3 次方程式 $ax^3 - 6ax^2 + 64 = 0$ が異なる 3 個の実数解をもつように，定数 a の値の範囲を定めよ。

考え方　方程式の左辺を $f(x)$ とおき，$y = f(x)$ のグラフをかく。グラフと x 軸が異なる 3 つの共有点をもつような a の値の範囲を求める。

解答　$f(x) = ax^3 - 6ax^2 + 64$ とおくと

$$f'(x) = 3ax^2 - 12ax = 3ax(x-4)$$

$f'(x) = 0$ を解くと　　$x = 0,\ 4$

$a > 0$ であるから，$f(x)$ の増減表は次のようになる。

x	……	0	……	4	……
$f'(x)$	$+$	0	$-$	0	$+$
$f(x)$	↗	極大 64	↘	極小 $-32a+64$	↗

3 次方程式が異なる 3 個の実数解をもつのは，$y = f(x)$ のグラフが x 軸と異なる 3 つの共有点をもつときである。

よって，$f(4) < 0$ であればよいから

$$-32a + 64 < 0$$

したがって　　$a > 2$

これは，$a > 0$ に適する。

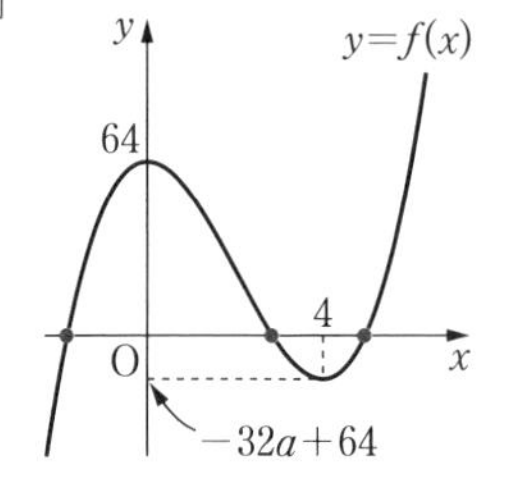

5　関数 $f(x) = x(x-3)^2$ について，次の問に答えよ。

(1)　$f(x)$ の極値を求めよ。

(2)　a を正の定数とするとき，区間 $0 \leqq x \leqq a$ における $f(x)$ の最大値を求めよ。

考え方　(2)　(1) の結果をもとに，$y = f(x)$ のグラフをかき，a の値によって最大値をとる x の値がどのように変化するかを考える。

解答 (1) $f(x)=x(x-3)^2=x^3-6x^2+9x$ より

$$f'(x)=3x^2-12x+9=3(x-1)(x-3)$$

$f'(x)=0$ を解くと　$x=1,\ 3$

よって，$f(x)$ の増減表は右のようになる。

x	……	1	……	3	……
$f'(x)$	$+$	0	$-$	0	$+$
$f(x)$	↗	極大 4	↘	極小 0	↗

増減表から，この関数は

$x=1$ のとき　**極大値 4**

$x=3$ のとき　**極小値 0**

をとる。

(2) $f(x)=4$ となる x の値を求めると ⟵ 最大値となり得る極大値 4 に等しい値をとるときの x の値を求める。

$$x^3-6x^2+9x=4$$

$$x^3-6x^2+9x-4=0$$

$$(x-1)(x^2-5x+4)=0$$

$$(x-1)^2(x-4)=0$$

より　$x=1,\ 4$

よって，$y=f(x)$ のグラフは右の図のようになる。したがって，区間 $0 \leqq x \leqq a$ における $f(x)$ の最大値は

$0<a<1$ のとき　**$f(a)=a(a-3)^2$**

$1 \leqq a<4$ のとき　**$f(1)=4$**

$a=4$ のとき　**$f(1)=f(4)=4$**

$4<a$ のとき　**$f(a)=a(a-3)^2$**

参考 グラフを利用して，次のようにして考えることができる。

0<a<1のとき

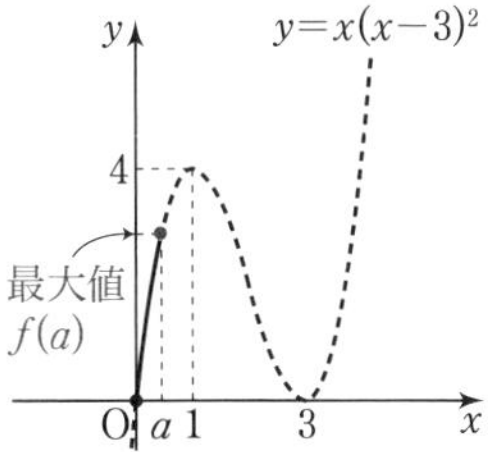

1≦a<4のとき

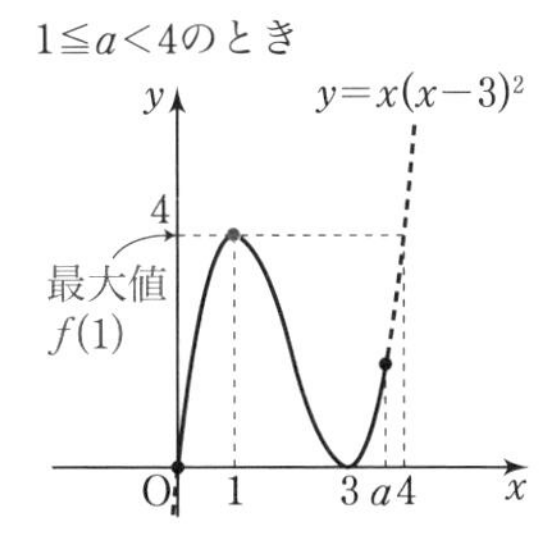

4<aのとき

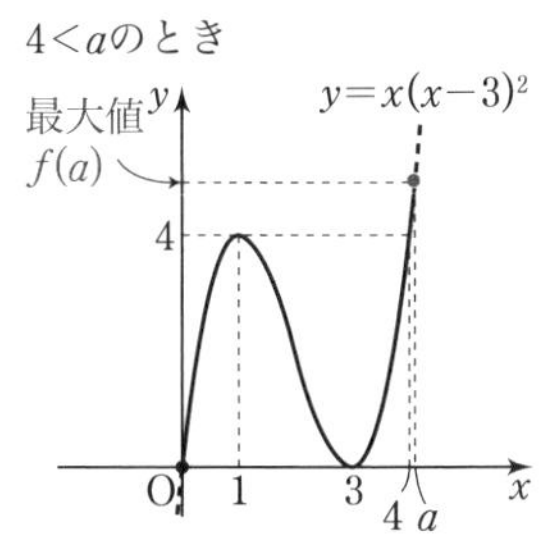

6 $x \geqq 0$ において，不等式 $x^3+a>3x^2+9x$ が成り立つように，定数 a の値の範囲を定めよ。

考え方 (左辺) − (右辺) $=f(x)$ とおき，$f(x)$ の $x \geqq 0$ における増減を調べ，最小値に着目する。

解　答　$f(x)=(x^3+a)-(3x^2+9x)=x^3-3x^2-9x+a$

とおくと　$f'(x)=3x^2-6x-9=3(x+1)(x-3)$

である。よって，$x \geqq 0$ における $f(x)$ の増減表は次のようになる。

x	0	……	3	……
$f'(x)$		$-$	0	$+$
$f(x)$	a	↘	極小 $a-27$	↗

$f(x)$ の最小値は $a-27$ となる。

したがって，$x \geqq 0$ において，$x^3+a>3x^2+9x$ であるためには，$x \geqq 0$ の範囲で常に $f(x)>0$ であればよいから

$a-27>0$　⟵ (最小値) >0 であればよい

したがって　$\boldsymbol{a>27}$

7　関数 $y=f(x)$ のグラフは点 A$(1,\ 5)$ を通り，その曲線上の任意の点 $(x,\ y)$ における接線の傾きは $3x^2-4x$ に等しいという。この関数 $f(x)$ を求めよ。

考え方　関数 $y=f(x)$ のグラフ上の任意の点 $(x,\ y)$ における接線の傾きが $3x^2-4x$ であるから，$f'(x)=3x^2-4x$ となる。このことから $f(x)$ を求め，この曲線が点 A$(1,\ 5)$ を通ることから積分定数 C の値を定める。

解　答　関数 $y=f(x)$ のグラフ上の任意の点 $(x,\ y)$ における接線の傾きは，$f'(x)$ である。

よって　$f'(x)=3x^2-4x$

したがって　$f(x)=\int(3x^2-4x)dx=x^3-2x^2+C$

関数 $y=f(x)$ のグラフが点 A$(1,\ 5)$ を通るから　$f(1)=5$

すなわち　$1-2+C=5$　より　$C=6$

したがって　$\boldsymbol{f(x)=x^3-2x^2+6}$

8　等式 $f(x)=x^2+2\int_{-1}^{3}xf(t)dt$ を満たす関数 $f(x)$ を求めよ。

考え方　定積分 $\int_{-1}^{3}f(t)dt$ は定数であるから，$k=\int_{-1}^{3}f(t)dt$ とおいて，$f(x)$ を k を含む式で表し，それを積分して得られる k についての方程式を解く。

解　答　等式は $f(x)=x^2+2x\int_{-1}^{3}f(t)dt$ となる。

$\int_{-1}^{3}f(t)dt$ は定数であるから　$k=\int_{-1}^{3}f(t)dt$　…… ①

とおくと　$f(x)=x^2+2kx$　より　$f(t)=t^2+2kt$　…… ②

①，② より　$k=\int_{-1}^{3}(t^2+2kt)dt=\left[\frac{1}{3}t^3+kt^2\right]_{-1}^{3}$

$=(9+9k)-\left(-\frac{1}{3}+k\right)=8k+\frac{28}{3}$

よって，$k=8k+\frac{28}{3}$ であるから　　$k=-\frac{4}{3}$

したがって　　$\boldsymbol{f(x)=x^2-\frac{8}{3}x}$

9　次の x についての関数 $f(x)$ の極値を求めよ。

$$f(x)=\int_0^x 3t(t-2)dt$$

考え方　$\frac{d}{dx}\int_a^x f(t)dt=f(x)$ を用いて，$f'(x)$ を求め，関数の増減を調べる。

解　答　$f'(x)=\frac{d}{dx}\int_0^x 3t(t-2)dt=3x(x-2)$

$f'(x)=0$ を解くと　　$x=0,\ 2$

よって，$f(x)$の増減表は右のようになる。ここで

x	……	0	……	2	……
$f'(x)$	＋	0	−	0	＋
$f(x)$	↗	極大	↘	極小	↗

$f(0)=\int_0^0 3t(t-2)dt=0$

$f(2)=\int_0^2 3t(t-2)dt=\int_0^2(3t^2-6t)dt=\left[t^3-3t^2\right]_0^2$

$=(8-12)-0=-4$

よって　**$x=0$ のとき　極大値 0**

$x=2$ のとき　極小値 −4

10　曲線 $y=x^3-3x^2+2x$ 上の点 $(2,\ 0)$ における接線と曲線で囲まれた図形の面積 S を求めよ。

考え方　接線の方程式を求め，曲線と接線の共有点の x 座標を求める。グラフをかいて，曲線と接線の位置関係を調べ，交点と接点の x 座標から積分する区間を求める。

解　答　$f(x)=x^3-3x^2+2x$ とおくと

$f'(x)=3x^2-6x+2$

点 $(2,\ 0)$ における接線の傾きは

$f'(2)=3\cdot2^2-6\cdot2+2=2$

したがって，点 $(2,\ 0)$ における接線の方程式は

$y-0=2(x-2)$

すなわち　$y=2x-4$

曲線と接線の共有点の x 座標は

$x^3-3x^2+2x=2x-4$

すなわち　$x^3-3x^2+4=0$

$(x-2)(x^2-x-2)=0$

$(x-2)^2(x+1)=0$

を解いて　$x=-1,\ 2$

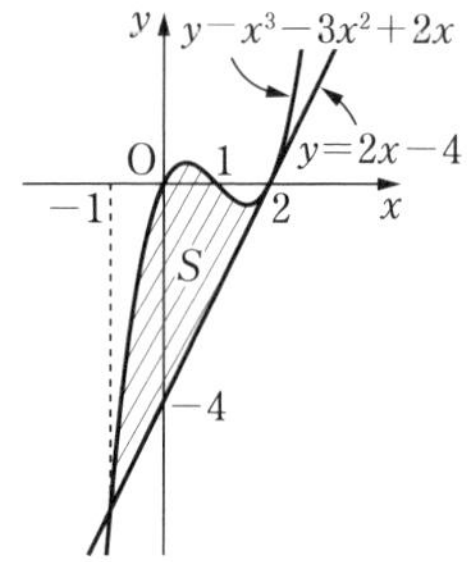

区間 $-1 \leqq x \leqq 2$ では，$x^3-3x^2+2x \geqq 2x-4$ であるから

$$S=\int_{-1}^{2}\{(x^3-3x^2+2x)-(2x-4)\}dx=\int_{-1}^{2}(x^3-3x^2+4)dx$$

$$=\left[\frac{1}{4}x^4-x^3+4x\right]_{-1}^{2}=\left(\frac{1}{4}\cdot 2^4-2^3+4\cdot 2\right)-\left(\frac{1}{4}+1-4\right)$$

$$=4-\left(-\frac{11}{4}\right)=\frac{27}{4}$$

11 放物線 $y=-x^2+2x+3$ について，次の問に答えよ。

(1) 点 $(0,\ 7)$ からこの放物線に引いた 2 本の接線の方程式を求めよ。

(2) (1) で求めた 2 本の接線と放物線で囲まれた図形の面積 S を求めよ。

考え方 (1) 接点の x 座標を a とおいて接線の方程式を a を含む式で表し，接線が点 $(0,\ 7)$ を通ることから a の値を求める。

(2) 放物線と接線のグラフをかき，位置関係を調べ，y 軸の左側，右側の図形に分けてそれぞれの面積を定積分で表し，面積を求める。

解　答 (1) 接点を $\mathrm{P}(a,\ -a^2+2a+3)$ とおく。

$y'=-2x+2$ であるから，接線の傾きは $-2a+2$ である。

よって，接線の方程式は

$y-(-a^2+2a+3)=(-2a+2)(x-a)$

すなわち　$y=(-2a+2)x+a^2+3$　……①

これが点 $(0,\ 7)$ を通るから

$7=a^2+3$ より　$a^2=4$

これを解いて　$a=\pm 2$

これらを ① に代入して

$a=2$ のとき　$y=-2x+7$

$a=-2$ のとき　$y=6x+7$

したがって，求める接線の方程式は

$y=-2x+7,\ y=6x+7$

(2) (1)より，放物線 $y=-x^2+2x+3$ と

接線 $y=-2x+7$ の接点は $(2,\ 3)$

接線 $y=6x+7$ の接点は $(-2,\ -5)$

である。よって，求める面積は，右の図の色を付けた部分の面積である。ここで，この図形の

$-2\leqq x\leqq 0$ の部分の面積を　S_1

$0\leqq x\leqq 2$ の部分の面積を　S_2

とする。

区間 $-2\leqq x\leqq 0$ において，

$6x+7\geqq -x^2+2x+3$ であるから

$$S_1=\int_{-2}^{0}\{(6x+7)-(-x^2+2x+3)\}dx$$

$$=\int_{-2}^{0}(x^2+4x+4)dx$$

$$=\left[\frac{1}{3}x^3+2x^2+4x\right]_{-2}^{0}=0-\left(-\frac{8}{3}+8-8\right)=\frac{8}{3}$$

区間 $0\leqq x\leqq 2$ において，$-2x+7\geqq -x^2+2x+3$ であるから

$$S_2=\int_{0}^{2}\{(-2x+7)-(-x^2+2x+3)\}dx=\int_{0}^{2}(x^2-4x+4)dx$$

$$=\left[\frac{1}{3}x^3-2x^2+4x\right]_{0}^{2}=\left(\frac{8}{3}-8+8\right)-0=\frac{8}{3}$$

したがって，求める面積 S は

$$S=S_1+S_2=\frac{8}{3}+\frac{8}{3}=\frac{16}{3}$$

12 放物線 $y=x^2$ と放物線 $y=-2x^2+3x$ の 2 交点を通る直線を m とする。$y=x^2$ と m で囲まれた図形の面積 S_1 と，$y=-2x^2+3x$ と m で囲まれた図形の面積 S_2 を求めよ。また，$S_1:S_2$ を求めよ。

考え方 まず，2 つの放物線の 2 交点の座標を求め，その 2 点を通る直線 m の方程式を求める。積分する区間内で，放物線と直線 m のどちらが上にあるかを考えて，S_1 と S_2 を求める。

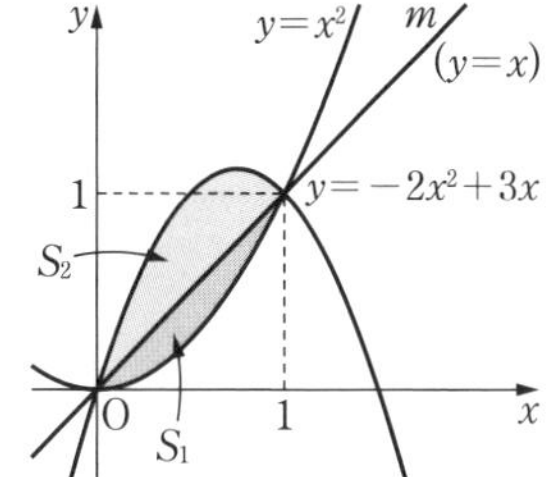

解答 2 つの放物線の交点の x 座標は

$x^2=-2x^2+3x$

すなわち，$3x^2-3x=0$ を解いて

$x(x-1)=0$

よって　　$x=0,\ 1$

$x=0$ のとき　$y=0$，$x=1$ のとき　$y=1$

であるから，交点の座標は

$(0,\ 0)$，$(1,\ 1)$

直線 m は原点 $(0,\ 0)$ と点 $(1,\ 1)$ を通るから，直線 m の方程式は

$y=x$

区間 $0 \leqq x \leqq 1$ では，$x \geqq x^2$，$-2x^2+3x \geqq x$ であるから

$$S_1=\int_0^1 (x-x^2)dx=\left[\frac{1}{2}x^2-\frac{1}{3}x^3\right]_0^1=\frac{1}{2}-\frac{1}{3}=\frac{1}{6}$$

$$S_2=\int_0^1 \{(-2x^2+3x)-x\}dx=\int_0^1 (-2x^2+2x)dx$$

$$=\left[-\frac{2}{3}x^3+x^2\right]_0^1=-\frac{2}{3}+1=\frac{1}{3}$$

ゆえに　　$S_1=\frac{1}{6}$，$S_2=\frac{1}{3}$

よって　　$S_1:S_2=\frac{1}{6}:\frac{1}{3}=1:2$

13 関数 $f(a)=\int_0^3 |x-a|dx$ を求めよ。

考え方　$y=|x-a|$ とおくと

$x \geqq a$ のとき　　$y=x-a$

$x \leqq a$ のとき　　$y=-(x-a)=-x+a$

となる。積分する区間が $0 \leqq x \leqq 3$ であるから，a の値が $0 \leqq x \leqq 3$ に含まれる場合と含まれない場合，すなわち，次の 3 つの場合に分けて考える。

(i)　$a \leqq 0$　　　(ii)　$0<a<3$　　　(iii)　$a \geqq 3$

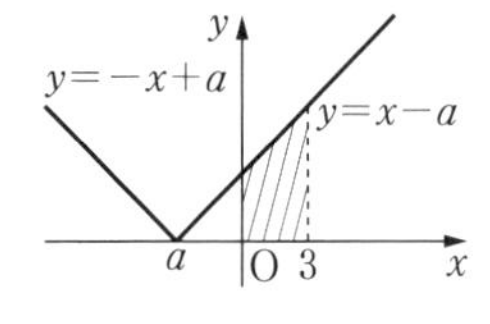

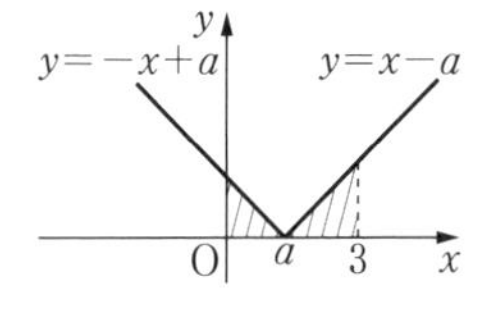

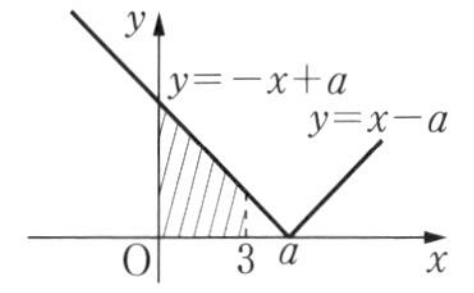

解　答　$y=|x-a|$ とおく。

(i)　$a \leqq 0$ のとき

関数 $y=|x-a|$ は $0 \leqq x \leqq 3$ では，

$x-a \geqq 0$ であるから

$|x-a|=x-a$

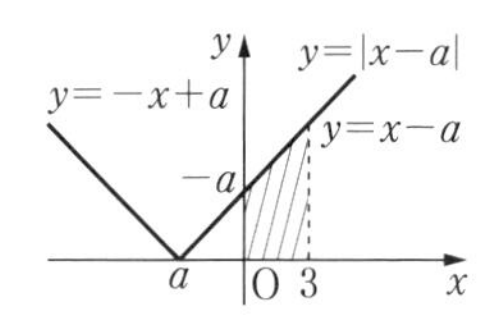

よって

$$f(a)=\int_0^3|x-a|dx=\int_0^3(x-a)dx$$

$$=\left[\frac{1}{2}x^2-ax\right]_0^3=-3a+\frac{9}{2}$$

(ii) $0<a<3$ のとき

関数 $y=|x-a|$ は $0\leqq x\leqq a$ では,

$x-a\leqq 0$ であるから

$$|x-a|=-x+a$$

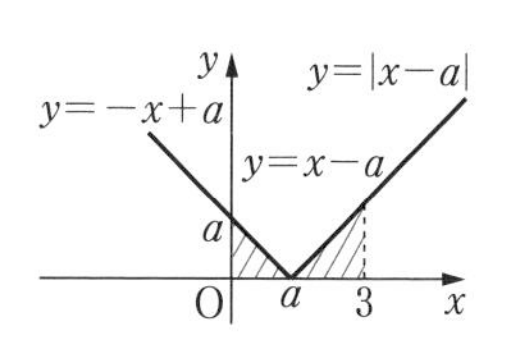

また, $a\leqq x\leqq 3$ では, $x-a\geqq 0$ であるから

$$|x-a|=x-a$$

よって

$$f(a)=\int_0^a|x-a|dx+\int_a^3|x-a|dx$$

$$=\int_0^a(-x+a)dx+\int_a^3(x-a)dx$$

$$=\left[-\frac{1}{2}x^2+ax\right]_0^a+\left[\frac{1}{2}x^2-ax\right]_a^3$$

$$=\frac{a^2}{2}+\left(\frac{9}{2}-3a\right)-\left(-\frac{a^2}{2}\right)$$

$$=a^2-3a+\frac{9}{2}$$

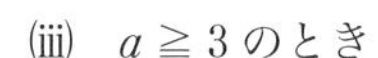

(iii) $a\geqq 3$ のとき

関数 $y=|x-a|$ は $0\leqq x\leqq 3$ では,

$x-a\leqq 0$ であるから

$$|x-a|=-x+a$$

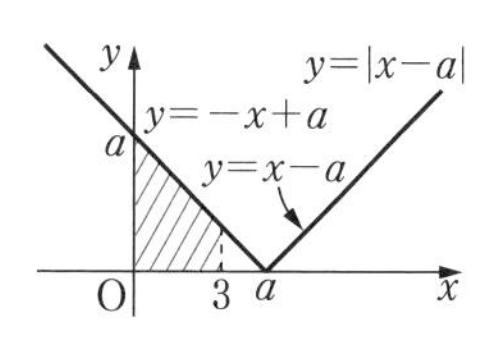

よって

$$f(a)=\int_0^3|x-a|dx=\int_0^3(-x+a)dx$$

$$=\left[-\frac{1}{2}x^2+ax\right]_0^3=3a-\frac{9}{2}$$

したがって, (i), (ii), (iii) より

$$f(a)=\begin{cases}-3a+\dfrac{9}{2} & (a\leqq 0)\\ a^2-3a+\dfrac{9}{2} & (0<a<3)\\ 3a-\dfrac{9}{2} & (a\geqq 3)\end{cases}$$

Investigation

教 p.250-251

3次関数のグラフは点対称？

Q 3次関数 $y=x^3-3x^2+2$ のグラフは，ある点に関して点対称であるといえるだろうか。導関数を用いて考えてみよう。

1 3次関数 $y=x^3-3x^2+2$ の導関数を求め，そのグラフをかいてみよう。

2 **1** でかいたグラフをもとに，3次関数 $y=x^3-3x^2+2$ のグラフが，ある点に関して点対称であるかを判断し，そのように考えた理由を説明してみよう。

3 3次関数のグラフは，ある点に関して点対称であるといえるか考え，そのように考えた理由を説明してみよう。

解答

1 $y=x^3-3x^2+2$ の導関数を求め

$$y=3x^2-6x$$

とおく。この式は $y=3(x-1)^2-3$ と変形される。

グラフは右の図のようになる。

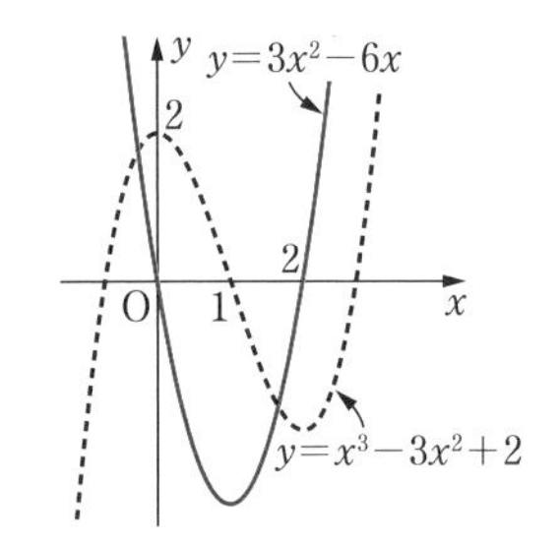

2 $f(x)=x^3-3x^2+2$ とする。導関数のグラフは直線 $x=1$ を軸とする放物線であるから，直線 $x=1$ に関して線対称である。したがって，任意の a に対して

$$f'(1+a)=f'(1-a)$$

が成り立つから，関数 $y=f(x)$ において，$x=1+a$ と $x=1-a$ における接線の傾きが等しいといえる。

したがって，$y=f(x)$ のグラフは **点 $(1,\ 0)$ に関して点対称** である。

3 $f(x)=ax^3+bx^2+cx+d\ (a\neq 0)$ とすると

$$f'(x)=3ax^2+2bx+c$$
$$=3a\left(x+\frac{b}{3a}\right)^2-\frac{b^2}{3a}+c$$

であるから，導関数のグラフは

$$直線\ x=-\frac{b}{3a}$$

を軸とする放物線である。

2 と同様にして，$f(x)$ のグラフは **点 $\left(-\dfrac{b}{3a},\ f\left(-\dfrac{b}{3a}\right)\right)$ に関して点対称** である。

2 積分を用いた説明

$f'(x)$ のグラフは直線 $x=1$ に関して線対称であるから

$$\int_1^{1+a} f'(x)dx = \int_{1-a}^{1} f'(x)dx$$

が成り立つ。

左辺は

$$\int_1^{1+a} f'(x)dx = f(1+a) - f(1)$$

右辺は

$$\int_{1-a}^{1} f'(x)dx = -\int_1^{1-a} f'(x)dx$$
$$= -(f(1-a) - f(1))$$

すなわち

$$f(1+a) - f(1) = -(f(1-a) - f(1))$$

であるから，$f(x)$ のグラフは点 $(1,\ f(1))$ に関して点対称である。

平行移動を用いた説明

曲線 $y=f(x)$ を x 軸方向に -1 だけ平行移動した曲線を

$y=g(x)$ とおくと，曲線 $y=f(x)$ 上の点 $(1,\ 0)$ は原点に移る。

このとき，曲線 $y=g(x)$ が原点に関して点対称であれば，曲線

$y=f(x)$ は点 $(1,\ 0)$ に関して点対称である。

$$g(x) = (x+1)^3 - 3(x+1)^2 + 2 = x^3 - 3x$$

であるから

$$g(-x) = (-x)^3 - 3\cdot(-x) = -(x^3 - 3x) = -g(x)$$

したがって，曲線 $y=g(x)$ は原点に関して点対称である。

すなわち，曲線 $y=f(x)$ は点 $(1,\ 0)$ に関して点対称である。

! 深める

3 次関数 $y=x^3-3x^2+2$ を導関数にもつ 4 次関数を $F(x)$ とするとき，4 次関数 $y=F(x)$ のグラフはどのような形になるだろうか。このグラフは，線対称，または点対称であるだろうか。

解答　積分定数が 0 である $F(x)$ を考える。

$F(x)=\dfrac{1}{4}x^4-x^3+2x$ であるから，$y=F(x)$ のグラフは右の図の実線のようになる。

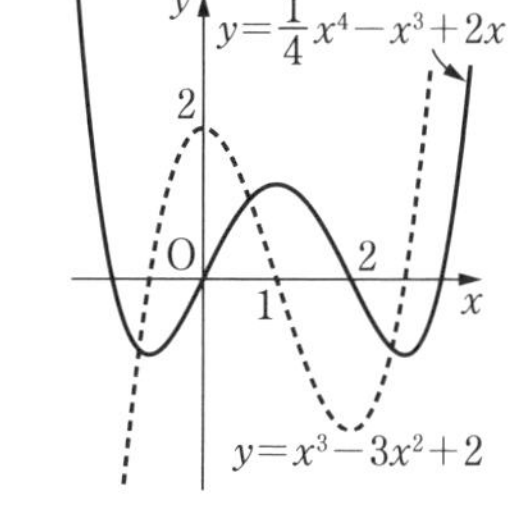

$y=F(x)$ の導関数のグラフは点 $(1,\ 0)$ に関して点対称であり，$x=1$ において $y=F(x)$ のグラフの接線の傾きは 0 であるから，任意の a に対して $x=1+a$ と $x=1-a$ における $y=F(x)$ のグラフの接線の傾きは，絶対値が等しく符号が異なる。これより，$y=F(x)$ のグラフは **直線 $x=1$ に関して線対称** であるといえる。

参考 ▶ 放物線で囲まれた図形の面積 　教 p.252

● 放物線で囲まれた図形の面積 　解き方のポイント

$$\int_{\alpha}^{\beta}(x-\alpha)(x-\beta)dx=-\frac{1}{6}(\beta-\alpha)^3$$

注意　この公式は，放物線と直線で囲まれた図形の面積を求めるときに用いることができる。

教 p.252

問1　放物線 $y=-x^2+3x+5$ と直線 $y=x+2$ で囲まれた図形の面積 S を求めよ。

考え方　放物線と直線の交点の x 座標から積分する区間を求め，面積を上の公式を用いて計算する。

解答　放物線 $y=-x^2+3x+5$ と直線 $y=x+2$ の交点の x 座標は

$$-x^2+3x+5=x+2$$

を解いて

$$x^2-2x-3=0$$

$$(x+1)(x-3)=0$$

よって　　$x=-1,\ 3$

区間 $-1\leqq x\leqq 3$ では

$$-x^2+3x+5\geqq x+2$$

であるから

$$S=\int_{-1}^{3}\{(-x^2+3x+5)-(x+2)\}dx$$

$$=\int_{-1}^{3}(-x^2+2x+3)dx$$

$$=-\int_{-1}^{3}(x^2-2x-3)dx$$

$$=-\int_{-1}^{3}(x+1)(x-3)dx$$

$$=-\left[-\frac{1}{6}\{3-(-1)\}^3\right]$$

$$=-\left(-\frac{64}{6}\right)$$

$$=\frac{32}{3}$$

$(x+1)(x-3)=0$ の解 $x=-1,\ 3$ が，積分する区間の下端，上端と一致している。

Extra

- 探究しよう
- 共通テストに備えよう
- 数学を深めよう
- 仕事に活かそう

探究しよう

1 2つの塔が同じ高さに見える場所はどこ？ 教 p.254-255

Q 東京タワーと東京スカイツリーが同じ高さに見える場所はほかにもあるだろうか。
地面が水平で周囲に障害物がないと仮定して考えてみよう。

解答 1 目の高さは，地面と同じと考える。

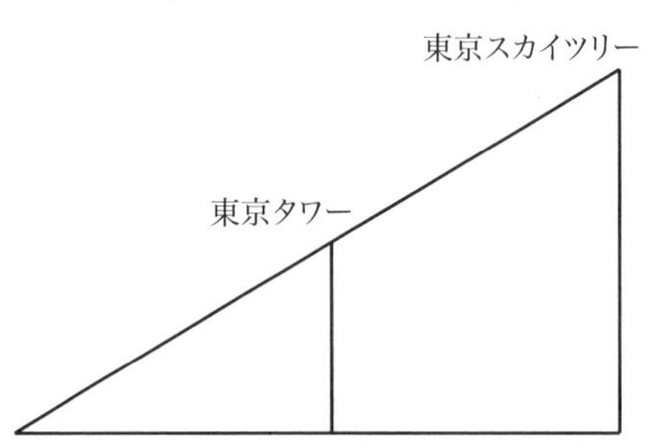

2 東京タワーの地点をA，東京スカイツリーの地点をB，同じ高さに見える地点をPとする。また，東京タワーの先端をA′，東京スカイツリーの先端をB′とする。

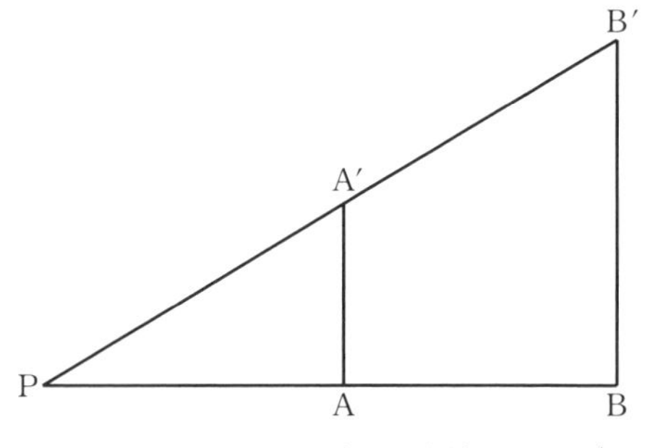

同じ高さに見えるということから，Pからそれぞれの先端を見上げたときの角度が等しいといえる。すなわち，$\triangle PAA' \backsim \triangle PBB'$であり，ここでは

$$AA' : BB' = 333 : 634 \fallingdotseq 1 : 2$$

である。

$$PA : PB = AA' : BB'$$

であるから，同じ高さに見える地点から2つの塔までの距離が満たす条件は

$$\mathbf{PA : PB = 1 : 2}$$

である。

3　**2**で考えた条件 PA：PB = 1：2 を満たす点の軌跡は，教科書 p.104 で学んだように，線分 AB を 1:2 に内分する点と外分する点を直径の両端とする円 (アポロニウスの円) となる。

軌跡を表す方程式は，次のようにして求めることができる。

点 A を原点，直線 AB を x 軸，AB の方向を正とする座標平面を考える。

2 点 A, B 間の距離を $t\,(t>0)$ とおくと，点 B の座標は $(t,\ 0)$ である。

点 P の座標を $(x,\ y)$ とすると

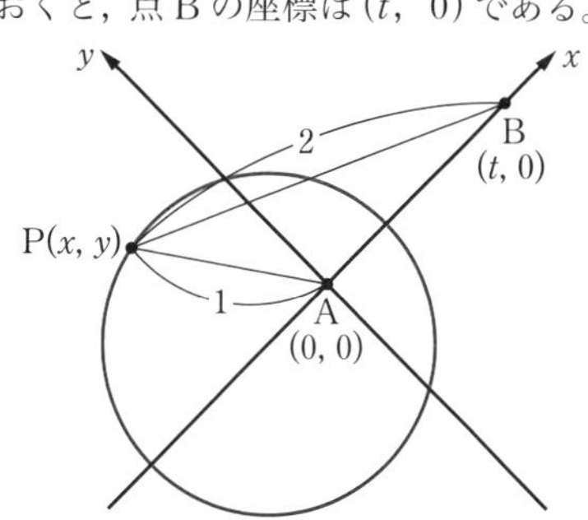

$$PA=\sqrt{x^2+y^2}$$

$$PB=\sqrt{(x-t)^2+y^2}$$

PA：PB = 1：2 であるから

$$2PA=PB$$

両辺を 2 乗すると

$$4PA^2=PB^2$$

よって

$$4(x^2+y^2)=(x-t)^2+y^2$$

整理すると

$$x^2+y^2+\frac{2t}{3}x=\frac{t^2}{3}$$

すなわち

$$\left(x+\frac{t}{3}\right)^2+y^2=\frac{4}{9}t^2$$

したがって，条件を満たす点 P の軌跡は

中心 $\left(-\frac{t}{3},\ 0\right)$，半径 $\frac{2}{3}t$ の円

を表す。

この円は AB を 1:2 に内分する点 $\left(\frac{t}{3},\ 0\right)$ と外分する点 $(-t,\ 0)$ を通る。

4　(詳細な地図は省略)

地図から，軌跡の円は P1，P2 付近を **通る** ことが分かる。

2 係数を変えると？

教 p.256

Q 直線 $ax+by+c=0$ の係数 a, b, c をある規則で変化させて，そのグラフをかくと，どのような性質があるだろうか。

解答

1 (1) ～ (4) の直線をかくと，右の図のようになり，どの直線も点 $(1,\ -2)$ を通ることが分かる。

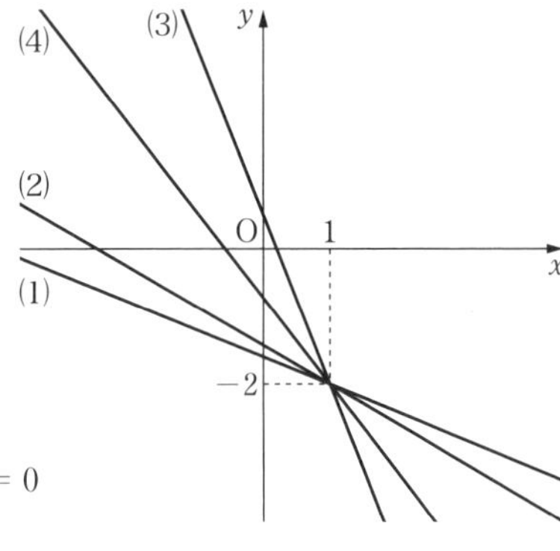

2 $a \neq 0$, $d \neq 0$ とする。
このとき，係数 a, b, c が a, $a+d$, $a+2d$ の形になる直線の式は

$$ax+(a+d)y+(a+2d)=0$$

と表される。
この直線は

$$a(x+y+1)+d(y+2)=0$$

と変形することができる。$a \neq 0$, $d \neq 0$ であるから，a, d の値に関わらず

$$x+y+1=0,\ y+2=0$$

すなわち

$$x=1,\ y=-2$$

となる。
したがって，どの直線も点 $(1,\ -2)$ を通る。

3 グラフ作成ツールを用いて，係数を変化させてグラフをかくと，右の図のようになる。
右の図から，直線が通らない領域があり，その境界は，原点を頂点とする放物線のようになっていると考えられる。

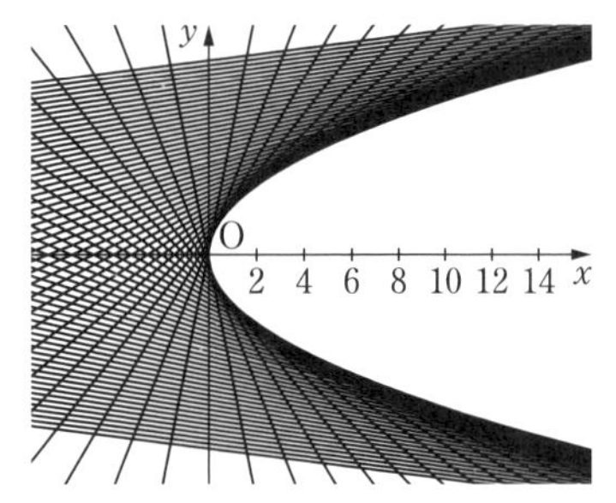

(!) 深める 発展 [数学 C]

解答 **3** でかいた図から，例えば点 (4, 3) はグラフが通らないと読み取ることができる。

点 (4, 3) の座標の値を $ax + ary + ar^2 = 0$ に代入すると

$$4a + 3ar + ar^2 = 0$$

$a \neq 0$ であるから

$$4 + 3r + r^2 = 0$$

$$r^2 + 3r + 4 = 0$$

これを解くと

$$r = \frac{-3 \pm \sqrt{3^2 - 4 \cdot 1 \cdot 4}}{2 \cdot 1} = \frac{-3 \pm \sqrt{-7}}{2} = \frac{-3 \pm \sqrt{7}\,i}{2}$$

となり，r は虚数解となる。

このことから，確かに点 (4, 3) はグラフが通らないといえる。

このことをもとに考えると，直線 $ax + ary + ar^2 = 0$ が通らない領域は，$x + ry + r^2 = 0$ を r の 2 次方程式と見て

$$r^2 + yr + x = 0$$

が実数解をもたない範囲であるといえる。

すなわち，2 次方程式 $r^2 + yr + x = 0$ の判別式が

$$y^2 - 4x < 0$$

となる範囲である。これを変形すると

$$x > \frac{y^2}{4}$$

となり，これが直線 $ax + ary + ar^2 = 0$ が通らない領域である。ただし，境界線は含まない。

境界線は $x = \dfrac{y^2}{4}$ であり，確かに放物線であることが分かる。

3 樹齢の推測

教 p.257

Q 右の表（省略）は，類似した生育環境にある樫の木の樹齢 x と胸高周囲長 y（地面から約 1.2 m の高さの幹の周囲の長さ）のデータである。データをもとに，点 $(x,\ y)$ を座標平面上にとると右の図（省略）のようになった。データを用いて，樹齢を推測する方法を考えてみよう。

解答 **1** 座標平面上の点は，ほぼ一直線上に並び，y は z の 1 次関数と見ることができる。

$x=10$ のとき　　$z=\log_{10}10=1,\ \ y=27.9$

$x=40$ のとき　　$z=\log_{10}40=1.6021,\ \ y=59.8$

であるから，直線を 2 点 $(1,\ 28)$，$(1.6,\ 60)$ を通ると見なすと

$$y-28=\frac{60-28}{1.6-1}(z-1)$$

となり，およそ　$y=53z-25$　となる。

したがって　　$\boldsymbol{y=53\log_{10}x-25}$

2 **1** より　　$50=53\log_{10}x-25$

よって，$\log_{10}x=\dfrac{75}{53}\fallingdotseq 1.4151$ より

$1+\log_{10}2.60<\log_{10}x<1+\log_{10}2.61$　⟵ 常用対数表より
$\log_{10}2.60=0.4150$
$\log_{10}2.61=0.4166$

したがって

$\log_{10}26.0<\log_{10}x<\log_{10}26.1$

すなわち

$26.0<x<26.1$

求める樹齢は　　**約 26 年**

別解 **1** コンピュータで表計算ソフトを用い，近似する直線の方程式を求めると

$y=52.237\log_{10}x-26.053$

2 コンピュータで求めた式 $50=52.237\log_{10}x-26.053$ より

$\log_{10}x=\dfrac{76.053}{52.237}=1.4559\cdots$ であるから

$1+\log_{10}2.85<\log_{10}x<1+\log_{10}2.86$　⟵ 常用対数表より
$\log_{10}2.85=0.4548$
$\log_{10}2.86=0.4564$

したがって

$\log_{10}28.5<\log_{10}x<\log_{10}28.6$

すなわち

$28.5<x<28.6$

求める樹齢は　　約 28 年

共通テストに備えよう

1 複素数と方程式

教 p.258

解答 (1) $2x-5=\sqrt{7}\,i$ の両辺を 2 乗すると

$$(2x-5)^2=(\sqrt{7}\,i)^2$$
$$4x^2-20x+25=-7$$
$$4x^2=20x-32$$
$$x^2=5x-8 \quad \cdots(ア)$$

(2) $x=\dfrac{5+\sqrt{7}\,i}{2}$ を解にもつ係数が実数である 2 次方程式は，共役な複素数も解であるから，$x=\dfrac{5-\sqrt{7}\,i}{2}$ も解にもつ。　$\cdots$(イ)

$x=\dfrac{5+\sqrt{7}\,i}{2}$，$x=\dfrac{5-\sqrt{7}\,i}{2}$ を解にもつ 2 次方程式は，解と係数の関係により

$$x^2-\left(\frac{5+\sqrt{7}\,i}{2}+\frac{5-\sqrt{7}\,i}{2}\right)x+\frac{5+\sqrt{7}\,i}{2}\cdot\frac{5-\sqrt{7}\,i}{2}=0$$

すなわち　　$x^2-5x+8=0 \quad \cdots$(ウ)，(エ)

(3) 〈健さんの方針〉

② を ① に代入すると

$$x(5x-8)-7(5x-8)+15x-11=5x^2-28x+45$$

再び ② を代入すると

$$5(5x-8)-28x+45=-3x+5$$

$x=\dfrac{5+\sqrt{7}\,i}{2}$ を代入すると

$$-3\cdot\frac{5+\sqrt{7}\,i}{2}+5=\frac{-5-3\sqrt{7}\,i}{2} \quad \cdots(オ)$$

〈香さんの方針〉

x^2-5x+8 で $x^3-7x^2+15x-11$ を割ると

$$\begin{array}{r} x-2 \qquad\qquad\quad \\ x^2-5x+8\overline{\smash{)}\,x^3-7x^2+15x-11} \\ \underline{x^3-5x^2+\ \ 8x \qquad} \\ -2x^2+\ \ 7x-11 \\ \underline{-2x^2+10x-16} \\ -\ \ 3x+\ \ 5 \end{array}$$

前ページの割り算より

$$x^3-7x^2+15x-11=(x^2-5x+8)(x-2)-3x+5$$

$x=\dfrac{5+\sqrt{7}\,i}{2}$ のとき，$x^2-5x+8=0$ となる。

余りの式 $-3x+5$ に $x=\dfrac{5+\sqrt{7}\,i}{2}$ を代入すると

$$-3\cdot\frac{5+\sqrt{7}\,i}{2}+5=\frac{-5-3\sqrt{7}\,i}{2}\quad\cdots(オ)$$

2 三角関数のグラフ

教 p.259

解答 (1) (i) $y=\cos\dfrac{x}{2}$ のグラフは，y 軸を基準にして，$y=\cos x$ のグラフを x 軸方向に 2 倍に拡大したものであるから，①のグラフである。

(ii) $y=\cos(x-\pi)$ のグラフは，$y=\cos x$ のグラフを x 軸方向に π だけ平行移動したものであるから，②のグラフである。

したがって　(i)…①，(ii)…②

(2) 図のグラフより，関数の周期は π であり，y の変域は $-3\leqq y\leqq 3$ であるから，図のグラフは $y=3\sin 2x$ または $y=3\cos 2x$ のグラフを x 軸方向に平行移動したものであることが分かる。

(i) 図のグラフは，$y=3\sin 2x$ のグラフを x 軸方向に $-\dfrac{\pi}{2}$ だけ平行移動したグラフであるとすると，関数の式は

$$y=3\sin 2\left(x+\frac{\pi}{2}\right)$$

(ii) 図のグラフは，$y=3\cos 2x$ のグラフを x 軸方向に $-\dfrac{\pi}{4}$ だけ平行移動したグラフであるとすると，関数の式は

$$y=3\cos 2\left(x+\frac{\pi}{4}\right)$$

すなわち　$y=3\cos\left(2x+\dfrac{\pi}{2}\right)$

以上より，グラフの関数の式は

$$y=3\sin 2\left(x+\frac{\pi}{2}\right)\ \text{または}\ y=3\cos\left(2x+\frac{\pi}{2}\right)$$

したがって，関数の式として正しいものは　①，②

である。

3 関数のグラフとその導関数のグラフの関係 教 p.260-261

解答 (1) 図1のグラフの関数の値は，$x=0$ の前後で正から負に変わり，$x=2$ の前後で負から正に変わる。
したがって，入力した関数 $y=f(x)$ は
　　$x=0$ で極大値，$x=2$ で極小値
をとることが分かる。
したがって，$y=f(x)$ のグラフとして当てはまるものは　④

(2) 図2，図3はどちらも2次関数のグラフであるから，入力した関数 $y=f(x)$ はどちらも3次関数である。
したがって，3次関数である②〜⑤の関数の導関数を求めると

② $f'(x)=3x^2-4x=3\left(x-\dfrac{2}{3}\right)^2-\dfrac{4}{3}$

③ $f'(x)=3x^2-2$

④ $f'(x)=3x^2-2x+1=3\left(x-\dfrac{1}{3}\right)^2+\dfrac{2}{3}$

⑤ $f'(x)=3x^2-4x+1=3\left(x-\dfrac{2}{3}\right)^2-\dfrac{1}{3}$

図2のグラフは $x=0$ で最小値をとる。
　グラフがこのようになる関数は，関数③の導関数である。
図3のグラフは頂点が第1象限にある。
　グラフがこのようになる関数は，関数④の導関数である。
したがって
　図2…③，図3…④

数学を深めよう

1 不等式の表す領域

教 p.262-263

● 絶対値を含む不等式の表す領域 …… 解き方のポイント

絶対値記号の中の値の正負により場合分けをして考える。

教 p.262

問 1 次の不等式の表す領域を図示せよ。

(1) $y > |x| - 1$　　(2) $y \leqq |x-1|$

考え方 絶対値記号の中の式の符号によって，それぞれ次の 2 つの場合に分けて考える。

(1) $x \geqq 0$, $x < 0$

(2) $x-1 \geqq 0$, $x-1 < 0$

解答 (1)　$x \geqq 0$ のとき　$y > x-1$

$x < 0$ のとき　$y > -x-1$

であるから，不等式 $y > |x|-1$ の表す領域は，右の図の斜線部分である。ただし，境界線は含まない。

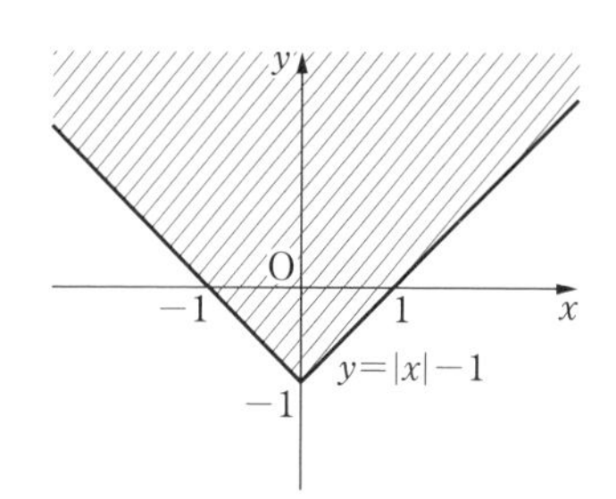

(2)　$x \geqq 1$ のとき　$y \leqq x-1$

$x < 1$ のとき　$y \leqq -x+1$

であるから，不等式 $y \leqq |x-1|$ の表す領域は，右の図の斜線部分である。ただし，境界線を含む。

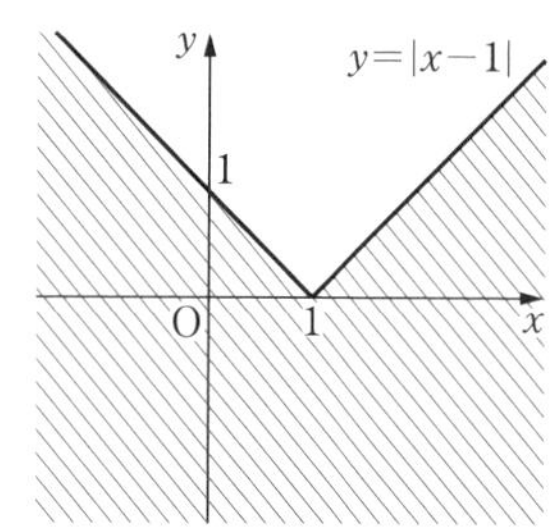

教 p.262

問2 不等式$|x|+|y|<2$の表す領域を図示せよ。

考え方 x，yの正負に分けて考える。4つの場合が考えられる。

解答

$x\geqq 0$のとき　$|x|=x$，　$x<0$のとき　$|x|=-x$

$y\geqq 0$のとき　$|y|=y$，　$y<0$のとき　$|y|=-y$

であるから，不等式$|x|+|y|<2$の表す領域は

$x\geqq 0$，$y\geqq 0$のとき　$x+y<2$

$x<0$，$y\geqq 0$のとき　$-x+y<2$

$x<0$，$y<0$のとき　$-x-y<2$

$x\geqq 0$，$y<0$のとき　$x-y<2$

となり，下の図の斜線部分である。ただし，境界線は含まない。

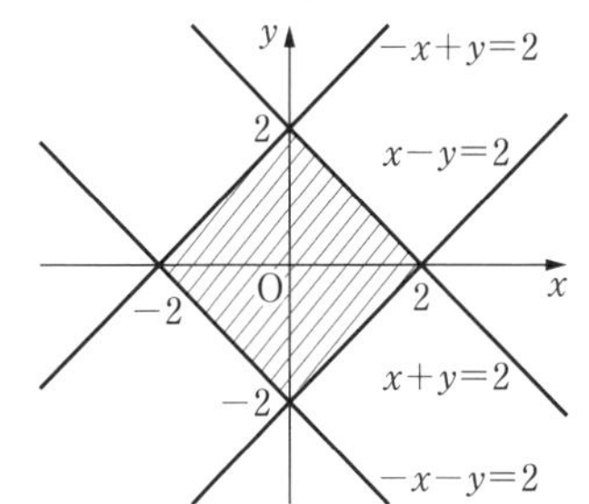

仕事に活かそう

数学で社会を分析する

教 p.264-265

やってみよう

解答 (1)

$$\begin{aligned} d &= (7m-5)^2+(8m-8)^2+(9m-6)^2+(11m-9)^2 \\ &= \ 49m^2-\ 70m+\ 25 \\ &\quad +\ 64m^2-128m+\ 64 \\ &\quad +\ 81m^2-108m+\ 36 \\ &\quad +121m^2-198m+\ 81 \\ &= \ 315m^2-504m+206 \\ &= 315m^2-504m+206 \end{aligned}$$

$d=315m^2-504m+206$ を m で微分すると

$$d'=630m-504$$

$d'=0$ となる m を求めると　　$m=\dfrac{4}{5}$

したがって，d は $\boldsymbol{m=\dfrac{4}{5}}$ で最小になる。

(2) (1) より，ちらし配布数 x (百枚) と集客数 y (百人) について

$$y=\frac{4}{5}x \quad \cdots\cdots ①$$

と表すことができる。

集客数を 1000 人にするために必要なちらし配布数を求めるために，

① に $y=10$ を代入すると　⟵ 1000 人 = 10 百人

$$10=\frac{4}{5}x$$

ゆえに　　$x=12.5$ (百枚)

したがって，必要なちらし配布数は **1250 枚** である。